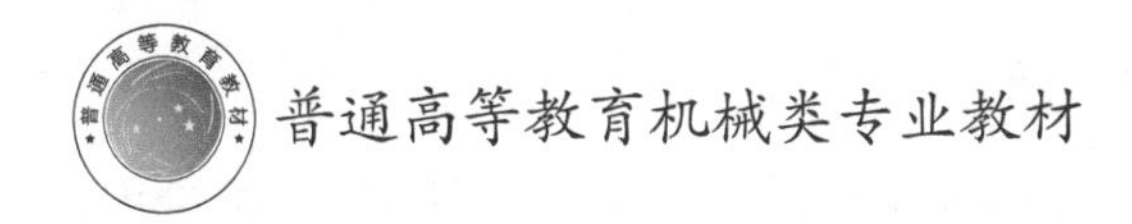

机械原理与零件

代菊英　涂群章　主　编
薛金红　储伟俊　副主编

人民交通出版社股份有限公司
北　京

内 容 提 要

本书为普通高等教育机械类专业教材之一，主要内容包括总论、常用机构、连接类零件、传动类零件、轴系零部件、其他零件和液压传动等知识。

本书可作为高等学校机械类少学时专业、近机类专业机械原理与零件、机械设计基础课程的教材，其中液压传动部分仅供没有单独设液压传动课程专业视情选择教学；本书也可供有关工程技术人员参考。

图书在版编目(CIP)数据

机械原理与零件/代菊英，涂群章主编. —北京：人民交通出版社股份有限公司，2023.8

ISBN 978-7-114-18848-0

Ⅰ.①机… Ⅱ.①代… ②涂… Ⅲ.①机械原理—高等学校—教材②机械元件—高等学校—教材 Ⅳ.①TH111②TH13

中国国家版本馆 CIP 数据核字(2023)第 112490 号

Jixie Yuanli yu Lingjian

书　　名：**机械原理与零件**
著 作 者：代菊英　涂群章
责任编辑：郭　跃
责任校对：赵媛媛
责任印制：刘高彤
出版发行：人民交通出版社股份有限公司
地　　址：(100011)北京市朝阳区安定门外外馆斜街 3 号
网　　址：http://www.ccpcl.com.cn
销售电话：(010)59757973
总 经 销：人民交通出版社股份有限公司发行部
经　　销：各地新华书店
印　　刷：北京虎彩文化传播有限公司
开　　本：787×1092　1/16
印　　张：15.5
字　　数：356 千
版　　次：2023 年 8 月　第 1 版
印　　次：2024 年 1 月　第 2 次印刷
书　　号：ISBN 978-7-114-18848-0
定　　价：48.00 元

前言 Preface

本书根据机械装备使用和维护相关专业教学需求，主要介绍了常用机构、通用（连接类、传动类、轴系）零部件和液压传动的组成、原理以及基本的使用与维护方法等内容。编写过程中，编者结合了多年的教学经验与实践体会，并吸收同行的经验和成果，内容力争取舍有度、适用面广，在保证简明、少而精特点的同时，适当拓宽了知识面。

在编写中力求简明易懂，图表数据确切实用，每章末附有一定数量的思考题和计算习题，供教学中使用。对于机械类少学时专业，其中液压传动部分仅供没有单独设液压传动类课程专业视情选择教学；由于近机类专业面广，专业要求不同，本书除反映通用性外，还在内容取舍、例题和习题的选择上尽可能满足各专业的要求。在使用时，可根据专业要求和学时数进行取舍和调整。带*号的章节为选学部分。

本书由代菊英、涂群章担任主编，薛金红、储伟俊担任副主编，参与本书编写工作的还有张详坡、唐建、周春华、潘明、徐婷、刘晴等。由代菊英进行全书统稿、整理。

由于编者水平所限，书中难免有错误和不妥之处，敬请读者批评指正。

编　者

2023 年 4 月

目录 Contents

第一篇 总 论

第二篇 常用机构

第三篇 连接类零件

第四篇 传动类零部件

第五篇 轴系零部件

第六篇 其他零部件

*第七篇 液 压 传 动

第一篇

总　　论

第1章　绪　论

在生产活动和日常生活中，人类大量使用各种机械设备，以减轻或代替人类的劳动，提高劳动生产率、产品质量和生活水平。回顾机械的发展历史，从杠杆、斜面、滑轮到起重机、汽车、拖拉机、内燃机、缝纫机、洗衣机及机械手、机器人等，都说明机械的进步，标志着生产力不断向前发展。因此，机械工业的发展水平是社会生产力发展水平的重要标志之一。

1.1　机器的组成及其特征

机器是执行机械运动的装置，用来变换或传递能量、物料与信息。机器一般可以分为原动机和工作机两类。将其他形式能量变换为机械能的机器称为原动机，例如内燃机、电动机等，内燃机将热能变换为机械能，电动机将电能变换为机械能，它们都是原动机。用来改变被加工物料的位置、形状、性能、尺寸和状态的机器称为工作机，例如发电机将机械能变换为电能，起重机传递物料，金属切削机床变换物料外形，录音机变换和传递信息，它们都属于工作机。

如图1-1所示的单缸四冲程内燃机，它由汽缸体1、活塞2、进气门3、排气门4、连杆5、曲轴6、凸轮7、顶杆8、齿轮9和10组成。(燃气推动)活塞2在汽缸体1中做往复直线移动，通过连杆5使曲轴4做连续转动，从而将燃气的热能转换为机械能。为了保证曲轴连续转动，要求定时将燃气送入汽缸和将废气排出汽缸，这是通过进排气阀完成的，进排气阀的启闭则是通过齿轮凸轮顶杆和弹簧等实物合成一体，并协调运动来实现的。

如图1-2所示的颚式破碎机，其主体由机架1、偏心轴2、动颚3和肘板4等组成。偏心轴2与带轮5固连，当电动机驱动带轮运转时，偏心轴则绕轴A转动，使动颚做平面运动，轧碎动颚3与定颚6之间的矿石，从而做有用的机械功。

从以上两例可以看出，机器的主体部分是由许多运动构件组成的。用来传递运动和力的、有一个构件为机架的、用构件间能够相对运动的连接方式组成的构件系统称为机构。在一般情况下，为了传递运动和力，机构各构件间应具有确定的相对运动。在图1-1所示的内燃机中，活塞、连杆、曲轴和汽缸体组成一个曲柄滑块机构，可将活塞的往复运动变为曲柄的连续转动。凸轮、顶杆和汽缸体组成凸轮机构，将凸轮轴的连续转动变成顶杆的上下往复运动。凸轮和凸轮轴上的齿轮与汽缸体组成齿轮机构，使两轴保持一定的传动比。机器的主体部分是由机构组成的。一部机器可以包含一个或若干个机构，例如鼓风机和电动机只包含一个机构，而内燃机则包含曲柄滑块机构、凸轮机构、齿轮机构等若干个机构。机器中最常用的机构有连杆机构、凸轮机构、齿轮机构和间歇运动机构等。

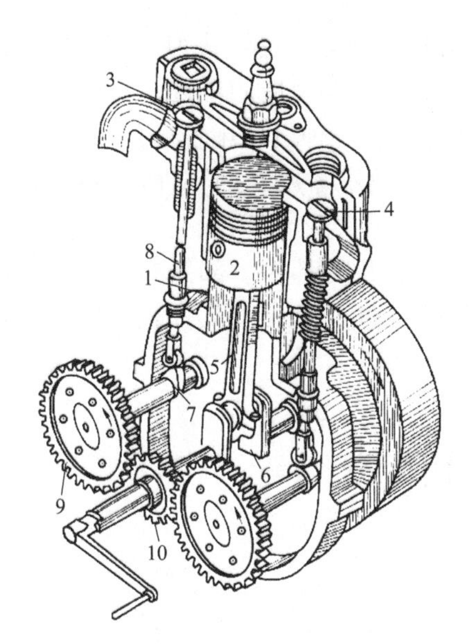

图1-1　单缸四冲程内燃机

1-汽缸体;2-活塞;3-进气门;4-排气门;5-连杆;6-曲轴;7-凸轮;8-顶杆;9,10-齿轮

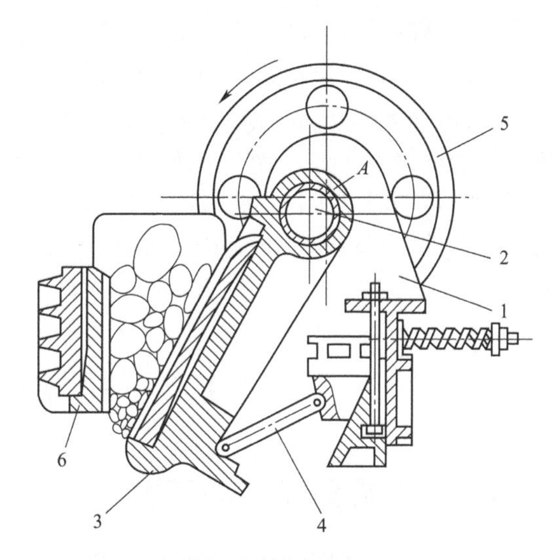

图1-2　颚式破碎机

1-机架;2-偏心轴;3-动颚;4-肘板;5-带轮;6-定颚

再如起重机、纺织机、工业机器人等,它们虽用途、功能要求、工作原理与构造各不相同,但一般都是由原动机、传动部分和执行部分所组成。而对于自动化程度较高的机械,除上述三部分外,还包括完成各种功能的操纵控制系统和信息处理、传递系统,即自动控制部分。动力部分可采用人力、畜力、风力、液力、电力、热力、磁力、压缩空气等作动力源,其中利用电力和热力的原动机(电动机和内燃机)使用最广,传动部分和执行部分由各种机构组成,是机器的主体。控制部分包括各种控制机构(如内燃机中的凸轮机构)、电气装置、计算机和液压系统、气压系统等。

综上所述,机器是执行机械运动的装置,用来变换或传递能量、物料和信息,以代替或减轻人的体力劳动。

只能传递运动和力的具有一定约束的物体系统,称为机构。从功能上看,机构和机器的根本区别在于机构的主要功能是传递运动和力,而机器的主要功能除传递运动和力外,还能完成能量、物料和信息的变换与传递。因此,机构是机器的重要组成部分,一部机器包含一个或者若干个机构。但是,在研究构件的运动和受力情况时,机器与机构之间并无区别。因此,习惯上用"机械"一词作为机器和机构的总称。

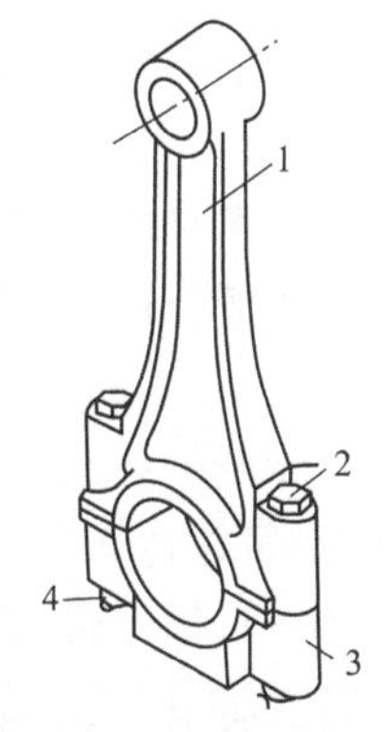

图1-3　连杆

1-连杆体;2-螺栓;3-连杆盖;4-螺母

机构一般由刚体组成。如果机构中除刚体外,液体或气体也参与运动的变换,则该机构相应称为液压机构或气动机构。各种机械中普遍使用的机构称为常用机构,如连杆机构、凸轮机构、齿轮机构和间歇运动机构等。

机构中的运动单元称为构件。它可以是单一整体,也可以是由若干零件组成。如图1-3所示的内燃机的连杆就是由连杆体1、连杆盖3、螺栓2

以及螺母4等零件组成。这些零件间没有相对运动,构成一个运动单元,成为一个构件。

组成机器的不可拆卸的基本单元称为机械零件,零件则是制造的单元。对于机器中的零件,按其功能和结构特点又可分为通用零件和专用零件。各种机械中普遍使用的零件,称为通用零件,如螺栓、齿轮、轴、弹簧等。仅在某些专门行业中才用到的零件称为专用零件,如内燃机的活塞与曲轴、汽轮机的叶片、机床的床身等。

对于一套协同工作且完成共同任务的零件组合,通常称为部件。部件亦可分为通用部件与专用部件。如减速器、滚动轴承和联轴器等属于通用部件;而汽车转向器等则属于专用部件。

1.2 机械设计概述

1.2.1 机械设计的基本要求

机械设计应满足的基本要求有以下几个方面。

1)实现预定的功能的要求

机械应实现预先设定的功能,达到预期的使用目的,并在规定的工作期限内可靠地工作。为此,必须正确选择机器的工作原理、机构的类型和机械传动方案。

2)安全可靠与强度、寿命的要求

设计的机器必须保证在预定的工作期限内能够可靠地工作,防止提前失效导致无法正常工作。为此,设计的机械应满足强度、刚度、耐磨性、耐热性、振动稳定性及其寿命等方面的要求。

3)经济性要求

经济性是综合性指标,应考虑在实现预定功能和保证安全可靠的前提下尽可能做到经济合理,力求投入的费用少,还要生产效率高、能耗低、维护管理费用低。

4)操作使用要求

设计的机器应操作方便,最大限度降低人的体力和脑力消耗,改善操作环境、操作安全,对可能危害操作人员安全的部位,应加防护装置。为防止误操作引起事故,应设置报警装置等。

5)其他特殊要求

机械应符合环保要求、造型美观、色彩协调等,还要控制噪声,避免产生废气、废液及灰尘等。

一些特殊机械还有一些特殊要求。例如:机场中的机械应在规定的使用期限内保持精度,经常搬运使用的机械(塔式起重机、钻探机等),要求便于安装、拆卸和运输,食品、纺织、医药等机械不得污染产品的要求。

1.2.2 机械设计一般程序

1)明确设计任务

根据市场需求,确定机器的功能和技术经济指标,研究实现的可行性,编制设计任务书。

2)总体方案设计

根据设计任务书要求,提出多种设计方案,经过评价比较,选取最佳方案。

3)技术设计

在方案设计的基础上,进行分析计算,确定机械各部分的机构和尺寸,进行技术经济评价;完成施工所需的装配图、零件工作图和技术文件。

4)样机试制

进行样机试制,对样机进行试验、测定,从技术上、经济上作出评价,提出改进措施。

应当指出,机械设计各个阶段的工作内容是相互联系的,常需交叉进行,整个设计过程是一个不断修改、完善的过程。即使所设计的机械产品正式投产后,还应结合制造和使用过程中出现的问题,不断加以改进。

1.3 机械零件的强度

强度是保证机械零件工作能力的最基本要求。设计机械零件时,首要考虑的就是满足强度条件。机械零件强度条件的判定,可采用许用应力法或安全系数法。许用应力法是比较危险截面处的最大应力(σ、τ)是否小于零件材料的许用应力($[\sigma]$、$[\tau]$),即:

$$\left.\begin{aligned}\sigma\leqslant[\sigma],[\sigma]=\frac{\sigma_{\lim}}{S}\\ \tau\leqslant[\tau],[\tau]=\frac{\tau_{\lim}}{S}\end{aligned}\right\}\tag{1-1}$$

式中:$\sigma_{\lim}$、$\tau_{\lim}$——极限正应力和极限切应力;

S——安全系数。

安全系数法是危险截面处的安全系数 S 是否大于或等于许用的安全系数$[S]$,即:

$$\left.\begin{aligned}S=\frac{\sigma_{\lim}}{\sigma}\geqslant[S]\\ S=\frac{\tau_{\lim}}{\tau}\geqslant[S]\end{aligned}\right\}\tag{1-2}$$

许用应力是零件设计的最大条件应力。合理确定许用应力可以使零件既有足够的强度和寿命,又不至于结构尺寸过大。许用应力取决于应力的类型、零件材料的极限应力和安全系数等。

1.3.1 载荷与应力的类型

零件所受的载荷可分为静载荷和变载荷两类。不随时间变化或者变化很小的称为静载荷,随时间变化的称为变载荷。

在载荷作用下,零件截面内产生的应力可分为静应力和变应力。不随时间变化或者变化很小的应力,称为静应力[图 1-4a)]。例如,锅炉的内压力所引起的应力、拧紧螺母所引起的应力等。随时间变化的应力,称为变应力。具有周期性的变应力称为循环变应力,如图 1-4b) ~ 图 1-4d)所示,分别是循环变应力的三种基本类型。

循环变应力的最大值$\sigma_{\max}$和最小值$\sigma_{\min}$的绝对值大小相等而方向相反时[图 1-4b)],称为对称循环变应力。例如转轴上同时作用一径向静载荷时,轴上的弯曲应力应为对称循环变应力。

循环变应力的最小值$\sigma_{\min}$为 0 时[图 1-4c)],称为脉动循环变应力。例如单向传动的齿轮轮齿上的应力为脉动循环变应力。

循环变应力的最大值$\sigma_{\max}$和最小值$\sigma_{\min}$的绝对值不相等时,为循环变应力的一般形式,称为非对称循环变应力,如图 1-4d)所示。例如转轴上同时作用径向静载荷和轴向静载荷时,轴上的应力为非对称循环变应力。

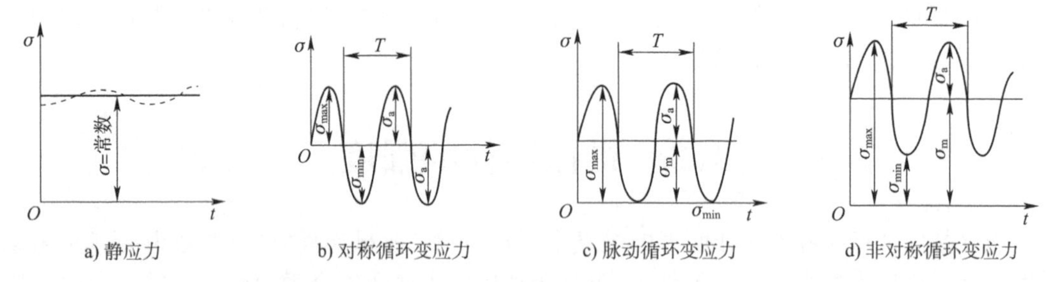

a) 静应力　b) 对称循环变应力　c) 脉动循环变应力　d) 非对称循环变应力

图 1-4　应力的类型

循环变应力的平均应力和应力幅分别为:

$$\left.\begin{aligned} &\text{平均应力} \qquad \sigma_m = \frac{\sigma_{\max} + \sigma_{\min}}{2} \\ &\text{应力幅} \qquad \sigma_a = \frac{\sigma_{\max} - \sigma_{\min}}{2} \end{aligned}\right\} \tag{1-3}$$

应力幅 σ_a 表示循环应力中的变动部分,平均应力 σ_m表示循环应力中的不变部分。

应力循环中的最小应力与最大应力之比,可用来表示变应力中应力变化的情况和不对称程度,通常称为变应力的循环特性,用 r 表示,即 $r = \frac{\sigma_{\min}}{\sigma_{\max}}$。

对称循环变应力为 $\sigma_{\max} = -\sigma_{\min}, r = -1$,脉动循环变应力为 $\sigma_{\max} \neq 0$、$\sigma_{\min} = 0, r = 0$。静应力可看作变应力的特例,$\sigma_{\max} = \sigma_{\min}$,循环特性 $r = +1$。非对称循环变应力,r 值随具体应力情况不同在 $+1 \sim -1$ 之间。上述循环变应力的五个参数($\sigma_{\max}$、$\sigma_{\min}$、σ_a、σ_m和 r),已知其中两个参数,即可求出其余参数。

为了简便,在上述讨论中只提及正应力 σ,至于切应力 τ,其情况类似,将 σ 更换为 τ 即可。

1.3.2　许用应力和安全系数

1)许用应力

在静应力下工作的零件材料有两种损坏形式:断裂或塑性变形。对于塑性材料,可按不发生塑性变形的条件进行计算。这时应取材料的屈服极限σ_s作为极限应力,故许用应力为:

$$[\sigma] = \frac{\sigma_s}{S} \tag{1-4}$$

对于用脆性材料制成的零件,为防止发生断裂,应取强度极限σ_b作为极限应力,故许用应力为：

$$[\sigma]=\frac{\sigma_b}{S} \tag{1-5}$$

许多零件是在交变应力作用下工作的，如轴类、弹簧、齿轮、滚动轴承等。在变应力条件下工作的零件，其损坏形式是疲劳断裂。据统计，大约有80%的机件破断是由于金属疲劳造成的。

疲劳断裂不同于一般静力断裂，它是损伤到一定程度后，即裂纹扩展到一定程度后，才发生的突然断裂。因此，疲劳断裂与应力循环次数（即使用期限或寿命）密切相关。

由材料力学可知，表示应力 σ 与应力循环次数 N 之间的关系曲线称为疲劳曲线。疲劳曲线可由疲劳试验测定。如图1-5所示，曲线的横坐标为循环次数 N，纵坐标为断裂时的循环力 σ。

从图1-5中可以看出，应力越小，试件能经受的应力循环次数就越多。从大多数黑色金属材料的疲劳试验可知，当循环次数 N 超过某一数值 N_0 以后，曲线趋向水平，即可认为试件经受“无数次”循环也不会发生断裂。N_0 称为应力循环基数，对应于 N_0 的应力称为材料的疲劳极限 σ_r。通常用 σ_{-1} 表示材料在对称循环变应力下的疲劳极限；用 σ_0 表示脉动循环应力下材料的疲劳极限。

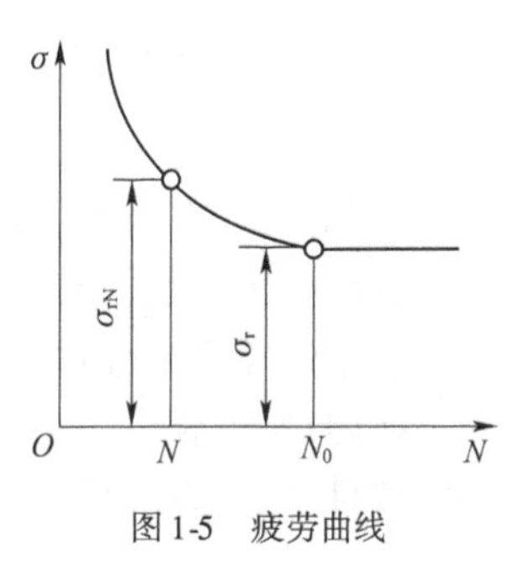

图1-5　疲劳曲线

因此，在变应力作用下，为防止疲劳破断，取疲劳极限 σ_r（如 σ_{-1}、σ_0）作为极限应力。

需要指出，零件的疲劳极限与材料试件的疲劳极限是不相同的。当不必作精确计算时，可考虑使用增大安全系数（降低许用应力）的办法。

2）安全系数

安全系数是考虑材料力学性能的离散性、计算方法的准确性、零件的重要性等多种不确定因素的影响而确定的。安全系数定得正确与否对零件尺寸有很大影响。如果安全系数定得过大将使结构笨重；如果定得过小，又可能不够安全。实际工作中，确定安全系数S有以下两种方法。

（1）查表法。

在各个不同的机械制造部门，根据长期生产实践经验，都制订有适合本部门的安全系数（或许用应用）的表格。这类表格虽然适应范围较窄，但具有简单、具体及可靠等优点。本书中主要采用查表法选取安全系数（或许用应力）。

当没有专门的表格时，可参考以下原则选择安全系数：

①静应力下，塑性材料以屈服极限为极限应力。由于塑性材料可以缓和过大的局部应力，故可取安全系数 $S=1.2\sim1.5$；对于塑性较差的材料 $\left(如\frac{\sigma_s}{\sigma_b}>0.6\right)$ 或铸钢件，可取 $S=1.5\sim2.5$。

②静应力下，脆性材料以强度极限为极限应力，这时应取较大的安全系数。例如，对于高强度钢或铸铁，可取 $S=3\sim4$。

③变应力下，以疲劳极限作为极限应力，可取 $S=1.3\sim1.7$；若材料不够均匀、计算不够

精确时,可取 $S=1.7\sim2.5$。

(2)部分系数法。

安全系数也可用部分系数来确定,即用几个系数的连乘积来表示总的安全系数:$S=S_1\cdot S_2\cdot S_3$。式中,S_1 考虑载荷及应力计算的准确性;S_2 考虑材料的力学性能的均匀性;S_3 考虑零件的重要性。各个系数的具体数值可参阅有关资料。

*1.4　常用的机械工程材料及钢的热处理

机械工程中最常用的材料是钢和铸铁,其次是有色金属合金。非金属材料如塑料、橡胶等,在机械工程中也具有独特的使用价值。

1.4.1　常用的机械工程材料

1)钢

钢和铸铁都是铁碳合金,它们的区别主要在于含碳量的不同。含碳量小于 2.11% 的铁碳合金称为钢。钢具有较高的强度、塑性和韧性,并可用热处理方法改善其力学性能和加工性能。钢制零件毛坯可用锻造、冲压、焊接或铸造等方法取得,因此,其应用极为广泛。

按照用途,钢可分为结构钢、工具钢和特殊钢。结构钢用于制造各种机械零件和工程结构的构件;工具钢主要用于制造各种刃具、模具和量具;特殊钢(如不锈钢、耐热钢、耐酸钢等)用于制造在特殊环境下工作的零件。

按照化学成分,钢又可分为碳素钢和合金钢。

碳素钢的性质主要取决于碳含量和热处理状态。在平衡状态下,当碳含量小于 0.9% 时,随着碳含量的增加,钢的强度和硬度增加,塑性和韧性降低。当碳含量大于 0.9% 时,随着碳含量的增加,碳会以硬脆的网状渗碳体形式存在,导致其硬度继续提高,而强度、塑性和韧性开始降低。因此,工业用钢的碳含量一般不超过 1.35%。

碳素钢按照碳含量不同,可分为低碳钢(碳含量≤0.25%)、中碳钢(0.25% <碳含量≤0.6%)和高碳钢(碳含量 >0.6%)。钢中还有 Si、Mn、S、P 等杂质。其中 S、P 是有害杂质元素,要严格控制其含量。

为了改善钢的性能,特意加入了一些合金元素的钢称为合金钢。目前常用的合金元素有 Mn、Si、Cr、Ni、Mo、W、V、Al、Ti、B 等。

下面介绍几种工程中常用钢种。

(1)碳素结构钢。碳素结构钢的牌号由 Q、屈服强度数值(钢材厚度或直径≤16mm)、质量等级符号(分 A、B、C、D 四级)和脱氧方法(F 为沸腾钢、B 为半镇静钢、Z 为镇静钢、TZ 为特殊镇静钢,若为 Z 或 TZ 则予以省略)四部分组成。例如,Q235-A · F 表示屈服强度为 235MPa、沸腾钢、A 级结构钢。碳素结构钢常用于制造工程结构件和一般要求的机械零件。

(2)优质碳素结构钢。优质碳素结构钢含磷、硫有害杂质较少,钢的纯净度、均匀性及表面质量都比较好。根据化学成分的不同,优质碳素结构钢又可分为普通含锰量钢和较高含锰量钢两类。优质碳素结构钢的牌号用两位数字来表示,数字代表了钢的含碳量,并以 0.01%(万分之一)为单位。例如 45 号钢,即表示平均含碳量为 0.45% 的钢;08 号钢则表示平均含碳量为0.08%的钢。如果是较高含锰量钢,就在代表含碳量的两位数字后面附加化学符号"Mn",例如20Mn、50Mn等。较高含锰量钢与相应的普通含锰量钢相比,具有更高的强度和硬度。机械制造中广泛采用优质碳素结构钢制造各种比较重要的机器零件。这类钢多数经过热处理后使用。

(3)合金结构钢。合金结构钢的牌号用"数字+化学元素+数字"的表示方法:前面的数字表示钢中碳含量,以万分之几的数字表示;化学元素用化学符号表示;后面的数字表示该合金元素的平均含量,当合金元素含量小于1.5%时,省略不注;当合金元素含量大于或等于1.5%、2.5%、…时,相应以2、3、…表示。例如40Cr表示平均含碳量为0.40%、平均铬含量小于1.5%的合金结构钢。钢中添加合金元素的作用在于改善钢的性能。例如:镍能提高强度而不降低钢的韧性;铬能提高硬度、高温强度、耐腐蚀性和提高高碳钢的耐磨性;锰能提高钢的耐磨性、强度和韧性;钼的作用类似于锰,其影响更大些;钒能提高韧性及强度;硅可提高弹性极限和耐磨性,但会降低韧性。合金元素对钢的影响是很复杂的,特别是当为了改善钢的性能需要同时加入几种合金元素时。应当注意,合金钢的优良性能不仅取决于化学成分,在更大程度上更取决于适当的热处理。合金结构钢常用于制造重要的或有特殊性能要求的机械零件。

(4)铸造碳钢。铸造碳钢的牌号用"ZG"和两组数字组成。前一组数字表示最小屈服强度(σ_s),后一组数字表示最低抗拉强度(σ_b)。例如,ZG230-450表示$\sigma_s \geq 230$MPa、$\sigma_b \geq 450$MPa的一般工程用铸造碳钢。铸造碳钢的液态流动性比铸铁差,所以用普通砂型铸造时,壁厚常不小于10mm。铸钢件的收缩率比铸铁件大,故铸钢件的圆角和不同壁厚的过渡部分均应比铸铁件大些。铸造碳钢主要用于制造形状复杂,需要一定强度、塑性和韧性的机械零件。

2)铸铁

含碳量大于2.11%的铁碳合金称为铸铁。铸铁的抗拉强度、塑性和韧性较差,无法进行锻造,但它的抗压强度较高,具有良好的铸造性能、切削加工性能、减振性和耐磨性能等,而且成本低廉,常用于制造承受压力的基础零件或形状复杂、对力学性能要求不高的机械零件。铸铁有灰铸铁、可锻铸铁、球墨铸铁和合金铸铁等。一般常用的是灰铸铁和球墨铸铁。

(1)灰铸铁。灰铸铁中的碳主要以片状石墨形式存在,因断口呈灰色而得名。灰口铸铁是制造机械零件的主要铸造材料,在各类铸铁的总产量中占80%以上。根据国家标准《灰铸铁分级》(GB 5675—85),以"HT"为灰口铸铁的代号,后面数字表示最低抗拉强度。

(2)球墨铸铁。球墨铸铁中的碳主要以球状石墨形式存在。因为它的石墨呈球状,因而对基体的削弱和造成的应力集中都很小,使球墨铸铁具有很高的强度,又有良好的塑性和韧性。球墨铸铁的抗拉强度不仅远超过灰口铸铁,甚至可以与钢媲美。尤其突出的是它的屈服比$\sigma_{0.2}/\sigma_b$高,为0.7~0.8,而钢一般只为0.3~0.5。在一般机械设计中,材料的许用应力是按$\sigma_{0.2}$确定的,因此,对承受静载荷的零件,使用球墨铸铁比铸钢还能节省材料和减轻机器的重量。球墨铸铁牌号用"QT"符号及其后面两组数字表示。QT代表"球铁",第一组数字代表最低抗拉强度值,第二组数字代表最低伸长率值。

3)有色金属及其合金

工业上把黑色金属(钢铁材料)之外的金属及其合金称为有色金属及其合金。有色金属合金具有一些特殊性能,如高的导电性、导热性、耐蚀性和减摩性等,因而在现代机械工业中不可或缺。但是有色金属合金稀少,价格较贵,只有在需要满足特殊要求时才予以采用。

常用的有色金属合金有铜合金和铝合金。铜合金有黄铜和青铜之分。黄铜是铜和锌的合金,并含有少量的锰、铝、镍等,它具有很好的塑性及流动性,故可进行碾压和铸造,主要用于制造弹簧、垫片、衬套及要求耐蚀的零件等;青铜可分为含锡青铜和不含锡青铜两类,它们的减摩性和抗腐蚀性均较好,也可碾压和铸造,主要用于制造轴瓦、蜗轮及要求耐磨耐蚀的零件等。此外,还有轴承合金(或称巴氏合金),主要用于制作滑动轴承的轴承衬。铝合金分为变形铝合金和铸造铝合金两大类。变形铝合金主要用于生产各种型材和结构的零件,如各种容器、热交换器、飞机翼肋等;铸造铝合金主要用于制造活塞、汽缸体等。

4)非金属材料

(1)橡胶。

橡胶富有弹性,能吸收较多的冲击能量,常用作联轴器或减振器的弹性元件、带传动的胶带等。硬橡胶可用于制造用水润滑的轴承衬。

(2)塑料。

塑料的密度小,易于制成形状复杂的零件,而且各种不同塑料具有不同的特点,如耐蚀性、绝热性、绝缘性、减摩性、摩擦因数大等,所以,近年来在机械制造中其应用日益广泛。以木屑等作填充物,用热固性树脂压结而成的塑料称为结合塑料,可用来制作仪表支架、手柄等受力不大的零件。以布、薄木板等层状填充物为基体,用热固性树脂压结而成的塑料称为层压塑料,可用来制作无声齿轮、轴承衬和摩擦片等。

此外,在机械制造中也常用到其他非金属材料,如皮革、木材、纸板、棉、丝等。

1.4.2 钢的热处理

钢的热处理是将钢在固态下,通过加热、保温和不同的冷却方式,以改变其内部组织结构,从而获得所需性能的一种工艺方法。热处理是提高加工质量、延长工件和刀具使用寿命、节约材料、降低成本的重要手段。机械、交通、能源及航空航天等工业部门的大多数零部件和一些工程构件,都需要通过热处理来提高产品质量和性能。例如,机床工业60%~70%的零件、汽车和拖拉机70%~80%的零件、飞机的全部零件几乎都要进行热处理。常用的热处理方法有退火、正火、淬火、回火及表面热处理等。

1)退火

退火是将金属或合金加热到适当的温度后保温一定时间,然后缓慢冷却(通常为随炉冷却)的热处理工艺。通过退火可以消除内应力和降低硬度,提高塑性,改善切削加工性,提高力学性能,改善组织,为淬火处理做好准备。

2)正火

正火是将钢从炉中取出空冷的热处理工艺。正火与退火的主要区别在于冷却速度不同,由于冷却速度较快,正火后所得组织比退火后细一些,强韧性更高,而塑性、韧度稍有下降或不降。正火可以在一定程度上提高钢的力学性能。正火工艺简单易行,省时节能,生产率高,有时可以作为最终热处理。

3）淬火及回火

淬火是将钢铁加热至相变温度以上，保温一段时间，然后在水或油中冷却的热处理方法。淬火后，钢的硬度急剧增加，但存在很大的内应力，脆性也相应增加。为了减小内应力、脆性和获得良好的力学性能，淬火后一般需要再经过回火处理。

回火是将淬火后的钢重新加热到某一低于 A_1 临界点的温度，保温后冷却到室温的热处理工艺，是零件淬火后必不可少的后续工序。

根据加热温度的不同，回火可分为低温回火、中温和高温三类，低温回火的加热温度为150～250℃，可保持高硬度高耐磨性，消除应力，降低脆性，适用于处理刀具、磨具等工具；中温回火的加热温度为350～500℃，可获得高的屈服强度和弹性极限，适用于有弹性要求的零件，如弹簧；高温回火的加热温度为500～650℃，可获得强度、硬度、韧性和塑性都较好的综合力学性能，适用于重要的机械零件，如连杆、齿轮、轴等，生产上习惯把淬火后高温回火的热处理方法称为调质处理。

4）表面热处理

表面热处理是强化零件表面的重要手段，常用的有表面淬火和化学热处理。

表面淬火是将工件的表面层淬硬到一定深度，而心部仍保持未淬火状态的一种局部淬火法。表面淬火一般适用于中碳钢和中碳合金钢。目前应用较多的是火焰加热表面淬火、感应电流加热表面淬火和激光表面淬火。表面淬火之后一般还需进行低温回火工序，表面变硬而耐磨，心部仍保持原有韧性。机床中的齿轮、内燃机中的曲轴轴颈等常采用这种热处理方法。

化学热处理是将钢件放在含有一种或几种化学元素（如碳、氮、铝、硼、铬等）的介质中加热和保温，使该元素的活性原子渗入零件表面的热处理方法。根据渗入元素的不同，分为渗碳、渗氮和碳氮共渗等。

渗碳一般适用于低碳结构钢或低碳合金结构钢，如20、20Cr、20CrMnTi等。工件经渗碳后，表面为高碳组织，为了进一步提高其硬度和耐磨性，需要进行淬火及低温回火，而心部仍为低碳组织，保持原有的韧性和塑性，常用于处理汽车、拖拉机中的齿轮和凸轮等。

渗氮的工件需要采用专门的氮化钢，如38CrMoAlA等。机械零件经渗氮后，表面形成一层氮化物，无须淬火便具有高硬度、高耐磨性、高耐蚀性和抗疲劳性能等。此外，由于渗氮温度较低（一般为500～570℃），零件变形小，因此，广泛用于处理精密量具、高精度机床主轴等。

碳氮共渗中的高温碳氮共渗以渗碳为主，低温碳氮共渗以渗氮为主。

1.4.3　机械零件材料的选择

机械零件材料的选择通常应考虑零件的使用要求、工艺性和经济性等方面的要求。使用要求包括零件的受载情况（载荷大小、应力类型）、工作条件（温度、介质、摩擦磨损情况）、尺寸和重量及特殊要求。选择材料时应合理考虑材料的力学性能和物理性能、化学性能，以满足使用要求。工艺性要求是指所选用的材料，便于制造。经济性不仅要考虑材料本身的相对价格，还要考虑加工等费用。选择合适的材料是一项较复杂的技术经济工作，应综合考虑各种条件和要求进行比较，以选择合适材料。

思 考 题

1-1 什么是机械？什么是机器？什么是机构？机器与机构有何联系和区别？

1-2 什么是构件？什么是零件？构件与零件有何联系和区别？

1-3 从功能系统的角度来看，机器是由哪些部分组成的？各部分的作用是什么？

1-4 作用在零件上的应力有哪些类型？机械零件强度计算时的需用应力一般如何确定？

1-5 试指出下列材料牌号的含义：Q235A 45 40Cr HT250 ZG310-570。

第二篇

常 用 机 构

第2章　平面机构学基础

如绪论所述,机构的主要作用是传递和变换运动,因此,要求机构中各个构件要具有确定的运动。然而构件任意拼凑起来不一定能动,即使能动也不一定具有确定运动,那么,构件究竟如何组合才能运动?在什么条件下才具有确定的运动?这对于分析现有机构和创新机构是很重要的。

实际机构的结构和外形一般都比较复杂,为了分析、研究机构的方便,常用机构运动简图来表示,因此,能看懂机构运动简图并掌握其绘制方法是必要的,本章将针对平面机构讨论以上问题并介绍有关知识。

2.1　平面机构的组成

2.1.1　构件与运动副

机器是由各种机构组成的,例如机械装备中的内燃机就包含了曲柄滑块机构、齿轮机构和控制进、排气的凸轮机构。

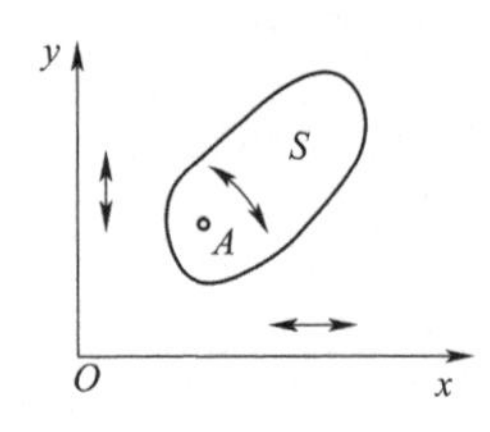

图2-1　平面自由构件的自由度

构件是机构中具有相对运动的单元体,因此,它是组成机构的主要要素之一。如图2-1所示,由理论力学知识可以知道,做平面运动的构件可有3个独立运动,即x、y轴方向的移动和绕z轴的转动,而做空间运动的构件有6个独立运动,即3个方向的移动和3个面内的转动。构件的这种独立运动数目称为自由度,由此可见,做平面自由运动构件有3个自由度,做空间自由运动的构件有6个自由度。

因为机构是由多个构件组成的,组成机构的构件间需要用一定的方式连接起来,这样才能使构件获得需要的相对运动,这种由两构件直接接触并能产生一定相对运动的连接称为运动副。组成运动副的两构件在相对运动中可能参加接触的点、线、面称为运动副元素。显然,运动副也是组成机构的主要要素。

2.1.2　运动副分类

根据两构件的接触情况,将平面运动副分为低副和高副两大类。

1)低副

两构件通过面接触而形成的运动副称为低副。低副在受载时,单位面积上的压力较小,不易磨损。根据两构件相对运动形式的不同,低副又分为转动副和移动副。

(1)转动副。若组成运动副的两构件只能做相对转动,这种运动副称为转动副(或称铰链),如图 2-2 所示。图中有一构件固定的,称为固定铰链;若没有构件固定,称为活动铰链。发动机中,曲轴轴颈与缸体轴承座组成固定铰链;活塞与连杆组成活动铰链。

(2)移动副。组成运动副的两构件只能做相对直线运动,这种运动副称为移动副。组成移动副的两构件可能都是可动的,也可能有一个是固定的。但两构件只能做相对移动。如图 2-3 所示的活塞与汽缸体所组成的运动副即为移动副。

由上述可知,平面机构中的低副引入两个约束,而仅保留一个自由度。

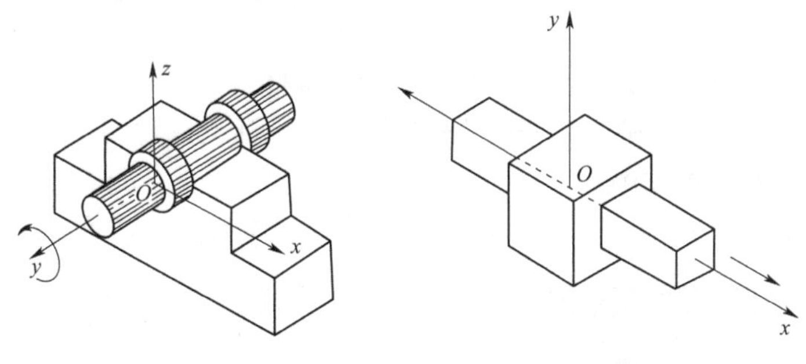

图 2-2　转动副　　　　图 2-3　移动副

2)高副

两构件通过点、线的形式接触而组成的运动副称为高副,由于构件间以点、线接触,所以接触处的压强较大。图 2-4a)、图 2-4b)所示的凸轮副、齿轮副均属高副,它们在接触点 A 处都是以点或线相接触,它们之间的相对运动是绕接触点 A 的转动和沿公切线 $t—t$ 方向的移动。由此可知,平面机构中的高副引入一个约束,而保留两个自由度。

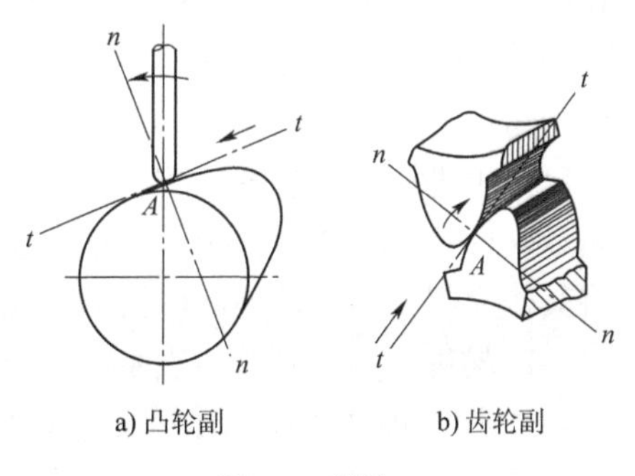

a) 凸轮副　　　　b) 齿轮副

图 2-4　高副

以上介绍的是平面运动副。机械中常用的运动副还有如图 2-5a)所示的螺旋副和图 2-5b)所示的球面副,这两种运动副均属于空间运动副,即两构件的运动为空间相对运动。空间运动副不在本章讨论的范围之内。

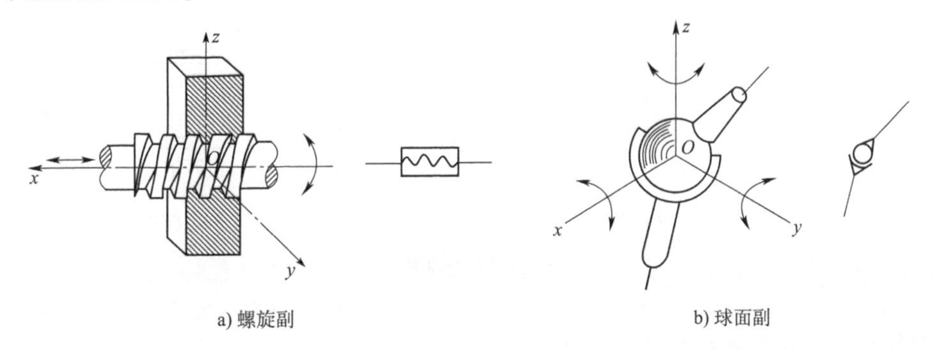

a) 螺旋副　　　　b) 球面副

图 2-5　空间运动副

2.2 平面机构运动简图

2.2.1 构件的分类

构件是机构中具有独立运动的单元体,是组成机构的基本要素。根据构件在机构中运动情况的不同,可将其分为如下三类。

(1)固定构件(机架),是指机构中用于支承活动构件的构件,研究机构运动时,常为参考坐标系。

(2)主动件(原动件),是指运动规律已知的活动构件。

(3)从动件,是指机构中随主动件运动而运动的其他活动构件,其运动规律取决于原动件的运动规律和机构的组成情况。

任何一部机器中,都必有一个固定构件、一个或几个原动件,其余的都是从动件。

2.2.2 平面机构运动简图

1)机构运动简图概念及其作用

实际构件的外形和结构往往比较复杂,在研究机构运动时,为了使问题简化,有必要去除那些与运动无关的构件外形和运动副具体构造,仅用简单线条和符号来表示构件和运动副,并按比例定出各运动副的位置。这种说明机构各构件间相对运动关系的简化图形,称为机构运动简图。

由于机构运动简图具有和原机械相同的运动特性,所以,机构运动简图不仅可以简明地表示一台复杂机器的结构和传动原理,还可以根据它对机构进行运动分析和受力分析,以及将其作为判断是否是创新机构的依据。

2)构件与运动副符号表示

在平面机构运动简图中,运动副的表示方法如图2-6所示。图2-6a)~图2-6c)是两个构件组成转动副的表示方法。圆圈表示转动副,圆心必须与相对转动轴线重合。图2-6a)表示组成转动副两构件都是活动构件,图2-6b)、图2-6c)表示两构件中其中一个为机架,代表机架的构件上加阴影线。

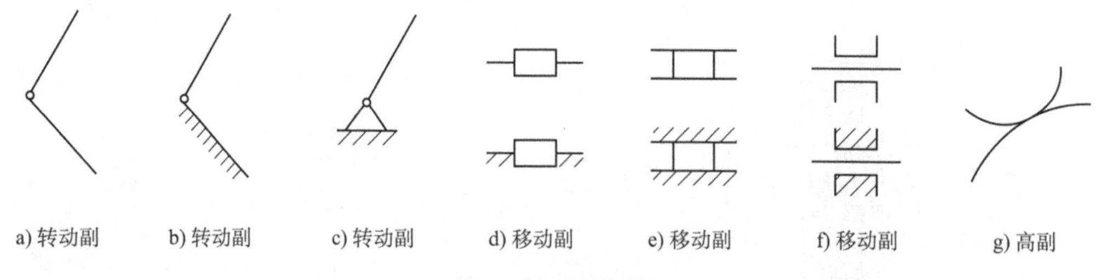

图2-6 运动副符号

移动副的表示方法如图2-6d)~图2-6f)所示。移动副的导路必须与构件相对方向一致,同理图中画阴影线的构件表示机架。

两构件组成高副时,在简图中应当画出两构件接触处的曲线轮廓,其曲率中心位置必须与构件实际轮廓曲率中心的位置一致,如图 2-6g)所示。

构件的相对运动是由运动副决定的。因此,在表达机构运动简图中的构件时,只需将构件上的所有运动副元素按照它们在构件上的位置用符号表示出来,再用简单线条将它们连成一体。例如具有两个运动副元素的构件,可用一个构件连接两个运动副,如图 2-7a)、图 2-7b)所示。图 2-7a)表示参与组成两个转动副的构件,图 2-7b)表示参与组成一个转动副和一个移动副的构件。同理,具有三个运动副元素的构件可用直线连接单个运动副组成的三角形来表示。为了表明三角形是一个刚性整体,常在三角形内打剖面线或者在三个角加上焊接符号,如图 2-7c)所示。如果三个转动副中心在一条直线上,则可用图 2-7d)表示。其他常用构件和运动副的简图符号可参阅《机械制图　机构运动简图用图形符号》(GB/T 4460—2013)中的"机构运动简图符号"。

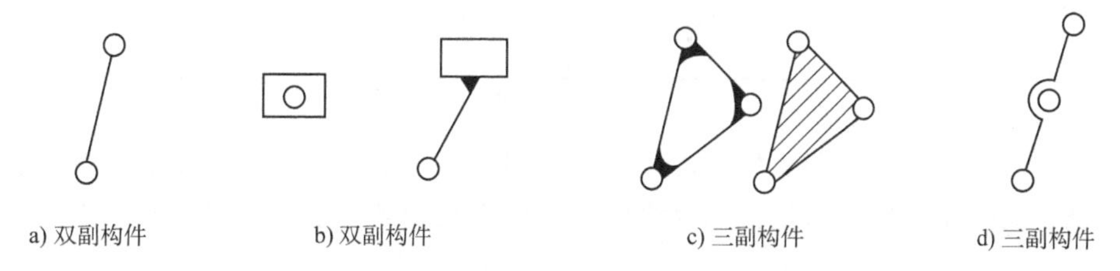

a) 双副构件　　b) 双副构件　　c) 三副构件　　d) 三副构件

图 2-7　构件表示方法

表 2-1 摘录了《机械制图　机构运动简图用图形符号》(GB/T 4460—2013)规定的部分常用机构运动简图符号,供绘制机构运动简图时参考。

部分常用机构运动简图符号(摘自 GB/T 4460—2013)　　表 2-1

名称		代表符号	
杆的固定连接			
零件与轴的固定			
轴承	向心轴承	普通轴承	滚动轴承
	推力轴承	单向推力　双向推力	推力滚动轴承
	向心推力轴承	单向向心推力　双向向心推力	向心推力滚动轴承
联轴器		可移式联轴器	弹性联轴器
离合群		啮合式	摩擦式

名称	代表符号
制动器	
在支架上的电动机	
带传动	
链传动	
外啮合圆柱齿轮机构	

续上表

名称	代表符号	名称	代表符号
内啮合圆柱齿轮机构		蜗杆蜗轮传动	
齿轮齿条传动		凸轮从动件	尖顶　曲面　滚子
锥齿轮机构		螺杆传动整体螺母	

3）机构运动简图的绘制

下面以内燃机为例，说明机构运动简图的绘制方法与步骤。如图2-8所示，该内燃机由曲柄滑块机构、凸轮机构和齿轮机构等组成。其机构运动简图绘制步骤如下。

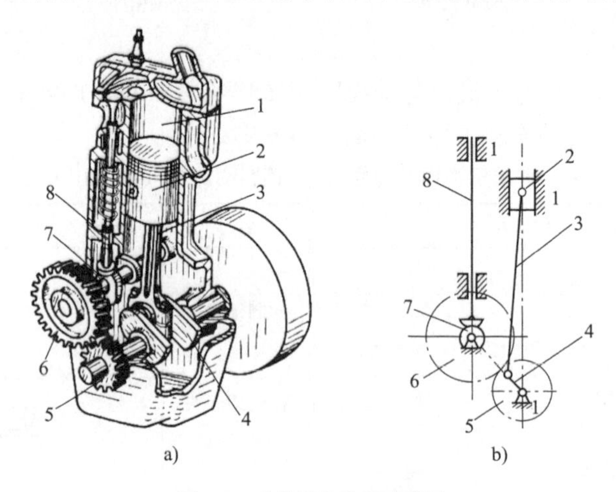

图2-8　内燃机机构运动简图

1-汽缸体；2-活塞；3-连杆；4-曲轴；5，6-齿轮；7-凸轮；8-气阀顶杆

（1）确定机架、原动件和从动件（类型和数目）。

①曲柄滑块机构：活塞2为原动件，连杆3、曲轴4为从动件，汽缸体1为机架。

②齿轮机构：与曲轴相固连的齿轮5为输入构件，齿轮6为从动件，汽缸体1为机架。

③凸轮机构：与齿轮6相固连的凸轮7为输入件，气阀顶杆8为从动件，汽缸体1为机架。

以上组成内燃机的三个机构因其运动平面平行，故可视为一个平面机构。此机构共有6个构件（齿轮5与曲轴4、齿轮6与凸轮7皆因分别固连，可各视为1个构件），其中可动构件数为5，机架数为1，活塞为原动件，其余为从动件。

（2）确定运动副的类型和数目。

根据组成运动副构件相对运动关系可知，活塞2与缸体1组成移动副；活塞2与连杆

3 组成转动副；连杆 3 与曲轴 4 组成转动副；曲轴 4 与小齿轮 5 固连成一个构件，它与缸体 1 组成一个转动副；凸轮 7 与大齿轮 6 固连成一个构件，它与缸体 1 组成一个转动副；而小齿轮 5 与大齿轮 6 组成齿轮副；凸轮 7 与顶杆 8 组成凸轮副，它们皆为高副；顶杆 8 与缸体 1 为移动副。所以，内燃机主体机构共有 8 个运动副，其中移动副 2 个，转动副 4 个，高副 2 个。

(3)合理选择视图。

因整个主体机构为平面机构，故取连杆运动平面为视图平面。

(4)选定比例尺，绘制机构运动简图。

根据机构实际尺寸和图纸大小确定适当的长度比例尺，选择一个恰当的原动件位置，用规定的符号和线条绘制成简图(从原动件开始画)。

机构运动简图绘制完成后，对于较复杂的机构，还要校核其机构的自由度，以判定绘制的机构运动简图是否正确。

2.3　平面机构的自由度

为了使组合起来的构件能产生相对运动并具有运动确定性，就必须研究平面机构自由度的计算方法。

2.3.1　平面机构自由度计算

1)计算公式

平面机构的自由度就是该机构中各构件相对于机架所具有的独立运动数目。

如前文所述，做平面运动的自由构件有 3 个自由度。因此，平面机构的每个活动构件，在未用运动副连接之前，都有 3 个自由度。当构件间连接起来组成运动副之后，它们的相对运动就受到约束，自由度随之减少。不同种类的运动副引入的约束不同，所保留的自由度也不同。在平面机构中，每个低副引入 2 个约束，使构件失去 2 个自由度，保留 1 个自由度；而每个高副引入 1 个约束，使构件失去 1 个自由度，保留 2 个自由度。平面机构自由度与组成机构的构件数目、运动副数目及运动副的性质有关。

如果一个平面机构中包含有 n 个可动构件(机构为参考坐标系，相对固定而不计其中)，则这些可动构件在未用运动副连接之前，其自由度总数应为 $3n$。当用运动副连接起来组成机构后，机构中各构件由于受到约束，自由度数减少，若低副数为 P_L，高副数为 P_H，则机构中全部运动副引入的约束数为 $2P_L+P_H$，因此，自由度的计算可用活动构件的自由度总数减去运动副引入的约束总数，即：

$$F=3n-2P_L-P_H \tag{2-1}$$

这就是计算平面机构自由度的一般公式。由式(2-1)可知，机构的自由度与组成机构的活动构件数目、运动副的数目及运动副的性质有关。

【例 2-1】　试计算图 2-8 所示内燃机机构的自由度。

解：图 2-8 所示的内燃机，曲轴与齿轮 5、齿轮 6 与凸轮 7 分别固连，故可分别视为一个构件。故此机构具有 5 个活动构件，即 $n=5$，组成 4 个转动副和 2 个移动副，$P_L=6$；2 个高副，$P_H=2$。代入式(2-1)，可得机构的自由度为：

$$F=3n-2P_L-P_H=3\times5-2\times6-2=1$$

2)计算平面机构自由度时应注意的事项

应用式(2-1)计算平面机构自由度时，应注意以下几点：

(1)复合铰链。

两个以上构件组成共轴线的转动副，即为复合铰链。如图 2-9 所示为 3 个构件在 B 处构成的复合铰链。由其侧视图可知，以构件 4 为基础，构件 2 和 3 分别与其组成转动副。依此类推，当由 k 个构件组成复合铰链时，则应当组成($k-1$)个转动副。在计算机构自由度时，应仔细观察是否有复合铰链存在，以免错算运动副的数目。

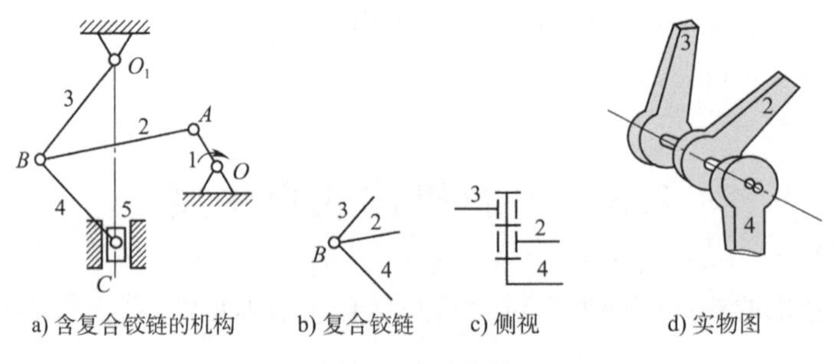

图 2-9　复合铰链

【例 2-2】　图 2-10 所示为一惯性筛机构运动简图，试计算其自由度。

解：该机构中，$n=5$，$P_L=7$（C 处为复合铰链），$P_H=0$，所以该机构的自由度为：

$$F=3n-2P_L-P_H=3\times5-2\times7=1$$

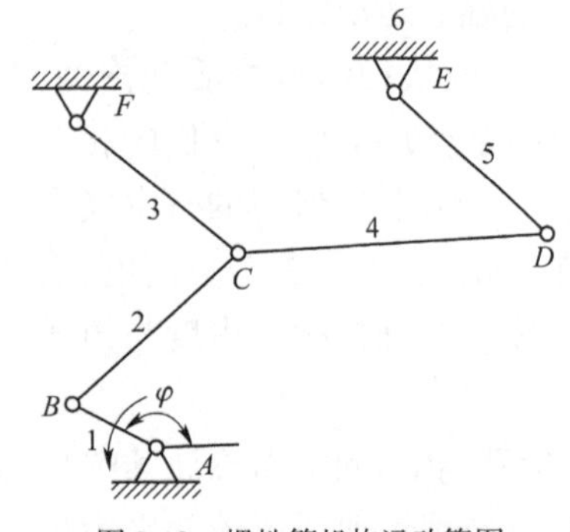

图 2-10　惯性筛机构运动简图

(2)局部自由度。

在某些机构中出于其他一些非运动的原因，设置了附加构件，这种附加构件的运动是完全独立的，对整个构件的运动毫无影响，即不影响输入件与输出件之间的运动关系，把这种与输出件运动无关的自由度称为机构的局部自由度。在计算机构自由度时，局部自由度应略去不计。

在图 2-11a)所示的凸轮机构中，为减少高副接触处的磨损，在从动件 3 上安装一个滚子 4，其与凸轮 2 的轮廓线滚动接触。显然，滚子 4 绕其自身轴线的转动与否并不影响凸轮与从动件间的相对运动，因此，滚子绕其自身轴线的转动为机构的局部自由度。在计算机构的自由度时，应预先将转动副 B 和构件 3 去除不计，可设想将滚子 4 与从动件 3 焊为一体，作为一个构件来考虑，简化成图 2-11b)所示形式。此时，该机构中，$n=2$，$P_L=2$，$P_H=1$。其机构自由度为：

$$F=3n-2P_L-P_H=3\times2-2\times2-1=1$$

即此凸轮机构只有 1 个自由度，是符合实际情况的。

(3)虚约束。

在特殊的几何条件下，机构中的有些约束对机构自由度的影响是重复的，对机构的运动不起任何限制作用,这种与其他约束重复而不起独立限制作用的约束称为虚约束。计算机构自由度时,应先将虚约束去除,再按机构自由度的一般公式进行计算。

例如图 2-12a)所示的机车车轮联动机构,图 2-12b)为其机构运动简图。图中的构件长度为 $l_{AB}=l_{CD}=l_{EF}$,$l_{BC}=l_{AD}$,$l_{DF}=l_{CE}$。在此机构中 $n=4$,$P_{\mathrm{L}}=6$,$P_{\mathrm{H}}=0$,所以,其机构自由度$F=3n-2P_{\mathrm{L}}-P_{\mathrm{H}}=3\times4-2\times6=0$。这表明此机构是不能运动的,显然与实际情况不相符合。进一步分析后可知,机构中存在着虚约束——构件 5 和转动副 E、F。如果去掉构件 5,转动副 E、F 也就不存在,但构件 3 上 E 点相对 F 点轨迹,仍然是以 F 点为圆心、l_{AB}或 l_{CD}为半径的圆。这表面构件 5 和转动副 E、F 存在与否,对整个机构的运动并无影响。因此,计算自由度时,应该去除。在此机构中应按 $n=3$,$P_{\mathrm{L}}=4$,$P_{\mathrm{H}}=0$,采用式(2-1)计算自由度,即:

$$F=3n-2P_{\mathrm{L}}-P_{\mathrm{H}}=3\times3-2\times4=1$$

此结果与实际情况相符。

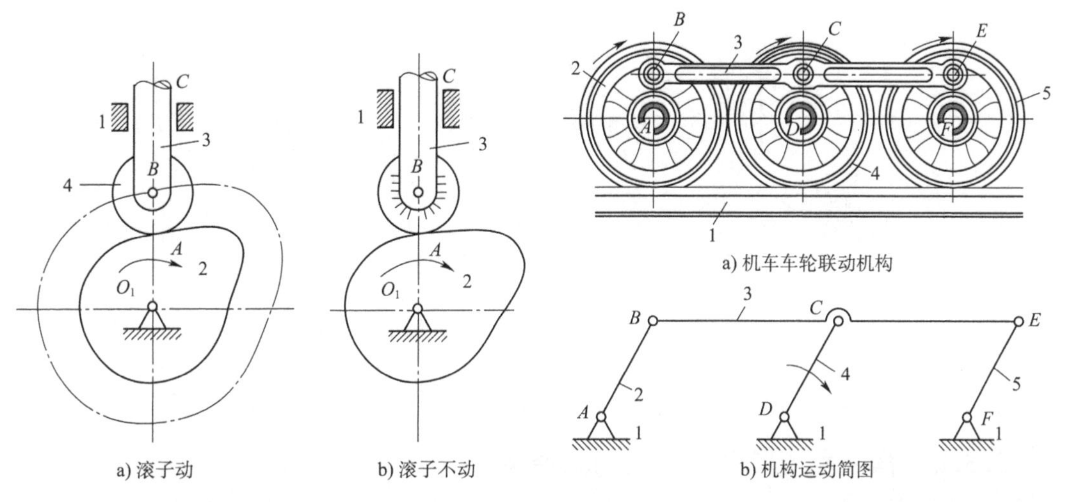

图 2-11　局部自由度

图 2-12　机车车轮联动机构

由此可知,当机构中存在虚约束时,其消除办法是将含有虚约束的构件及其组成的运动副去掉。

平面机构中的虚约束常发生在以下情况:

①机构中某两构件用转动副相连的连接点,在未组成转动副以前,其各自的轨迹已重合为一,则组成转动副以后,必将存在虚约束。这类虚约束有时需要经过几何论证才能判定。如图 2-12 所述的情况。

②两构件在多处组成移动副且其导路中心线互相平行或者重合。例如内燃机顶杆与汽缸体之间组成两个导路平行的移动副,其中之一为虚约束。

③两构件在多处组成转动副,且其转动副轴线相互重合。内燃机中曲轴与汽缸体之间有两个轴承,都是限制曲轴只能绕其轴线转动,计算机构自由度时,只算一个转动副,其余视为虚约束。此种情况较常见,因为轴类零件一般皆由两个轴承支撑。

机构中对运动无影响的对称部分,也为虚约束,如图 2-13 所示。

应当注意,对于虚约束,从机构运动的观点来看是多余的,但从增加构件刚度、改善机构受力状况等方面看却是必需的。同时要注意机构的虚约束是在特定几何条件下引入的,如果这些几何条件不能满足,虚约束将会转化为有效约束,从而改变机构的运动情况。因此,机构引入虚约束,对其制造和安装精度要求更高。虚约束发生的情况比较复杂,上述为几种常见情况,一般不符合上述情况者不要轻易判定为虚约束,以免计算出错。

综上所述,计算平面机构自由度时,必须考虑是否存在复合铰链,并应将局部自由度和虚约束去除不计,才能得到正确结果。

【例 2-3】 计算如图 2-14 所示的冲压机构的自由度。

解:此机构中 B 为复合铰链,此处 2 个转动副;F 处的滚子为局部自由度;K、L 为导路重合的两移动副,其中一个是虚约束。除去虚约束及局部自由度后,该机构则有:$n=9$,$P_L=12$,$P_H=2$,故其自由度为:

$$F=3n-2P_L-P_H=3\times9-2\times12-2=1$$

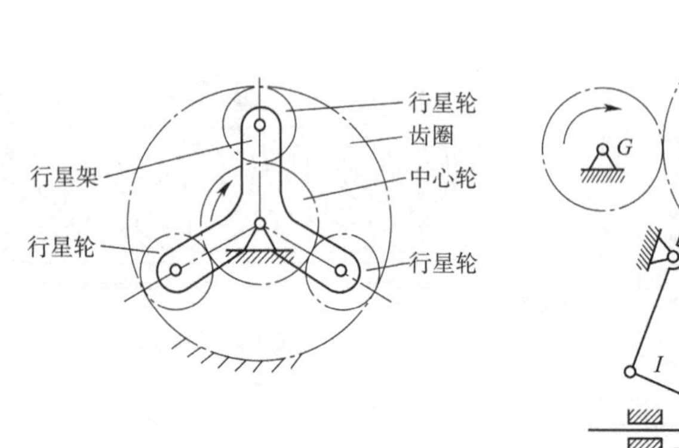

图 2-13　对称结构的虚约束

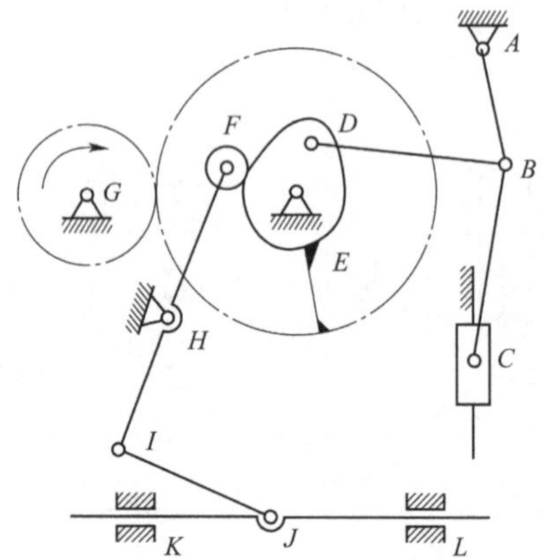

图 2-14　冲压机构的运动简图

2.3.2　构件系统具有确定运动的条件

通过计算机构自由度可以发现,构件组合要想成为机构,其必要条件为 $F>0$,而成为机构的充分条件是必须具有确定的相对运动。构件组合体满足什么条件才具有确定的相对运动呢?

由前文可知,机构的自由度是机构中各构件相对于机架所具有的独立运动的个数。而从动件是不能独立运动的,只有原动件的运动是外界给定的,能够独立运动。通常机构的原动件都是以转动副或移动副与机架连接,因此,每个原动件只能输入一个独立运动。因此,要使各构件间具有确定的运动,必须使原动件数等于机构的自由度。所以,构件系统成为机构的充分必要条件为:构件系统的自由度必须大于 0,且原动件数与其自由度必须相等。

如图 2-10 所示的惯性筛机构是一个六杆机构,这个机构自由度为 1,回转件 1 为原动件,给定原动件一个位置,从动件 2、3、4、5 便有一个确定的相应位置。因此,机构的自由度数为 1 与原动件数相等,所以它有确定的相对运动。

如果给此机构 2 个原动件(构件 1 和构件 3),那么既要求构件 2 处于原动件 1 所要确定的位置,同时又要随原动件 3 的运动规律而运动,那显然是不可能的。由此可见,如果机构的原动件数大于自由度，势必使机构中各构件运动发生干涉，从而导致运动副构件的损坏，不能成为机构。

如果机构的原动件数少于自由度数，就会出现运动不确定情况。如图2-15所示的五杆件系统，自由度为2，若只给定一个原动件，构件2、3、4位置不确定，既可以处于实线位置，又可为虚线所处位置，因此，其运动是不确定的，同样不能成为机构。

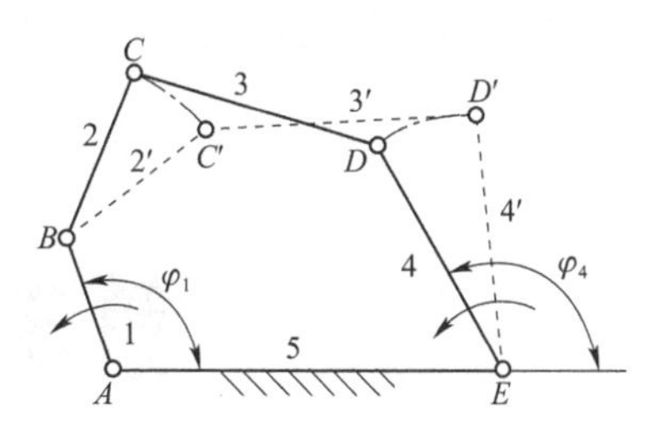

图2-15　运动不确定与确定情况

思　考　题

2-1　什么是高副？什么是低副？在平面机构中高副和低副各引入几个约束？

2-2　什么是机构运动简图？绘制机构运动简图的目的和意义是什么？

2-3　什么是机构的自由度？计算自由度应注意哪些问题？

2-4　机构具有确定运动的条件是什么？若不满足这一条件，机构会出现什么情况？

2-5　试绘制图2-16所示平面机构的机构运动简图。

a) 悬窗机构

b) 自卸汽车液动倾卸机构

图2-16　习题2-5图

2-6　计算图2-17所示构件系统的自由度机构中如有复合铰链、局部自由度及虚约束，请予以指出，并判断机构的运动是否确定。

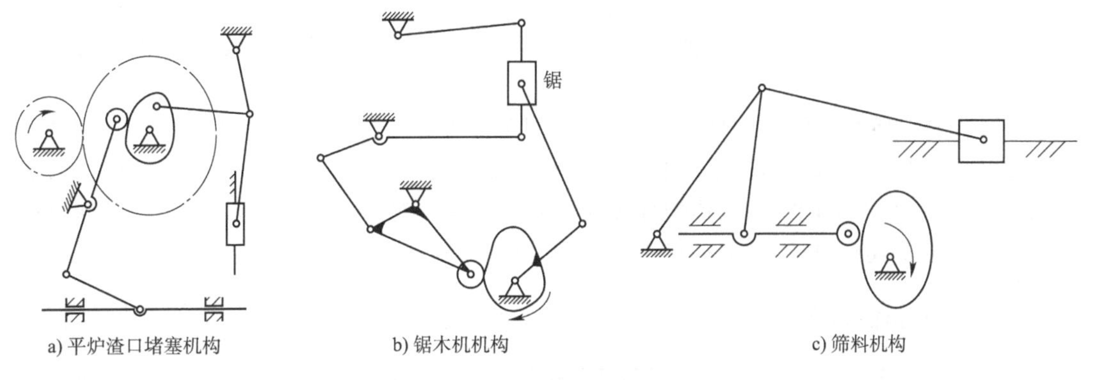

a) 平炉渣口堵塞机构　b) 锯木机机构　c) 筛料机构

图2-17　习题2-6图

第3章　平面连杆机构

连杆机构是由若干刚性构件用低副连接而成的,故又称低副机构。平面连杆机构是指各构件均在同一平面或平行平面内运动的机构。

平面连杆机构由于是低副机构(面接触),而且接触面多是圆柱面或平面,因此,单位面积压力小,对构件表面磨损小,易润滑,制造精度较高,并且容易实现转动、移动等多种运动形式以及较复杂的运动,故常用来实现特定的运动规律和给定的运动轨迹,但机构低副中的间隙会引起运动误差,从而不容易精确地实现预定的运动规律和轨迹要求。

由于连杆机构具有上述特点,因此,其广泛应用于各种机械和仪表中,诸如活塞发动机的曲柄滑块机构、飞机起落架机构及汽车车门的关闭机构等。人造卫星太阳能板的展开机构、机械手的传动机构、折叠伞的收放机构及人体的假肢机构等,也都用到连杆机构。

平面连杆机构中最基本的是由四个构件组成的机构,称为平面四杆机构。它应用最广泛,而且是构成和研究平面多杆机构的基础。本章主要讨论平面四杆机构的基本类型及基本特性,并对基本设计方法作简要介绍。

3.1　平面连杆机构的基本形式及应用

所有运动副都是转动副的平面四杆机构称为铰链四杆机构,它是平面四杆机构的基本形式。

在如图3-1所示的铰链四杆机构中,杆4固定不动称为机架,不直接与机架相连的杆2称为连杆,与机架以转动副连接的杆1和杆3称为连架杆,能做整周转动的连架杆称为曲柄,仅能在某一角度范围摆动的连架杆称为摇杆。根据连架杆运动形式的不同,铰链四杆机构又可分为曲柄摇杆机构、双曲柄机构、双摇杆机构三种基本类型。

3.1.1　曲柄摇杆机构

具有一个曲柄和一个摇杆的铰链四杆机构称为曲柄摇杆机构。

曲柄摇杆机构一般多以曲柄为原动件,做等速转动;而摇杆为从动件,做变速往复摆动。图3-2所示的雷达天线俯仰角调整机构采用的是曲柄摇杆机构。曲柄1缓慢匀速转动,通过连杆2使摇杆3在一定角度范围内的摆动,从而调整雷达天线接收器4、5的俯仰角度。曲柄摇杆机构在生产中应用很广泛。

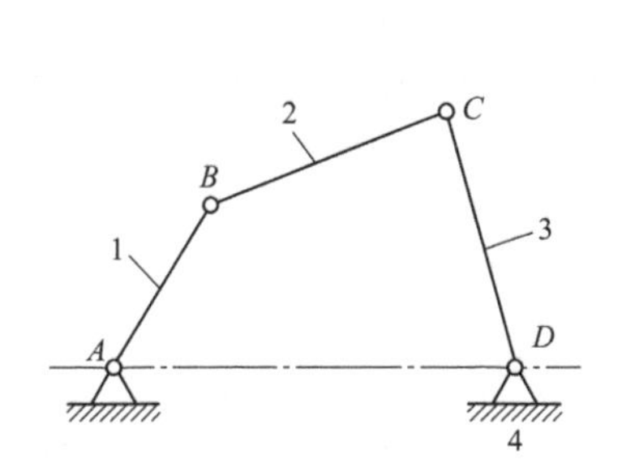

图 3-1　铰链四杆机构
1,3-连架杆;2-连杆;4-机架

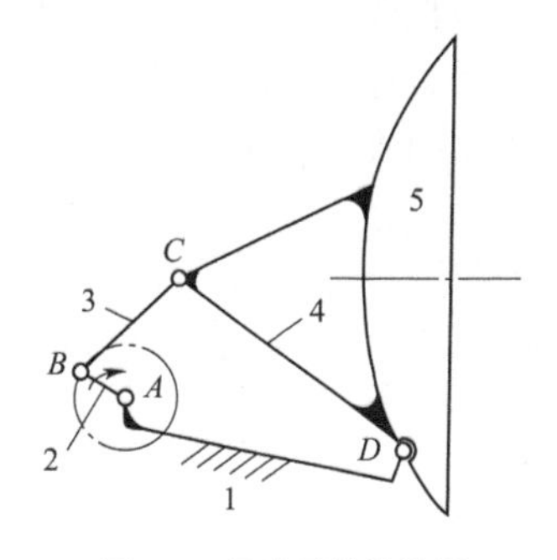

图 3-2　雷达天线机构图
1-曲柄;2-连杆;3-摇杆;4,5-接收器

另外,除了以曲柄作为主动件外,也有以摇杆为主动件、曲柄为从动件的情况。如缝纫机踏板机构(图 3-3),当踏板作为主动件时,摇杆往复摆动,通过连杆驱使曲柄及带轮转动。

3.1.2　双曲柄机构

具有两个曲柄的铰链四杆机构称为双曲柄机构。双曲柄机构中,通常主动曲柄做等速转动,从动曲柄做变速转动。

如图 3-4 所示的惯性筛的铰链四杆机构即是双曲柄机构,当原动曲柄 *AB* 等速转动时,从动曲柄 *CD* 做变速转动,通过连杆 5 带动滑块 6 上的筛子做变速往复运动。

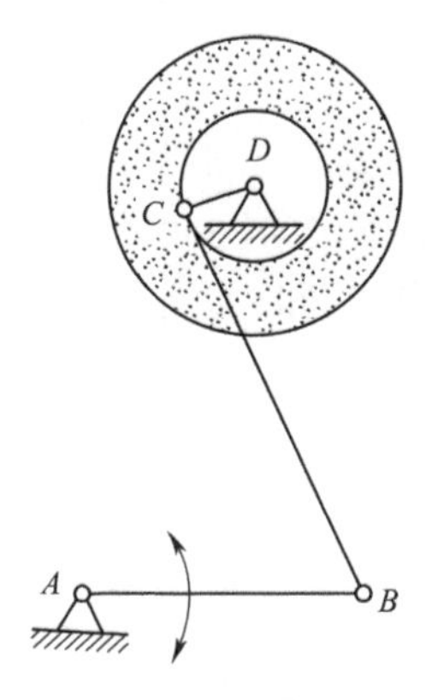

图 3-3　缝纫机踏板机构

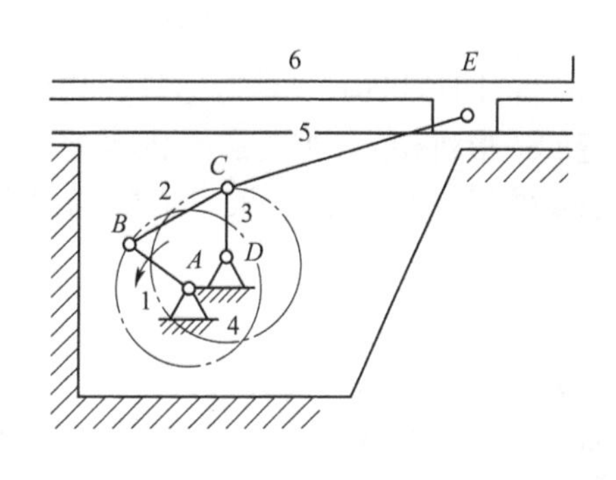

图 3-4　惯性筛机构

在双曲柄机构中,若对边长度相等,且两曲柄转向相同时,则称为平行四边形机构,如图 3-5 所示。当曲柄 1 做等角速转动时,通过连杆 2 带动曲柄 3 也以相同的角速转动,连杆始终做平动,因此,这种机构在机械中应用十分广泛。图 3-6 所示机车车轮联动机构,1、3、4 为车轮可抽象为曲柄,2 为平动连杆,是平行四边形机构的一个应用实例。

但是在机构运动过程中,主动曲柄转动一周将与连杆从动曲柄两次共线,在此两位置将出现从动曲柄转向与主动曲柄转向相同或相反的运动不确定现象,如图 3-7a) 所示。平行四边形机构 *ABCD* 运动过程中,原动曲柄 1 转动一周,将与连杆 2、从动曲柄 3 两次共线,即四杆两次同时位于一条直线上。此时从动曲柄 3 可能发生变向转动,例如从动曲柄可能转到 DC'''或者 DC'',机构将处于运动不确定状态。为了消除这种现象,可用从动曲柄本身的重力或附加飞轮的惯性作用来导向外,还可采用辅助曲柄[图 3-7b)]或错列机构[图 3-7c)]等措施来解决。

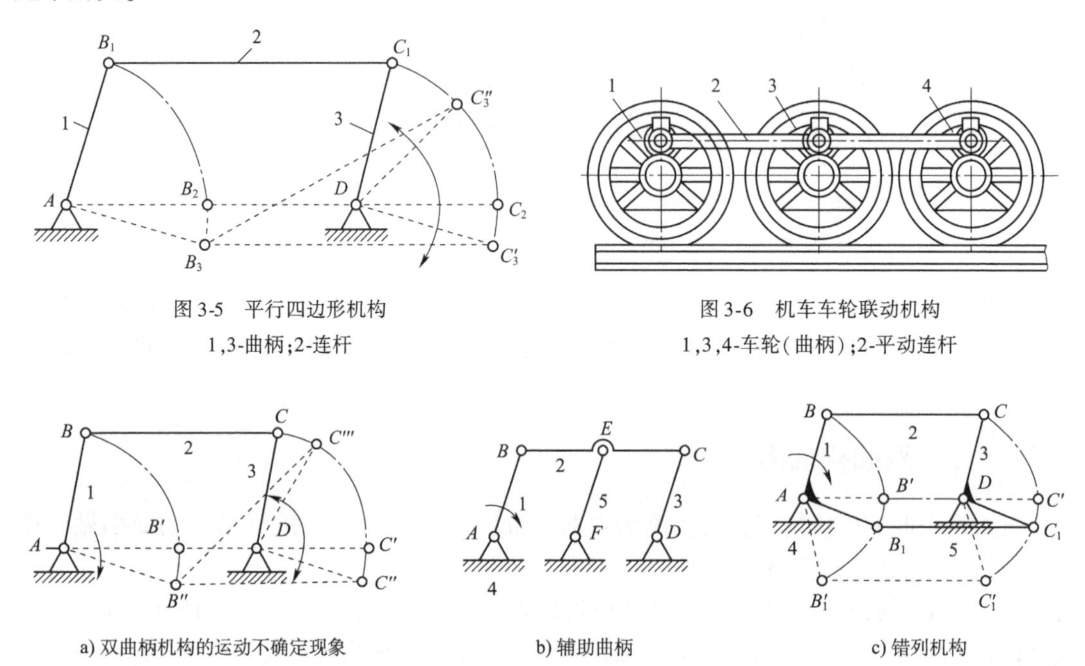

图 3-5　平行四边形机构

1,3-曲柄;2-连杆

图 3-6　机车车轮联动机构

1,3,4-车轮(曲柄);2-平动连杆

a) 双曲柄机构的运动不确定现象

b) 辅助曲柄

c) 错列机构

图 3-7　平行四边形机构

1-原动曲柄;2-连杆;3-从动曲柄;4-机架;5-构件

图 3-8 所示的四杆机构,虽然对边杆长相等,但两曲柄转向相反,称为逆平行四边形机构(或反平行四边形机构)。车门启闭机构为其应用实例,如图 3-9 所示,主动曲柄 2 转动时,从动曲柄 4 做相反方向转动,从而使两扇门同时开启或同时关闭。

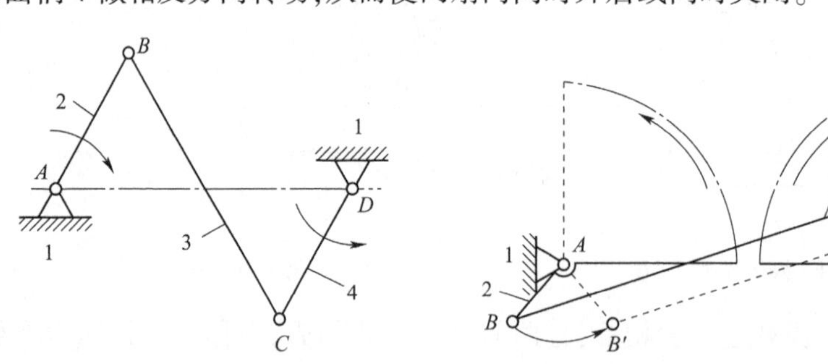

图 3-8　逆平行四边形机构

1-机架;2-曲柄;3-连杆;4-从动曲柄

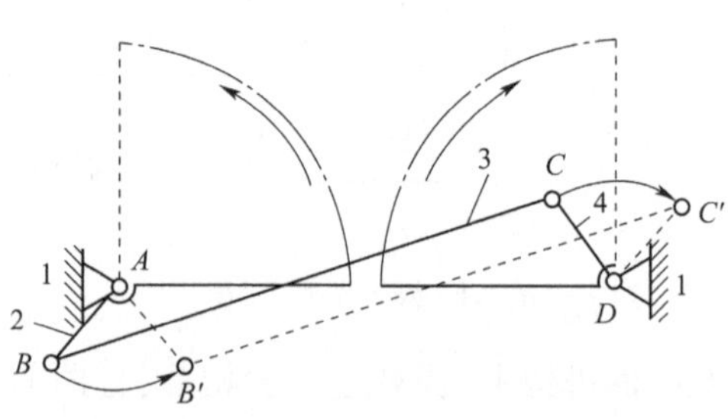

图 3-9　车门启闭机构

1-机架;2-曲柄;3-连杆;4-从动曲柄

3.1.3　双摇杆机构

若两连架杆均为摇杆,则称为双摇杆机构。图 3-10a)所示为鹤式起重机的起吊机构。当 AB 杆摆动时,CD 杆也摆动,连杆 BC 上悬挂重物的 E 点做近似于水平直线的运动,从而避免了起吊重物时，由于不必要的升降而增加能量的损耗或者事故的发生。图 3-10b）为其机构运动简图。

双摇杆机构中，若两摇杆长度相等，称为等腰梯形机构。如图 3-11 所示，轮式车辆前轮转向机构就应用了这种机构，当车辆转弯时，与前轮轴固连的两个摇杆的摆角 α 和 β 不等，如果在任何位置两前轮转动轴线与后轮转动轴线都交于一点 O（O 为瞬时回转中心），就能保证轮胎和地面之间为纯滚动，以减轻轮胎磨损。当等腰梯形机构设计合理时，用来操纵前轮转向即可实现上述要求。

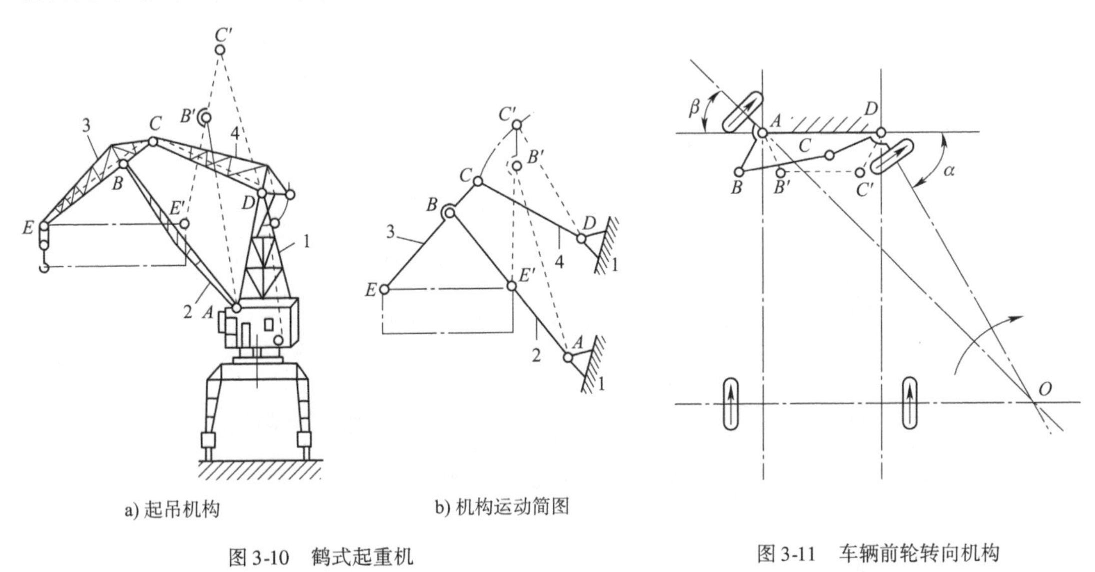

a) 起吊机构　　b) 机构运动简图

图 3-10　鹤式起重机

1-机架；2，4-摇杆；3-连杆

图 3-11　车辆前轮转向机构

3.2　铰链四杆机构的演化

平面连杆机构在实际机械中应用的类型是多种多样的，但其中绝大多数都可以视为由铰链四杆机构演化而成。常用的演化方法有以下几种。

3.2.1　转动副转化成移动副

1）一个转动副转化为移动副

如图 3-12a）所示的曲柄摇杆机构中，摇杆 3 上 C 点的轨迹是以 D 为圆心、摇杆 3 的长度为半径的圆弧。摇杆 CD 的长度越长，C 点的轨迹越趋向平直。当摇杆 CD 的长度趋向无穷大时，则 C 点轨迹变成了直线，摇杆与固定件组成的转动副也就演变成图 3-12b）所示的滑块与固定件组成的移动副，机构成为曲柄滑块机构。

曲柄滑块机构有两种形式，一种是导路中线通过曲柄转动中心，称为对心曲柄滑块机构；另一种是导路中线不通过曲柄转动中心而是相距为 e，如图 3-12c）所示，称为偏置曲柄滑块机构。

曲柄滑块机构广泛应用于活塞式内燃机、空气压缩机以及冲床等机械设备中。

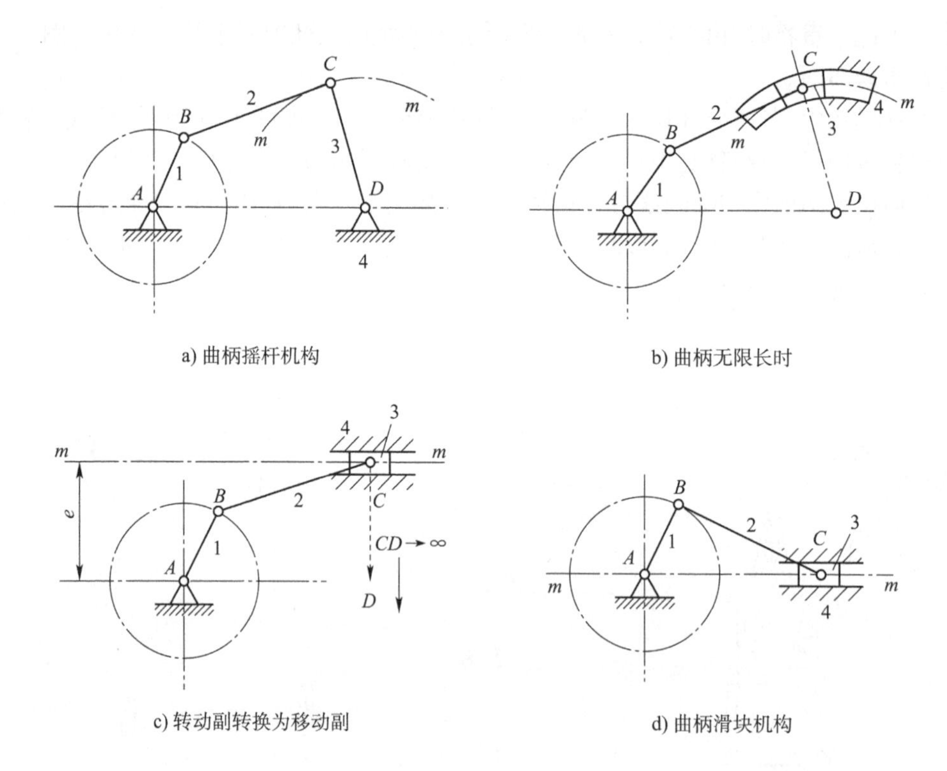

图 3-12 曲柄摇杆机构的演化——曲柄滑块机构

1-曲柄;2-连杆;3-摇杆;4-机架

2)两个转动副转化为移动副

在图 3-13 所示的曲柄滑块机构中,将转动副 B 扩大,则图 3-13a)所示的曲柄滑块机构可等效为图 3-13b)所示的机构。若将圆弧槽的半径逐渐增加至无穷长时,则图 3-13b)所示机构就演化为图 3-13c)所示的机构。此时,连杆 2 转化为沿直线移动的滑块 2;转动副 C 则变为移动副,滑块 3 转化为移动导杆。曲柄滑块机构便演化为具有两个移动副的四杆机构,此机构称为曲柄移动导杆机构,是含有两个移动副四杆机构的基本形式之一。

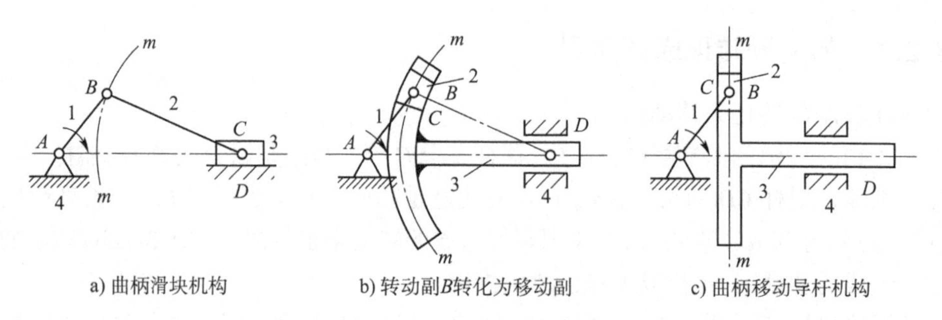

图 3-13 曲柄移动导杆机构

1-主动曲柄;2-连杆(滑块);3-滑块(从动导杆);4-机架

由于此机构当主动曲柄 1 等速回转时,从动导杆 3 的位移为简谐运动规律,故又称为正弦机构。缝纫机引线机构(图 3-14)为其应用实例。

3.2.2 取不同构件为机架

当以铰链四杆机构中的曲柄摇杆机构、含有一个移动副的曲柄滑块机构以及含有两个移动副的正弦机构为基础时，通过分别选取此三种机构中的不同构件为机架，则可获得相应的各种派生的四杆机构，见表3-1。表中图a)所示摆动导杆滑块机构除外，它为含两个移动副的四杆机构的另一种基本形式，此种形式的特点是两个移动副不相邻。

若选杆2为机架，则可得到曲柄摇块机构(简称摇块机构)。这种机构广泛应用于摆缸式原动机、液压传动及插齿机中。如图3-15所示的货车自动卸料机构是这种机构的一个应用实例，当压力油进入油缸3中时，推动活塞4，使车厢(即构件1)绕轴线A摆动，使货车上的物料自动倾卸。

若选滑块3为机架，则得到定块机构。图3-16所示的手动抽水泵即为这种机构的应用实例。当杆1往复摆动时，杆4做往复移动使水从杆3(机架)中抽出。

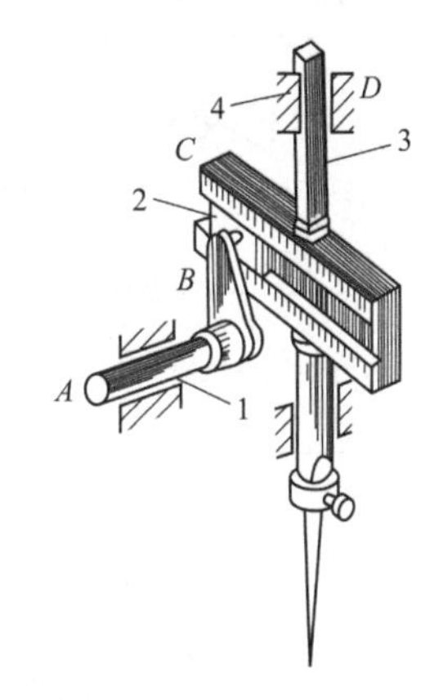

图3-14 正弦机构的应用——缝纫机引线机构
1-曲柄；2-滑块；3-导杆；4-机架

四杆机构取不同构件为机架的派生类型 表3-1

铰链四杆机构	含有一个移动副的四杆机构	含有两个移动副的四杆机构
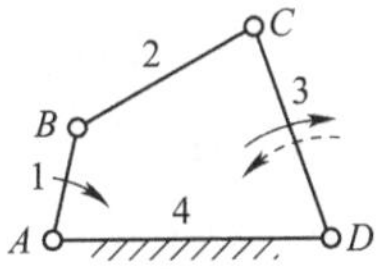 a) 曲柄摇杆机构	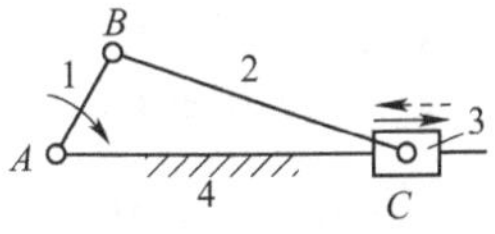 e) 曲柄(摇杆)滑块机构	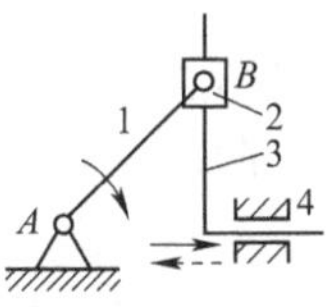 i) 曲柄移动导杆机构
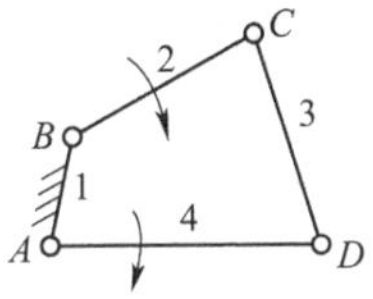 b) 双曲柄机构	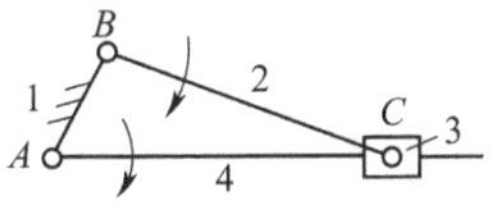 f) 曲柄转动导杆机构	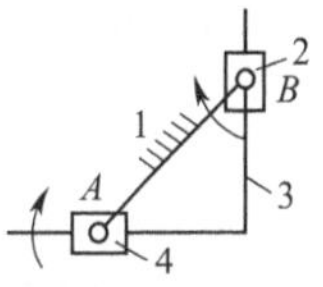 j) 双转块机构
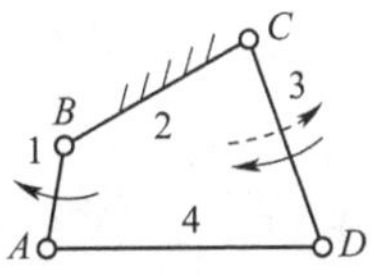 c) 曲柄摇杆机构	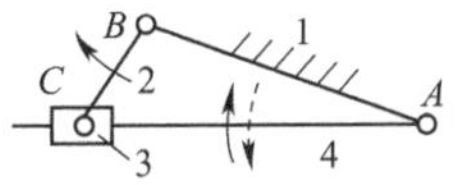 f′) 曲柄摆动导杆机构 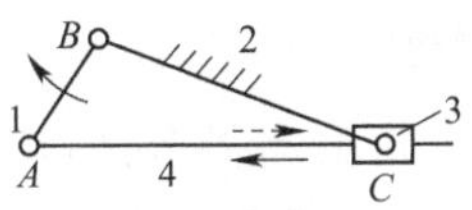 g) 曲柄摇块机构	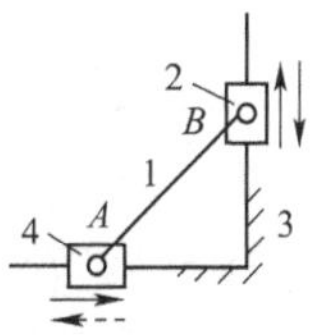 k) 双滑块机构

续上表

铰链四杆机构	含有一个移动副的四杆机构	含有两个移动副的四杆机构
d) 双摇杆机构	h) 定块机构	l) 摆动导杆滑块机构

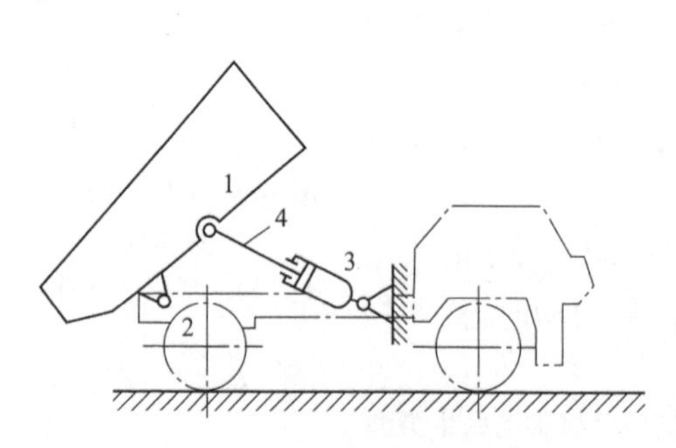

图 3-15　货车自动卸料机构

1-构件;2-车体(机架);3-油缸;4-活塞

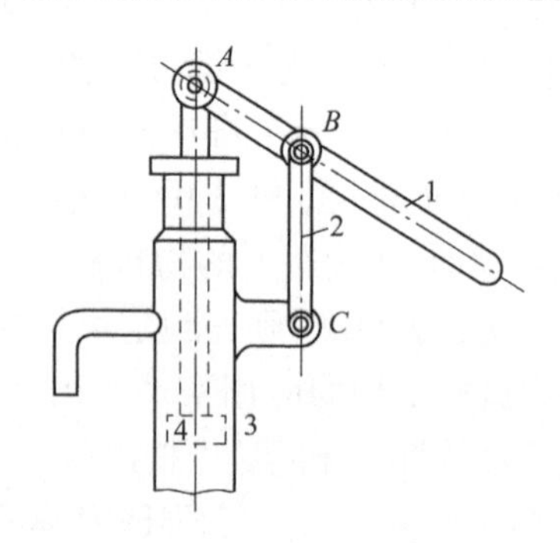

图 3-16　定块机构应用——手动抽水泵

1-杆;2-连架杆;3-机架;4-杆

在含有两个移动副的曲柄移动导杆机构中,若选用杆 1 为机架,则可形成双转块机构。此种机构的两滑块均能相对于机架做整周转动,当其主动滑块 2 转动时,通过连杆 3 可使从动滑块 4 获得与滑块 2 完全同步的转动。因此,它可用作十字滑块联轴器,如图 3-17 所示。当其主动轴 2 和从动轴 4 的轴线不重合时,仍可保证两轴转速同步。

若选构件 3 为机架,则可形成双滑块机构。一般两滑块移动方向互相垂直,其连杆 AB(或其延长线)上的任一点 M 的轨迹必为椭圆,故常用作椭圆仪,如图 3-18 所示。

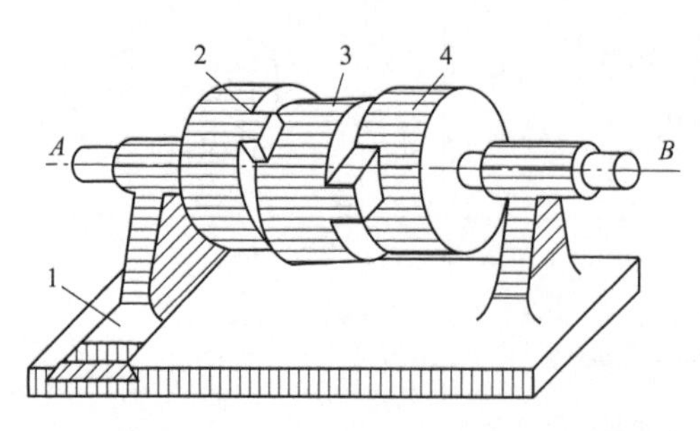

图 3-17　双转块机构应用——十字滑块联轴器

1-机架;2-滑块(主动轴);3-连杆;4-滑块(从动轴)

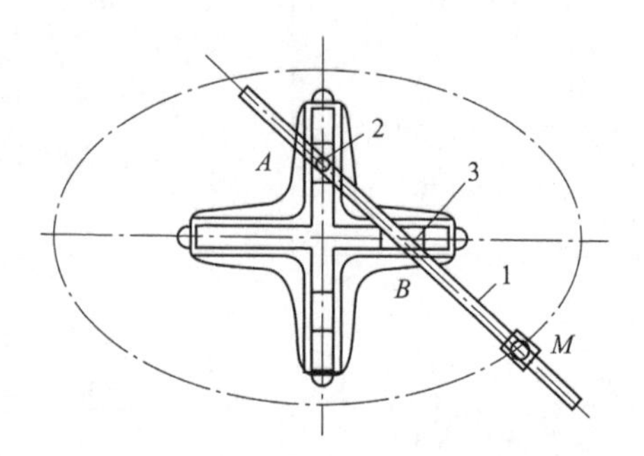

图 3-18　双滑块机构应用——椭圆仪

1-连杆;2-滑块;3-滑块

由上述可知,平面四杆机构的派生形式虽然很多,但从它们之间的内在联系来看,其基本的形式仍为曲柄摇杆机构。其他派生形式皆可视为在其基础上通过上述不同途径演化而成。

3.3　平面四杆机构的基本特性

3.3.1　铰链四杆机构存在曲柄的条件

铰链四杆机构的三种基本形式区别在于是否存在曲柄，而有无曲柄又与各构件间的相对尺寸有关，为此需要分析曲柄存在的条件。

在如图3-19所示的铰链四杆机构*ABCD*中，各杆长度分别为l_1、l_2、l_3、l_4。现分析连架杆*AB*成为曲柄的条件。

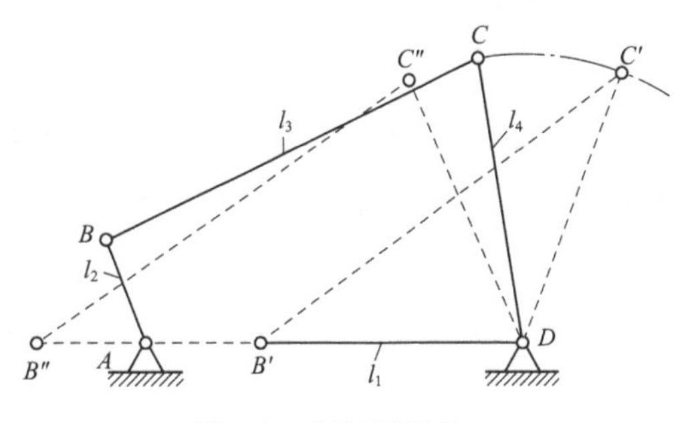

图3-19　铰链四杆机构

如图3-20所示，杆*AB*做整周转动时，应能顺利通过与杆*AD*处于一直线上的两个位置*AB′*和*AB″*，从而构成△*B′C′D*和△*B″C″D*。现在分析杆*AB*转至这两个位置时各杆长度的相互关系。连接转动副*B*、*D*，组成△*BCD*，令转动副*B*与*D*之间的距离为*f*。

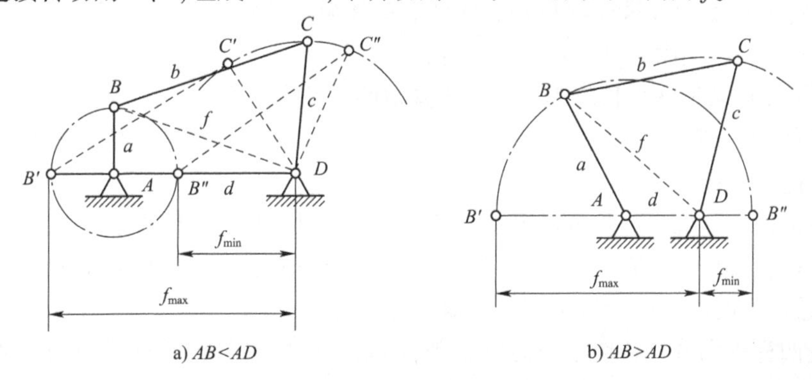

图3-20　铰链四杆机构的曲柄存在条件

(1)如果$l_2 \leqslant l_1$，根据三角形两边长度之和必大于(极限情况等于)第三边长度，如果：

$$\left.\begin{aligned} l_3 + l_4 \geqslant f \\ |l_3 - l_4| \leqslant f \end{aligned}\right\} \tag{3-1}$$

上述算式中l_3、l_4为定值，*f*值随着机构位置变化而变化，*AB*杆要想整周转动，必须要顺利通过与*AD*杆处于一直线上的两个位量*AB′*和*AB″*，现在分析*AB*杆转至这两个位置时各杆长度的相互关系，此时有：

$$\left.\begin{aligned} & f_{max} = l_1 + l_2 \\ & f_{min} = l_1 - l_2 \\ & l_3 + l_4 \geqslant f_{max} = l_1 + l_2 \\ & l_3 - l_4 \leqslant f_{min} = l_1 - l_2 \quad (l_3 \geqslant l_4) \\ \text{或}\quad & l_4 - l_3 \leqslant f_{min} = l_1 - l_2 \quad (l_3 \leqslant l_4) \end{aligned}\right\} \tag{3-2}$$

将上式移项整理，得：

$$\left.\begin{aligned} l_2 + l_1 \leqslant l_3 + l_4 \\ l_2 + l_3 \leqslant l_1 + l_4 \\ l_2 + l_4 \leqslant l_1 + l_3 \end{aligned}\right\} \tag{3-3}$$

将式(3-3)两两相加整理，得：

$$l_2 \leqslant l_4, l_2 \leqslant l_3, l_2 \leqslant l_1 \tag{3-4}$$

(2)如果 $l_2 \geqslant l_1$，该机构在某一般位置时，各杆长度间的关系与 $l_2 \leqslant l_1$ 的情况相似，其区别仅在于 $f_{\min} = l_2 - l_1$，经类似分析可得：

$$\left.\begin{aligned} l_1 + l_2 \leqslant l_3 + l_4 \\ l_1 + l_3 \leqslant l_2 + l_4 \\ l_1 + l_4 \leqslant l_2 + l_3 \end{aligned}\right\} \tag{3-5}$$

将式(3-5)两两相加整理，得：

$$l_1 \leqslant l_4, l_1 \leqslant l_3, l_1 \leqslant l_2 \tag{3-6}$$

由此可综合归纳出铰链四杆机构有曲柄的条件为：

(1)连架杆和机架中必有一杆为最短杆；

(2)最短杆和最长杆之和应小于或等于其他两杆长度之和。

其中条件(2)又称为格拉肖夫(Gmshof)判别式。显然，不满足格拉肖夫判别式的铰链四杆机构只能为双摇杆机构。

如果铰链四杆机构各杆长度满足杆长条件，当取不同杆件作机架时，可得到不同形式的铰链四杆机构：取最短杆的相邻杆为机架，成为曲柄摇杆机构；取最短杆为机架时，成为双曲柄机构；取最短杆的相对杆为机架则成为双摇杆机构。

若铰链四杆机构各杆长度不满足杆长条件，则该机构中各相邻杆之间均不能互做整周转动，故不论以任何杆为机架，都不存在曲柄，均成为双摇杆机构。

3.3.2 急回特性

如图3-21所示的曲柄摇杆机构，原动曲柄 AB 在转动一周的过程中，有两次与连杆 BC 共线，此时铰链中心 A 与 C 之间的距离 AC_1 和 AC_2 分别为最短和最长，因而使从动摇杆 CD 分别处于左右极限位置 C_1D 和 C_2D。摇杆在两极限位置之间的夹角 ψ 称为摇杆的摆角，摇杆处于两极限位置时，曲柄在相应两位置之间所夹的锐角 θ，称为极位夹角。

当曲柄 AB 顺时针由 AB_1 转过角度 $\varphi_1(\varphi_1 = 180° + \theta)$ 至 AB_2 时，摇杆 CD 由 C_1D 摆过角度 ψ 至 C_2D，对应的时间为 t_1，则 C 点的平均速度为 $v_1 = C_1C_2/t$；当曲柄继续转过 $\varphi_2(\varphi_2 = 180° + \theta)$ 时，摇杆自 C_2D 摆回到 C_1D，对应的时间为 t_2，而 C 点的平均速度为 $v_2 = C_1C_2/t$，显然，当曲柄匀速转动时，$\varphi_1 > \varphi_2, t_1 > t_2, v_1 > v_2$，即摇杆往复摆动的快慢不同。令摇杆自 C_1D 摆至 C_2D 为工作行程，自 C_2D 摆回至 C_1D 为空回行程，则表明 C 点在空回行程时的速度大于工作行程时的速度，即摇杆具有急回运动的性质。牛头刨床、往复式输送机等机械就是利用这种急回特性来缩短非生产时间，以提高生产率。

机构急回特性的相对程度,用行程速比系数 K 表示,即在急回机构运动过程中,输入件做等速整周转动时,做往复运动的输出构件在空回行程与工作行程的平均速度之比,即:

$$K=\frac{v_2}{v_1}=\frac{C_2C_1/t_2}{C_1C_2/t_1}=\frac{t_1}{t_2}=\frac{\varphi_1}{\varphi_2}=\frac{180^\circ+\theta}{180^\circ-\theta} \tag{3-7}$$

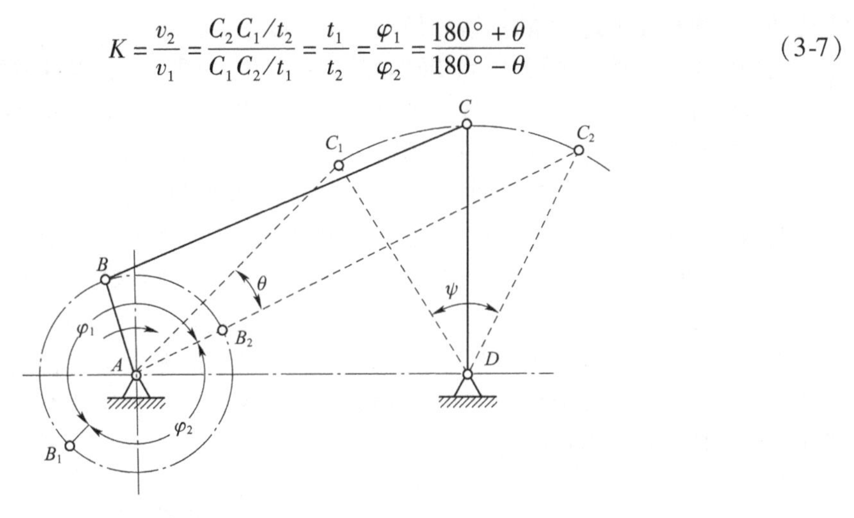

图 3-21 曲柄摇杆机构的急回特性

上式表明:机构的急回特性程度取决于极位夹角 θ 的大小。θ 角越大,K 值越大,机构的急回程度也越明显。将式(3-7)整理后,可得极位夹角:

$$\theta=\frac{K-1}{K+1}\times 180 \tag{3-8}$$

当设计有急回运动要求的机械(如往复式运输机、送料机、牛头刨床、插床等)时,通常先根据所需要的 K 值,由式(3-8)算出 θ 角,然后再确定各杆的尺寸。

3.3.3 压力角和传动角

在生产实际中,不仅要求机构能够实现预期的运动规律,而且希望传动性能良好(运动轻便、效率较高)。

图 3-22 所示的曲柄摇杆机构中,若忽略各杆的重力、惯性力和运动副中的摩擦力,则连杆可视为二力构件。当主动件为曲柄时,则主动件上的驱动力通过连杆传给摇杆的作用力 F 是沿着连杆方向作用的。现将力 F 沿受力点 C 的速度方向和垂直于 v_c 方向分解,得到分力 F_1 和 F_2。由图可知 $F_1=F\cos a$,$F_2=F\sin a$,显然 F_1 对输出件 CD 产生有效转动力矩。因此,为使机构传力效果良好,显然应使 F_1 越大越好,也就是角 α 越小越好,理想情况是 $\alpha=0$,最坏的情况是 $\alpha=90^\circ$。由此可见,在力 F 一定的情况下,F_1、F_2 的大小完全取决于 α,所以,α 是反映机构传力效果好坏的一个重要参数,称它为机构的压力角。

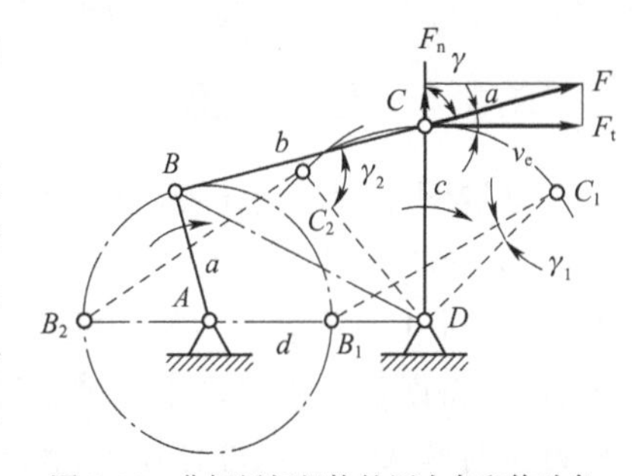

图 3-22 曲柄摇杆机构的压力角和传动角

根据以上讨论可以给出机构压力角的定义如下:压力角是指在不计重力、惯性力和摩擦力的条件下,机构中驱使输出件运动的力的方向线与输出件上受力点的速度方向间所夹的锐角,用 α 表示。一般设计机构时都必须注意控制最大压力角不超过许用值。

在图 3-23 所示的铰链四杆机构中,连杆 BC 与输出件 CD 之间的夹角等于压力角的余角,在实际应用中,为度量方便起见,常用压力角的余角 γ 来衡量连杆机构的传力性能,γ 称为传动角。显然 γ 值越大越好,理想情况是 $\gamma=90°$。

由于机构在运动中,压力角和传动角的大小是变化的。为了保证机构具有较好的传力性能,通常应使最小传动角 γ_{min} 大于或等于其许用值$[\gamma]$。一般机械中,推荐$[\gamma]=40°\sim50°$;对于传递功率大的机械,如冲床、颚式破碎机中的主要执行机构,可取$[\gamma]>50°$;对于一些非传力机械,如控制、仪表中的机构,也可取$[\gamma]<40°$,但不能过小。

曲柄摇杆机构的最小传动角 γ_{min} 出现在曲柄与机架共线的位置 AB_1 或 AB_2 处(即当 $\varphi=0°$或 $\varphi=180°$时)。因为曲柄位于上述两个位置时,$\triangle BCD$ 的 BD 边长度达到最小(B_1D)或最大(B_2D),此时 $\angle BCD$ 分别出现最小值($\angle B_1C_1D$)或最大值($\angle B_2C_2D$)。传动角 γ 是用锐角表示的。当 $\angle BCD$ 为锐角时,$\gamma\angle BCD$, $\angle BCD$ 最小值即为 γ_{min};但当 $\varphi=180°$时,$\angle BCD$ 可能为钝角,传动角 $\gamma=180°-\angle BCD$,因而 $\angle BCD$ 的最大值也可能对应着 γ_{min}。图 3-24 所示机构最小传动角出现在曲柄位于 AB_1 处。

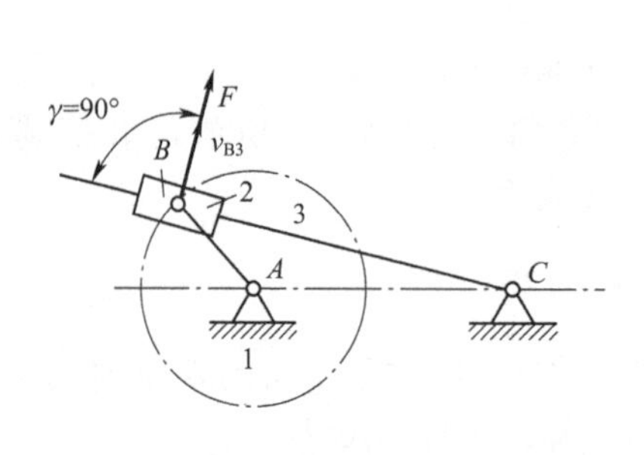

图 3-23　导杆机构的最小传动角
1-摇杆;2-曲柄;3-连杆

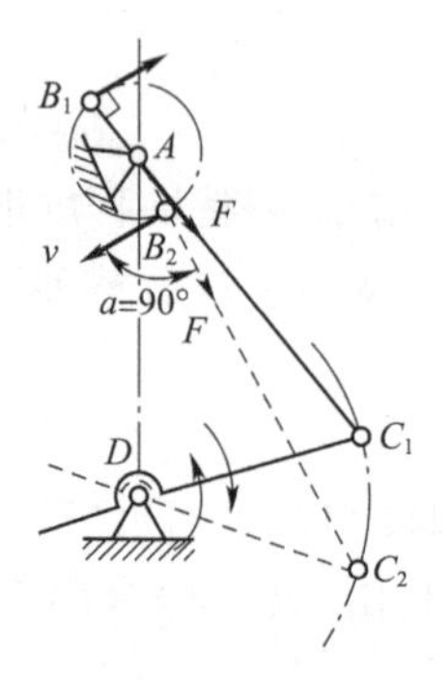

图 3-24　曲柄摇杆机构的死点位置

3.3.4　死点位置

如取图 3-21 所示曲柄摇杆机构中的摇杆为原动件,曲柄为从动件。当摇杆摆到极限位置 C_1D 和 C_2D 时,连杆和曲柄共线,则摇杆通过连杆传给曲柄的力将通过铰链中心 A。因此,该力对 A 点不会产生使曲柄转动的力矩、相应的机构位置称为死点位置。机构处在死点位置时,将使从动件出现卡死或运动不确定的现象。为了消除死点位置的不良影响,可利用构件本身和飞轮的惯性作用,或对从动曲柄施加额外的力,也可用几个四杆机构组合的方式,来保证机构顺利通过死点位置。

图 3-25a)所示为一缝纫机的踏板机构,图 3-25b)为其机构运动简图。原动摇杆(踏板)做往复摆动时通过连杆使从动曲柄和与其固联的带轮一起做整周转动,再通过带传动使机头上轴转动。使用缝纫机时,有时会出现踏不动或带轮反转的现象,这是因为机构正处于死点位置而引起的。为了避免这种现象,需借助固联在缝纫机机头主轴上的带轮(相当于飞轮)的惯性作用,来使机构顺利通过死点位置。

工程实际中,也常常利用机构的死点位置来实现一定的工作要求。例如图 3-26 所示的夹紧机构，当工件受外力 F 作用被夹紧后，铰链中心 B、C、D 处于一条直线上，工件经杆 1、杆 2 传给杆 3 的力，正好通过杆 3 的铰链中心 D，故此力不能使杆 3 转动。因此，夹具在去掉外力 F 后，仍能可靠地夹紧工件。当需要取出工件时，只要向上扳动手柄 2（即在手柄上加一与 F 反方向的力），才能松开夹具。

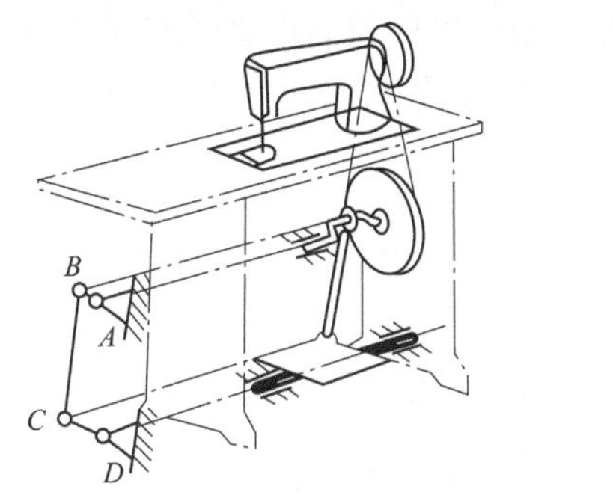

a) 缝纫机主体结构

b) 踏板机构的两极限位置

图 3-25　缝纫机中的曲柄摇杆机构

又如图 3-27 所示的飞机起落架机构，当轮子放下时，BC 杆与 CD 杆成一直线，机构处于死点，起落架不会反转（折回），可使降落更加可靠。

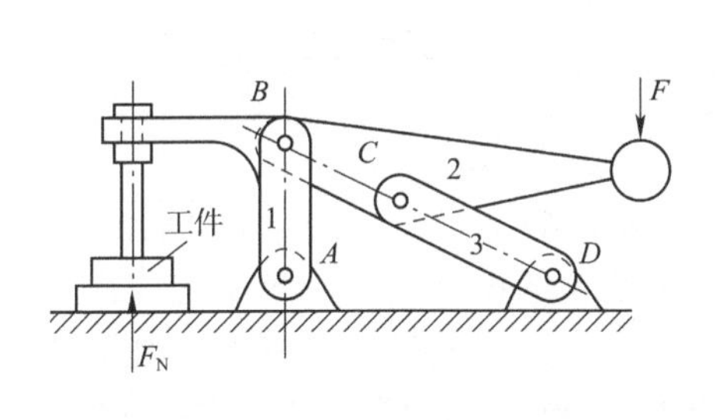

图 3-26　钻床夹具

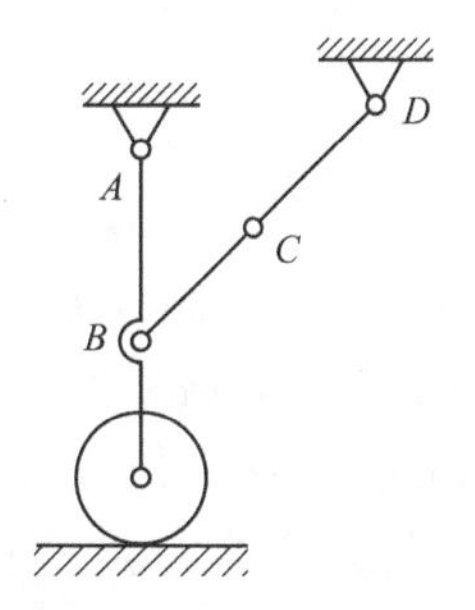

图 3-27　飞机起落架机构

3.4　平面四杆机构的设计

平面四杆机构的设计，主要是根据给定的运动条件，确定机构运动简图的尺寸参数，包括各运动副之间的相对位置尺寸（或角度）、描绘连杆曲线的点的位置尺寸等。

生产实践中的要求是多种多样的，给定的条件也各不相同，因此，生产实践中的四杆机构设计问题可归纳为两类基本问题：①按照给定从动件的运动规律（如位置、速度、加速度）设计四杆机构；②按照给定的运动轨迹设计四杆机构。

对于以上两类基本问题的设计方法，有解析法、图解法和实验法三种。解析法精确，可用电子计算机计算；图解法几何关系清晰；实验法直观、简便。设计时采用哪种方法，取决于所给定的条件和机构的实际工作要求。本节仅介绍图解法和实验法。

3.4.1　按给定连杆位置设计四杆机构

给定连杆位置设计四杆机构的实质在于确定连架杆与机架组成的转动副中心 A 和 D 的

位置。

图3-28所示为铸工车间翻台振实式造型机工作台的一种翻转机构。它是利用一个铰链四杆机构来实现翻台的两个工作位置的。根据造型的要求,在用砂箱7造型的过程中,振实砂型后起模时,需要翻转砂箱,要求放置砂箱的翻台8实现翻转动作。在图中实线位置Ⅰ,砂箱7与翻台8固连,并在振实台9上振实造型。当压力油推动活塞6移动,通过连杆5使摇杆4摆动,使翻台翻动D_2,到达图示托台上方的虚线位置Ⅱ,以便托台10上升接触砂箱。解除砂箱与翻台间的紧固连接,然后起模。

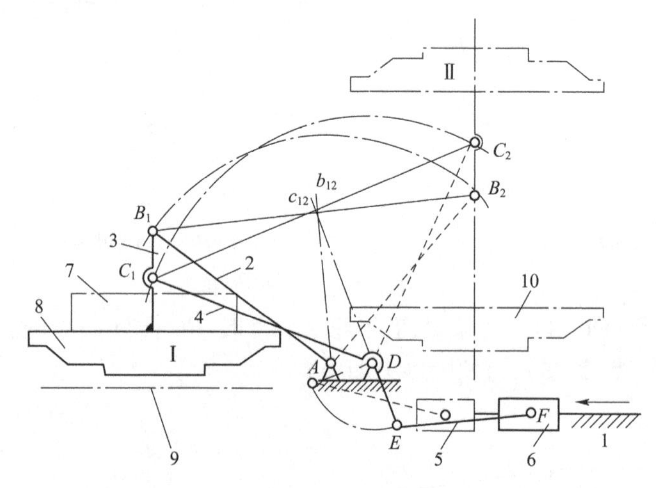

图3-28 翻转振实式造型机的翻转机构

1-造型机工作台;2-摇杆;3-连杆;4-摇杆;5-连杆;6-活塞;7-砂箱;8-翻台;9-振实台;10-托台

因此,该机构的设计是属于实现连杆两个位置的设计问题。现给定与翻台8固联的连杆3的长度$l_3=BC$及其两个位置(B_1C_1和B_2C_2),要求确定连架杆与机架组成的固定铰链中心A和D的位置,并要求其余三杆的长度l_1、l_2和l_4。由图3-28可知,因为连杆3上B、C两点的运动轨迹是以A、D两点为圆心的两段圆弧,所以A、D必然分别位于B_1B_2和C_1C_2的垂直平分线上。故其设计步骤如下:

(1)选取适当比例,根据已知条件,绘出连杆3的两个位置B_1C_1和B_2C_2。

(2)分别连接B_1和B_2、C_1和C_2,并做B_1B_2、C_1C_2的垂直平分线b_{12}和c_{12}。

(3)由于固定铰链中心A和D可在b_{12}和c_{12}两线上任意选取,因此有无穷多解。如果有其他辅助条件,如最小传动角、各杆尺寸所允许的范围以及其他结构上的要求等,即可唯一确定铰链中心A、D的位置。本例要求A、D两点在同一水平线上,且$AD=BC$。根据这一附加条件,从而可定出A、D的位置和铰链四杆机构$ABCD$的各杆长度。

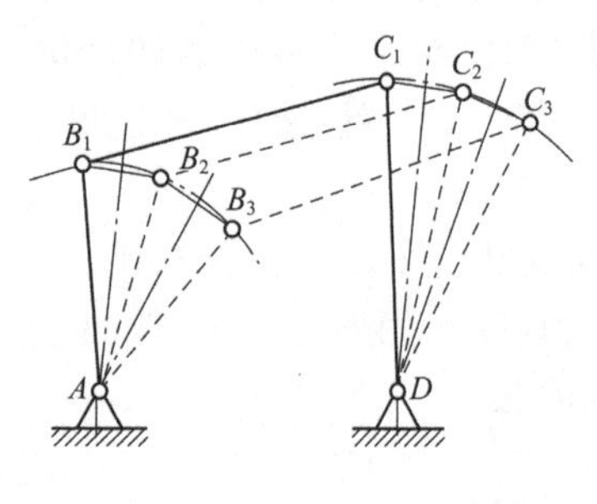

图3-29 按给定连杆三个位置

如图3-29所示,若给定连杆的三个位置B_1C_1、B_2C_2和B_3C_3,要求设计四杆机构。其设计过程与上述基本相同。运用已知三点求圆心的方法,作B_1B_2和B_2B_3的垂直平分线,其交点就是固定铰链中心A。同样的方法可以确定另一固定铰链中心D。AB_1C_1D即为所求的四杆机构。

3.4.2　按给定行程速比系数设计四杆机构

设计具有急回运动的四杆机构，一般是根据工作要求，先选定行程速比系数 K 的数值，然后由机构在两极限位置处的几何关系，结合其他辅助条件，确定机构运动简图的尺寸参数。

一般设计曲柄摇杆机构的已知条件是摇杆长度 l_4、摆角 ψ 和行程速比系数 K。设计的实质是确定曲柄的固定铰链中心 A 点的位置，进而定出其他三杆的尺寸 l_1、l_2 和 l_3。其设计步骤如下：

(1)由给定的行程速比系数 K，按式(3-2)计算极位夹角 $\theta = 180° \times \dfrac{k-1}{k+1}$。

(2)如图3-30所示，选取适当比例尺 u_1，任选固定铰链中心 D 的位置，由摇杆长度 l_4 和摆角 ψ，做出摇杆的两个极限位置 C_1D 和 C_2D。

(3)连接 C_1 和 C_2 点，并过 C_1 点作 C_1M 垂直于 C_1C_2。过 C_2 点作 $\angle C_1C_2N = 90° - \theta$，$C_2N$ 与 C_1M 相交于 P 点，由图可知 $\angle C_1PC_2 = 90° - \theta$。

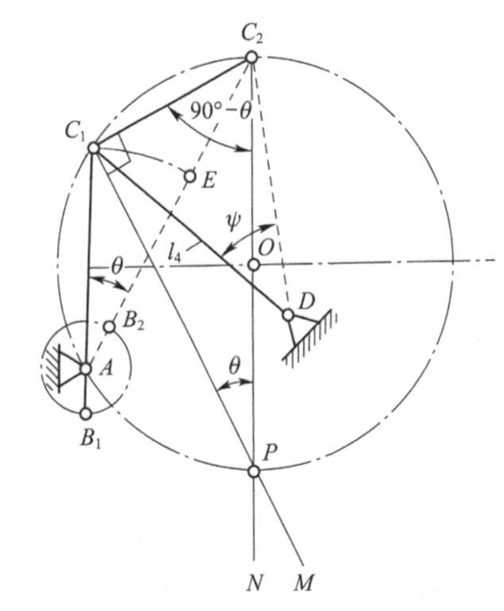

图3-30　按行程速比系数 K 设计铰链四杆机构

(4)作 $\triangle PC_1C_2$ 的外接圆，在此圆弧（弧 C_1C_2 和弧 EF 除外）上任取一点 A 作为曲柄的固定铰链中心。连 AC_1 和 AC_2，因同一圆弧的圆周角相等，故 $\angle C_1AC_2 = \angle C_1PC_2 = \theta$。

(5)因极限位置处，曲柄与连杆共线，故有 $AC_1 = BC - AB$；$AC_2 = BC + AB$，由此可求得曲柄长度 $AB = \dfrac{AC_2 - AC_1}{2}$，$BC = \dfrac{AC_1 + AC_2}{2}$。

因此，曲柄、连杆、机架的实际长度分别为：

$$l_{AB} = AB \cdot u_1;\ l_{BC} = BC \cdot u_1;\ l_{AD} = AD \cdot u_1$$

由于 A 点是 $\triangle C_1PC_2$ 外接圆上任选的点，若仅按行程速比系数设计，可得无穷多解。当附加某些辅助条件，比如可按最小传动角或其他辅助条件来确定 A 点的位置。

3.4.3　按给定两连架杆位置设计四杆机构

现要设计如图3-31所示的铰链四杆机构，已知连架杆 AB 和 CD 的三对对应位置 φ_1、ψ_1，φ_2、ψ_2 和 φ_3、ψ_3，要求确定各杆的长度 l_1、l_2、l_3 和 l_4。现以解释法求解。此机构各杆长度按同一比例增减时，各杆转角间的关系不变，故只需确定各杆的相对长度。取 $l_1 = 1$，则该机构的待求参数只有三个。

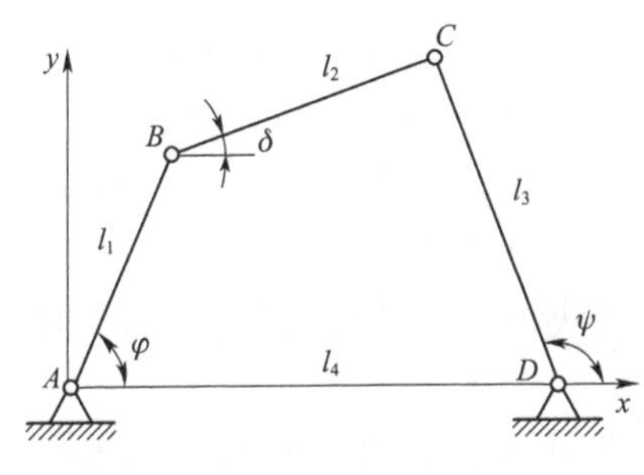

图3-31　铰链四杆机构

该机构的四个杆组成封闭多边形。取各杆在坐标轴 x 和 y 上的投影，可得以下关系式：

$$\left.\begin{aligned} \cos\varphi + l_2\cos\delta = l_4 + l_3\cos\psi \\ \sin\varphi + l_2\sin\delta = l_3\sin\psi \end{aligned}\right\} \quad (3\text{-}9)$$

将 $\cos\varphi$ 和 $\sin\varphi$ 移到等式右边,再把两等式两边平方相加,即可消除 δ,整理后得:

$$\cos\varphi=\frac{l_4^2+l_3^2+1-l_2^2}{2l_4}+l_3\cos\psi-\frac{l_3}{l_4}\cos(\psi-\varphi)$$

为简化上式,令:

$$P_0=l_3,P_1=\frac{-l_3}{l_4},P_2=\frac{l_4^2+l_3^2+1-l_2^2}{2l_4} \tag{3-10}$$

则有:

$$\cos\varphi=P_0\cos\psi+P_1\cos(\psi-\varphi)+P_2 \tag{3-11}$$

上式即为两连架杆转角之间的关系式。将已知的三对对应转角 φ_1、ψ_1,φ_2、ψ_2 和 φ_3、ψ_3 分别代入式(3-11),可得到方程组:

$$\left.\begin{aligned}\cos\varphi_1=P_0\cos\psi_1+P_1\cos(\psi_1-\varphi_1)+P_2\\ \cos\varphi_2=P_0\cos\psi_2+P_1\cos(\psi_2-\varphi_2)+P_2\\ \cos\varphi_3=P_0\cos\psi_3+P_1\cos(\psi_3-\varphi_3)+P_2\end{aligned}\right\} \tag{3-12}$$

由方程组可以解出三个未知数 P_0、P_1 和 P_2。将它们代入式(3-10),即可求得 l_2、l_3 和 l_4。以上求出的杆长 l_1、l_2、l_3 和 l_4 可同时乘以大于零的任意比例常数,所得机构都能实现对应的转角关系。

若仅给定两连架杆两对位置,则由式只能得到两个方程,P_0、P_1 和 P_2 三个参数中的一个可以任意给定,所以有无穷多解。

若给定两连架杆位置超过三对,则不可能有精确解,只能用优化或试凑的方法求其近似解。

3.4.4 按给定运动轨迹设计四杆机构

1)连杆曲线

四杆机构运转时,做平面复杂运动的连杆上任一点都将在平面内描绘出一条封闭曲线,这种曲线称为连杆曲线。连杆曲线的形状随连杆上点的位置以及各杆的相对尺寸的不同而变化。由于连杆曲线的多样性,使它有可能广泛地应用在各种机械上,以完成一定的生产要求和动作,或实现所给定的运动轨迹。

图 3-32 所示为生产线上的步进式工件传送机构。它含有两个相同的铰链四杆机构。当曲柄 2(2′)整周转动时,连杆 3(3′)上的 $E(E')$ 点沿虚线所示卵形曲线运动。若在 $E(E')$ 点上铰接推杆 5,则推杆的各点也将按此卵形轨迹运动;当 $E(E')$ 点行经卵形曲线上部时,推杆做近似水平直线移动,推动工件 6 向前移动。当 $E(E')$ 点行经卵形曲线的其他部分时,推杆脱离工件,沿左面曲线轨迹下降、返回和沿右面轨迹上升至原位置。曲柄每转一周,工件向前移动一个工位。

图 3-33 所示为一种电影放映机的拉片机构,此机构运转时,就是利用了连杆 2 上 E 点的轨迹近似于图中的“D”形轨迹,从而达到使胶片获得间歇移动的目的。此机构运转时,拉

片爪插入胶片两侧的孔中，沿“D”形轨迹的直线段拉动胶片一段距离，接着拉片爪按“D”的弧线轨迹退出齿孔，此时胶片不动，以待放映，直至拉片抓按弧线轨迹再行插入胶片两侧的孔中，完成一个运动循环。曲柄每转一周，使影片移动一张画面。

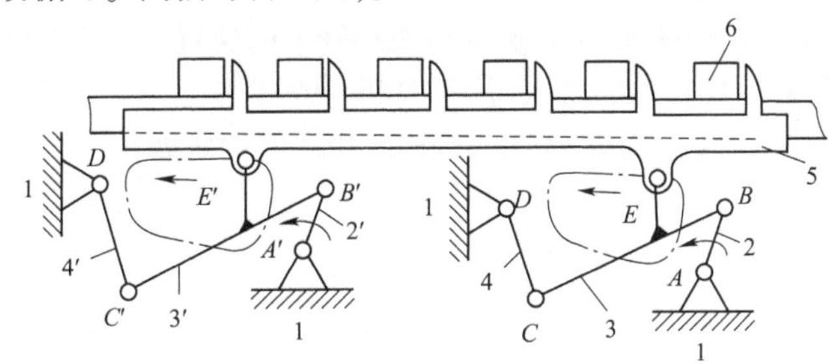

图 3-32　步进式工件传送机构

1-机架;2-曲柄;3-连杆;4-连架杆;5-推杆;6-工件

2)应用连杆曲线图谱设计四杆机构

由于连杆曲线是高次曲线，所以按给定的任意轨迹设计四杆机构，是十分复杂的。因此工程上是利用事先编汇成的连杆曲线图谱，从中找出所需要的曲线，即可直接查出四杆机构的各构件尺寸参数。这种设计方法称为图谱法。

四连杆机构分析图谱的连杆曲线如图 3-34 所示。详情可参阅有关资料。

这些曲线的获得是以曲柄 AB 的长度作为基准并取其长度等于 1，其他各杆长度以相对曲柄长度的比值表示，依次改变其余各个构件的相对长度，从而得到各种形状的连杆曲线的。图中每一条连杆曲线由 72 根长短不等的短线组成，每一短线表示原动曲柄转 5°时连杆上该点的位移。因此，曲线上短线的长短可说明连杆上该点的运动快慢程度。若已知曲柄转速，即可由短线的长度求出该点在相应位置的平均速度。

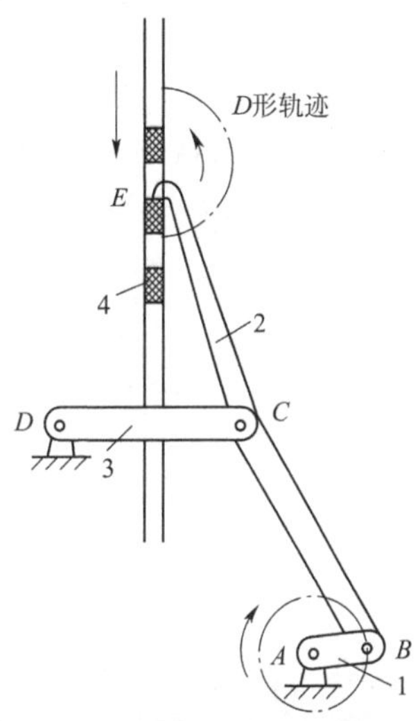

图 3-33　电影放映机的拉片机构

1-曲柄;2-连杆;3-摇杆;4-胶片

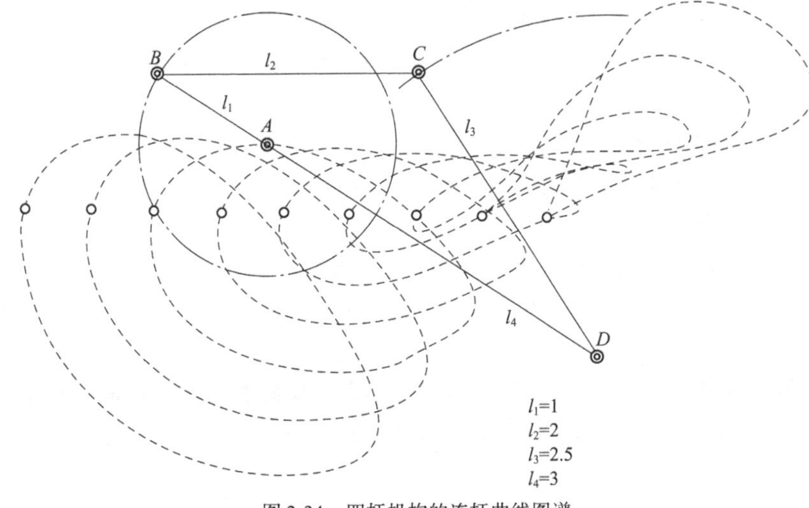

图 3-34　四杆机构的连杆曲线图谱

若要实现某一给定的轨迹,可先从图谱中查找出与要求实现的轨迹形状相似的连杆曲线及相应四杆机构各杆长度的比值,然后用缩放仪求出图谱中的连杆曲线和所要求的轨迹之间相差的倍数,进而确定四杆机构中各杆实际尺寸。根据连杆曲线上的小圆圈中心与铰链 B、C 的相对位置,即可确定描绘该轨迹的点在连杆上的位置。

近年来随着计算机应用技术的发展,用计算机动态模拟显示给定点的运动轨迹的技术已经成熟,其也将促进实现给定运动轨迹的机构综合问题的发展。

思 考 题

3-1　何谓平面连杆机构?它有哪些优点?

3-2　铰链四杆机构有哪几种基本类型?如何判定?

3-3　何谓连杆机构的传动角和压力角?压力角的大小对连杆机构的工作有何影响?

3-4　何谓死点位置?

3-5　图 3-35 所示各四杆机构中,标箭头的构件为主动件,试画出各机构在图示位置的压力角和传动角,并判定有无死点位置。

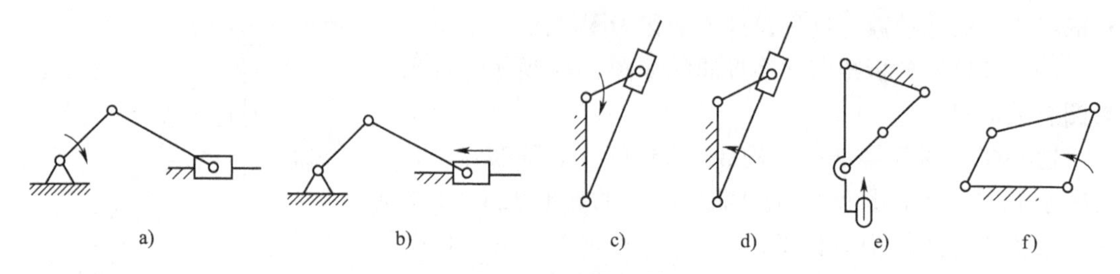

图 3-35　习题 3-5 图

3-6　在图 3-36 所示铰链四杆机构中,若四杆机构各杆长度为 $l_{AB}=45\text{mm}$,$l_{BC}=100\text{mm}$,$l_{CD}=70\text{mm}$,$l_{AD}=120\text{mm}$,试问:

(1)当取 AD 为机架时,是否有曲柄存在?

(2)若各杆长不变,如何获得双曲柄机构或双摇杆机构?

3-7　在图 3-37 所示的铰链四杆机构中,已知 $l_{BC}=50\text{mm}$,$l_{AD}=30\text{mm}$,$l_{CD}=35\text{mm}$,AD 为机架,试求解下列问题:

(1)若要得到曲柄摇杆机构,且 AB 为曲柄,求 l_{AB} 的最大值;

(2)若要得到双曲柄机构,求 l_{AB} 的最小值;

(3)若要得到双摇杆机构,求 l_{AB} 的取值范围。

3-8　试设计一脚踏轧棉机的曲柄摇杆机构,如图 3-38 所示。要求踏板 CD 在水平位置上下各摆动 10°,已知连杆 BC 长度 $l_{BC}=500\text{mm}$,机架 AD 长度 $l_{AD}=1000\text{mm}$。试用图解法求曲柄长度 l_{AB} 和连杆长度 l_{BC}。

3-9　已知机构行程速度变化系数 $K=1.25$,摇杆 CD 的长度为 400 mm,摆角 $\psi=30°$,试用作图法设计一个曲柄摇杆机构,并且检验机构的最小传动角 $\gamma_{\min}$ 是否大于 40°。

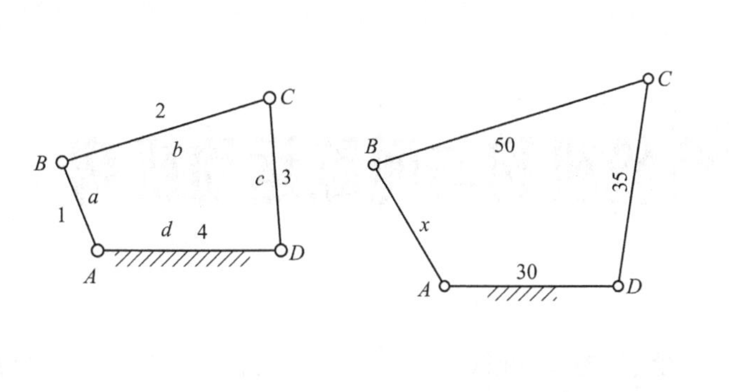

图3-36　习题3-6图　　图3-37　习题3-7图　　图3-38　习题3-8图

第4章　凸轮机构与间歇运动机构

凸轮机构广泛应用于自动化机器、仪器、装配线和控制系统等装置中。凸轮是一个具有曲线轮廓或凹槽的构件，通常做等速转动，也做往复摆动。当凸轮运动时，通过其曲线轮廓与从动件的高副接触，使从动件得到预期的运动规律。当需要机械的从动件必须准确地实现某种预期的运动规律时，常采用凸轮机构。

在许多机械中，常要求原动件做连续运动时，从动件作周期性时动时停的间歇运动，如自动机床的进给、分度转位运动和包装机械的送进机构等。这类输出运动具有停歇特性的机构称为间歇运动机构。本章只简单介绍几种常用的间歇运动机构。

4.1　凸轮机构的类型及应用

4.1.1　凸轮机构的应用和组成

图4-1所示为内燃机的配气机构。图中具有曲线轮廓的构件1称为凸轮。当它做等速转动时，其曲线轮廓通过与气阀2的平底接触，推动气阀在固定导路3中有规律地开启和闭合。气阀的运动由凸轮1的曲线轮廓所决定的。

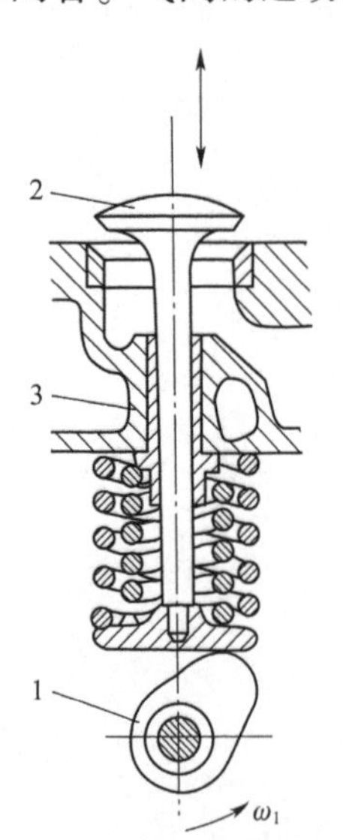

图4-1　内燃机的配气机构
1-凸轮；2-气阀；3-固定导路

图4-2所示为录音机的卷带凸轮机构，凸轮1随放音键上下移动，放音时，凸轮1处于最低位置，在弹簧6的作用下，摩擦轮4紧靠卷带轮5，从而将磁带卷紧。停止放音时，凸轮1随按键上移，其轮廓迫使从动件2顺时针摆动，使摩擦轮与卷带轮分离，从而停止卷带。

图4-3所示为自动送料凸轮机构。图中具有曲线凹槽的构件1称为凸轮。当它做等速回转时，其上曲线凹槽的侧面迫使从动件2绕O点做往复移动，以控制物料的推送。刀架的运动规律完全取决于凸轮1上曲线凹槽的形状。

4.1.2　凸轮机构的分类

凸轮机构的种类很多，可按如下方法分类。

1）按凸轮的形状分类

（1）盘形凸轮。盘形凸轮是一个变曲率半径的圆盘，做定轴转动。图4-1所示的凸轮是盘形凸轮。

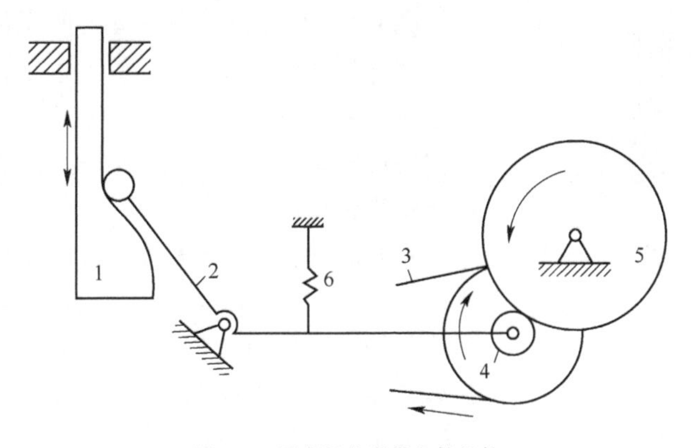

图4-2　录音机的卷带凸轮机构

1-凸轮;2-从动件;3-录音机卷带;4-摩擦轮;5-卷带轮;6-弹簧

(2)移动凸轮。移动凸轮是做移动的平面凸轮,如图4-2所示。移动凸轮可看成是当转动中心趋于无穷远时盘形凸轮演化而成的。

(3)圆柱凸轮。在圆柱体上开出曲面轮廓的凹槽或在其端面上做出曲面状轮廓,称为圆柱凸轮。图4-3所示为圆柱凸轮机构,这种凸轮是一种空间凸轮机构。

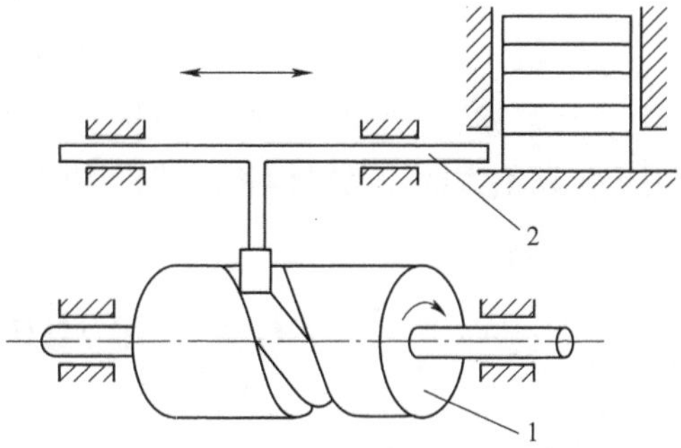

图4-3　自动送料凸轮机构

1-凸轮;2-从动件

2)按从动件形状分类

(1)尖底从动件。图4-4a)所示从动件为尖底从动件。这种从动件能与具有复杂曲线形状的凸轮廓线保持接触,但其尖底容易磨损,一般用于传递动力较小的低速凸轮机构中。

(2)滚子从动件。图4-4b)所示从动件为滚子从动件。从运动学的角度看,这种从动件的滚子运动是多余的,但滚子的转动作用把凸轮与滚子之间的滑动摩擦转化为滚动摩擦,减少了凸轮机构的磨损,可以传递较大的动力,故应用最为广泛。

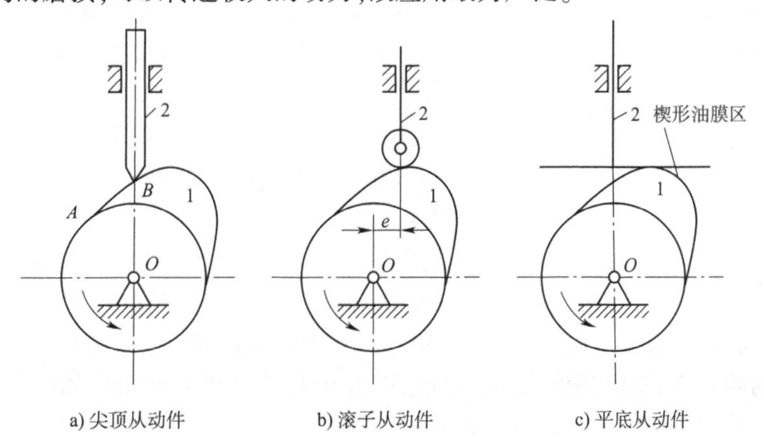

a)尖顶从动件　　b)滚子从动件　　c)平底从动件

图4-4　按从动件的形状分类

1-凸轮;2-从动件

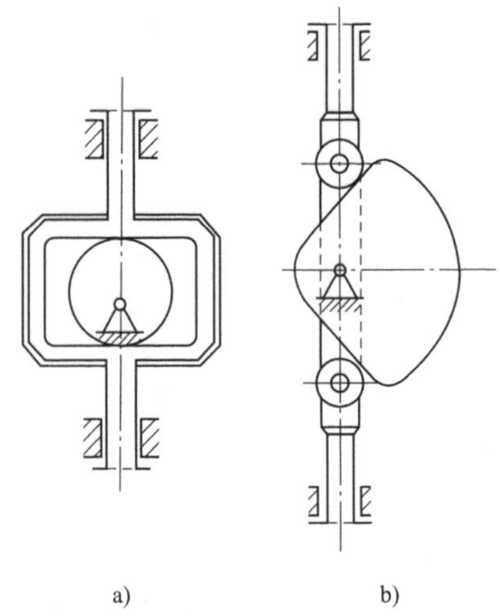

a)　　b)

图 4-5　形封闭凸轮机构

(3)平底从动件。图 4-4c)所示从动件为平底从动件。这种从动件的特点是受力比较平稳(不计摩擦时,凸轮对平底从动件的作用力垂直于平底),凸轮与平底之间易形成楔形油膜,润滑较好,故平底从动件常用于高速凸轮机构中。

除此之外,还可按从动件的运动形式不同,分为直动从动件(图 4-1)和摆动从动件;按凸轮与从动件保持高副接触的方式分为力封闭(图 4-1、图 4-2 分别靠弹簧力和重力保持从动件与凸轮轮廓的接触)和形封闭[图 4-5a)、图 4-5b)利用凸轮和从动件的特殊几何结构保持接触]等。

凸轮机构的主要优点是只需设计适当的凸轮轮廓,便可使从动件实现预定的运动规律,而且结构简单、紧凑,工作可靠;它的缺点是凸轮与从动件之间为点或线接触,易磨损。因此,凸轮机构通常多用于传动不大的控制机构和调节机构中。

4.2　常用的从动件运动规律

凸轮的轮廓曲线决定了从动件的运动规律,因此,在设计凸轮轮廓之前应首先根据工作要求确定从动件的运动规律。

从动件的运动规律即是从动件的位移(s)、速度(v)和加速度(α)随时间(t)变化的规律,当凸轮匀速转动时,其转角 φ 与时间 t 成正比,所以从动件运动规律也可以用从动件的运动参数随凸轮转角的变化规律来表示,即 $s=s(\varphi)$,$v=v(\varphi)$,$t=t(\varphi)$通常用从动件运动线图直观地表述这些关系。

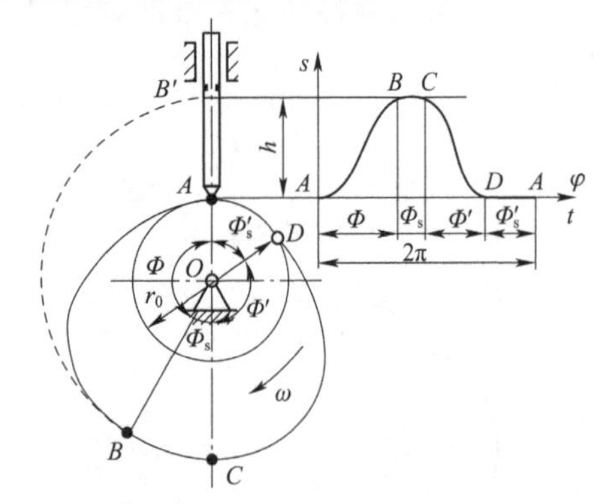

图 4-6　凸轮机构的运动过程与从动件位移线图

现以心直动尖顶从动件盘形凸轮机构为例说明从动件的运动规律与凸轮轮廓曲线之间的关系。如图 4-6 所示,以凸轮轮廓曲线的最小向径 r_0 为半径所作的圆称为凸轮的基圆,r_0 称为基圆半径。点 A 为凸轮轮廓曲线的起始点。当凸轮与从动件在 A 点接触时,从动件处于距凸轮轴心 O 最近位置。当凸轮以匀角速 ω 顺时针转动 φ_0 时,凸轮轮廓 AB 段的向径逐渐增加,推动从动件以一定的运动规律达到最高位置 B,此时从动件处于距凸轮轴心 O 最远位置,这个过程称为推程。这时从动件移动的距离 h 称为升程,对应的凸轮转角 Φ 称为推程运动角。当凸轮继续转动 Φ_s 时,凸轮轮廓 BC 段向径不变,此时从动件处于最远位置停留不动,相应的凸轮转角 Φ_s 称为远休止角。当凸轮继续转动 Φ'时,凸轮轮廓凹段的向径逐渐减小,从动件在重力或弹簧力的作用下，以一定的运动规律回到起始位置，这个过程称为回程，即回程是从动件移向凸轮轴心的行程。对应的凸轮转角 Φ' 称为回程运动角。当凸轮继续转动 Φ'_s 时，凸轮轮廓 DA 段的向径不变，此时从动件在最近位置停留不动，相应的凸轮转角 Φ'_s 称为近休止角。当凸轮再继续转动时，从动件重复上述运动循环。如果以直角坐标系的纵坐标代表从动件的位移，横坐标代表凸轮的转角，则可以画出从动件位移 s 与凸轮转角 Φ 之间的关系线图，它简称为从动件位移曲线。根据从动件位移曲线，利用图解微分法可作出其速度曲线和加速度曲线，具体做法可参阅有关参考书。

下面介绍几种常用的从动件运动规律。

4.2.1　等速运动规律

从动件速度为定值，这样的运动规律称为等速运动规律。当凸轮以等角速度 ω_1 转动时，从动件在推程或回程中的速度为常数。

若以纵坐标表示从动件的位移 s_2、速度 v_2、加速度 a_2，横坐标表示凸轮转角 δ 或时间 t，则从动件推程做等速运动的位移线图、速度线图和加速度线图如图4-7所示。当从动件做等速运动时，因速度等于常数 v_0，故其推程的速度线图 v_2-t 为平行于横坐标的一段直线；由速度的一次积分得到位移，位移线图 s_2-t 为一段斜直线；因速度等于常数 v_0，故加速度 $a_2=0$，加速度线图 a_2-t 中加速度与横坐标轴重合。由图可见，从动件在推程的开始和终止的瞬时 A、B 点处，由于其速度发生突变，瞬时加速度在理论上趋于无穷大，虽然构件的弹性变形起着一定的缓冲作用，但仍将产生极大的惯性力，对机构造成很大的冲击，这种冲击通常称刚性冲击。刚性冲击会引起机械的振动，加速凸轮的磨损，甚至损坏构件。因此，等速运动规律一般只用于低速的凸轮机构中。

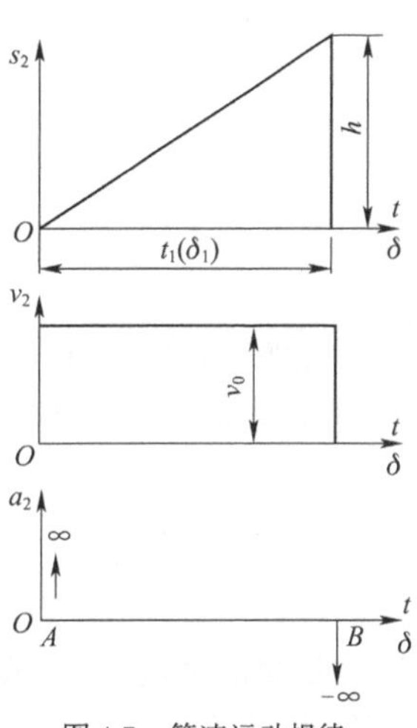

图4-7　等速运动规律

4.2.2　等加速等减速运动规律

等加速等减速运动规律是指从动件在行程（推程或回程）h 中，前阶段做等加速运动，后阶段做等减速运动。

如图4-8所示，因从动件的加速度等于常数 a_0，其推程的加速度线图 a_2-t 为平行于横坐标的两段直线；从动件的速度 $v_2=a_0t$ 对应的速度线图 v_2-t 由两段斜直线组成；从动件的位移 $S_2=a_0t^2/2$，因位移 s_2 与时间 t（或凸轮转角 δ）的平方成正比，故对应的位移线图 s_2-t 是由两段抛物线组成的。由加速度线图可知，从动件在行程的起始、终止点以及由等加速过渡到等减速的瞬时，加速度出现有限值的突变，这将产生有限的惯性力而引起冲击。这种冲击比刚性冲击轻，称为柔性冲击。所以，等加速等减速运动规律不适合用于高速，仅适用于中速、轻载的场合。

若等加速与等减速段从动件的行程及凸轮的运动角各占一半，则位移线图中等加速段抛物线和等减速段抛物线应在推程转角 $\delta_1/2$ 和行程 $h/2$ 处相连接。等加速段的抛物线可用图中所示方法画出：在横坐标轴和纵坐标轴上截取 $\delta_1/2$ 和 $h/2$，并对应分成相同的若干等分，得分点 1，2，3，…和 1′，2′，3′，…（图中分为 4 等份）。再将点 O 分别与 1′，2′，3′，…相连，得连线 $O1'$，$O2'$，$O3'$，…，这些连线分别均由点 1，2，3，…作纵坐标轴的平行线交于点 1″，2″，3″，…，再将点 O、1″，2″，3″，…连成光滑曲线，即得等加速段的位移曲线。等减速段的抛物线，可用相应的方法画出。

4.2.3 简谐（余弦加速度）运动规律

点在圆周上匀速运动时，它在圆的直径上的投影点的运动称为简谐运动。从动件的加速度按余弦规律变化时，其推程的位移、速度和加速度的方程式为：

$$\left.\begin{aligned} s_2 &= \frac{h}{2}\left(1-\cos\frac{\pi}{t_1}t\right) \\ v_2 &= \frac{h\pi}{2t_1}\sin\frac{\pi}{t_1}t \\ \alpha_2 &= \frac{h\pi^2}{2t_1^2}\cos\frac{\pi}{t_1}t \end{aligned}\right\} \tag{4-1}$$

如图 4-9 所示，由其加速度线图可知，从动件在行程的开始和终止点处加速度产生有限的突变，引起柔性冲击。简谐运动规律位移线图做法如下：以从动件的行程 h 为直径圆半圆，将此半圆和相应的凸轮运动转角 δ_0 对应分成相同等份（图中为 6 等份），再过半圆周上各分点作水平线与 δ_0 中的对应等分点的垂直线各交于一点，过这些点连成光滑曲线即为所画的推程位移曲线。这与力学中所述质点沿圆周做等速运动，它在直径上的投影所形成的运动是简谐运动相同，故余弦加速度运动规律又称简谐运动规律。

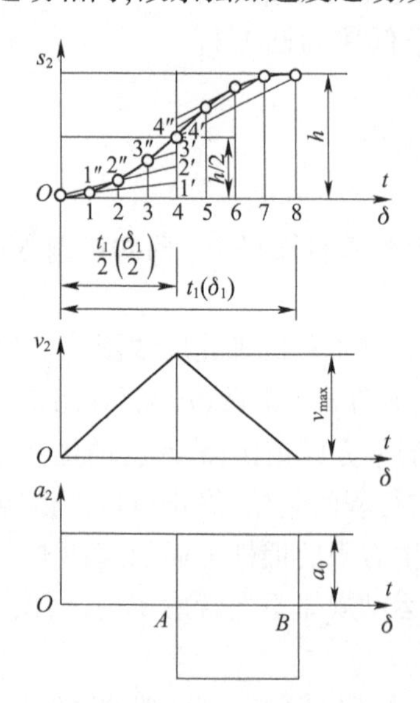

图 4-8　等加速等减速运动规律

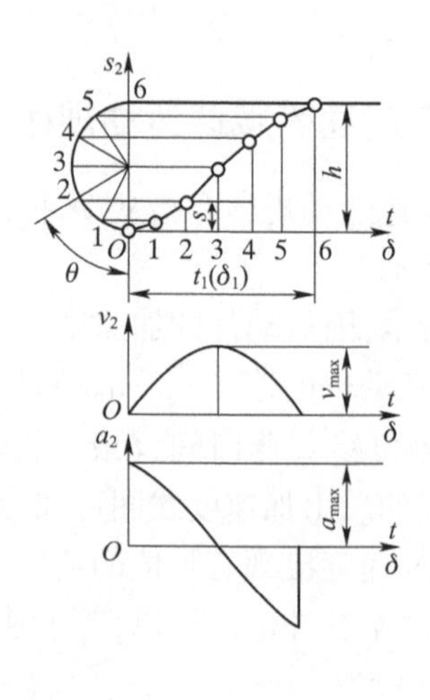

图 4-9　简谐（余弦加速度）运动规律

4.3　盘形凸轮轮廓曲线的确定

在根据工作要求合理地选择了凸轮机构的形式、凸轮的基圆半径和从动件的运动规律后，就可以进行凸轮轮廓的设计。设计凸轮轮廓有图解法和解析法。本节只结合盘形凸轮轮廓的设计介绍图解法。

4.3.1　尖顶直动从动件盘形凸轮

图4-10a）所示为一对心尖顶直动从动件盘形凸轮机构。若已知从动件的位移线图［图4-10b），按一定比例尺绘制］，凸轮以等角速度 ω 逆时针方向回转，凸轮的基圆半径为 r_0，要求设计该凸轮的轮廓曲线，凸轮机构工作时，凸轮和从动件都在运动，在绘制凸轮的轮廓时，应使凸轮相对于图纸静止不动。根据机构相对运动不变的原理，采用“反转法”，给整个凸轮机构加上一个绕轴心 O 转动的公共角速度 $-\omega$，机构中各构件之间的相对运动不改变。此时，凸轮相对固定不动，而从动件一方面在导路上往复移动，同时随着导路以角速度绕轴心 O 转动。由于从动件尖顶始终与凸轮轮廓接触，故反转后的从动件尖顶的运动轨迹即为所求的凸轮轮廓曲线。

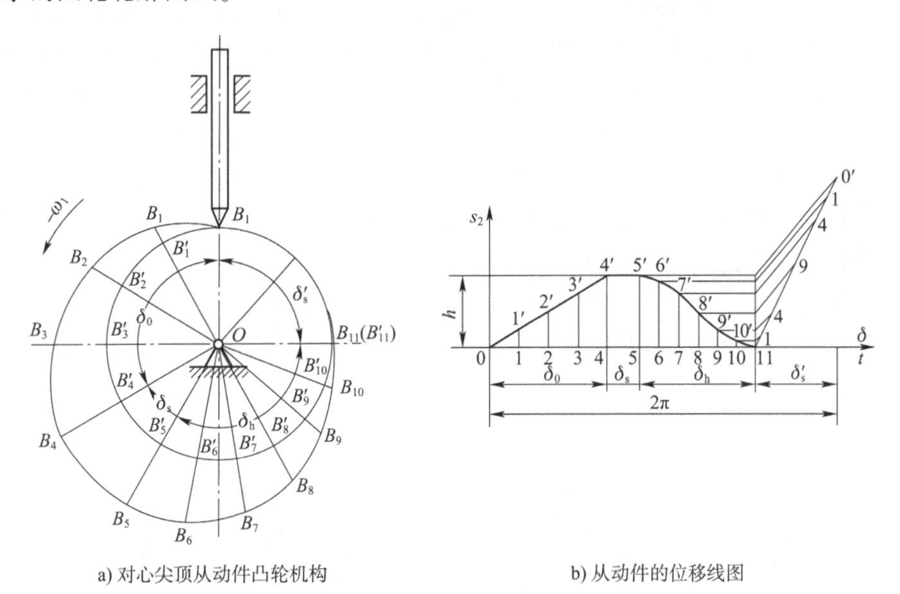

a) 对心尖顶从动件凸轮机构　　b) 从动件的位移线图

图4-10　对心尖顶直动从动件盘形凸轮

凸轮轮廓曲线的绘制步骤如下：

（1）将位移线图的推程和回程的对应转角分为若干等分（图中推程为5等分，回程为4等分）。

（2）用与位移线图相同的比例尺，以 r_0 为半径作出凸轮的基圆。从动件导路与基圆的交点 $B_0(C_0)$ 即为从动件尖顶的起始位置。

（3）自 OB_0 沿 $-\omega_1$ 方向按顺序量取角度 δ_1、δ_2、δ_3 及 δ_4，并将 δ_1 和 δ_3 各分为与图4-10b）

中相应的等分,等分线与基圆相交于 C_1、C_2、C_3…点,则 OC_1、OC_2、OC_3…就是反转后从动件导路的对应位置。

(4)按位移线图中的位移值 S_2,过 C_1、C_2、C_3…各点沿导路向外分别量取线段 $C_1B_1=11'$、$C_2B_2=22'$、$C_3B_3=33'$…,所得的 B_1、B_2、B_3…各点就是反转后从动件尖顶的一系列位置,即对应凸轮轮廓上各点的位置。光滑连接这些点,即得所求凸轮轮廓曲线。

4.3.2 滚子直动从动件盘形凸轮

滚子从动件凸轮轮廓曲线的绘制,其方法与尖顶从动件凸轮轮廓的绘制基本相同。如图 4-11 所示,将滚子中心看成从动件的尖顶,按前文所述方法先求得尖顶从动件凸轮轮廓曲线 β_0,再以 β_0 上各点为中心,以滚子半径为半径作一系列圆,作这些圆的内包络线 β,内包络线 β 即为凸轮与从动件直接基础的轮廓,称为凸轮的实际轮廓曲线(也称为工作轮廓曲线)而曲线 β_0 则称为该凸轮的理论轮廓曲线。由作图过程可知,滚子直动从动件凸轮的基圆半径 r_0 是指理论轮廓曲线的最小半径。

4.3.3 平底直动从动件盘形凸轮

当从动件的端部是平底时,凸轮实际轮廓的求法与滚子从动件凸轮的求法相仿。如图 4-12 所示,将从动件的导路中心线与从动件的平底交点 B_0 作为尖顶从动件的尖顶。按照尖顶从动件盘形凸轮轮廓绘制方法,求出尖顶翻转后的一系列位置 B_1、B_2、B_3…点,过这些点画出一系列平底,作该直线族的包络线,便得到平底从动件凸轮的实际轮廓曲线。由于从动件平底与凸轮工作轮廓曲线的接触点(即平底与凸轮工作轮廓曲线的切点)随从动件位置不同位置而改变,图中平底与凸轮轮廓的切点 B'、B'',是平底左右两侧最远的两个切点。为了保证在所有位置从动件平底能始终与凸轮轮廓相切,平底左右两侧的长度应分别大于导路至左右最远切点的距离 m 和 L。

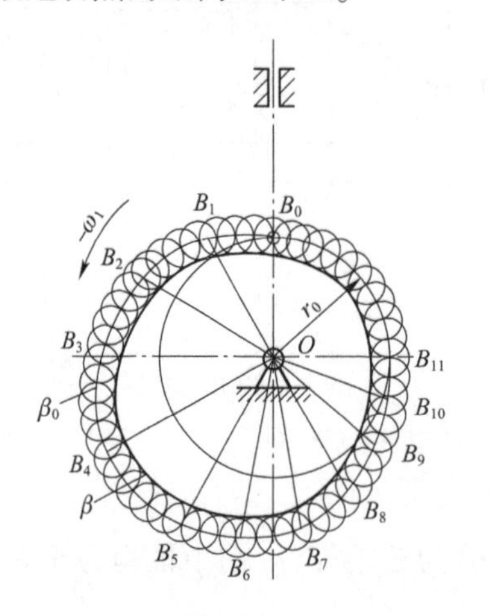

图 4-11 滚子直动从动件盘形凸轮

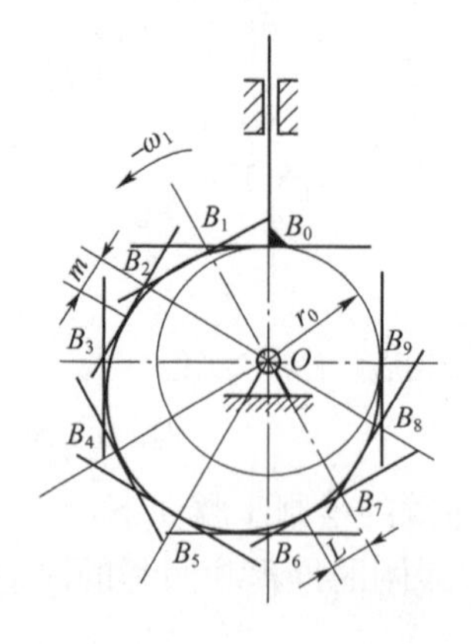

图 4-12 平底直动从动件盘形凸轮

4.4　有关凸轮机构基本尺寸确定的问题

压力角、基圆半径和滚子半径等基本尺寸选择得是否恰当,会直接影响凸轮机构的结构是否合理、运动是否失真以及受力是否良好等问题。因此,本节主要讨论有关凸轮机构基本尺寸确定的问题。

4.4.1　压力角与受力关系

图4-13所示为对心尖顶直动从动件凸轮机构在推程任一位置的受力情况。若不考虑摩擦,凸轮作用于从动件上的力 F,沿接触点的法线 $n—n$ 方向。力 F 与从动件上该力作用点的速度方向之间所夹的锐角 α 称为凸轮机构在该位置的压力角。力 F 可分解为沿从动件运动方向的有用分力 F_t 和垂直于从动件运动方向压紧导路的有害分力 F_n,其关系为:$F_n = F_t\tan\alpha$。

当驱动从动件的有用分力 F 一定时,压力角 α 越大,则有害分力 F_n 越大,凸轮机构效率越低。当 α 增大到一定程度,以致 F_n 在导路中所引起的摩擦阻力大于有用分力 F_t 时,此时无论凸轮给从动件的力多大,从动件都不能运动,这种现象称为自锁。为了保证凸轮机构的正常工作并具有一定的效率,必须控制 α 不宜过大。凸轮轮廓曲线上各点的压力角一般是变化的,设计时应保证最大压力角不超过许用值。通常,一般直动从动件推程时的许用压力角$[\alpha]=30°$;摆动从动件推程的压力角可以大些,一般取$[\alpha]=35°\sim45°$。常见的依靠外力使从动件与凸轮保持接触的凸轮机构,回程时从动件是在弹簧或重力作用下返回的,回程一般不会产生自锁现象,因而可允许有较大的压力角。

由以上分析可以看出,从改善受力、提高效率、避免自锁的观点看,压力角越小越好。

4.4.2　压力角与机构尺寸的关系

从图4-13中可以看出 $s_2 = r - r_0$,式中 s_2 为从动件的位移,一般是根据工作要求给定的,r 为 B 点处的凸轮半径;r_0 为凸轮的基圆半径。如果 r_0 增大,r 也将增大,则凸轮机构的尺寸就会相应地加大。因此,为了使凸轮机构结构紧凑,r_0 应尽可能取得小一些。现对凸轮机构进行运动分析,设凸轮以等角速度 ω_1 顺时针转动,当从动件与凸轮在 B 点接触时,B 点是公共点。从动件上 B 点的速度 $v_{B2}=v_2$,凸轮上 B 点的速度 $v_{B1}=r\omega_1$,方向垂直于 OB,从动件上 B 点的相对速度的方向 v_{B2B1}与凸轮过 B 点的切线方向重合。根据点的复合运动之速度合成定理则可作出 B 点的速度三角形。由此可得:

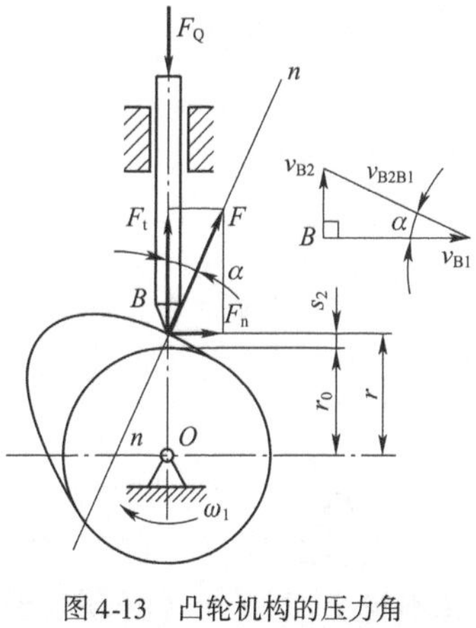

$$v_2 = v_{B2} = v_{B1}\tan\alpha = \omega_1 r\tan\alpha \tag{4-2}$$

图4-13　凸轮机构的压力角

即

$$r = \frac{v_2}{\omega_1\tan\alpha}$$

因为

$$r = r_0 + s_2$$

所以

$$r_0 = r - s_2 = \frac{v_2}{\omega_1 \tan\alpha} - s_2 \tag{4-3}$$

由上式可知，当给定从动件的运动规律，且 ω_1、v_2 和 s_2 为一定时，要使机构的尺寸越小，就要减小凸轮的基圆半径 r_0，那么就要增大压力角 α。基圆半径过小，压力角就会超过许用值。因此，应在凸轮机构的最大压力角 α_{max} 不超过许用值的条件下考虑减小基圆半径以缩小凸轮的尺寸。因此，从机构尺寸紧凑的观点看，其压力角较大为好。

基圆半径的确定应考虑满足最大压力角小于许用值的要求。通常是用前式根据许用压力角确定凸轮基圆半径，但这种方法比较烦琐。根据 $\alpha_{max} \leqslant [\alpha]$ 的条件所确定的基圆半径一般都比较小。所以在实际设计中，凸轮的基圆半径常是根据具体的结构条件选择。通常可取凸轮的基圆直径等于或大于轴颈的 1.6 ~2 倍。

4.4.3 滚子半径的选择

滚子半径取得大一点，凸轮与滚子的接触应力降低，但是滚子半径的大小对凸轮实际轮廓有很大影响。有时甚至使从动件不能完成预定的运动规律。如图 4-14 所示，设理论轮廓外凸部分的最小曲率半径用 ρ_{min} 表示，滚子半径用 r_T 表示，则相应位置实际轮廓的曲率半径 $\rho_a = \rho_{min} - r_T$。当 $\rho_{min} > r_T$ 时，则有 $\rho_a > 0$，实际轮廓为一平滑曲线。但 $\rho_{min} = r_T$ 时，此时 $\rho_a = 0$，在凸轮实际轮廓曲线上产生尖点，这种尖点极易磨损，磨损后就会改变从动件原有的运动规律。

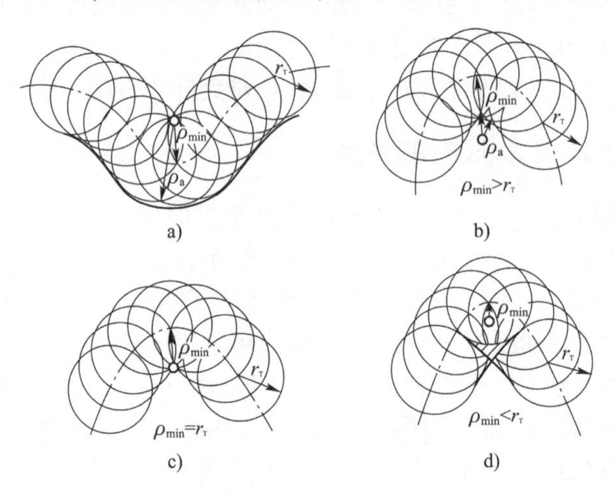

图 4-14　滚子半径的选择

当 $\rho_{min} < r_T$ 时，此时 $\rho_a < 0$，凸轮实际轮廓曲线发生自交，图中阴影部分的轮廓在实际加工时被切去，使这一部分对应的运动规律无法实现。为了使凸轮轮廓在任何位置既不变尖又不自交，滚子半径必须小于理论轮廓外凸部分的最小曲率半径 ρ_{min}（理论轮廓内凹部分对滚子半径的选择没有影响）。但滚子半径也不宜过小，否则，凸轮与滚子接触应力过大且难以装在销轴上。因此，一般推荐 $r_T \leqslant 0.8\rho_{min}$。若从结构上考虑，可使 $r_T = 0.4r_0$。为避免出现尖点，一般要求 $\rho_a > 3 \sim 5\text{mm}$。

4.5　间歇运动机构

4.5.1　棘轮机构

如图4-15所示，棘轮机构主要由棘轮棘爪和机架组成。棘轮3与传动轴固连，原动摇杆1空套在轴上，可以绕其转动。当原动摇杆1逆时针方向摆动时，与它铰接的驱动棘爪2借助弹簧或自重插入棘轮齿槽中，推动棘轮转过一定角度。这时止回棘爪4在棘轮的齿背上滑过。若原动摇杆1顺时针方向摆动时，驱动棘爪2沿棘轮齿背滑过，而止回棘爪4在弹簧5的作用下插入棘轮的齿槽，阻止棘轮顺时针方向转动，固棘轮静止不动，从而实现当摇杆往复摆动时，棘轮做单向间歇转动。

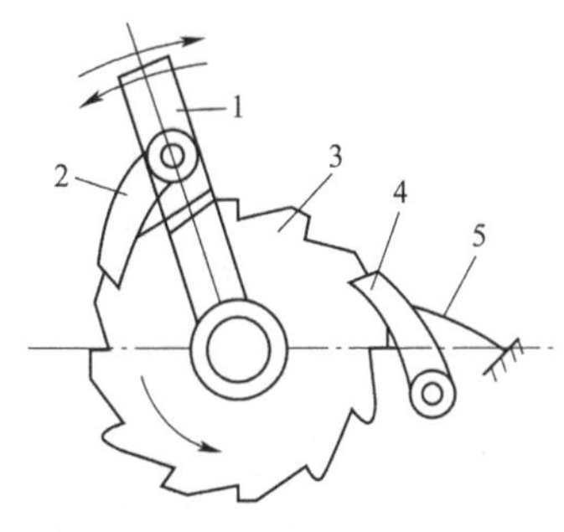

图4-15　棘轮机构

1-原动摇杆；2-驱动棘爪；3-棘轮；4-止回棘爪；5-弹簧

如图4-16a)所示，这种机构的棘轮采用对称的梯形齿，与之对应的棘爪为特殊的对称形状。这种棘轮机构的特点是：当棘爪处于实线位置时，棘轮可以实现逆时针单向间歇运动；而当棘爪反转到图示虚线位置时，棘轮即可进行顺时针方向的单向间歇运动。图4-16b)所示为另一种可变向的棘轮机构，其棘轮齿形为矩形，棘爪齿为楔形斜面。这样，当棘爪处于图示位置往复摆动时，棘轮将按逆时针做单向间歇运动；如将棘爪提起并绕其本身轴线转180°后再插入棘轮齿中往复摆动时，棘轮便沿顺时针方向做间歇运动。若将棘爪提起绕轴线y转过90°，棘爪被架在壳体平台上与棘轮脱开，则棘爪摆动棘轮静止不动。这种棘轮机构常用于牛头刨床工作台的进给装置中。

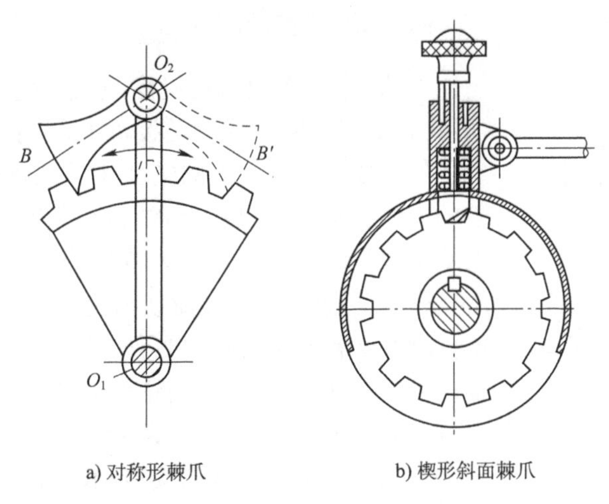

a) 对称形棘爪　　　b) 楔形斜面棘爪

图4-16　双向棘轮机构

齿式棘轮机构棘轮的转角都是相邻两齿所夹中心角的倍数，这表明棘轮的转角是有级改变的，如果要实现转角的无级改变，可采用如图4-17所示的摩擦式棘轮机构。通过摇杆1及与其铰接的驱动凸块2（相当于棘爪）与摩擦轮3（相当于棘轮）之间的摩擦力来传递运动,4 为止动块,5 为机架。这种机构在传动过程中可避免棘轮每次运动开始和终止时轮齿与棘爪之间的冲击,故传动平稳、噪声小。

棘轮机构应用广泛。如图 4-18 所示的牛头刨床工作台进给机构,齿轮 1 带动与齿轮 2 同轴的销盘 3(相当曲柄)做等速转动,通过连杆 4 带动摇杆 5 往复摆动,从而使摇杆 5 上的棘爪驱动棘轮 6 做单向间歇运动。此时与棘轮固连的丝杆 7 便带动工作台做横向进给运动。可通过调整曲柄销 *B* 的位置来改变棘爪的摆角,以调节进给量。

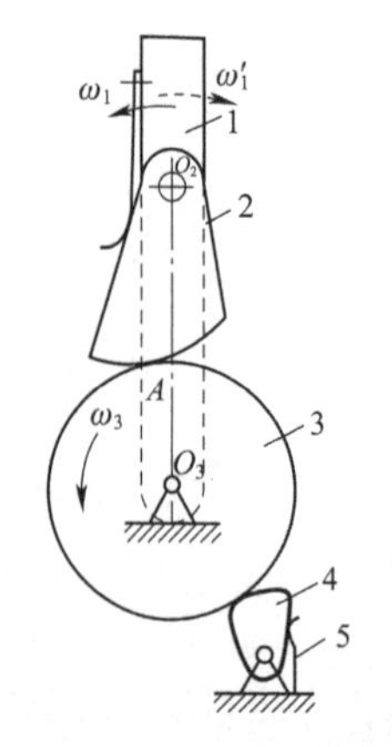

图 4-17　摩擦式棘轮机构
1-摇杆;2-驱动凸块;3-摩擦轮;4-止动块;5-机架

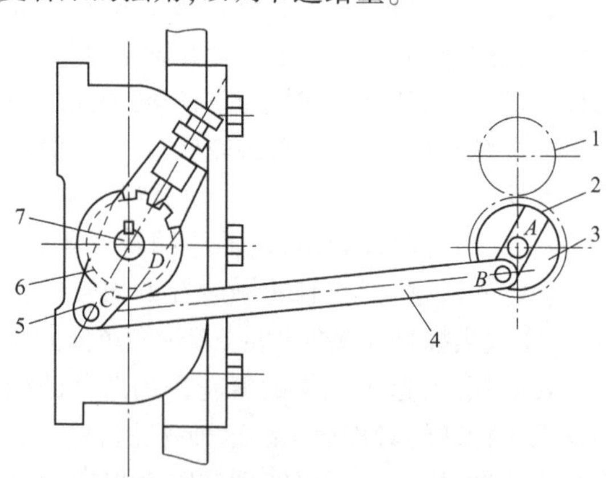

图 4-18　牛头刨床机构
1,2-齿轮;3-销盘;4-连杆;5-摇杆;6-棘轮;7-丝杆

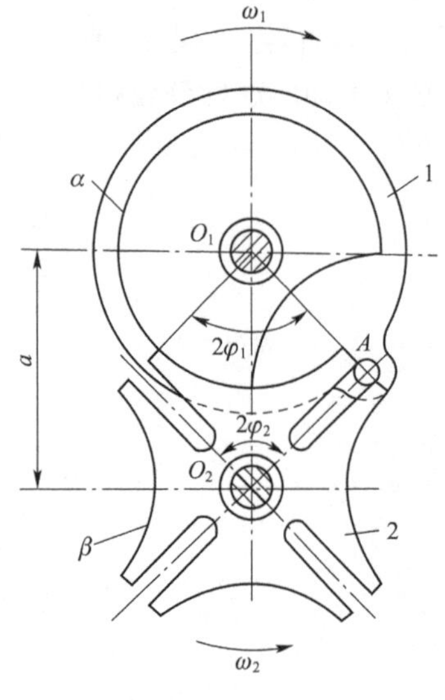

图 4-19　槽轮机构
1-主动拨盘;2-从动槽轮

在起重机、绞盘等机械装置中,还常利用棘轮机构使提升的重物能停止在任何位置上,以防止由于停电等原因造成事故。

4.5.2　槽轮机构

槽轮机构又称马耳他机构,也是步进运动机构。如图 4-19 所示,它由带圆销 *A* 的主动拨盘 1、具有径向槽的从动槽轮 2 和机架组成。当拨盘上圆销 *A* 未进入槽轮径向槽时,由于槽轮的内凹锁止弧 β 被拨盘的外凸圆弧 α 卡住,故槽轮静止。图示位置是圆销 *A* 开始进入槽轮径向槽的位置,这时锁止弧 β 被松开,因而圆销 *A* 能驱使槽轮沿顺时针方向转动;当圆销 *A* 开始脱离槽轮的径向槽时,槽轮的另一内凹锁止弧又被拨盘的外凸圆弧卡住,致使槽轮 2 又静止不动,直到圆销 *A* 再进入槽轮 2 的另一径向槽时,两者又重复上述的运动循环。这样当主动构件 1 做匀速连续转动时,便驱动槽轮 2 做时转时停的单向间歇运动。

槽轮机构的结构简单、外形尺寸小、机械效率高,并且运动平稳,因此,在自动化和半自动化机械中得到广泛应用。

图 4-20 所示为电影放映机卷片机构,为了适应人眼的视觉暂留现象,要求影片做间歇

移动。槽轮 2 具有 4 个径向槽,拨盘每转 1 周,圆销 A 将拨动槽轮转过 1/4 周,胶片移动一个画面,并停留一定时间(即放映一个画格面),拨盘继续转动,重复上述运动。这样,利用人眼的视觉暂留特性,当每秒放映 24 幅画面时,即可使人看到连续的画面。

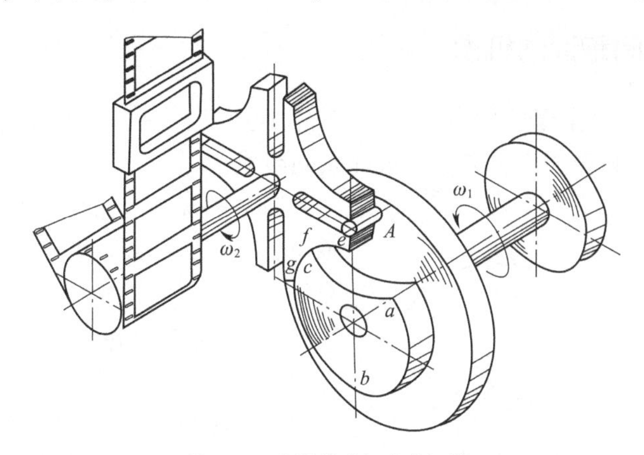

图 4-20　电影放映机卷片机构

又如图 4-21 所示的转塔车床刀架的转位槽轮机构,刀架 3 的 6 个孔中可装 6 种刀具并与具有相应的径向槽的槽轮 2 固联。拨盘 1 每转 1 周,圆销进入槽轮一次,拨动槽轮(即刀架)转 1/6 周,从而将下一工序的刀具转换到工作位置。

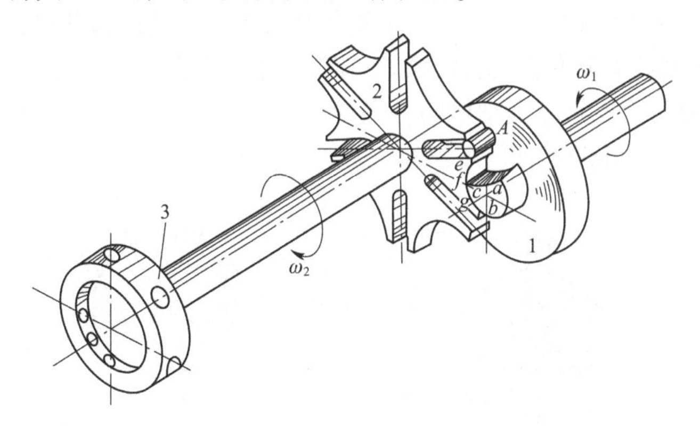

图 4-21　转塔车床刀架的转位槽轮机构

1-拨盘;2-槽轮;3-刀架

为了尽量减轻槽轮在启动和停歇时的冲击,圆销进入和脱出径向槽的瞬间,径向槽的中心线应与圆销 A 的中心运动轨迹圆相切,即 O_2A 应与 O_1A 垂直。如图 4-21 所示,设 z 为均匀分布的径向槽数,则槽轮 2 转过 $2\varphi_2 = 2\pi/z$ 弧度时,拨盘 1 相应转过的转角 $2\varphi_1$ 为:

$$2\varphi_1 = \pi - 2\varphi_2 = \pi - 2\pi/z$$

在一个运动循环(拨盘转一周)内,槽轮的运动时间 t_a 与拨盘转一周的总时间 t 之比称为槽轮的运动特性系数。当拨盘匀速转动时,时间之比可以用转角的比值来表示。对于只有一个圆销的槽轮机构,t_a 和 t 分别对应于拨盘的转角 $2\varphi_1$ 和 2π。因此,槽轮机构的运动特性系数 τ 为:

$$\tau=\frac{t_a}{t}=\frac{2\varphi_1}{2\pi}=\frac{\pi-\frac{2\pi}{z}}{2\pi}=0$$

4.5.3 其他间歇运动机构

图 4-22 所示为不完全齿轮机构，它的主动轮 1 是只有一个齿或几个齿的不完全齿轮，从动轮 2 是由正常齿和带锁止弧的厚齿彼此相间组成。

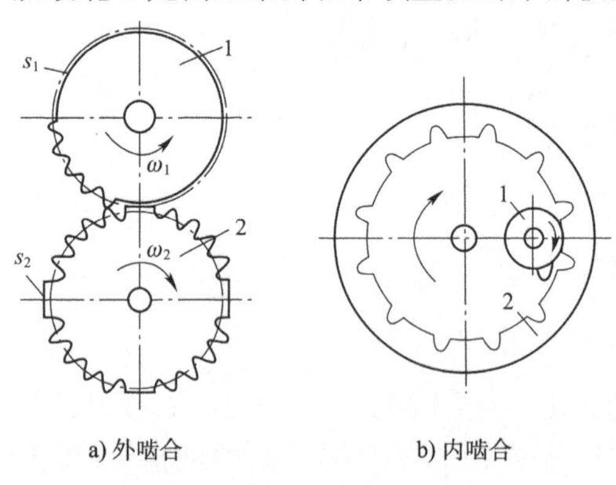

a) 外啮合　　b) 内啮合

图 4-22　不完全齿轮机构

1-主动轮；2-从动轮

当主动轮 1 上的轮齿与轮 2 的齿相啮合时，驱使从动轮 2 转动；当主动轮 1 的无齿圆弧部分与从动轮 2 接触时，从动轮停歇不动，因此，当主动轮连续转动时，从动轮做间歇运动，主动轮连续转过一周时，图 4-22a）和图 4-22b）中的从动轮分别间歇地转过 1/8 周和 1/4 周。为了防止从动轮在停歇期间游动，两轮轮缘上分别装有锁止弧。

不完全齿轮机构工作可靠，其从动轮的运动时间、停歇时间及每次转动的角度可在较大范围内变化。但是，这种机构的从动轮在进入和脱离啮合时因速度发生突变，冲击较大，故一般只适用于低速轻载的场合。

图 4-23 所示为凸轮式间歇运动机构。主动凸轮 1 驱动从动转盘 2 上的滚子，将凸轮的连续转动变换为转盘的间歇转动。

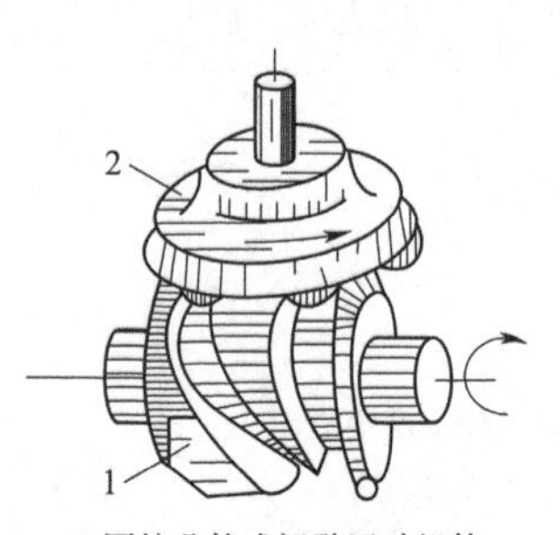

a) 圆柱凸轮式间歇运动机构

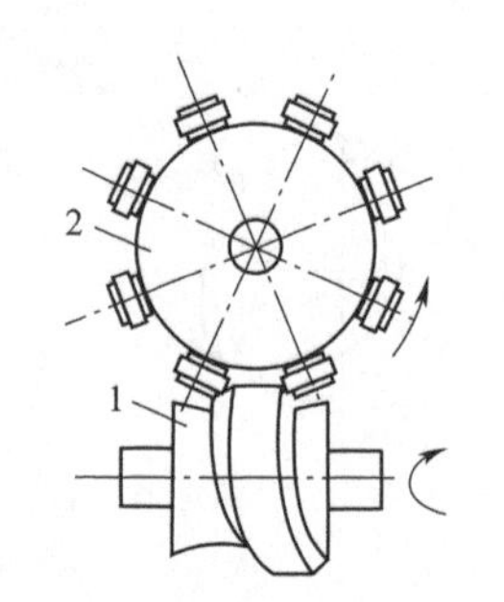

b) 蜗杆形凸轮式间歇运动机构

图 4-23　凸轮式间歇运动机构

1-主动凸轮；2-从动转盘

图 4-23a）中，主动凸轮 1 呈圆柱形，从动转盘 2 的端面均布若干滚子，其轴线平行于转盘的轴线，称为圆柱凸轮间歇运动机构。图 4-23b）中，主动凸轮 1 的形状像圆弧面蜗杆，从动转盘 2 的圆柱表面均布若干滚子，其轴线垂直于转盘的轴线，称为蜗杆凸轮间歇盘的中心距来调节滚子与凸轮轮廓之间的间隙，以保证机构的运动精度。

凸轮式间歇运动机构传动平稳，工作可靠，常用于传递交错轴间的分度运动和高速分度转位的机械中。

思　考　题

4-1　凸轮机构由哪几个基本构件组成？举出生产实际中应用凸轮机构的几个实例，通过实例说明凸轮机构的特点。

4-2　何谓从动件的运动规律？常用的从动件运动规律有哪几种？各有何优缺点？适用于何种场合？

4-3　何谓刚性冲击和柔性冲击？哪些运动规律有刚性冲击？哪些运动规律有柔性冲击？哪些运动规律没有冲击？

4-4　何谓凸轮机构的压力角、基圆半径？应如何选择它们的数值大小？对机构的运动特性、动力特性有何影响？

4-5　在选取滚子半径时，应注意哪些问题？

4-6　如图4-24所示为一对心尖顶从动件盘形凸轮机构在推程的某个瞬时，已知凸轮是以c为中心的圆盘。

(1)绘出凸轮的理论廓线；

(2)绘出凸轮的基圆，并标出基圆半径r；

(3)标出凸轮的转动方向；

(4)在图中标出从动件在图示位置时的位移s；

(5)分析机构在D位置时的压力角a。

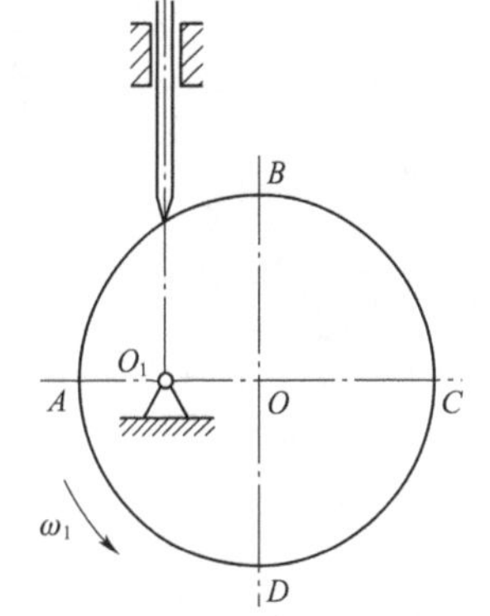

图4-24　习题4-6图

4-7　棘轮机构、槽轮机构、不完全齿轮机构和凸轮间歇运动机构在运动平稳性、加工难易和制造成本方面各具有哪些优缺点？各适用于什么场合？

4-8　内啮合槽轮机构能不能采用多圆柱销拨盘？

4-9　何谓槽轮机构的运动系数τ？分析运动系数τ有何实际意义？采取什么措施可以提高运动系数τ的值？

4-10　某单圆销外槽轮机构的槽数$z=6$，主动拨盘的转速$n_1=60\text{r/min}$，求槽轮的运动时间和静止时间及运动系数。

第三篇
连接类零件

第5章 螺纹连接

机械是由许多零件以一定方式连接而成的。按照拆开情况不同,连接可分为两类:①可拆连接,即允许多次装拆而不失效的连接,包括螺纹连接、键连接和销连接;②不可拆连接,即必须破坏连接某一部分才能拆开的连接,包括铆钉连接、焊接和粘接等。另外,过盈连接既可做成可拆连接,也可做成不可拆连接。本章主要介绍螺纹连接。

5.1 螺纹的主要参数和常用类型

如图5-1所示,将一与水平面倾斜角为 λ 的直线绕在圆柱体上就形成一条螺旋线。如果选取一平面图形(梯形、三角形或矩形等),使其沿螺旋线运动,并保持此平面图形始终在通过圆柱轴线的平面内,则其在空间的轨迹即为螺纹。按平面图形的形状,相应可得三角形螺纹以及矩形、梯形或锯齿形螺纹等。

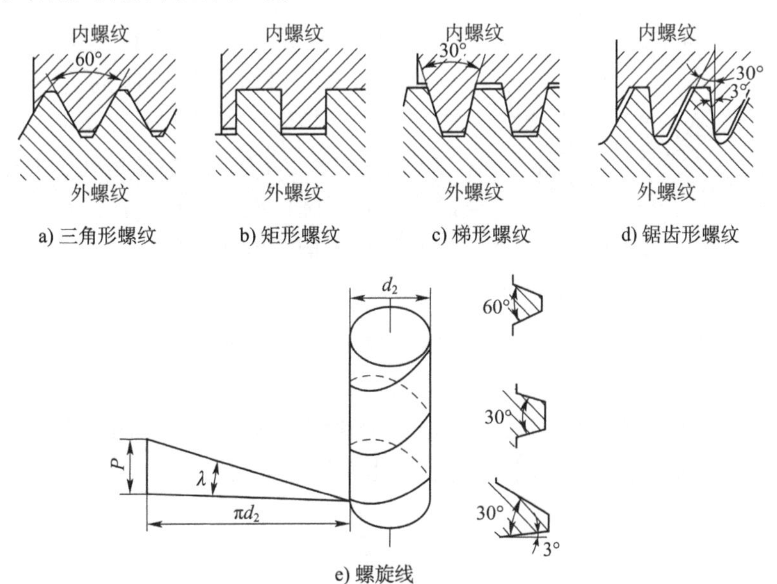

图5-1 螺旋线的形成

在圆柱表面上形成的螺纹称为外螺纹,如螺栓的螺纹;在圆柱孔内壁上形成的螺纹,称为内螺纹,如螺母的螺纹。

按螺纹的绕行方向,螺纹可分为右旋和左旋[图5-2a)]螺纹,常用的是右旋螺纹。按照螺旋线的数目,螺纹还分为单线螺纹、双线螺纹[图 5-2b)]和三线螺纹等。从便于制造角度考虑,一般不采用四线以上的螺纹。

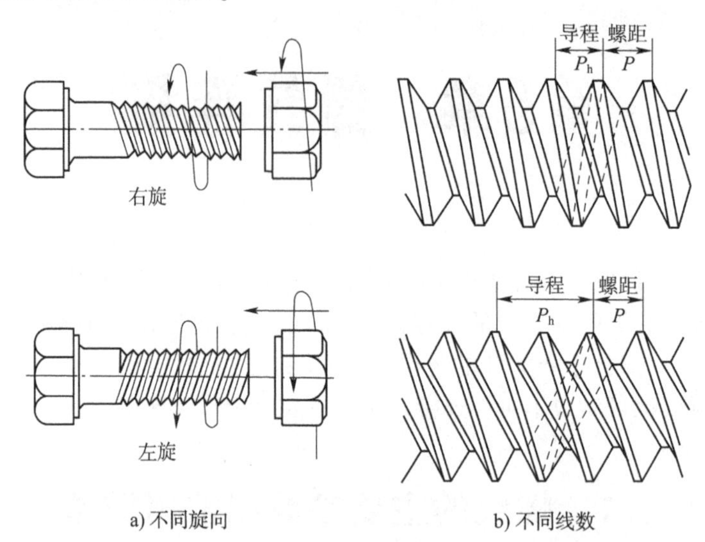

图 5-2　不同旋向和线数的螺纹

现以圆柱螺纹为例说明螺纹的主要参数(图 5-3)。

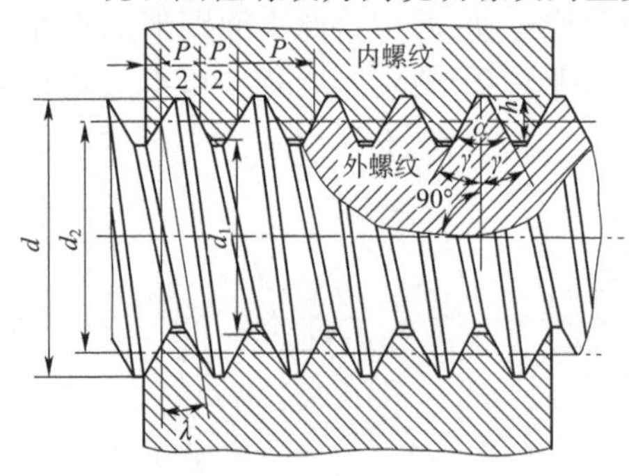

图 5-3　螺纹的主要参数

(1)大径 $d(D)$。大径是与外螺纹牙顶(或内螺纹牙底)相切的圆柱体的直径(螺纹的最大直径),通常定为螺纹的公称直径。

(2)小径 $d_1(D_1)$。小径是与外螺纹牙底(或内螺纹牙顶)相切的圆柱体的直径(螺纹的最小直径)。

(3)中径 $d_2(D_2)$。中径是处于大径和小径之间的一个假想圆柱面的直径。在该圆柱的母线上螺纹牙厚度与牙槽宽度相等。

(4)螺距 P。螺距是相邻两螺纹牙上对应点之间的轴向距离。

(5)导程 P_h。导程是螺纹上任一点沿螺旋线绕一周所移过的轴向距离,$P_h = zP$,z 为螺纹的线数。

(6)升角 λ。升角是螺旋线的切线与垂直于螺纹轴线的平面之间的夹角。在螺纹的不同直径处,螺纹升角是不同的。通常是用中径处的升角 λ 表示:

$$\tan\lambda = \frac{P_h}{\pi d_2} \tag{5-1}$$

(7)牙型角 α。牙型角是在螺纹轴线平面内螺纹牙两侧面的夹角。螺纹牙侧边与螺纹轴线的垂线间的夹角称为牙型斜角 γ。

表 5-1 列出了常用螺纹的类型、牙型、特点和应用。前两种螺纹主要用于连接,后三种主要用于传动,除矩形螺纹外,都已标准化。表 5-2 列出了标准粗牙普通螺纹的基本尺寸。

常用螺纹　　表5-1

类别	牙型图	特点和应用
普通螺纹		牙型角 $\alpha=60°$。牙根较厚,牙根强度较高。当量摩擦因数较大,主要用于连接。同一公称直径按螺距 P 的大小分粗牙和细牙。一般情况下用粗牙;薄壁零件或受动载荷的连接常用细牙
圆柱管螺纹		牙型角 $\alpha=55°$。螺纹尺寸代号用管子公称孔径英寸数值表示。多用于压力在1.57MPa以下的管子连接
矩形螺纹		螺纹牙的剖面通常为正方形,牙厚为螺距的一半,尚未标准化。牙根强度较低,难于精确加工,磨损后间隙难以补偿,对中精度低。当量摩擦因数最小,效率较其他螺纹高,故用于传动
梯形螺纹		牙型角 $\alpha=30°$。效率比矩形螺纹低,但可避免矩形螺纹的缺点。广泛用于传动
锯齿形螺纹		工作面的牙型斜角 $\gamma=3°$,非工作面的牙型斜角 $\gamma=30°$,兼有矩形螺纹效率高和梯形螺纹牙根强度高的优点,但只能用于单向受力的传动

粗牙普通螺纹的基本尺寸(单位:mm)　　表5-2

公称直径(大径)d	螺距 P	中径 d_2	小径 d_1
6	1	5.350	4.918
8	1.25	7.188	6.647
10	1.5	9.026	8.376
12	1.75	10.863	10.106
16	2	14.701	13.835
20	2.5	18.376	17.294
24	3	22.051	20.752
30	3.5	27.727	26.211
36	4	33.402	31.670

注:粗牙普通螺纹的代号用"M"及"公称直径"表示,例如大径 $d=20$mm 的粗牙普通螺纹的代号为 M20。

5.2 螺旋副的受力分析、自锁和效率

5.2.1 矩形螺纹

图 5-4a)所示为具有矩形螺纹的螺母和螺杆组成的螺旋副,螺母上作用有轴向载荷 F_Q。当在螺母上作用一转矩 T,使螺母等速旋转并沿力 F_Q的反向移动(相当于拧紧螺母)时,可看为如图 5-4b)所示的一滑块在水平力 F_t推动下沿螺纹上移。若将螺纹沿中径展开,则相当于图 5-5a)所示滑块沿斜面等速上升。这时作用在滑块上的摩擦力 $F_f = F_{Rn} f$ 沿斜面向下(式中 F_{Rn}为法向反力,f 为摩擦因数),斜面对滑块的总反作用力 F_R与 F_Q之间的夹角等于升角 λ 与摩擦角 ρ(ρ = arctan$f$)之和。作用于滑块上的 F_Q、F_R和 F_t三力保持平衡关系,由力三角形关系得:

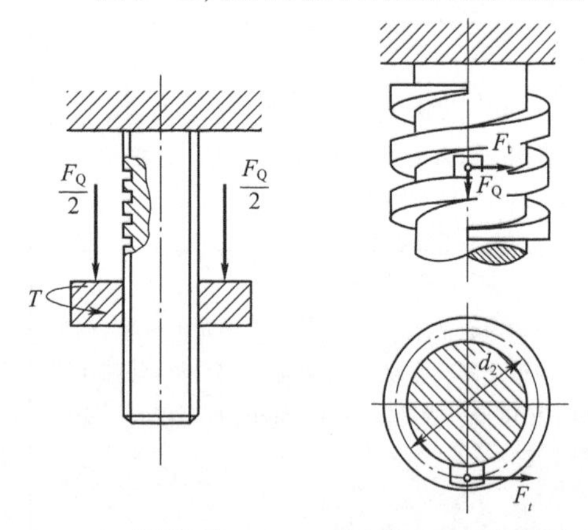

a) 矩形螺旋副　　b) 受力模型——滑块沿斜面上移

图 5-4　矩形螺纹的螺旋副

$$F_t = F_Q \tan(\lambda + \rho) \tag{5-2}$$

旋转螺母(或拧紧螺母)克服螺纹中阻力所需的转矩为:

$$T = F_t \frac{d_2}{2} = F_Q \tan(\lambda + \rho) \frac{d_2}{2} \tag{5-3}$$

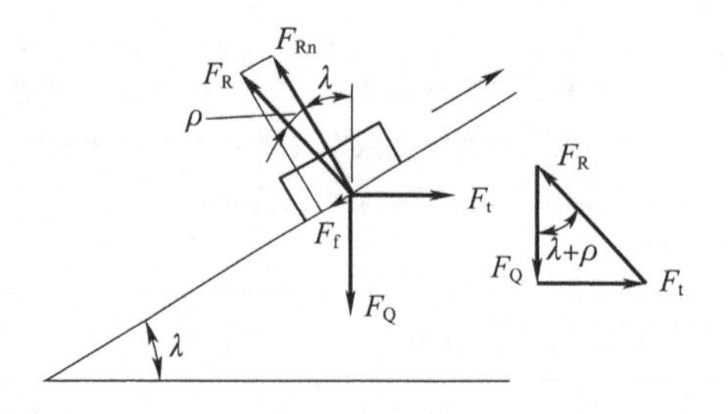

a) 滑块沿斜面等速上升

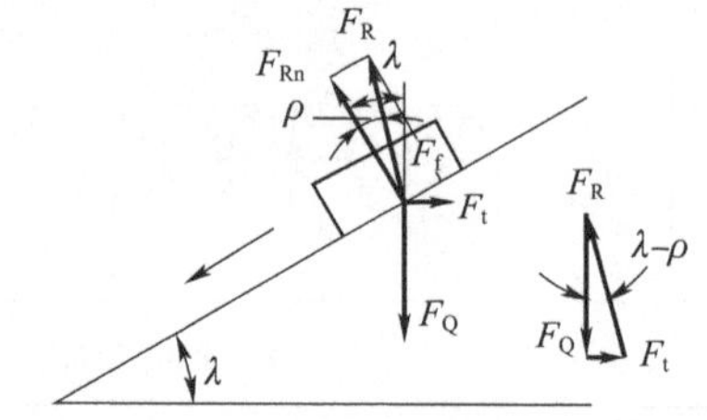

b) 滑块沿斜面等速下降

图 5-5　滑块沿斜面移动的受力分析

旋转螺母一周,输入的驱动功$W_1 = 2\pi T$,有效功$W_2 = F_Q P_h$,因此,螺旋副效率为:

$$\eta = \frac{W_2}{W_1} = \frac{F_Q P_h}{2\pi T} = \frac{F_Q \pi d_2 \tan\lambda}{F_Q \pi d_2 \tan(\lambda + \rho)} = \frac{\tan\lambda}{\tan(\lambda + \rho)} \tag{5-4}$$

当螺母等速旋转并沿力 F_Q方向移动(相当于松脱螺母)时,其受力情况相当于图 5-5b)所示滑块在力 F_Q作用下沿斜面等速下降时的受力情况。此时滑块上的摩擦力 $F_f = F_{Rn} f$ 沿斜面向上,斜面对滑块的总反作用力 F_R与 F_Q之间的夹角为 $\lambda - \rho$。由力三角形关系得水平力为:

$$F_t = F_Q \tan(\lambda - \rho) \tag{5-5}$$

由式(5-5)可知,若 $\lambda \leqslant \rho$,则 F_t为负值。这表明要使滑块沿斜面等速下滑,必须加一反方间的水平拉力 F_t,若不加拉力 F_t,则不论力 F_Q有多大,滑块也不会在其作用下自行下滑,即不论有多大的轴向载荷 F_Q,螺母都不会在其作用下自行松脱。这就出现所谓自锁现象。螺旋副的自锁条件为:

$$\lambda \leqslant \rho \tag{5-6}$$

5.2.2 非矩形螺纹

非矩形螺纹的螺旋副受力分析与矩形螺纹相似。由于非矩形螺纹的牙型斜角不等于零[图5-6b)],所以在同样的轴向载荷 F_Q的作用下,螺纹工作表面上的法向反力与矩形螺纹工作表面上的法向反力不相等。若忽略螺纹升角的影响(即认为 $\lambda=0$),则由图5-6可求得矩形螺纹和非矩形螺纹工作表面上法向反力分别为:

$$F_{Rn}=F_Q, F'_{Rn}=\frac{F_Q}{\cos\gamma}$$

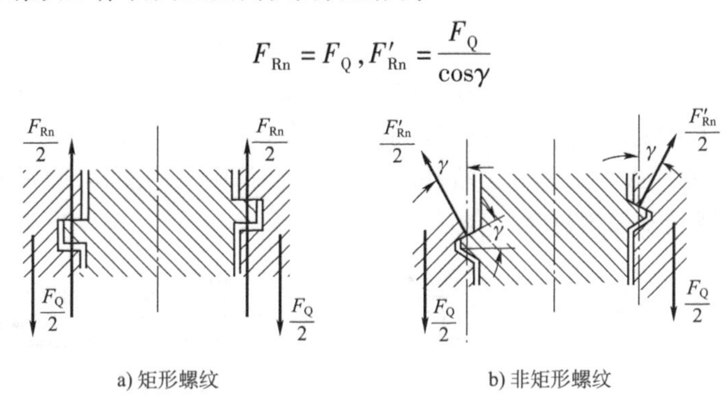

图5-6 矩形螺纹与非矩形螺纹的比较

因而当螺旋副做相对运动时,工作表面上的摩擦力分别为:

$$F_f=F_{Rn}f=F_Qf, F'_f=F'_{Rn}f=\frac{F_Q}{\cos\gamma}f$$

式中,f为摩擦因数。由上式可见,在 F_Q和f相同的条件下,$F'_{Rn}>F_{Rn}$,$F'_f>F_f$。若用符号f_v代替$\frac{f}{\cos\gamma}$,则:

$$F'_f=F'_{Rn}f=F_Qf_v$$

式中,f_v称为当量摩擦因数。当量摩擦角$\rho_v=\arctan f_v$。比较 $F_f=F_Qf$和 $F'_f=F_Qf_v$两式可见,它们具有相同的形式。因此,非矩形螺纹上作用力的计算可借用矩形螺纹相应的计算公式,仅需将f改为f_v,ρ改为ρ_v。故得非矩形螺纹相应的力计算公式如下。

当螺母旋转并沿力 F_Q的反向移动时,作用于螺纹中径处的水平力 F_t、克服螺纹中阻力所需的转矩 T 和螺旋副的效率 η 分别为:

$$F_t=F_Q\tan(\lambda+\rho_v) \tag{5-7}$$

$$T=F_t\frac{d_2}{2}=F_Q\tan(\lambda+\rho_v)\frac{d_2}{2} \tag{5-8}$$

$$\eta=\frac{\tan\lambda}{\tan(\lambda+\rho_v)} \tag{5-9}$$

螺旋副的自锁条件为：

$$\lambda \leqslant \rho_v \tag{5-10}$$

由以上分析可知，螺纹工作面的牙型斜角 γ 越大，则 f_v 和 ρ_v 越大，效率越低，但自锁性能越好。此外，一般升角 λ 越小，螺纹效率越低，越易自锁。故单线螺纹多用于连接，多线螺纹 λ 大，则常用于传动。

5.3 螺纹连接和螺纹连接件

5.3.1 螺纹连接的基本类型

1）螺栓连接

螺栓连接（图 5-7）是利用螺栓穿过被连接件的孔，拧上螺母，将被连接件连成一体。螺母与被连接件之间常放置垫圈。这种连接由于不需要加工螺纹孔，比较方便，广泛用于被连接件不太厚，并能从连接两边进行装配的场合。通常，采用图 5-7a）所示的结构。当需要借助螺栓杆承受横向载荷或固定两被连接件的相对位置时，则采用图 5-7b）所示铰制孔用螺栓连接。此时，孔与螺栓多采用过渡配合。

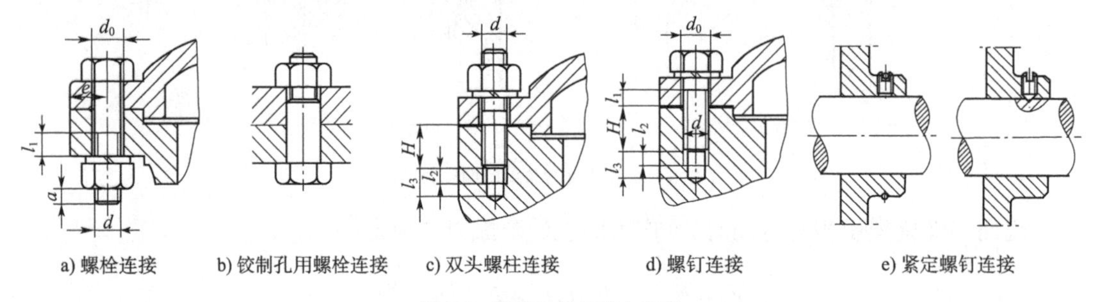

a) 螺栓连接　b) 铰制孔用螺栓连接　c) 双头螺柱连接　d) 螺钉连接　e) 紧定螺钉连接

图 5-7　螺纹连接的基本类型

2）双头螺柱连接

双头螺柱连接［图 5-7c）］是将螺柱一端旋紧在一被连接件的螺纹孔内、另一端穿过另一被连接件的孔，旋上螺母将被连接件连成一体。这种连接用于被连接件之一太厚不便穿孔，且需经常装拆或结构上受限制不能采用螺栓连接的场合。

3）螺钉连接

螺钉连接如图 5-7d）所示，不用螺母，而是直接将螺钉拧入被连接件之一的螺纹孔内。它也用于被连接件之一较厚的场合，由于常常装拆很容易使螺纹孔损坏，故宜用在不经常拆装的场合。

4）紧定螺钉连接

紧定螺钉连接如图 5-7e）所示，是利用紧定螺钉旋入一个零件，并以其末端顶紧另一个零件来固定两零件之间的相互位置，可传递不大的力反转矩，多用于轴与轴上零件的连接。

5.3.2 螺纹连接件

螺纹连接件的种类很多，其结构形式和尺寸都已标准化，可根据有关标准选用。螺栓、螺钉、螺母等分为 A、B、C 三个产品等级,A 级精度最高,C 级最低。

(1)螺栓。螺栓杆部可制出一段螺纹或全螺纹,螺纹可用粗牙或细牙。六角头螺栓应用最广。

(2)双头螺柱。双头螺柱两端均制有螺纹[图 5-7c)],两端螺纹可相同或不同(例如一端为粗牙,另一端为细牙)。

(3)地脚螺栓。地脚螺栓是将机座固定在地基上的一种特殊螺栓,图 5-8 所示为其常见结构。

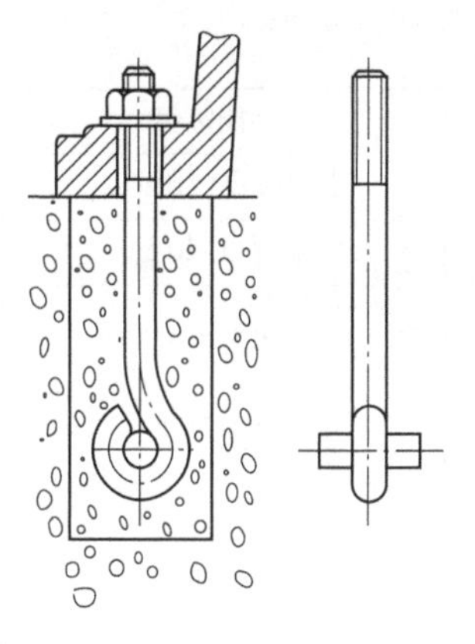

图 5-8　地脚螺栓

(4)螺钉。螺钉的头部有多种形式,如图 5-9 所示。头部的螺丝刀槽有一字槽、十字槽和内六角槽等。十字槽拧紧时对中性好,十字槽不易损坏,安装效率高。紧定螺钉的头部和末端都有多种形式,图 5-10 为几种常见的紧定螺钉末端形状。

(5)螺母。螺母有六角螺母、方螺母、圆螺母等多种,应用最多的是六角螺母。

(6)垫圈。垫圈有平垫圈(图 5-11)、弹簧垫圈和各种止动垫圈等。垫圈起保护支承面的作用,弹簧垫圈和止动垫圈还起着阻止螺纹连接松动的作用。当被连接件表面倾斜时(如槽钢),应采用斜垫圈(图 5-12)。

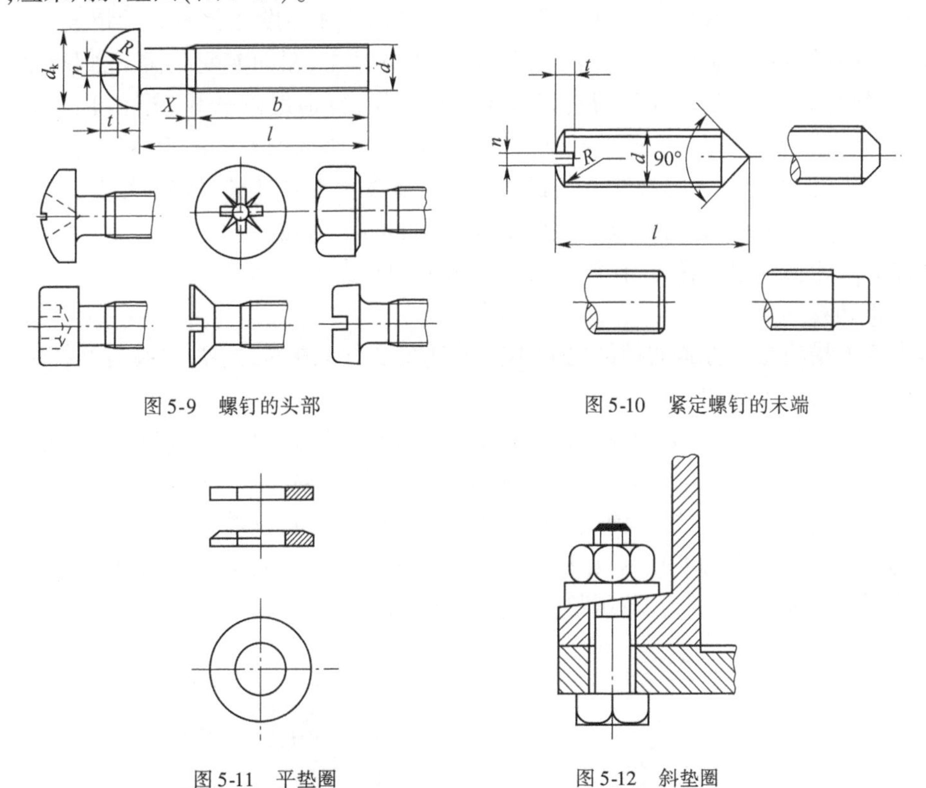

图 5-9　螺钉的头部

图 5-10　紧定螺钉的末端

图 5-11　平垫圈

图 5-12　斜垫圈

5.3.3　螺纹连接件的性能等级和材料

国家标准将螺纹连接件按力学性能分级,见表 5-3。

螺栓、螺母性能等级　　表 5-3

	性能等级	3.6	4.6	4.8	5.6	5.8	6.8	8.8	9.8	10.9	13.9
螺栓	拉伸强度极限σ_{bmin}	330	400	420	500	520	600	800	900	1040	1220
	屈服极限σ_{smin}	190	240	340	300	420	480	640	720	940	1100
	推荐材料	低碳钢	低碳钢,中碳钢					中碳钢,低碳合金钢		中碳钢,低中碳合金钢,合金钢	
螺母	性能等级	4		5		6	8	9		10	12
	相配螺栓性能等级	3.6,4.6,4.8($d>16$mm)		3.6,4.6,4.8($d\leqslant16$mm);5.6,5.8		6.8	8.8	8.8($d>16\sim39$mm);9.8($d\leqslant16$mm)		10.9	13.9($d\leqslant39$mm)

制造螺纹连接件常用的材料有低碳钢和中碳钢,如 Q215、Q235、10、35 和 45 钢等。对于承受冲击、变载荷的重要螺纹连接件,可采用合金钢,如 20Cr、40Cr、30CrMnSi 等。有防蚀、耐高温、导电等要求时,可采用特种钢、铜合金等。

对于标准螺纹连接件,在按标准选取了性能等级后,个别再具体选定材料牌号。

5.3.4　螺纹连接的防松

松动是螺纹连接最常见的失效形式之一。在静载荷和温度变化不大的情况下,拧紧的螺纹连接件因满足自锁条件一般不会自行松脱。但在冲击、振动或变载荷下,螺纹之间的摩擦力可能瞬时消失,连接有可能松脱,将影响正常工作,特别是在军事、交通、化工和高压密闭容器等设备、装置中,螺纹连接的松动可能会造成重大事故的发生。当温度变化较大或高温条件下工作时,由于螺栓等螺纹件与被连接件的温度变形差异或材料的蠕变,也可能导致自松。为了保证安全可靠,对螺纹连接要采取必要的防松措施。

具体的防松措施很多,按工作原理常用的可分为三类。

1)摩擦防松

这类防松措施是使拧紧的螺纹之间不因外载荷变化而失去压力,始终有摩擦阻力防止连接松脱。常用的措施如下:

(1)弹簧垫圈。如图 5-13 所示,这种垫圈富有弹性,螺母拧紧后,因垫圈的弹性反力,使螺母与螺栓的螺纹之间产生压力,能防止螺母松脱。另外,垫圈斜口的尖端抵着螺母和被连接件的支承面,也有助于防松。弹簧垫圈结构简单,使用方便,应用较广。

(2)双螺母。如图 5-14 所示,在螺母 2 上拧紧螺母 1,两螺母间产生对顶压力,使两螺母的螺纹分别与螺栓 3 的螺纹互相压紧,防止连接松动。

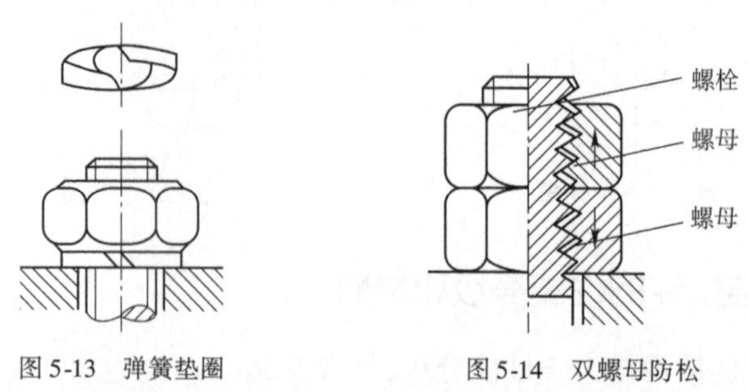

图 5-13　弹簧垫圈　　图 5-14　双螺母防松

（3）尼龙圈锁紧螺母。将末端嵌有尼龙圈的螺母拧紧在螺栓上（图 5-15），利用尼龙圈的弹性箍紧螺栓，防松作用良好。

2）机械防松

机械防松措施是利用各种止动零件，以阻止拧紧的螺纹零件相对转动。这类防松方法相当可靠，应用很广。下面的几种较常见。

（1）开口销与开槽螺母。如图 5-16 所示，开口销穿过螺母上的槽和螺栓末端上的孔后，尾端掰开，使螺母与螺栓不能相对转动，能可靠地防止松动，适用于有振动的高速机械。

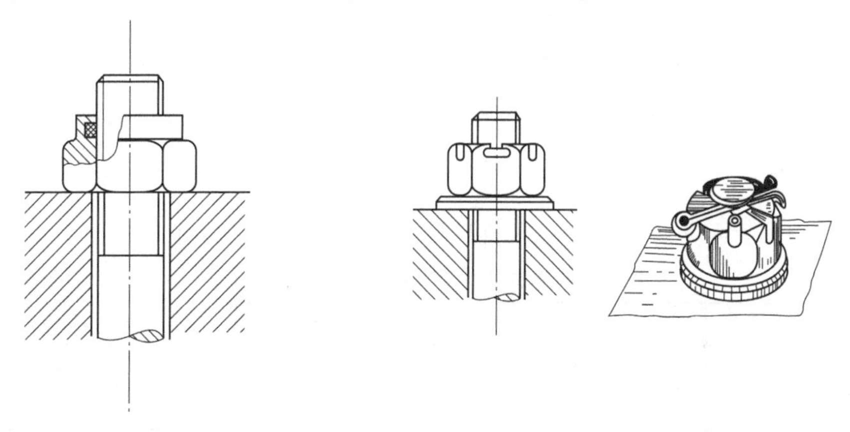

图 5-15　尼龙圈锁紧螺母　　　　图 5-16　开口销与开槽螺母

（2）止动垫圈。如图 5-17 所示，将止动垫圈的双耳分别折弯并贴紧螺母和被连接件，以固定螺母与被连接件的相对位置。

（3）串联钢丝。利用低碳钢丝穿入各螺栓头部（图 5-18），使一组螺栓相互制动。

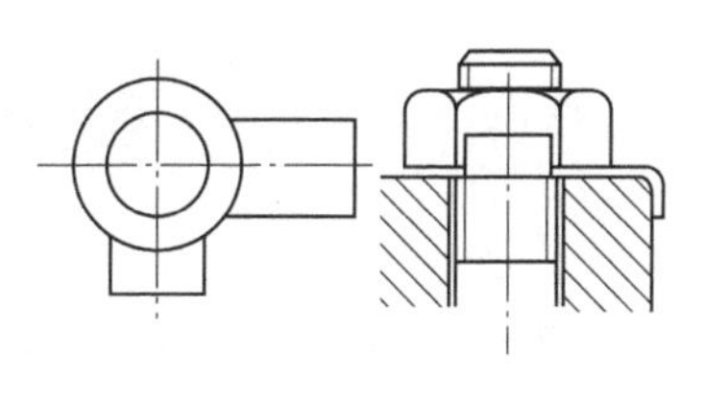

图 5-17　止动垫圈

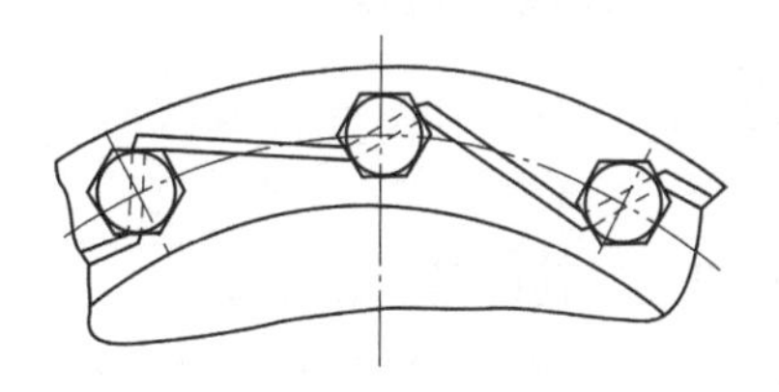

图 5-18　串联钢丝

3）变为不可拆连接

螺母拧紧后，利用冲头在螺栓末端与螺母的旋合缝处打冲点，或把螺栓末端伸出部分铆死，或用点焊以及在旋合的螺纹之间涂以黏合剂防松等方法，将螺旋副变为不可拆连接。此方法防松可靠，适用于无须拆卸的特殊连接。

5.4　螺栓连接的强度计算

螺栓连接的计算，通常是先根据连接的装配情况（预紧或不预紧）、外载荷的大小和方向等来确定螺栓的受力，然后再按强度条件确定（或校核）螺栓危险截面的尺寸。螺栓的其他尺寸以及螺母、垫圈的尺寸均可随强度条件由标准选定。

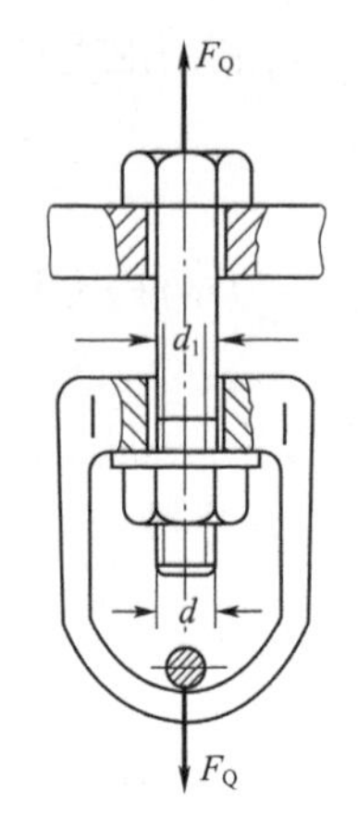

图 5-19 吊环的螺栓连接

5.4.1 松螺栓连接

松螺栓连接装配时不拧紧。如图 5-19 所示，吊环的螺栓连接中的螺栓仅受拉力 $F_Q(N)$。其强度条件为：

$$\sigma = \frac{F_Q}{A} = \frac{4F_Q}{\pi d_1^2} \leqslant [\sigma]$$

式中：A——螺栓螺纹部分危险截面的面积(mm^2)；

d_1——螺栓螺纹的小径(mm)；

σ——工作应力(MPa)。

因此：

$$d_1 \geqslant \sqrt{\frac{4F_Q}{\pi[\sigma]}} \tag{5-11}$$

式中：$[\sigma]$——螺栓的许用拉应力(MPa)，见表 5-4。

铰制孔用螺栓连接的许用应力(单位：MPa)　　表 5-4

载荷性质	材料	许用切应力$[\tau]$	许用挤压应力$[\sigma_P]$
静载荷	钢	$0.4\sigma_s$	$0.8\sigma_s$
	铸铁	—	$(0.4 \sim 0.5)\sigma_b$
变载荷	钢	$(0.2 \sim 0.3)\sigma_s$	按静载荷降低 20% ~30%
	铸铁	—	

注：σ_s-屈服极限；σ_b-抗拉极限。

5.4.2 紧螺栓连接

紧螺栓连接装配时需要拧紧，因此，加外载荷之前，螺栓已受预紧力。这种连接应用广泛。

1)受横向载荷的紧螺栓连接

如图 5-20 所示，外载荷 F 与螺栓轴线垂直，螺栓杆与孔之间有间隙。这种连接的外载荷靠被连接件接合面间的摩擦力传递，因此，在施加外载荷前后螺栓所受拉力不变，均等于预紧力 F_{Q0}。为了防止被连接件之间发生相对滑动，接合面之间的最大摩擦力必须大于外载荷 F，即要满足如下条件：

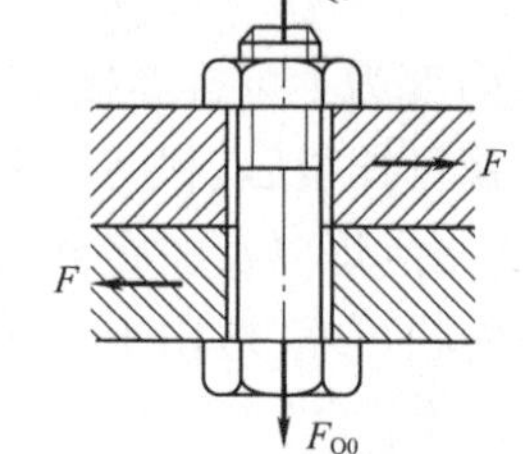

图 5-20 受横向载荷的紧螺栓连接

$$nF_{Q0}f \geqslant SF$$

或

$$F_{Q0} \geqslant \frac{SF}{nf} \tag{5-12}$$

式中：f——被连接件接合面之间的摩擦因数。对于钢或铸铁零件，当接合面干燥时，$f = 0.1 \sim 0.16$；接合面沾有油时，$f = 0.06 \sim 0.1$。

n——接合面数，对于图 5-14 所示的情形，$n = 1$。

S——防滑系数，通常取 1.1 ~1.3。

拧紧时，螺栓既受拉伸作用，又因旋合螺纹处的力矩作用而受扭转，故危险截面上既有拉应力，又有扭转切应力。根据第四强度理论，对于标准普通螺纹的螺栓，其螺纹部分的强度条件可简化为：

$$\sigma_{v}=\frac{4\times1.3F_{Q0}}{\pi d_{1}^{2}}\leqslant[\sigma] \tag{5-13}$$

式中：σ_v——螺栓的当量拉应力(MPa)；

$[\sigma]$——紧连接螺栓的许用拉应力(MPa)，见表5-4。

由上式可知，扭转切应力对强度的影响在数学式上表现为将轴向载荷增大30%。采用铰制孔用螺栓连接时(图5-21)，被连接件上的横向载荷是靠螺栓杆的剪切及螺栓杆与被连接件的挤压来承受的，故连接仅需较小的预紧力。如忽略接合面间的摩擦，则剪切及挤压的强度条件分别为：

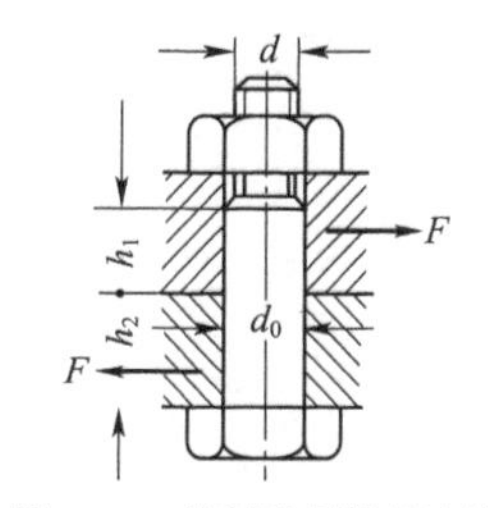

图5-21　铰制孔用螺栓连接

$$\tau=\frac{4F}{\pi d_{0}^{2}}\leqslant[\tau] \tag{5-14}$$

$$\sigma_{P}=\frac{F}{d_{0}h}\leqslant[\sigma_{P}] \tag{5-15}$$

式中：τ、σ_P——工作切应力和挤压应力(MPa)；

d_0——螺栓杆的直径(mm)；

h——螺栓杆与孔壁挤压面的高度(mm)；

$[\tau]$——螺栓杆的许用切应力(MPa)；

$[\sigma_P]$——螺栓杆或孔壁的许用挤压应力(MPa)，见表5-5。

螺栓的许用拉应力[σ](单位：MPa)　　表5-5

紧连接(不控制预紧力)				松连接
载荷性质	螺栓大径 d	材料		材料
		碳素钢	合金钢	钢
静载荷	M6～M16	0.25～0.33 σ_s	0.2～0.25 σ_s	0.6～0.83 σ_s
	M16～M30	0.33～0.5 σ_s	0.25～0.4 σ_s	
	M30～M60	0.5～0.77 σ_s	0.4 σ_s	
变载荷	M6～M16	0.1～0.15 σ_s	0.13～0.2 σ_s	—
	M16～M30	0.15 σ_s	0.2 σ_s	

注：σ_s-屈服极限。

2)受轴向载荷的紧螺栓连接

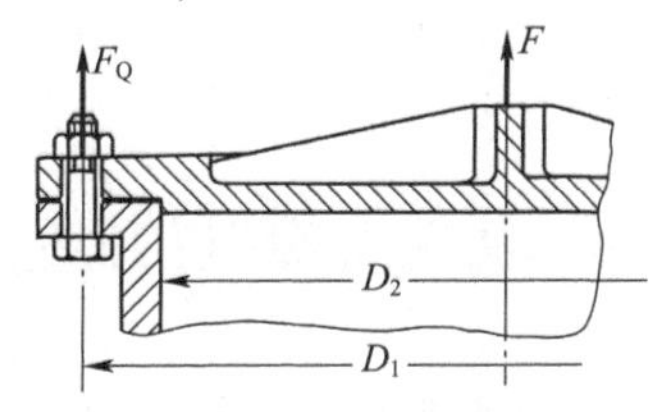

图5-22　压力容器的螺栓连接

图5-22所示的压力容器螺栓连接是受轴向载荷的紧螺栓连接的典型实例，其外载荷与螺栓轴线一致。加上外载荷之后，被连接件的接合面之间仍需保持有一定的压紧力。下面取螺栓组的一个螺栓来分析它的受载情况。

图5-23左侧所示为螺母与被连接件接触，但尚未拧紧。图5-23中部所示为已拧紧，但尚未施加外载荷，此时被连接件

受预紧力 F_{Q0}，压缩量为δ_2，螺栓因受拉力 F_{Q0}，伸长量为δ_1。图 5-23右侧所示为已加上外载荷 F_Q，此时螺栓伸长量增加 $\Delta\delta$，其拉力由 F_{Q0}增至 $F_{Q\Sigma}$；被连接件因螺栓伸长而稍被放松，其压缩量减小 $\Delta\delta$，压力由 F_{Q0}减至 F_{Qr}，F_{Qr}称为剩余预紧力，因此，加上外载荷后螺栓所受拉力 $F_{Q\Sigma}$应为 F_Q与 F_{Qr}之和，即：

$$F_{Q\Sigma} = F_Q + F_{Qr} \tag{5-16}$$

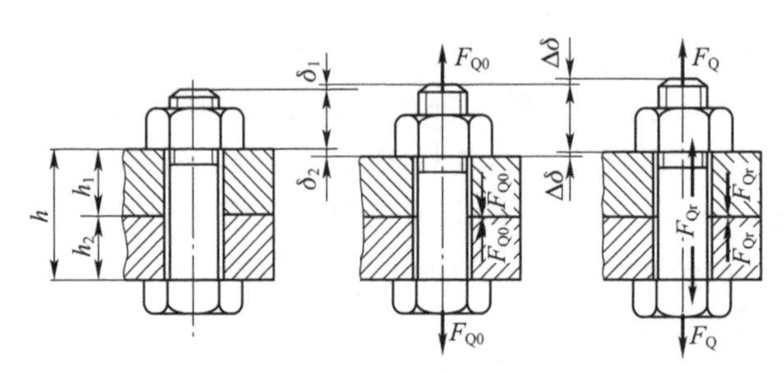

图 5-23　螺栓和被连接件的受力和变形

为了防止外载荷 F_Q骤然消失时接合面间产生缝隙和保证连接的紧密性（如压力容器及管道的螺栓连接要求不泄漏），受轴向载荷的紧连接必须维持一定的剩余预紧力 F_{Qr}，其大小可按连接的工作条件根据经验选定。对于一般连接，外载荷稳定时，可取 $F_{Qr} = (0.2 \sim 0.6)F_Q$；外载荷有变动时，可取 $F_{Qr} = (0.6 \sim 1.0)F_Q$。对于地脚螺栓连接，可取 $F_{Qr} \geqslant F_Q$。对于有紧密性要求的螺栓连接，通常可取 $F_{Qr} = (1.5 \sim 1.8)F_Q$。

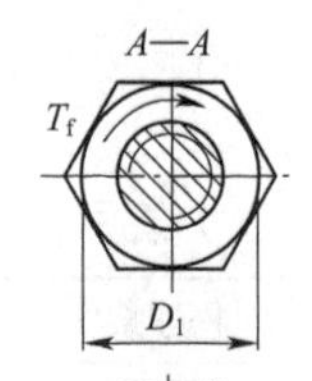

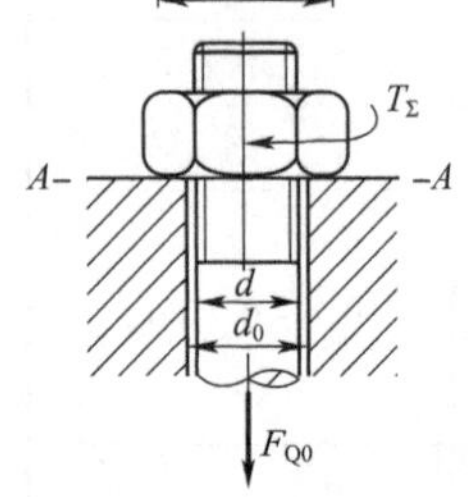

图 5-24　螺纹连接拧紧力矩的计算

考虑连接可能在外载荷的作用下补充拧紧，与受横向载荷的紧连接相似，螺栓强度条件可写为：

$$\sigma_v = \frac{1.3F_{Q\Sigma}}{\frac{\pi}{4}d_1^2} \leqslant [\sigma] \tag{5-17}$$

3）预紧力及拧紧力矩

要使紧螺栓连接能正常工作，必须给以适当的预紧力 F_{Q0}。对于一般的连接，预紧力凭装配工人的经验在拧紧时控制；对于重要的连接（如汽缸盖的螺栓连接），必须控制预紧力（如用定力矩扳手或测力矩扳手拧紧，或测量螺栓在拧紧后的伸长量等方法）。

如图 5-24 所示，为获得一定的预紧力 F_{Q0}，所需的拧紧力矩T_Σ由两部分组成，一部分等于螺纹中的螺纹力矩 T，母支承表面上的摩擦阻力矩T_f，即$T_\Sigma = T + T_f$。T 按式（5-8）计算，T_f可按下式计算：

$$T_f = F_{Q0} f \cdot r_f \tag{5-18}$$

式中：f——支承表面的摩擦因数，对加工后的表面可取 0.2；

r_f——摩擦半径，对于螺母的环形支承表面，可取 $r_f = (D_1 + d_0)/4$，D_1 和 d_0 分别为环形支承表面的外径和内径（mm）。

应当指出，拧紧螺栓时，直径小的螺栓容易发生过载拧断。因此，对于重要的螺栓连接，在预紧力不严格控制时，不宜采用小于 M12 的螺栓。

5.4.3　螺栓连接的许用应力

螺栓许用应力与材料、载荷性质、螺栓尺寸及装配情况(松连接或紧连接)等因素有关。

螺栓连接的许用应力按表 5-4、表 5-5 选取。

上面介绍了单个螺栓连接的计算。实际上,螺栓往往成组使用,形成螺栓组连接。计算螺栓组连接时,首先要根据结构及工作情况等确定螺栓的分布和数目,再按连接的外载荷及结构情况,求出受力最大的螺栓所承受的载荷,然后根据单个螺栓连接的计算方法确定它的直径。为了减少零件的尺寸规格和便于制造装配,其他受力较小的螺栓通常也取相同的直径。

思　考　题

5-1　常用螺纹的类型有哪几种？各有什么特点？分别适用于什么场合？

5-2　如何判别左旋螺纹和右旋螺纹？

5-3　两个牙型和中径相同的螺旋副,一个导程比另一个大,而轴向载荷 F_Q 以及其他条件均相同,试问旋转哪一个螺旋副的螺母所需的力矩较大？为什么？

5-4　螺旋副的效率与哪些参数有关？为什么多线螺纹多用于传动,普通螺纹主要用于连接,而梯形、矩形、锯齿形螺纹主要用于传动？

5-5　螺旋副的自锁条件是什么？

5-6　螺纹连接的基本类型有哪些？各适用于什么场合？

5-7　为什么螺纹连接要采取防松措施？

5-8　如图 5-25 所示的螺栓连接,螺栓的个数为 2,螺纹为 M20,许用拉应力 $[\sigma]=160\text{MPa}$,被连接件接合面间的摩擦因数 $f=0.15$。若防滑系数 $S=1.2$,试计算该连接允许传递的静载荷 F。

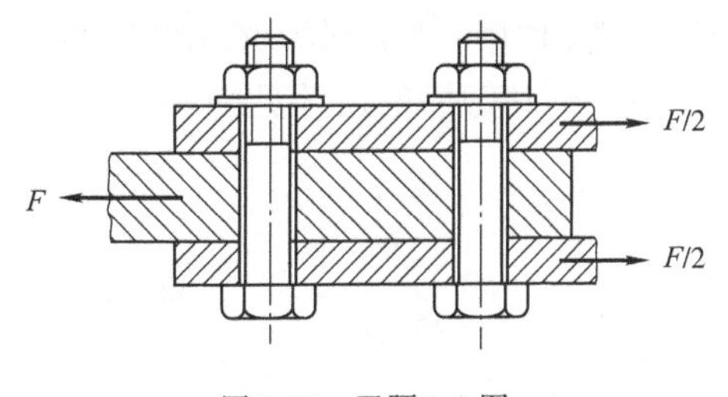

图 5-25　习题 5-8 图

第6章　键、花键、无键连接和销连接

6.1　键　连　接

键连接由键、轴和轮毂组成,它主要用以实现轴和轮毂的周向固定和传递转矩。键连接的主要类型有平键连接、半圆键连接和楔键连接。它们均已标准化。

6.1.1　键连接的类型

1)平键连接

常用的平键连接有普通平键连接和导向平键连接。普通平键连接如图6-1所示,键的两侧面是工作面,依靠键的侧面与轴上键槽及毂孔键槽的侧面接触来传递转矩。

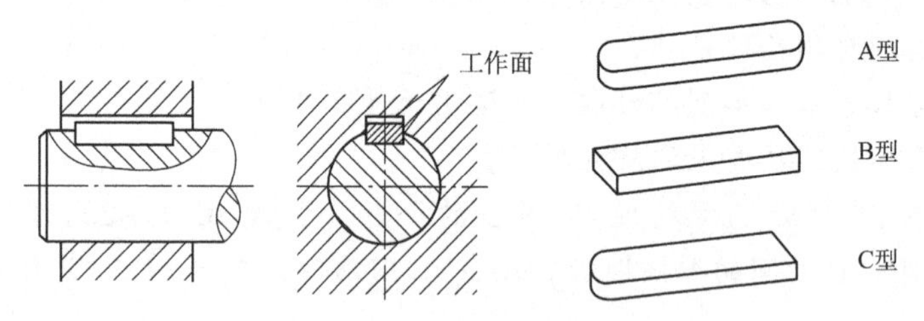

图6-1　普通平键连接

普通平键有圆头(A型)、平头(B型)和单圆头(C型)三种。普通平键连接的结构尺寸参数与标记如图6-2所示,普通平键和键槽的尺寸见表6-1。

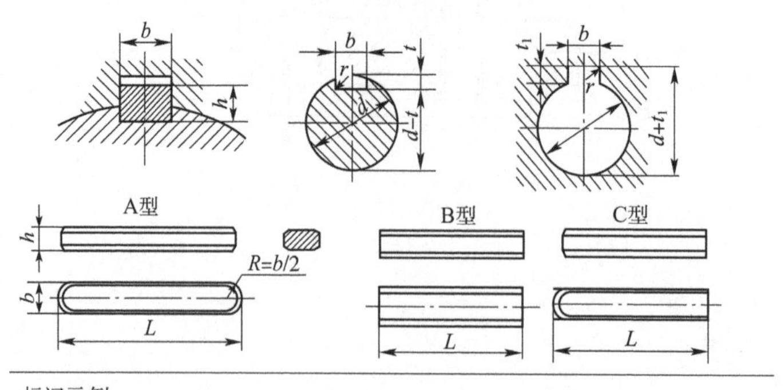

标记示例:

A型　b=16mm、h=10mm、L=100mm,键16×100　GB/T 1096—2003

B型　b=16mm、h=10mm、L=100mm,键B16×100　GB/T 1096—2003

C型　b=16mm、h=10mm、L=100mm,键C16×100　GB/T 1096—2003

图6-2　普通平键结构、参数与标记

普通平键和键槽的尺寸(单位:mm)　　表6-1

轴的直径 d	键			键槽	
	b	h	L	t	t_1
>12～17	5	5	10～56	3.0	2.3
>17～22	6	6	14～70	3.5	2.8
>22～30	8	7	18～90	4.0	3.3
>30～38	10	8	22～110	5.0	3.3
>38～44	12	8	28～140	5.0	3.3
>44～50	14	9	36～160	5.5	3.8
>50～58	16	10	45～180	6.0	4.3
>58～65	18	11	50～200	6.0	4.4
>65～75	20	12	56～220	6.5	4.9
>75～85	22	14	63～250	9.0	5.4
键长 L 系列	6,8,10,12,14,16,18,20,22,25,28,32,36,40,45,50,56,63,70,80,90,100,110,125,140,160,180,200,220,250,…				

导向平键连接如图6-3a)所示。导向平键较长,用螺钉固定在轴上的键槽中,轮毂可沿键做轴向移动。若移动距离较大时,可用滑键。它和轮毂相连,沿轴上键槽移动,如图6-3b)所示。

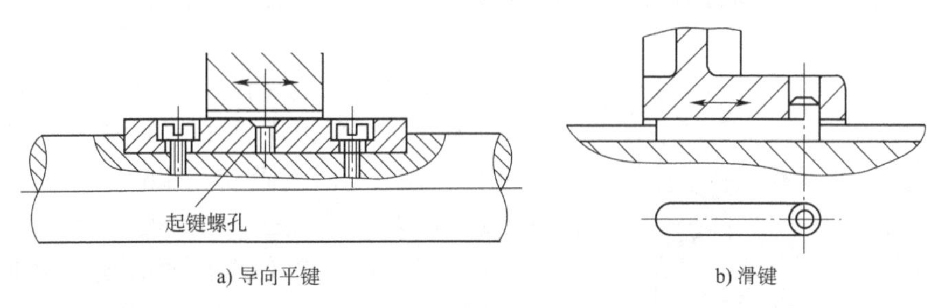

图6-3　导向平键连接和滑键连接

2)半圆键连接

半圆键连接如图6-4所示,键与轴上键槽呈半圆形,键的两侧面是工作面。半圆键能在键槽中摆动,以适应轮毂键槽底面的斜度,便于装拆。其缺点是键槽深,对轴的强度削弱较大,所以只适用于轻载连接。

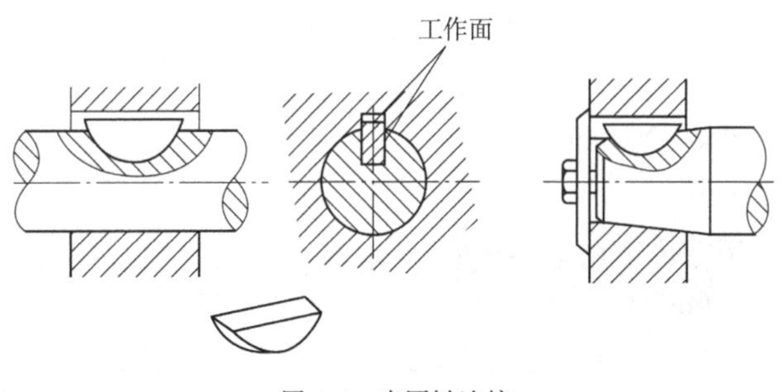

图6-4　半圆键连接

3)楔键连接

楔键连接如图6-5所示,键的顶面和轮毂槽底面均具有1∶100的斜度,装配后,键的上下两面楔紧在轴和轮毂之间,键的两侧面与键槽之间略有间隙。楔键连接主要靠键和轴、毂之间的楔紧作用来传递转矩,并能承受单向的轴向载荷。由于键楔紧在轴毂之间,使轴和轮毂产生偏心,故适用于对中要求不高和低速的场合,楔键有普通楔键和钩头楔键两种。

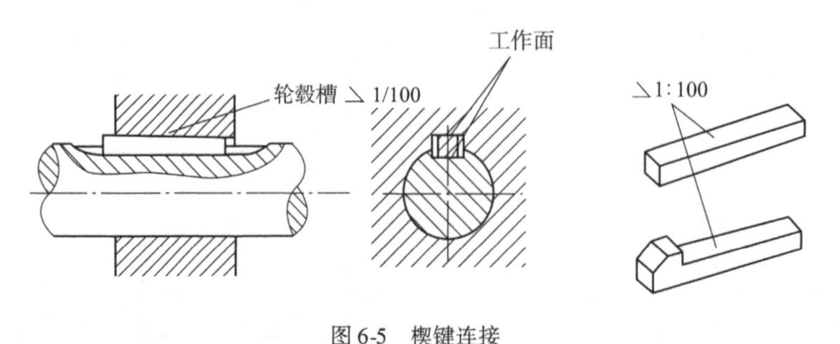

图6-5 楔键连接

6.1.2 平键连接的选择与计算

选择键连接时,先根据工作要求选择键的类型,再根据装键处轴径从标准中查取键的宽度 b 和高度 h,并参照轮毂长度从标准中选取键的长度,键长参照轮毂长度确定,一般键长应略短于轮毂长度,最后进行键连接的强度校核。导向平键的长度则根据轮毂长度及其滑动距离而定。

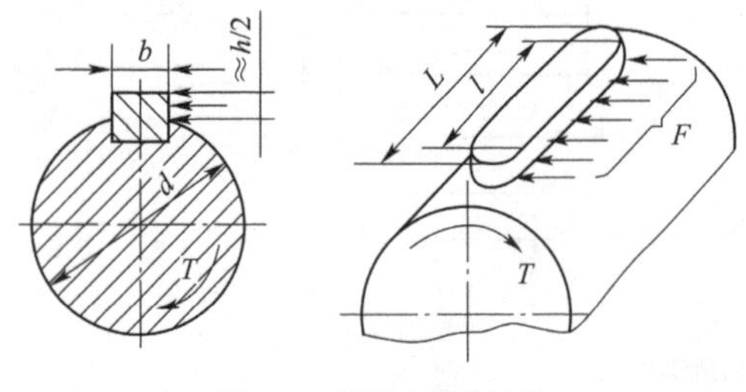

图6-6 平键连接的计算

键的材料一般采用抗拉强度不低于600N/mm^{2}的碳素钢。平键连接工作时键及键槽的工作面受挤压,键又受剪切(图6-6)。普通平键连接主要失效形式是工作面被压溃,导向平键连接(动连接)主要是工作面磨损。除非有严重过载,一般不会发生键被剪断,因而平键连接通常按工作面上的挤压应力或压强进行校核计算。

设压力在工作面上均匀分布,普通平键连接的挤压应力σ_p,导向平键连接(动连接)的压强 p 应分别满足条件:

$$\sigma_p = F/kl = 2T/dkl \leqslant [\sigma_p] \tag{6-1}$$

$$p = 2T/dkl \leqslant [p] \tag{6-2}$$

式中: T——传递的转矩(N·mm);

d——轴径(mm);

k——键与键槽的接触高度,$k \approx h/2$;

h——键的高度(mm);

l——键的工作长度,对A型键 $l = L - b$,L 为键长,b 为键宽(mm);

$[\sigma_p]$、$[p]$——许用挤压应力和许用压强,见表6-2。

键连接的许用挤压应力和许用压强(单位:MPa) 表6-2

许用值	连接中较弱零件的材料	载荷性质		
		静载荷	轻微冲击	冲击
静连接时:[σ_p]	钢	125~150	100~120	60~90
	铸铁	70~80	50~60	30~45
动连接时:[p]	钢	50	40	30

6.2 花键连接

图6-7所示为花键连接。花键连接是由周向均布多个键齿的花键轴与带有相应键齿槽的轮毂孔相配而成。与普通平键比较,花键连接键齿多,花键齿的侧面为工作面,工作时有多个键齿同时传递转矩,所以其承载能力强,对中性好,具有良好的导向性。它适用于传递转矩较大或对中性要求较高、经常滑移的连接。

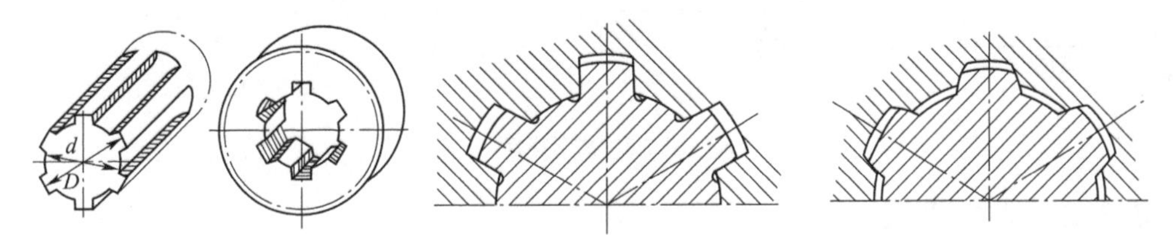

图6-7 花键连接

花键连接按其齿形不同,分为矩形花键和渐开线花键两种。花键可用于静连接和动连接。花键已经标准化,例如矩形花键的齿数z、小径d、大径D、键宽B等可以根据轴径查标准选定,其强度计算方法与平键相似。花键的加工需要专用设备。

6.3 无键连接

6.3.1 过盈连接

过盈连接是利用零件间的过盈配合来实现连接(图6-8)。过盈连接装配后,由于轮毂和轴的弹性变形,在配合面间产生很大的压力,工作时靠此压力产生的摩擦力来传递转矩或轴向力。

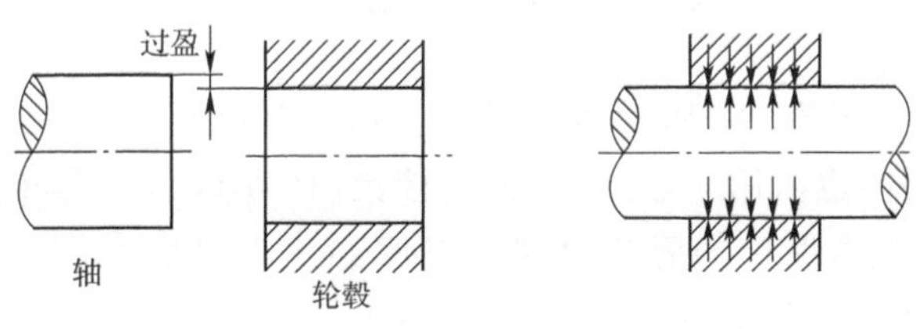

图6-8 过盈连接

过盈连接结构简单、定心性好,对轴的削弱小,承载能力较大,抗冲击、振动性能好,但对装配面的加工精度要求高。其承载能力主要取决于过盈量的大小,故对配合面加工精度要求较高。必要时,可以同时采用过盈连接和键连接,以保证连接的可靠性。

6.3.2 胀套连接

图 6-9 所示的胀套(胀紧连接套的简称)连接是在轴和毂孔之间放置一对(或数对)以内外锥面贴合的胀套。在轴向力作用下,内环缩小,外环胀大,形成过盈连接。这种连接的对中性好,装拆方便,有一定的承载能力,可避免零件因键槽而强度被削弱,但结构比较复杂。

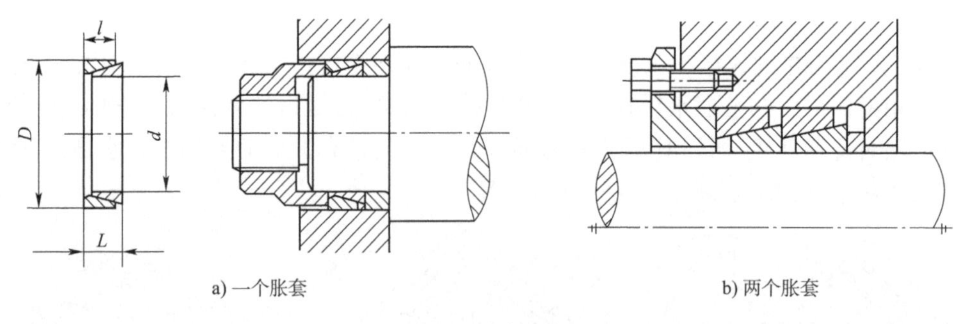

a) 一个胀套　　b) 两个胀套

图 6-9　胀套连接

6.3.3 型面连接

型面连接是一种无键连接。如图 6-10 所示,型面连接是借助非圆剖面的轴和相应的毂孔来实现连接。这种连接对中性比键连接好,应力集中小,能传递大转矩,装拆方便,但是加工工艺复杂,需要专用设备。

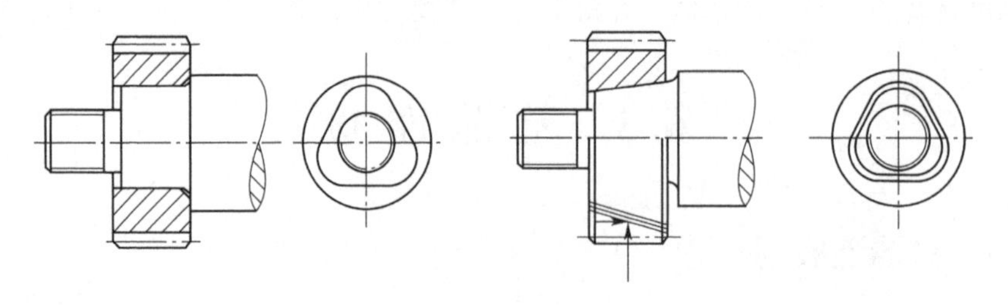

图 6-10　型面连接

6.4 销 连 接

销连接主要用于固定零件之间的相对位置,称为定位销[图 6-11a)],它是组合加工和装配时的重要辅助零件;也可用于连接,称为连接销[图 6-11b)],可传递较小的载荷;还可作为安全装置中用于过载保护的剪断元件,称为安全销[图 6-11c)]。但销对轴的削弱较大,故一般多用在不重要的场合。

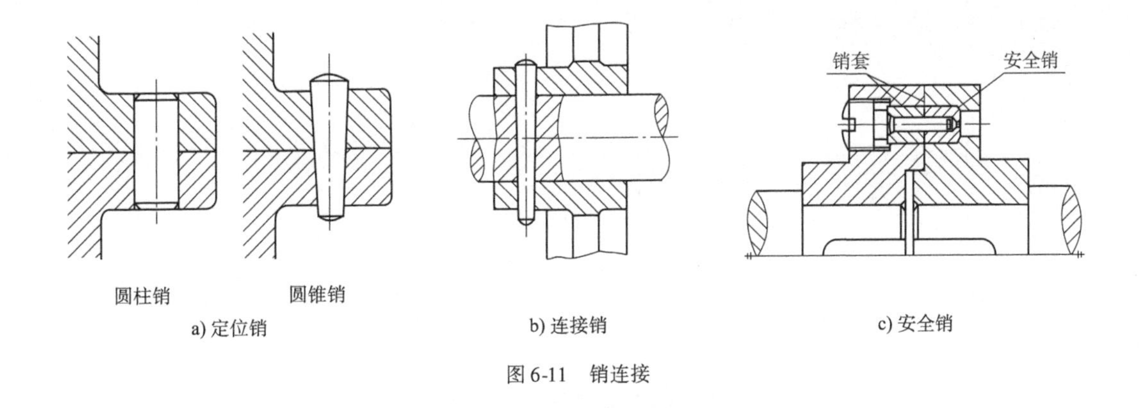

a) 定位销　　b) 连接销　　c) 安全销

图 6-11　销连接

思　考　题

6-1　键连接的主要类型有哪几种？各有什么特点？分别适用于什么场合？

6-2　普通平键连接有何特点？其有哪些类型？

6-3　在一直径为 60mm 的轴段安装一直齿圆柱齿轮，齿轮和轴的材料均为 45 钢，齿轮轮毂宽度 70mm，传递转矩为 5×10^5N·mm，工作时有轻微冲击。试确定采用平键连接的尺寸。

6-4　花键连接有何特点？其有哪些类型？

6-5　销连接有何特点？其有哪些类型？

第四篇
传动类零部件

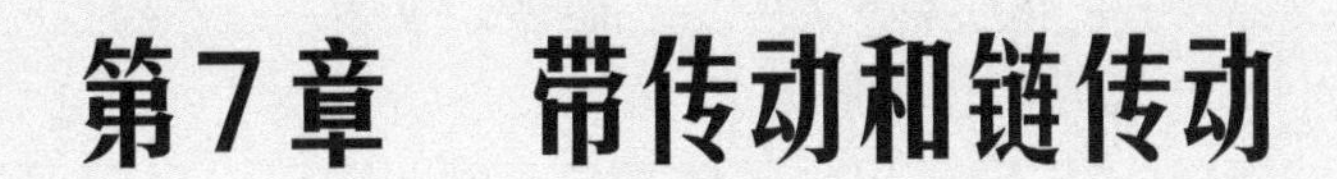

第7章　带传动和链传动

带传动和链传动都是利用中间挠性件(带或链)进行传动的,适用于两轴中心距较大的场合,并且都具有结构简单、维护方便和成本低廉等优点,因此,在生产中获得广泛应用。

7.1　概　　述

7.1.1　带传动的组成及工作原理

带传动由主动带轮1、从动带轮2和张紧在两轮上的环形带3所组成(图7-1)。一般安装时是将传动带以一定的预紧力 F_0 张紧在带轮上,它使带与带轮间产生压力。主动带回转时,靠带与带轮接触面间的摩擦力将主动轴的运动和动力传递给从动轴。图7-2所示为同步带传动,它是靠有齿的带与带轮轮齿相啮合来传递运动和动力的。同步带传动无滑动,能保持正确的传动比、但制造和安装要求较高。本章主要介绍靠摩擦力工作的带传动。

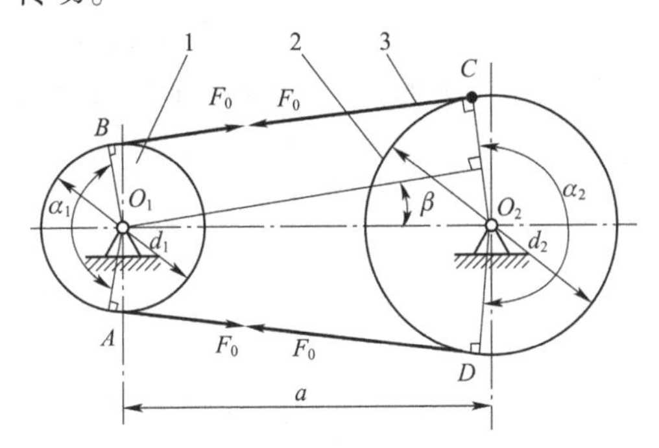

图7-1　带传动机构运动简图
1-主动带轮;2-从动带轮;3-环形带

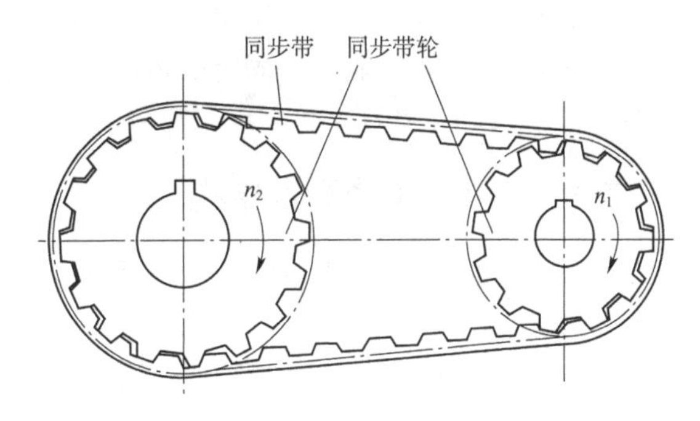

图7-2　同步带传动

7.1.2　带传动的类型、特点及应用

按照截面形状不同,机械上常用的有平带、V带、圆形带和多楔带等,如图7-3所示。

平带的截面形状为扁平矩形,内表面为工作面。材料为胶帆布带、编织带,因此,平带传动不够平稳,不适于高速。高速带传动采用没有接头的薄而轻、挠性好的环形平带,如丝(麻)编织带、锦纶编织带、薄型强力锦纶带和高速环形胶带等。

V带的截面形状为等腰梯形,带的侧面与带轮槽接触,带的侧面是工作面。如图7-3b)

所示，当带对带轮的压力均为 F_Q时，平带接触面上的摩擦力 $F_f = F_n f = F_Q f$。V 带由于带两侧面与轮槽侧面的楔形作用，其摩擦力为：

$$F_f = 2\frac{F_n}{2}\cdot f = \frac{F_Q}{\sin\frac{\phi}{2}}\cdot f = F_Q f_v \tag{7-1}$$

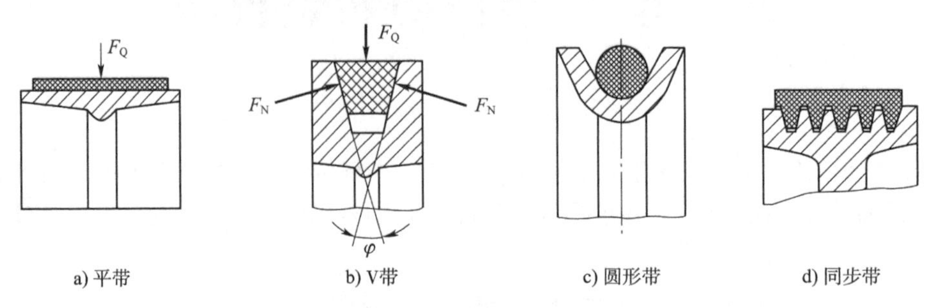

图 7-3　带的横截面形状

这里 $f_v = \frac{f}{\sin\frac{\phi}{2}}$，称为当量摩擦因数，显然 $f_v > f$。可见，V 带产生的摩擦力比平带大，故传递的功率也大，且又无接头、传动平稳，故应用最广。

多楔带是以平带为基体、内表面具有等距纵向楔的环形传送带，兼有平带和 V 带的优点，其挠性好、摩擦力大、可用于传递功率大又要求结构紧凑的场合。

圆形带的横截面为圆形，只用于小功率传动，如缝纫机、仪器等。

带传动的主要优点是：①适用于两轴中心距较大的传动；②带有良好的弹性，可以缓和冲击和吸收振动；③摩擦传动中过载时带在带轮上打滑，可防止损坏其他零件；④结构简单、加工和维护方便、成本低。其主要缺点是：①传动的外廓尺寸较大；②传动效率较低；③由于工作时有弹性滑动，不能保证固定的传动比；④带的寿命短，易于老化；⑤对轴和轴承的压力较大。

7.1.3　V 带的类型及结构

V 带有普通 V 带、窄 V 带、宽 V 带、齿形 V 带、联组 V 带等多种类型，其中普通 V 带应用最多。

图 7-4　V 带的结构

普通 V 带由顶胶、抗拉体、底胶和包布组成，如图 7-4 所示。抗拉体是承受负载拉力的主体，其上、下的顶胶和底胶分别承受弯曲时的拉伸和压缩。抗拉体由帘布［图 7-4a)］或线绳［图 7-4b)］组成，帘布结构抗拉强度高，制造方便，应用较广。绳芯结构挠性好，抗弯强度高，适用于转速较高和带轮直径较小的传动。

V 带通常制成无接头的环形，当 V 带弯曲时，带中长度不变的一层称为中性层，也称为节面，节面的宽度称为节宽 b_p（见表 7-1 附图）。V 带截面高度 h 和节宽 b_p 的比值 h/b_p 称为相对高度。楔角为 40°，相对高度约为 0.7 的 V 带称为普通 V 带。

普通 V 带已标准化，按截面尺寸由小到大分为 Y、Z、A、B、C、D、E 七种型号，其截面尺寸见表 7-1。

普通 V 带的型号和截面尺寸　　表 7-1

型号	Y	Z	A	B	C	D	E
节宽b_p	5.3	8.5	11.0	14.0	19.0	26.0	32.0
顶宽 b	6.0	10.0	14.0	16.0	22.0	32.0	38.0
高度 h	4.0	6.0	8.0	11.0	14.0	19.0	25.0
楔角 ϕ	40°						
每米质量 q(kg/m)	0.04	0.06	0.10	0.17	0.30	0.60	0.87

V 带装在带轮上，V 带轮上与 V 带节宽b_p对应处的带轮直径称为基准直径 d_d。V 带在规定的预紧力下，位于带轮基准直径上的周线长度称为基准长度 L_d，它是 V 带的公称长度，用于带传动的几何计算和带的标记。普通 V 带的基准长度见表 7-2。

普通 V 带基准长度L_d及长度系数 K_L　　表 7-2

基准长度 L_d(mm)	K_L					基准长度 L_d(mm)	K_L				
	Y	Z	A	B	C		A	B	C	D	E
400	0.96	0.87				2000	1.03	0.98	0.88		
450	1.00	0.89				2240	1.06	1.00	0.91		
500	1.02	0.91				2500	1.09	1.03	0.93		
560		0.94				2800	1.11	1.05	0.95	0.83	
630		0.96	0.81			3150	1.13	1.07	0.97	0.86	
710		0.99	0.82			3550	1.17	1.10	0.98	0.89	
800		1.00	0.85			4000	1.19	1.13	1.02	0.91	
900		1.03	0.87	0.81		4500		1.15	1.04	0.93	0.90
1000		1.06	0.89	0.84		5000		1.18	1.07	0.96	0.92
1120		1.08	0.91	0.86		5600			1.09	0.98	0.95
1250		1.11	0.93	0.88		6300			1.12	1.00	0.97
1400		1.14	0.96	0.90		7100			1.15	1.03	1.00
1600		1.16	0.99	0.93	0.84	8000			1.18	1.06	1.02
1800		1.18	1.01	0.95	0.85	9000			1.21	1.08	1.05

窄 V 带的相对高度约为 0.9。其抗拉体为合成纤维绳芯结构，承载能力高，带宽小，适用于传递较大动力而结构要求紧凑的场合。近年来，窄 V 带的应用发展较快。

普通 V 带的标记为：型号 基准长度 标准号。

标记示例：B 型带，基准长度为 1000mm，标记为：B 1000 GB/T 11544—1997。

齿形 V 带的内周制成齿状，故挠性好。连组 V 带是数条相同的普通 V 带或窄 V 带在顶部连成一体的 V 带组。连组 V 带中各根 V 带的长度偏差甚小，承载均匀，能更好地发挥 V 带的传动能力。

7.1.4 带传动的几何尺寸计算

如图 7-1a）所示，d_1 和 d_2 分别为小带轮 1 和大带轮 2 的直径，a 为中心距，L 为带长，α_1 和 α_2 分别为带在小带轮和大带轮上的包角，则带传动的主要几何尺寸为：

$$\alpha_1 = 180° - 2\beta \approx 180° - \frac{d_2 - d_1}{a} \times 57.3° \tag{7-2}$$

$$\alpha_2 = 180° + 2\beta \approx 180° + \frac{d_2 - d_1}{a} \times 57.3° \tag{7-3}$$

$$L \approx 2a + \frac{\pi}{2}(d_2 + d_1) + \frac{(d_2 - d_1)^2}{4a} \tag{7-4}$$

$$a \approx \frac{2L - \pi(d_2 + d_1) - \sqrt{[2L - \pi(d_2 + d_1)]^2 - 8(d_2 - d_1)^2}}{8} \tag{7-5}$$

对于 V 带传动，在按式（7-1）~式（7-4）计算时，带轮直径比分别代以基准直径 d_{d1}、d_{d2}，带长为基准长度L_d。

7.1.5 带传动的使用和维护

1）带传动的使用与维护

为了保证带传动能够正常运转并延长带的使用寿命，必须重视正确使用和维护。

（1）装拆时不应硬撬，应先缩小中心距后再装拆 V 带，再调紧，以免损坏胶带，安装时应按规定的初拉力张紧胶带。

（2）带的工作温度不宜超过 60°，也不宜在阳光下暴晒，以免老化变质，降低带的使用寿命。严防胶带与矿物油、酸、碱等腐蚀性介质接触。

（3）使用中应定期检查，如发现有的 V 带有疲劳撕裂现象时，应全部更换 V 带，不能新旧带并用，否则，寿命长短不一引起受力不均，加速新带的损坏。

（4）为了保证安全生产，带传动要加防护罩。

（5）V 带工作一段时间后产生永久变形，导致张紧力减小，因此，要重新张紧胶带。

2）带传动的张紧装置

带传动不仅安装时必须把带张紧在带轮上，而且当带工作一段时间后，因永久伸长而松弛时，还应将带重新张紧。

带的张紧装置有多种形式。图 7-5a）、图 7-5b）所示是靠调整带中心距来张紧带的张紧方法。图 7-5a）所示张紧装置为电动机装在导轨上，通过调节螺钉或螺母改变电动机的位置，即可达到张紧的目的。这种张紧装置主要适用于水平或接近水平布置的带传动。图 7-5b）所示张紧装置是用调节螺母使机座摆动来达到张紧的目的，主要适用于垂直或接近垂直布置的带传动。当带传动的中心距不可调时，可采用张紧轮装置，如图 7-5c）所示。为使 V 带只受单向弯曲，张紧轮一般应放在松边的内侧，张紧轮还应尽量靠近大轮，以免使小轮上的包角过小。

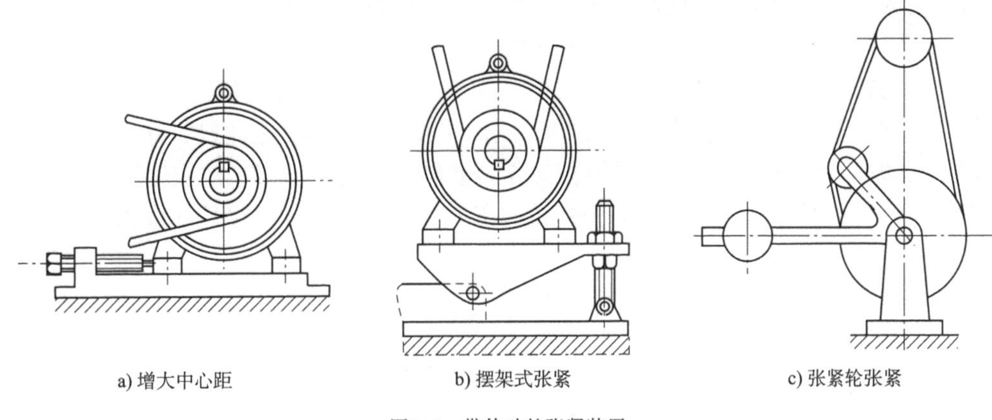

a) 增大中心距　　b) 摆架式张紧　　c) 张紧轮张紧

图 7-5　带传动的张紧装置

7.2　带传动工作情况分析

7.2.1　带传动的受力分析

为保证带传动正常工作,安装时带是以一定的张紧力紧套在两轮上,带两边具有相同的预紧力 F_0[图 7-6a)]。带与轮接触面间存在一定的正压力,当主动轮开始转动时,带与轮之间就会产生摩擦力。在摩擦力的作用下,主动轮驱动带运动,运动的带又靠摩擦力驱动从动轮转动,从而把主动轴的运动和动力传给从动轴。

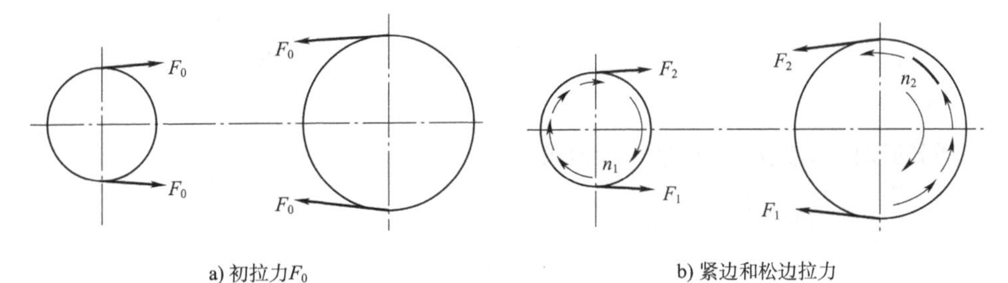

a) 初拉力F_0　　b) 紧边和松边拉力

图 7-6　带传动的受力分析

在传动中,由于带和带轮间摩擦力的作用,带绕入主动轮的一边被拉紧,称为紧边,其拉力由 F_0 增加到 F_1;带绕入从动轮的一边被放松,称为松边,其拉力由 F_0 减小为 F_2,如图 7-6b)所示。设运转过程中带的总长保持不变,则带在紧边的伸长等于松边的缩短,即紧边拉力的增加量等于松边拉力的减少量,故有:

$$F_1 - F_0 = F_0 - F_2 \quad \text{或} \quad F_1 + F_2 = 2F_0 \tag{7-6}$$

紧边和松边两边拉力 F_1 与 F_2 之差等于带与轮接触面之间所产生的摩擦力总和,也就是带所能传递的有效圆周力 F_t,即:

$$F_t = F_1 - F_2 = \sum F \tag{7-7}$$

将式(7-5)代入式(7-6),可得:

$$F_1 = F_0 + F_t/2 \quad \text{和} \quad F_2 = F_0 - F_t/2 \tag{7-8}$$

若带速为 v(m/s),所传递的功率为 P(kW),则圆周力 $F_t(N)$ 为:

$$F_t = 1000P/v \tag{7-9}$$

在一定的初拉力 F_0 下,带与带轮面间的摩擦力之总和有一极限值,当传递的圆周力 F_t 超过最大摩擦力的总和 $\sum F_{max}$ 时,带将会沿着轮面发生相对滑动,这种现象称为打滑。打滑将加剧带的磨损,使从动轮转速急剧降低,甚至停止转动,使传动失效,故应避免。

当带即将打滑时,紧边拉力 F_1 和松边拉力 F_2 之间的关系,可用挠性体摩擦的欧拉公式表示,即:

$$\frac{F_1}{F_2} = e^{f\alpha_1} \tag{7-10}$$

式中:e——自然对数的底,e≈2.718;

f——带与带轮接触面间的摩擦因数;

α_1——带在小带轮上的包角(rad)(图 7-1,$\alpha_1 \leqslant \alpha_2$)。

由式(7-6)、式(7-7)及式(7-10)可得到带传动不打滑条件下所能传递的最大有效圆周力 F_{tmax} 为:

$$F_{tmax} = 2F_0 \frac{e^{f\alpha_1} - 1}{e^{f\alpha_1} + 1} \tag{7-11}$$

上式表明,带的传动能力与预紧拉力 F_0、小轮包角 α_1 和摩擦因数 f 有关。增大 F_0、α_1 和 f 均能增大 F_{tmax}。f 越大,摩擦力就大,F_{tmax} 也就越大;小轮包角 α_1 增大,会使带和带轮间接触弧上摩擦力总和增大,从而提高带的传动能力;F_0 越大,带与带轮间的正压力也越大,产生的摩擦力就大,故 F_{tmax} 也越大。但 F_0 过大,导致带中应力过大,易使带过快松弛,缩短带的使用寿命。

对于 V 带传动,式(7-10)与式(7-11)中的摩擦因数为当量摩擦因数 f_v,$f_v = \dfrac{f}{\sin\left(\dfrac{\phi}{2}\right)}$($f$ 为带与带轮间的摩擦因数,ϕ 为 V 带轮轮槽角)。

7.2.2 带传动的应力分析

带传动工作时,带中的应力如下。

1)拉力产生的应力

紧边拉力 F_1 和松边拉力 F_2 分别产生的紧边拉应力 σ_1 和松边拉应力 σ_2 为:

$$\sigma_1 = \frac{F_1}{A}, \sigma_2 = \frac{F_2}{A} \tag{7-12}$$

式中:A——带的截面面积(mm^2)。

2)弯曲应力

带绕过带轮时发生弯曲,从而引起弯曲应力,由材料力学公式得 V 带产生的弯曲应力为:

$$\sigma_b \approx E\frac{2y}{d_d} \tag{7-13}$$

式中:E——带的弹性模量(MPa);

y——带的中性层至顶面的距离(mm);

d_d——带轮基准直径(mm)。

由上式可见,d_d越小,y 越大时,带的弯曲应力越大。当两带轮的直径不同时,带绕于小带轮时的弯曲应力较大。

3)离心力产生的拉应力

带传动工作时带绕随带轮做圆周运动,因本身质量将产生离心力,由此引起的离心拉力 qv^2 作用于带全长,并产生离心拉应力为:

$$\sigma_c = \frac{qv^2}{A} \tag{7-14}$$

式中:q——带每米长的质量(kg/m);

v——带速(m/s);

A——带的截面面积(mm)。

带中应力分布情况如图7-7所示。带是在变应力状态下工作的,各截面的应力大小由该处引出的带的法线长短表示,由图可见最大应力发生在带的紧边刚绕入小带轮的,其值为:

$$\sigma_{max} = \sigma_1 + \sigma_{b1} + \sigma_c \tag{7-15}$$

可见,带是在变应力作用下工作的,当应力循环次数达到一定值后,将会产生疲劳破坏。带中的应力通常以弯曲应力影响较大。为了避免弯曲应力过大,小带轮直径不能过小。

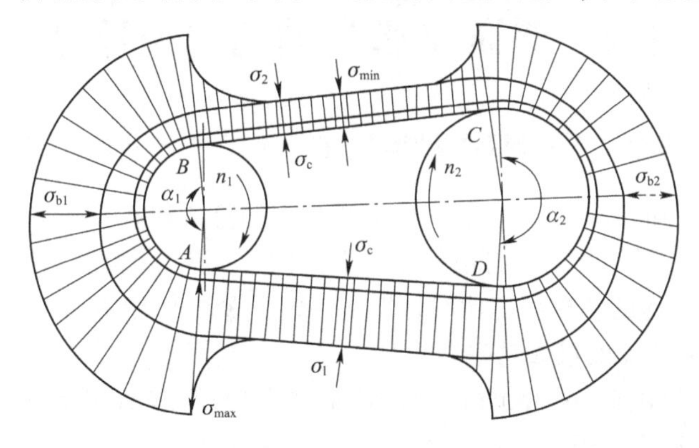

图7-7　带中的应力分布

7.3　带传动的弹性滑动与传动比

带是弹性体,受拉后产生弹性伸长,并随拉力大小的变化而改变。由图7-6可知,带由紧边绕过主动轮进入松边的过程中,由于带中拉力的减少,带的弹性伸长量相应地减少,带相对于轮向后缩了一段,使带的速度小于带轮的圆周速度。带由松边绕过主动轮进入紧边的过程中,由于带中拉力的增加,带的弹性伸长量相应地增加,带相对于轮向前伸长了一段,使带的速度大于带轮的圆周速度。这种由于带的弹性变形所引起的带与带轮间的相对滑动称为弹性滑动,其大小将随外载荷的大小而变化。随着紧松边拉力差的增大,带的弹性滑动区域扩展至带与带轮的整个接触面时,即发生打滑。

打滑和弹性滑动是两个完全不同的概念。打滑指由于过载引起带在带轮面上的全面滑动,造成传动失效,会使小带轮急剧发热,带很快磨损,是应该避免的。弹性滑动是不可避免的，因为带工作时要传递圆周力，带的两边拉力必然不等，产生弹性变形量也不同，所以只要传递圆周力，就会发生弹性滑动。

带的弹性滑动使从动轮的圆周速度 v_2 低于主动轮的圆周速度 v_1，其相对降低率称为滑动率，用 ε 表示，即：

$$\varepsilon=\frac{v_1-v_2}{v_1}=\frac{\pi d_1 n_1-\pi d_2 n_2}{\pi d_1 n_1}=1-\frac{d_{d2}n_2}{d_{d1}n_1} \tag{7-16}$$

因此，若考虑弹性滑动的影响，带传动的实际传动比为：

$$i=\frac{n_1}{n_2}=\frac{d_{d2}}{d_{d1}(1-\varepsilon)} \tag{7-17}$$

式中：n_1、n_2——主、从动轮的转速(r/min)；

d_1、d_2——主、从动轮的直径，对 V 带传动则为基准直径(mm)；

d_{d1}、d_{d2}——小带轮、大带轮基准直径(mm)。

带传动的滑动率 ε 通常为 1% ~2%，在一般传动中可以忽略不计，传动比取：

$$i=\frac{n_1}{n_2}\approx\frac{d_{d2}}{d_{d1}} \tag{7-18}$$

7.4 普通 V 带传动的选型计算

7.4.1 单根普通 V 带的基本额定功率

由前面的分析可知，带传动的主要失效形式是带的打滑和疲劳破坏，所以带传动的设计依据应是：在保证带传动工作时不打滑的条件下，具有一定的疲劳强度和使用寿命。

单根 V 带所能传递的基本额定功率是指在一定预紧力作用下，带传动不发生打滑且有足够疲劳寿命时所能传递的最大功率。

为了设计方便，将包角 $\alpha=180°(i=1)$、特定基准长度、载荷平稳时单根普通 V 带所能传递的额定功率 P_0 称为单根 V 带的基本额定功率，其值见表 7-3。

单根普通 V 带所能传递的基本额定功率 P_0(单位：kW) 表 7-3

型号	小带轮基准直径 d_{d1}(mm)	小带轮转速 n_1(r/min)						
		400	730	980	1200	1460	2000	2800
Z	50	0.06	0.09	0.12	0.14	0.16	0.20	0.26
	63	0.08	0.13	0.18	0.22	0.25	0.32	0.41
	71	0.09	0.17	0.23	0.27	0.31	0.39	0.50
	80	0.14	0.20	0.26	0.30	0.36	0.44	0.56
A	75	0.27	0.42	0.52	0.60	0.68	0.84	1.00
	90	0.39	0.63	0.79	0.93	1.07	1.34	1.64
	100	0.47	0.77	0.97	1.14	1.32	1.66	2.05
	112	0.56	0.93	1.18	1.39	1.62	2.04	2.51
	125	0.67	1.11	1.40	1.66	1.93	2.44	2.98

续上表

型号	小带轮基准直径 d_{d1}(mm)	小带轮转速n_1(r/min)						
		400	730	980	1200	1460	2000	2800
B	125	0.84	1.34	1.67	1.93	2.20	2.64	2.96
	140	1.05	1.69	2.13	2.47	2.83	3.42	3.85
	160	1.32	2.16	2.72	3.17	3.64	4.40	4.89
	180	1.59	2.61	3.30	3.85	4.41	5.30	5.76
	200	1.85	3.06	3.86	4.50	5.15	6.13	6.43
C	200	2.41	3.80	4.66	5.29	5.86	6.34	5.01
	224	2.99	4.78	5.89	6.71	7.47	8.06	6.08
	250	3.62	5.82	7.18	8.21	9.06	11.04	6.56
	280	4.32	6.99	8.65	9.81	10.74	13.14	6.13
	315	5.14	8.34	10.23	11.53	13.48		4.16
D	355	9.24	14.04	16.30	17.25	16.70		
	400	11.45	17.85	20.25	21.20	20.03		
	450	14.85	21.12	24.16	24.84	22.42		
	560	18.95	28.28	31.00	29.67	22.08		

注:本表仅列出普通 V 带的部分 P_0 值,Y 型和 E 型的数据未列出。

当实际工作条件与上述特定条件不同时,对查得的 P_0 值应加以修正。修正后即得实际工作条件下单根 V 带所能传递的功率,称为许用功率$[P_0]$,即:

$$[P_0]=(P_0+\Delta P_0)K_\alpha K_L \tag{7-19}$$

式中:ΔP_0——功率增量,当传动比 $i>1$ 时,带在大带轮上弯曲应力小,因此,工作能力有所提高,即单根 V 带有一功率增量 ΔP_0,其值见表 7-4;

K_α——包角修正系数,$\alpha\neq180°$时对传动能力的影响,见表 7-5;

K_L——带长修正系数,带长不为特定长度时对传动能力的影响,普通 V 带的带长修正系数见表 7-2。

单根普通 V 带 $i\neq1$ 时额定功率增量 ΔP_0(单位:kW)　　表 7-4

带型	小带轮转速 n_1(r/min)	传动比 i			
		1.25~1.34	1.35~1.51	1.52~1.99	≥2.0
Z	400	0.00	0.00	0.01	0.01
	730	0.01	0.01	0.01	0.02
	980	0.01	0.02	0.02	0.02
	1200	0.02	0.02	0.02	0.03
	1460	0.02	0.02	0.02	0.03
	2000	0.02	0.03	0.03	0.04
	2800	0.03	0.04	0.04	0.04

续上表

带型	小带轮转速 n_1(r/min)	传动比 i			
		1.25～1.34	1.35～1.51	1.52～1.99	≥2.0
A	400	0.03	0.04	0.04	0.05
	730	0.06	0.07	0.08	0.09
	980	0.07	0.08	0.10	0.11
	1200	0.10	0.11	0.13	0.15
	1460	0.11	0.13	0.15	0.17
	2000	0.16	0.19	0.22	0.24
	2800	0.23	0.26	0.30	0.34
B	400	0.08	0.10	0.11	0.13
	730	0.15	0.17	0.20	0.22
	980	0.20	0.23	0.26	0.30
	1200	0.25	0.30	0.34	0.38
	1460	0.31	0.36	0.40	0.46
	2000	0.42	0.49	0.56	0.63
	2800	0.59	0.69	0.79	0.89
C	400	0.23	0.27	0.31	0.35
	730	0.41	0.48	0.55	0.62
	980	0.56	0.65	0.74	0.83
	1200	0.70	0.82	0.94	1.06
	1460	0.85	0.99	1.14	1.27
	2000	1.17	1.37	1.57	1.76
	2800	1.64	1.92	2.19	2.47
D	400	0.83	0.97	1.11	1.25
	730	1.46	1.70	1.95	2.19
	980	1.92	2.31	2.64	2.97
	1200	2.50	2.92	3.34	3.75
	1460	3.02	3.52	4.03	4.53

包角系数 K_α 表 7-5

α(°)	180	170	160	150	140	130	120	110	100	90
K_α	1.00	0.98	0.95	0.92	0.89	0.86	0.82	0.78	0.74	0.69

7.4.2　选型计算步骤和传动参数的选择

已知条件：传动的用途、工作情况和原动机类型；传递的功率 P；主动轮和从动轮的转速

n_1 和n_2;对传动的尺寸要求等。

设计计算的主要内容是确定带的型号、根数和长度,带轮基准直径及结构尺寸,中心距,作用在轴上的压力等。

设计计算一般步骤如下。

1)选择带的型号

(1)确定计算功率 P_c。

计算功率 P_c由需要传递的名义功率 P 并考工作情况而确定的,即:

$$P_c = K_A P \tag{7-20}$$

式中:K_A——工作情况系数,见表 7-6;

P——V 带需要传递的额定功率(kW)。

工作情况系数 K_A　　表 7-6

工况		K_A					
载荷情况	机械举例	软起动			负载起动		
		每天工作时间(h)					
		<10	10~16	>16	<10	10~16	>16
载荷平稳	离心式水泵,通风机(≤7.5kW),轻型输送机,离心式压缩机,液体搅拌机	1.0	1.1	1.2	1.1	1.2	1.3
载荷变动小	带式运输机,通风机(>7.5kW),发电机,旋转式水泵,机床,发电机,印刷机,锯木机和木工机械	1.1	1.2	1.3	1.2	1.3	1.4
载荷变动较大	重载输送机,斗式提升机,往复式水泵和压缩机,磨粉机,冲剪机床,纺织机械,起重机	1.2	1.3	1.4	1.4	1.5	1.6
载荷变动很大	破碎机(旋转式、颚式等),球磨机,挖掘机,辊压机	1.3	1.4	1.5	1.5	1.6	1.8

注:1. 软起动——电动机(交流起动、三角形起动、直流并励),四缸以上的内燃机,装有离心式离合器、液力联轴器的动力机。

2. 负载起动——电动机(联机交流起动、直流复励或串励),四缸以下的内燃机。

3. 反复起动、正反转频繁、工作条件恶劣等场合,表中 K_A值应乘以 1.2。

(2)选择 V 带型号。

根据计算功率 P_c及小带轮转速n_1,查图 7-8 选择 V 带型号。

2)确定带轮基准直径 d_{d1} 和 d_{d2}

为了减小带的弯曲应力,对带轮的最小直径要加以限制(表 7-7)。小带轮基准直径 d_{d1} 参考表 7-7 及表 7-8 选取,一般取 $d_{d1} \geq d_{dmin}$,比规定的最小直径略大些。大带轮基准直径可按式 $d_{d2} \approx i d_{d1}$ 计算,并参照表 7-8 中基准直径系列圆整。大小带轮直径一般均按带轮基准直径系列圆整。

普通 V 带轮的最小基准直径 d_{dmin}(单位:mm)　　表 7-7

带型	Y	Z	A	B	C	D	E
d_{dmin}	20	50	75	125	200	355	500

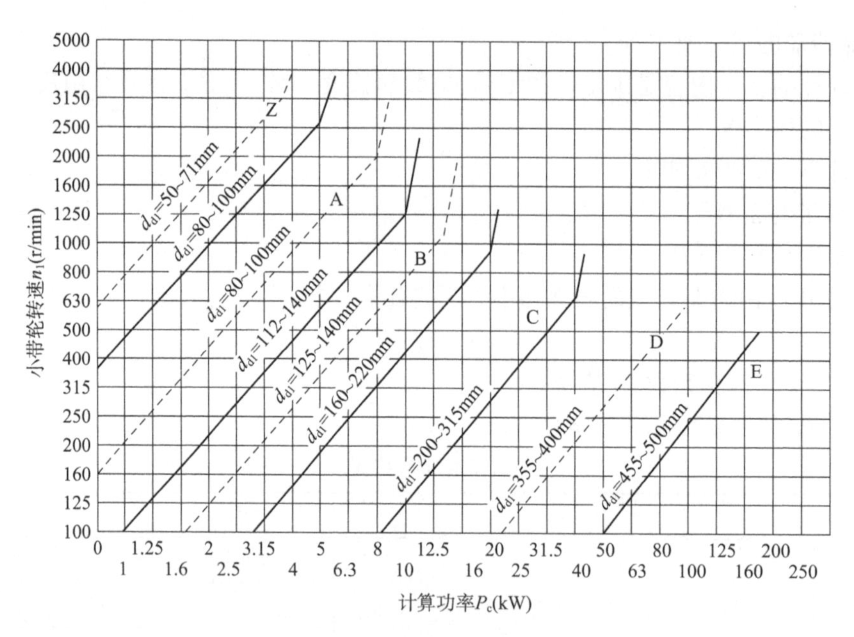

图 7-8　普通 V 带选型图

普通 V 带轮的基准直径系列　　表 7-8

基准直径 d_d	带型		基准直径 d_d	带型				基准直径 d_d	带型				
	Z	A		Z	A	B	C		Z	A	B	C	D
50	+		125	+	+	+		280	+	+	+	+	
56	+		132	+	+	+		300				+	
63	+		140	+	+	+		315	+	+	+	+	
71	+		150	+	+	+		335				+	
75	+	+	160	+	+	+		355	+	+	+	+	+
80	+	+	170			+		375					+
85		+	180	+	+	+		400	+	+	+	+	+
90	+	+	200	+	+	+	+	425					+
95		+	212				+	450		+	+	+	+
100	+	+	224	+	+	+	+	475					+
106		+	236				+	500	+	+	+	+	+
112	+	+	250	+	+	+	+	530					
118		+	265				+	560		+	+	+	+
								600			+	+	+
								630	+	+	+	+	+

注：表中“+”为推荐值，基准直径 d_d < 50mm 和 d_d > 630mm 的系列值，可查机械设计手册。

小带轮基准直径选取后按下式验算带速 v(m/s)：

$$v = \frac{\pi d_{d1} n_1}{60 \times 1000} \tag{7-21}$$

式中：n_1——小带轮转速(r/min)。

带速应满足$5\text{m/s} \leqslant v \leqslant 25 \sim 30\text{m/s}$，否则应重选$d_{d1}$。若带速太高，使离心力增大，且单位时间内绕过带轮的次数增多，会影响带传动的工作能力；带速过低当传递功率一定时，传递的圆周力增大，则所需带的根数增多。

3)确定中心距a和带的基准长度L_d

适当增大中心距利用增大包角，降低带的绕转次数，但中心距过大会使结构不紧凑，并容易引起带的颤动。

一般根据安装条件的限制或按下式初步确定中心距a_0：

$$0.7(d_{d1}+d_{d2}) \leqslant a_0 \leqslant 2(d_{d1}+d_{d2}) \tag{7-22}$$

初选a_0后，初算带的基准长度L_{d0}可根据几何关系由下式计算：

$$L_{d0} \approx 2a_0 + \frac{\pi}{2}(d_{d2}+d_{d1}) + \frac{(d_{d2}-d_{d1})^2}{4a_0} \tag{7-23}$$

按表7-2选取接近L_{d0}值的标准基准长度L_d，然后再确定实际中心距a。由于V带传动的中心距一般是可以调整的，所以可以用下式近似计算a值，即：

$$a \approx a_0 + \frac{L_d - L_{d0}}{2} \tag{7-24}$$

考虑到中心距调整、补偿F_0，中心距a应有一个范围。

4)验算小带轮包角α_1

小带轮包角α_1可按下式计算：

$$\alpha_1 \approx 180^\circ - \frac{d_{d2}-d_{d1}}{a} \times 60^\circ \tag{7-25}$$

一般应使$\alpha_1 \geqslant 120^\circ$(特殊情况允许$a_1 = 90^\circ$)

5)确定带的根数z

根据计算功率P_c和单根V带所能传递的功率确定带的根数，即：

$$z = \frac{P_c}{(P_0+\Delta P_0)K_L K_\alpha} \tag{7-26}$$

式中：P_0——单根普通V带的基本额定功率，查表7-3(kW)；

ΔP_0——传动比$i \neq 1$时，单根普通V带额定功率的增量，查表7-4(kW)；

K_L——带长系数，查表7-2；

K_α——小带轮包角系数，查表7-5。

6)确定带的初拉力F_0和作用在轴上的力F_Q

单根普通V带所需的预紧力F_0按下式计算：

$$F_0 = 500\frac{P_c}{zv}\left(\frac{2.5}{K_\alpha}-1\right)+qv^2 \tag{7-27}$$

式中：q——普通V带每米长的质量(表7-1，kg/m)。

带对轴的作用力F_Q等于带两边拉力的合力(图7-9)。若不考虑带的两边拉力之差，F_Q可由下式近似计算：

$$F_Q = 2zF_0\cos\beta = 2zF_0\sin\frac{\alpha_1}{2} \tag{7-28}$$

式中：z——带的根数；

F_0——单根带的预紧力；

α_1——小带轮上的包角。

7）设计带轮

详见7.5节介绍。

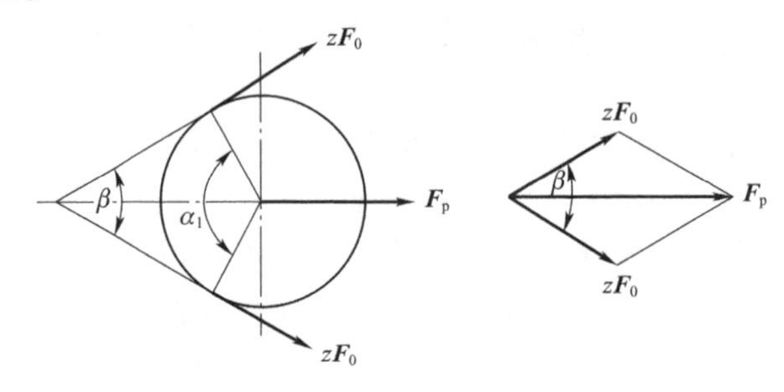

图7-9　作用在轴上的力

7.5　带传动的材料与结构

7.5.1　带轮材料

带速小于30m/s时，带轮常用灰铸铁HT150、HT200制造，高速时要用钢材（铸钢或用钢板冲压后焊接而成）制造，速度可达45m/s。小功率时为了减轻质量可用铝合金和塑料。

7.5.2　V带轮的结构

V带轮的结构如图7-10所示。带轮一般由轮缘（用以安装传动带）、腹板或轮辐（用以连接轮缘与轮毂）和轮毂（用以安装在轴上）三部分组成。带轮基准直径较小$d_d \leqslant (2.5 \sim 3)d$（$d$为轴的直径，单位为mm）时采用实心轮［图7-10a）］，中等直径（$2.5d \leqslant d_d \leqslant 300$mm）时可采用腹板式［图7-10b）］或孔板式结构［图7-10c）］，大直径（$d_d > 300$mm）时采用轮辐式结构［图7-10d）］。

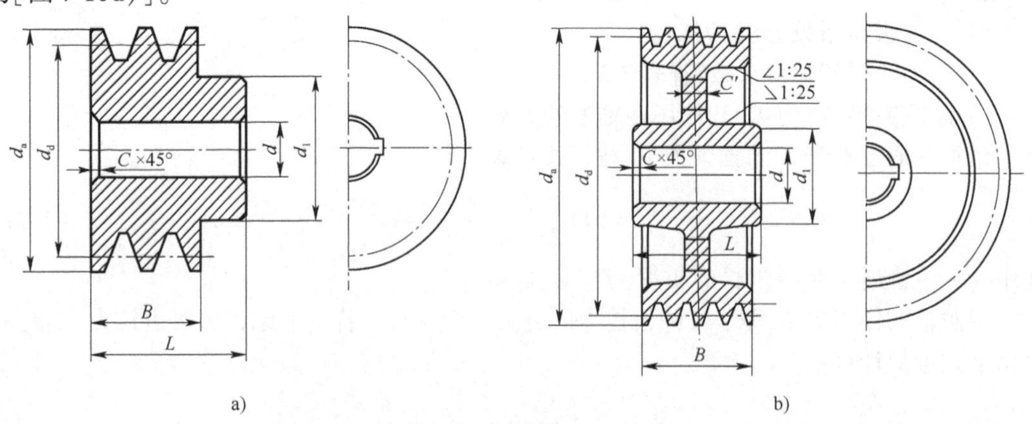

图　7-10

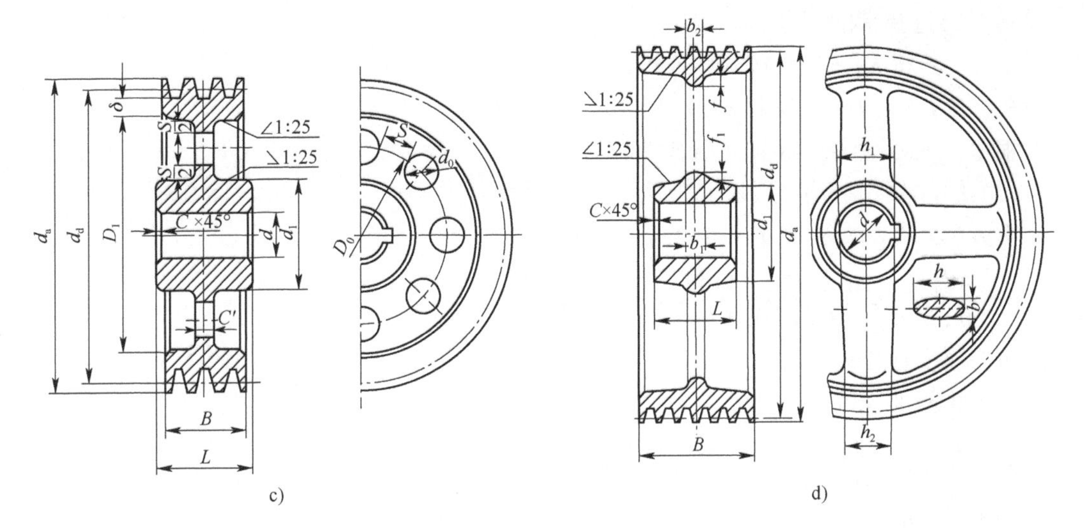

图 7-10　V 带轮的结构

$d_1=(1.8\sim2)d_z$；$L=(1.5\sim1.8)d_z$；$d_0=(0.2\sim0.3)(D_c-d_1)$；$D_k=\dfrac{D_c+d_1}{2}$；$s=(0.2\sim0.3)B$；$h_1=290\sqrt[3]{\dfrac{P}{nA}}$；

$h_2=0.8h_1$；$a_1=0.4h_1$；$a_2=0.8a_1$；$f_1=f_2=0.2h_1$；P 为传递的功率(kW)；n 为带轮转速(r/min)；A 为轮辐数

普通 V 带轮的基准直径系列见表 7-8；轮槽尺寸见表 7-9。普通 V 带的楔角 ϕ 为 40°，但带绕上不同直径的带轮时，其剖面形状的变化程度也不同，为了使带与轮槽两侧很好地接触，规定了不同的轮槽角 ϕ。

带轮的结构设计，主要是根据带轮的基准直径选择结构形式；根据带的截面形状确定轮槽尺寸（表 7-9）；然后参照图 7-10 中的经验公式确定其他结构尺寸。

普通 V 带轮轮槽尺寸　　表 7-9

		带型	Y	Z	A	B	C	D	E
		b_p	5.3	8.5	11.0	14.0	19.0	27.0	32.0
		h_{amin}	1.6	2.0	2.75	3.5	4.8	8.1	9.6
		h_{fmin}	4.7	7.0	8.7	10.8	14.3	19.9	23.4
		e	8	12	15	19	25.5	37	44.5
		f	7	8	10	13.5	17	23	29
		δ_{min}	5	5.5	6	7.5	10	12	15
		B	$B=(z-1)e+2f$，z 为轮槽数						
		d_a	$d_a=d_d+2h_a$						
轮槽角 ϕ	32°	基准直径 d_d	≤60	—	—	—	—	—	—
	34°		—	≤80	≤118	≤190	≤315	—	—
	36°		>60	—	—	—	—	≤475	≤600
	38°		—	>80	>118	>190	>315	>475	>600

【例 7-1】　某颚式破碎机采用普通 V 带传动、由普通交流电动机驱动。已知电动机额定功率 $P=5.5$kW，转速 $n_1=1440$r/min，从动轴转速 $n_2=400$r/min，每天两班制工作，试设计此 V 带传动。

解:(1)选择带的型号。

由表7-6得 $K_A = 1.4$,按式(7-19)得:

$P_c = K_A P = 1.4 \times 5.5\text{kW} = 7.7\text{kW}$

根据 P_c 和 n_1 由图7-8选用A型带。

(2)确定带轮基准直径,验算带速。

由表7-5和表7-6,取 $d_{d1} = 112\text{mm}$,带速为:

$$v = \frac{\pi d_{d1} n_1}{60 \times 100} = \frac{\pi \times 112 \times 1440}{60 \times 1000}\text{m/s} = 8.44\text{m/s} < 25\text{m/s}$$

带的速度合适。

大带轮基准直径为:

$$d_{d2} = \frac{n_1}{n_2} d_{d1} = \frac{1440}{400} \times 112\text{mm} = 403.2\text{mm}$$

按表7-8取 $d_{d2} = 400\text{mm}$。

大带轮转速为:

$$n_2 = n_1 \frac{d_{d1}}{d_{d2}} = 1440\text{r/min} \times \frac{112\text{mm}}{400\text{mm}} = 403.2\text{r/min}$$

从动轴转速虽略有增大,但误差小于5%,故可行。

(3)确定中心距和带长。

按式(7-16)初步选取 $a_0 = 600\text{mm}$,由式(7-3)计算带的基准长度为:

$$L_{d0} = 2a_0 + \frac{\pi}{2}(d_{d1} + d_{d2}) + \frac{(d_{d2} - d_{d1})^2}{4a_0} = \left[2 \times 600 + \frac{\pi}{2}(112 + 400) + \frac{(400 - 112)^2}{4 \times 600}\right]\text{mm}$$

$$= 2038.8\text{mm}$$

由表7-2选定带的基准长度 $L_d = 2000\text{mm}$。

按式(7-25)计算实际中心距:

$$a = a_0 + \frac{L_d - L_{d0}}{2} = \left(600 + \frac{2000 - 2038.8}{2}\right)\text{mm} = 580.6\text{mm}$$

(4)验算小轮上的包角。

$$\alpha_1 = 180° - \frac{d_{d2} - d_{d1}}{a} \times 57.3° = 180° - \frac{400 - 112}{5} \times 57.3° = 151.57°$$

小轮包角合适。

(5)确定V带根数。

由式(7-26)确定V带根数:

$$z = \frac{P_c}{(P_1 + \Delta P_1) K_L K_\alpha}$$

由表7-3查得 $P_1 = 1.62\text{kW}$;由表7-4得 $\Delta P_1 = 0.17\text{kW}$;由表7-2查得 $K_L = 1.03$;由表7-5查得 $K_\alpha = 0.92$,则有:

$$z = \frac{7.7}{(1.62 + 0.17) \times 1.03 \times 0.92} = 4.54$$

取 $z=5$ 根。

(6)计算带对轴的作用力。

预紧力 F_0 按式(7-27)计算：

$$F_0=500\frac{P_c}{zv}\left(\frac{2.5}{K_\alpha}-1\right)+qv^2$$

查表 7-1 得 $q=0.10\text{kg/m}$，故：

$$F_0=\left[500\times\frac{7.7}{5\times8.44}\times\left(\frac{2.5}{0.92}-1\right)+0.10\times8.44^2\right]\text{N}=163.7\text{N}$$

由式(7-28)计算带对轴的作用力为：

$$F_Q=2zF_0\sin\frac{\alpha_1}{2}=2\times5\times163.7\times\sin\frac{151.57°}{2}\text{N}=1587\text{N}$$

7.6　链传动的类型、结构和特点

链传动由主动链轮、从动链轮与套在链轮上的链条组成(图 7-11)，依靠链条与链轮轮齿的啮合来传递运动和动力。链传动传递的功率一般小于 10kW，链速 $v<12\sim15\text{m/s}$。

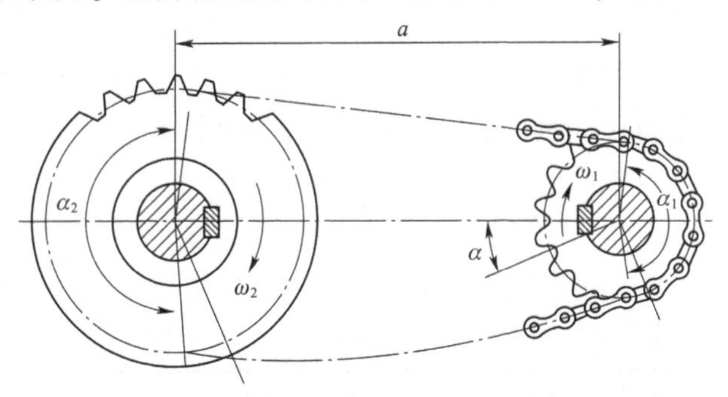

图 7-11　链传动

链条按用途不同可以分为传动链、输送链和起重链。输送链和起重链主要用在运输和起重机械中。在一般机械传动中，常用的是传动链。常用的传动链有滚子链和齿形链两种，其中以滚子链应用最广。本章主要讨论传动链的有关设计问题。

7.6.1　传动链的类型和结构

常用的传动链有滚子链和齿形链两种。

1)滚子链

滚子链的结构如图 7-12 所示，由内链板、外链板、销轴、套筒和滚子组成。内链板与套筒间、外链板与销轴间均为过盈配合，滚子与套筒之间、套筒与销轴之间均为间隙配合，形成动连接。链传动工作时，内外链板可以相对挠曲，套筒则绕销轴自由转动。滚子活套在套筒外面，使链与链轮轮齿啮合时，齿面与滚子之间形成滚动摩擦，减轻链与轮齿的磨损。链的磨损主要发生在销轴与套筒的接触面上。因此，内外链板间留有少许间隙，以便进行润滑。内外链板均制成 8 字形，以使链板各横截面具有接近相等的抗拉强度，并减轻链条的质量和惯性力。

链上相邻滚子轴线之间的距离称为节距,以 p 表示,它是链的主要参数。

当传递大功率时,可采用双排链或多排链,图 7-13 所示为双排链。排数越多,各排受力越容易不均匀,故一般不超过 3 或 4 排。

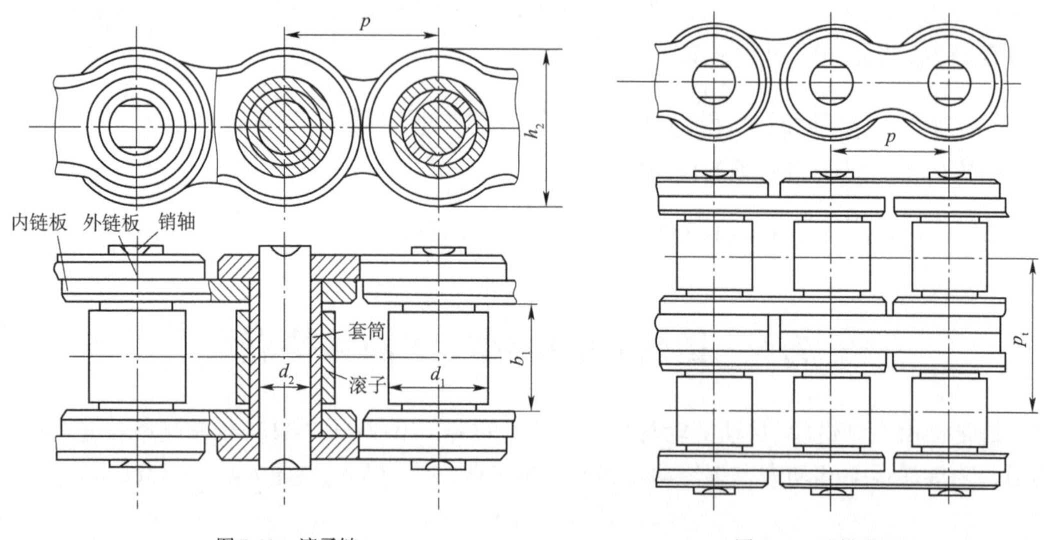

图 7-12 滚子链

图 7-13 双排滚子链

滚子链是标准件,其基本参数和尺寸在《传动用短节距精密滚子链、套筒链、附件和链轮》(GB/T 1243—2006)中作了规定(表 7-10)。滚子链分为 A、B 两种系列,A 系列适用于以美国为中心的西半球区域,B 系列适用于欧洲区域。表 7-10 中列出了若干种 A 系列滚子链的规格及其主要参数。本章主要介绍我国主要使用的 A 系列滚子链传动的设计。

滚子链的基本参数和尺寸(摘自 GB/T 1243—2006) 表 7-10

链号	节距 p (mm)	滚子外径 $d_{1\max}$ (mm)	内链节内宽 $b_{1\min}$ (mm)	销轴直径 $d_{2\max}$ (mm)	内链板高度 $h_{2\max}$ (mm)	排距 p_t (mm)	单排链极限位伸载荷 F_Q (kN)	单排链每米质量 q (kg/m)
08A	12.70	7.92	7.85	3.98	12.07	14.38	13.9	0.60
10A	15.875	10.16	9.40	5.09	15.09	18.11	21.8	1.00
12A	19.05	11.91	12.57	5.96	18.08	22.78	31.3	1.50
16A	25.40	15.88	15.75	7.94	24.13	29.29	55.6	2.60
20A	31.75	19.05	18.90	9.54	30.18	35.76	87	3.80
24A	38.10	22.23	25.22	11.11	36.20	45.44	125	5.60
28A	44.45	25.40	25.22	12.71	42.24	48.87	170	7.50
32A	50.80	28.58	31.55	14.29	48.26	58.55	223	10.10
40A	63.50	39.68	37.85	19.85	60.33	71.55	347	16.10

滚子链的标记方法为:

链号—排数×链节数 标准号

例如：节距38.10mm、A系列、双排、68节的滚子链，应标记为24A—2×68 GB/T 1243—2006。

链是连成封闭环形的，当链节数为偶数时，链形成环形的接头处，正好是内链板与外链板相接，可用开口销或弹簧夹［图7-14a）、图7-14b）］将销轴锁住，一般前者用于大节距，后者用于小节距。当链节数为奇数时，应采用过渡链节［图7-14c）］。由于过渡链节受拉时要承受附加弯矩的作用，强度降低，故一般情况下最好不用奇数链节。

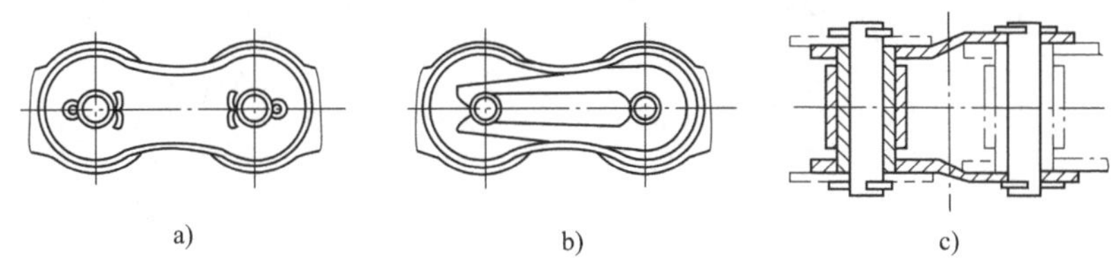

图7-14　滚子链链节接头形式

2）齿形链

如图7-15所示，齿形链是由若干组齿形链板交错排列铰接而成。工作时，链板两直边与链轮轮齿相啮合来实现传动。为了防止工作时链条发生侧向窜动，齿形链上设有导板，导板有内导板［图7-15a）］和外导板［图7-15b）］两种。

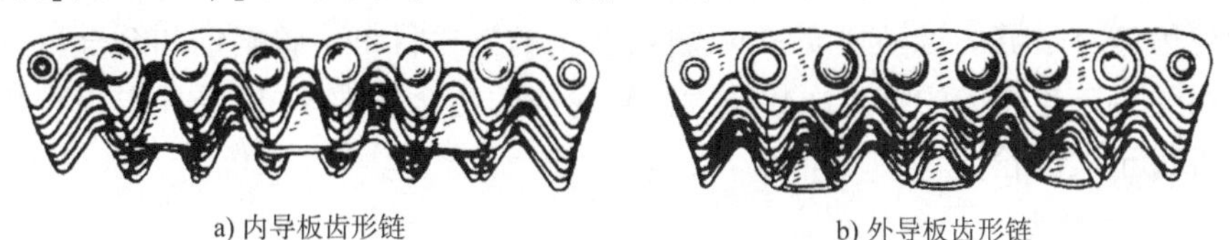

a) 内导板齿形链　　b) 外导板齿形链

图7-15　齿形链导向装置

与滚子链相比，齿形链由于其结构和啮合特点，传动较平稳，承受冲击性能好，噪声较小，故又称为无声链。它允许较高的链速，故常用于高速、运动精度要求高的工作场合。但其结构复杂，质量较大，价格较贵，装拆也较困难。

由于滚子链应用较广，故下面仅介绍滚子链传动。

7.6.2　滚子链链轮

链轮轮齿的齿形应保证链节平稳、顺利地进入和退出啮合，并便于加工。常用的齿形为三圆弧一直线齿形，如图7-16a）所示，它是由三段圆弧 aa、ab、cd 和一段直线 bc 构成，图7-16b）所示为链轮的轴向齿形。

链轮的主要几何尺寸为：

分度圆直径

$$d=\frac{p}{\sin\frac{180^\circ}{z}} \tag{7-29}$$

齿顶圆直径

$$d_a=p\left(0.54+\cot\frac{180^\circ}{z}\right) \tag{7-30}$$

齿根圆直径

$$d_f=d-d_1 \tag{7-31}$$

式中：p——链的节距(mm)；

z——链轮齿数；

d_1——链的滚子外径(mm)。

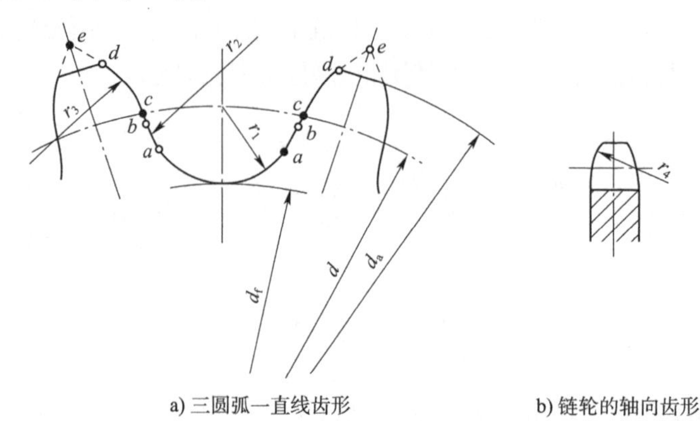

a) 三圆弧一直线齿形　　b) 链轮的轴向齿形

图 7-16　滚子链链轮的齿形

链轮的其他几何尺寸和计算公式可参阅有关机械设计手册。

链轮轮齿应有足够的接触强度和耐磨性，常用的链轮材料为碳素钢和合金钢，齿面应经热处理。由于小链轮轮齿的啮合次数比大链轮轮齿的啮合次数多，所受冲击也较严重，故采用的材料可优于大链轮。

7.7　链传动的运动特性

因为链是由刚性链节通过销轴铰接而成，链的刚性链节与链轮轮齿啮合时形成折线，相当于将链绕在正多边形的链轮上，如图 7-17 所示。链条节距 p 和链轮齿轮 z 分别为多边形的边长和边数。链轮每转一转，随之绕过的链长为 zp。设z_1、z_2 分别为两链轮的齿数，n_1、n_2 分别为两链轮的转速，则链的平均速度 v(m/s)为：

$$v=\frac{z_1p\ n_1}{60\times1000}=\frac{z_2p\ n_2}{60\times1000} \tag{7-32}$$

式中，v 的单位为 m/s，p 的单位为 mm，n_1、n_2 的单位为 r/min。

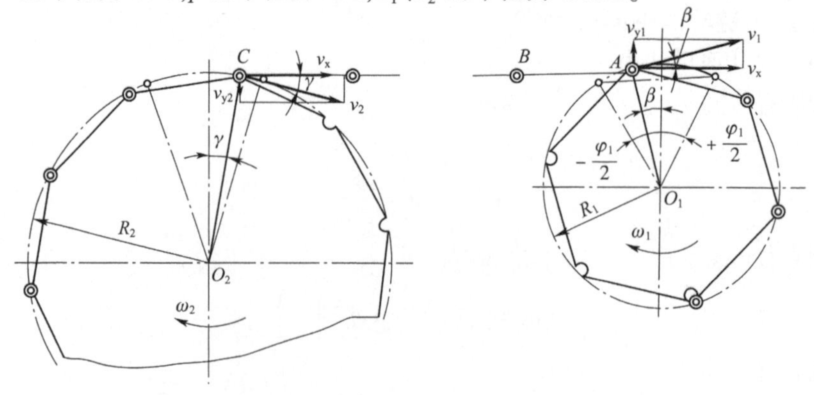

图 7-17　链传动的运动分析

由上式得链传动的平均传动比为：

$$i_{12}=\frac{n_1}{n_2}=\frac{z_2}{z_1}=\text{常数} \tag{7-33}$$

但是仔细考查铰链链节随同链轮转动的过程就会发现，其瞬时链速和瞬时传动比都将随每一链节与轮齿的啮合而作周期性变化。如图7-17所示，链节与主动链轮的轮齿在A点啮合时，链轮上该点圆周速度的水平分量即为链节在该点的瞬时速度：

$$v=v_1\cos\beta=\frac{1}{2}d_1\omega_1\cos\beta \tag{7-34}$$

式中：d_1——主动链轮的分度圆直径（mm）；

β——A点的圆周速度v_1与水平线的夹角。

任一链节从进入啮合到退出啮合，β角在$-\frac{\phi_1}{2}\sim\frac{\phi_1}{2}$的范围内变化$\left(\phi_1=\frac{360°}{z_1}\right)$。当$\beta=0°$时，$v=v_{max}=\frac{1}{2}d_1\omega_1$；当$\beta=\pm\frac{\phi_1}{2}$时，$v=v_{min}=\frac{1}{2}d_1\omega_1\cos\frac{\phi_1}{2}$。

从动轮的角速度为：

$$\omega_2=\frac{v}{\frac{d_2}{2}\cos\gamma} \tag{7-35}$$

式中：d_2——从动链轮的分度圆直径（mm）；

γ——夹角，$\gamma=\pm\frac{180°}{z_2}$。

由式（7-34）和式（7-35）可得，链传动的瞬时传动比为：

$$i=\frac{\omega_1}{\omega_2}=\frac{R_2\cos\gamma}{R_1\cos\beta}\neq\text{常数} \tag{7-36}$$

可见，链传动的瞬时传动比是变化的。链传动的传动比变化与链条绕在链轮上的多边形特征有关，故将以上现象称为链传动的多边形效应。

根据以上分析可知，当主动链轮等角速度转动时，由于链与链轮啮合的多边形影响、链条前进的瞬时速度周期性地由小变大，又由大变小，从而引起附加动载荷。链速越高，链轮节距越大，齿数越少，链速v的变化也就越大，传动时的附加动载荷就越大，冲击和噪声也随之越大。所以，链工作时，不可避免地要产生振动冲击和动载荷。因此，链传动不宜用在高速级，且宜采用较多链齿和较小链节距，以减少冲击和动载荷。

7.8　滚子链传动的选型计算

7.8.1　滚子链传动的额定功率

1）链条的疲劳破坏

链在运动过程中载荷不断变化，因而链的元件长期受变应力作用，经过一定的循环次数链板会产生疲劳断裂。

2)链条铰链磨损

链条进入和退出啮合时,销轴和套筒之间不仅有巨大的压力,还存在相对滑动,使接触面发生磨损,最终将产生跳齿或脱链使传动失效。

3)链条铰链胶合

当链轮链速达到一定数值时,链节受到的冲击增大,温度升高,销轴和套筒间的润滑油膜被破坏,使两者在高压下直接接触,从而导致胶合。因此,胶合在一定程度上限制了链传动的极限转速。

4)链条静强度拉断

在低速($v<0.6$m/s)的链传动中过载时,链元件发生静强度破坏。

通常,链轮的寿命是链条寿命的2~3倍以上,故链传动的承载能力是以链的强度和寿命为依据的。链传动的不同失效形式限定了它的承载能力。通过试验研究可确定链传动在一定条件下能传递的额定功率P_0。图7-18所示为A系列单排滚子链的额定功率曲线。它是在特定试验条件下得出的:两轮端面共面,链条保持规定的张紧度;小链轮齿数$z_1=25$;传动比$i=3$;链长$L_P=120$节;载荷平稳;单排链;工作寿命为15000h;工作温度范围为-5~70℃;链条因磨损引起的相对伸长量不超过3%;平稳运转,无过载、冲击或频繁启动;清洁的环境,合适的润滑。

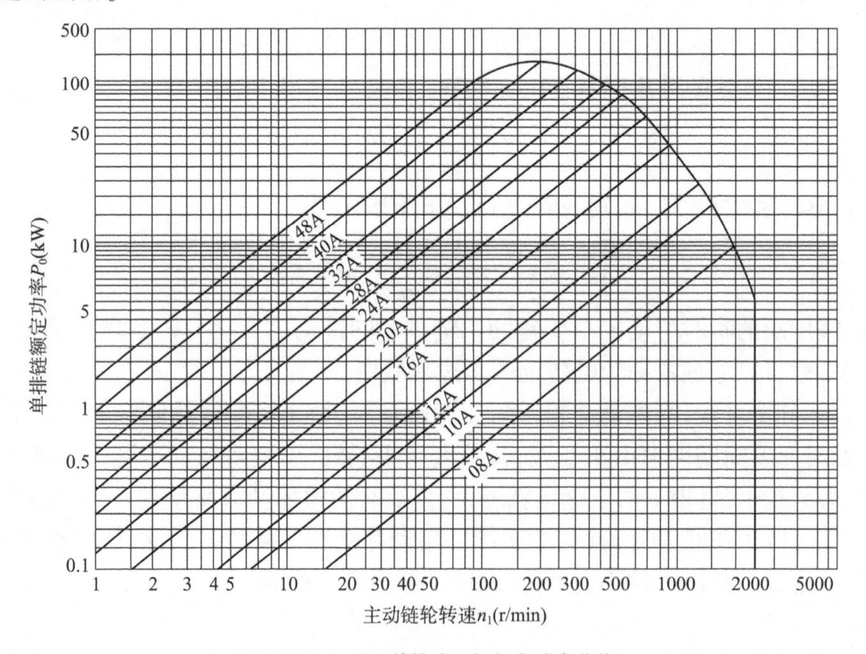

图7-18 A系列单排滚子链额定功率曲线

根据小链轮转速,可由图7-18查出各种规格的单排A系列滚子链能传递的额定功率。

7.8.2 滚子链传动的参数选择和选型步骤

链传动设计的原始条件一般为传递的功率、主动和从动链轮的转速(或传动比)、使用场合、载荷性质和原动机种类等。

设计的主要内容是确定链轮齿数、链号、链节数、排数、中心距以及链轮的结构尺寸等。

1)链轮齿数和传动比

链轮的齿数不宜过少,否则,会增加运动不均匀性和动载荷,小链轮齿数z_1可参照表7-11选取。大链轮齿数$z_2=i\,z_1$,大链轮齿数也不宜过多,否则,会造成链轮尺寸过大,而且当链条磨损后还易引起跳齿和脱链现象。一般限$z_2\leqslant120$。

小链轮的齿数　　表7-11

链速 v(m/s)	0.6~3	3~8	>8	>25
z_1	≥17	≥21	≥25	≥35

链传动的传动比不宜过大,否则,链在小链轮上的包角 α_1 过小,啮合的齿数太少,这将加速轮齿的磨损,容易出现跳齿,破坏正常啮合。通常应使 $\alpha_1\geqslant120°$,传动比 $i\leqslant6$,一般推荐 $i\approx2\sim3.5$。

2)链的节距 p

节距越大,承载能力越大,但附加动载荷、冲击和噪声也都越严重。因此,尽量选取较小节距的单排链。当高速重载时,一般选用小节距的多排链。

链条的节距可根据额定功率 P_0 和小链轮转速n_1 由图7-18选取。而该图是在特定条件下给出的 P_0 值,故应根据实际工作条件加以修正。因此,链传动的额定功率应满足:

$$P_0\geqslant\frac{K_A K_Z P}{K_P} \tag{7-37}$$

式中:P——传递的名义功率(kW);

K_A——工作情况系数,见表7-12;

K_Z——小链轮齿数系数,见表7-13;

K_P——多排链系数,见表7-14。

工作情况系数 K_A　　表7-12

从动机机械特性		原动机机械特性		
		运转平稳	轻微冲击	中等冲击
		电动机、汽轮机和燃气轮机、带有液力耦合器的内燃机	6缸或6缸以上带机械式联轴器的内燃机、经常启动的电动机(一日两次以上)	少于6缸带机械式联轴器的内燃机
载荷平稳	液体搅拌机,中小型离心式鼓风机,谷物机械,载荷平稳的输送机,发电机,载荷平稳的一般机械	1.0	1.1	1.3
中等冲击	半液体搅拌机,三缸以上往复压缩机,不均匀负载输送机,中型起重机和升降机,金属切削机床,木工机械,纺织机械	1.4	1.5	1.7
严重冲击	制砖机,单、双缸往复压缩机,挖掘机,往复式和振动式输送机,破碎机,石油钻井机械,有严重冲击和反转的机械	1.8	1.9	2.1

小链轮齿数系数 K_z　　表 7-13

在图 7-18 中的位置	工况点在功率曲线顶点左侧时（链板疲劳）	工况点在功率曲线顶点右侧时（冲击疲劳）
小链轮齿数系数 K_z	$\left(\frac{z_1}{19}\right)^{1.08}$	$\left(\frac{z_1}{19}\right)^{1.5}$

多排链系数 K_P　　表 7-14

排数	1	2	3	4	5	6
K_P	1	1.7	2.5	3.3	4	4.6

根据式（7-37）求出所需传递的功率后，再由图 7-18 和表 7-10 选取合适的链型号和节距。

3）链速

链速按式（7-32）计算。为避免产生过大的动载荷，链速一般应不超过 15m/s。

4）链传动的中心距和链节数

中心距 a 减小时，小链轮上的包角 α_1 相应减小，单位时间内链条绕转次数增多，链的磨损加快。中心距过大，不仅使结构尺寸增大，且易发生松边垂度过大而发生颤动现象，增加传动的不平稳性。一般情况下可取中心距 $a=(30\sim50)p$，推荐 $a=40p$，最大取 $a=80p$。

通常链条长度以链节数L_P（节距 p 的倍数）表示。可按下式计算：

$$L_P=2\frac{a}{p}+\frac{z_1+z_2}{2}+\frac{p}{a}\left(\frac{z_2-z_1}{2\pi}\right)^2 \tag{7-38}$$

计算出的L_P应圆整为整数，而且最好取偶数。然后计算与圆整后的L_P相应的中心距：

$$a=\frac{p}{4}\left[\left(L_p-\frac{z_1+z_2}{2}\right)+\sqrt{\left(L_p-\frac{z_1+z_2}{2}\right)^2-8\left(\frac{z_2-z_1}{2\pi}\right)^2}\right] \tag{7-39}$$

为了能调整链条松边的垂度，通常中心距设计成可调节的。

思　考　题

7-1　常用的带传动按照截面形状可以分为有哪几种类型？各自的特点如何？

7-2　什么叫弹性滑动和打滑？对带传动有什么影响？

7-3　带传动使用时要注意哪些事项？为什么带传动要有张紧装置？常用的张紧方法有哪些？

7-4　空载启动后加速运转，直至带传动将要打滑的临界状况，其整个过程中，带的紧、松边拉力的比值是如何变化的？打滑在哪个轮上先发生？为什么？

7-5　带速越高，离心力越大，但在多级传动中，常将带传动放在高速级，为什么？

7-6　与带传动比较，链传动有何特点？

7-7　什么是链传动的运动不均匀性？是什么原因引起的？如何减轻这种不均匀性？

7-8　V 带传动传递的功率，$P=7.5$kW，带速 $v=10$m/s，紧边拉力是松边拉力的两倍，即

$F_1=2F_2$,试求紧边拉力 F_1、有效拉力 F_e和初拉力 F_0。

7-9　设计液体搅拌机用V带传动。已知传动的功率 $P=1.5\text{kW}$,由电动机驱动、小带轮转速$n_1=1440\text{r/min}$,传动比 $i=3$,三班制工作,根据传动布置要求中心距 a 不小于400 mm。

7-10　试设计一输送装置用的滚子链传动。已知传送的功率 $P=12\text{kW}$,小链轮转速$n_1=960\text{r/min}$,大链轮转速$n_2=300\text{r/min}$,该机械工作时载荷平稳,传动由电动机驱动。

第8章　齿轮传动

齿轮传动是历史上应用最早的传动机构之一。早在公元前 152 年我国就已有关于齿轮的记载,并被应用于翻水车、指南车和记里鼓车(古代计程车)等器械中。不过,当时所应用的齿轮大都是手工凿出来的三角形或矩形的轮齿,其齿廓曲线的形状很简单,承载能力和传动质量都很差。如何解决其选材、设计、加工和检测等问题,以提高齿轮的承载能力,改善齿轮的传动质量呢?

8.1　齿轮传动的特点和分类

8.1.1　齿轮的特点

齿轮传动传递功率可从小于 1 瓦到几万千瓦;齿轮直径从不到 1mm 到 10m 以上;速度范围可适用于各种高速($v>40$m/s)、中速和低速($v<25$m/s)传动。

与其他传动形式相比,齿轮传动可以用来传递空间任意两轴的运动和动力,并具有瞬时传动比恒定、工作可靠、结构紧凑、传动效率高、寿命长、传动功率和速度范围大等优点。但是其制造和安装的精度要求高,成本也相应提高,且不适宜于远距离两轴之间的传动。

8.1.2　齿轮传动的类型

齿轮机构类型很多,从不同角度可以分成如下类型。

1)按两齿轮轴线的相对位置及齿向分类

(1)两轴平行的圆柱齿轮传动。根据轮齿相对轴线的方向(即齿向),圆柱齿轮传动可分为直齿圆柱齿轮传动[图 8-1a)]、斜齿圆柱齿轮传动[图 8-1b)]和人字齿轮传动[图 8-1c)]三种。圆柱齿轮传动按啮合情况又可分为外啮合齿轮传动[图 8-1a)~图 8-1c)]、内啮合齿轮传动[图 8-1d)]及齿轮齿条传动[图 8-1e)]等。

(2)两轴相交的侧锥齿轮传动[图 8-1f)]。圆锥齿轮又有直齿、斜齿和曲齿圆锥齿轮等。

(3)两轴交错的齿轮传动。两轴交错的齿轮传动又可分为两轴交错的螺旋齿轮传动[图 8-1g)]和蜗杆蜗轮传动[图 8-1h)]。

2)按齿轮工作条件分类

(1)闭式齿轮传动。其齿轮和轴承等均封闭在箱体内,这样齿轮和轴承能保证充分的润滑和良好的工作条件。在较重要的场合多采用闭式传动,如减速器等。

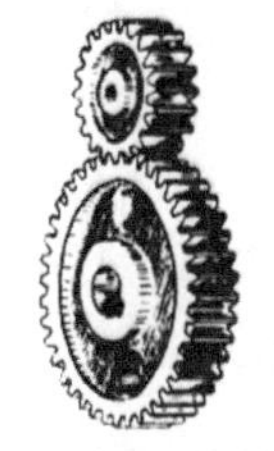

a) 直齿圆柱齿轮传动

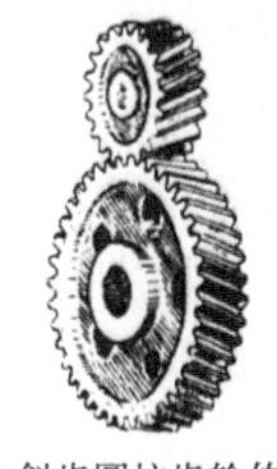

b) 斜齿圆柱齿轮传动

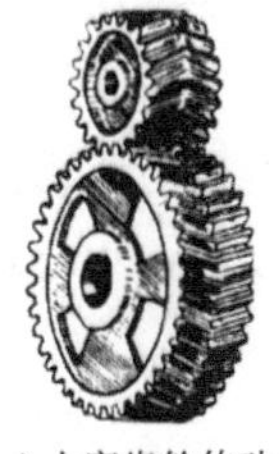

c) 人字齿轮传动

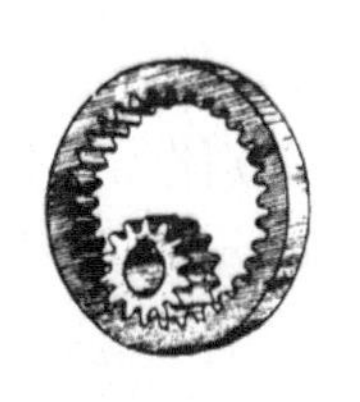

d) 内啮合齿轮传动

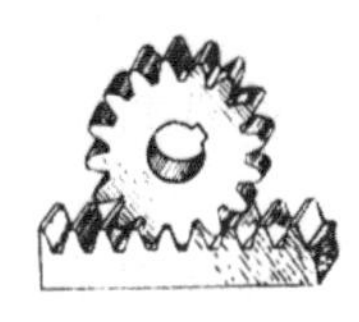

e) 齿轮齿条传动

f) 圆锥齿轮传动

g) 螺旋齿轮传动

h) 蜗轮蜗杆传动

图 8-1　齿轮传动的类型

(2)半开式齿轮传动。齿轮有简单的防护罩,有时大齿轮可部分浸入油池中。但仍不能严密防止外界杂物入侵,润滑条件也不能达到最好,齿轮易磨损。

(3)开式齿轮传动。其齿轮是外露的,容易磨损。但结构简单,成本低廉,故适用于低速和精度要求不高的场合,如水泥搅拌机等。

8.2　齿廓啮合基本定律

一对齿轮之间是依靠主动轮轮齿的齿廓推动从动轮轮齿的齿廓来实现运动的。齿廓曲线之间相互接触的过程称为啮合,两齿轮的角速度之比称为传动比。齿廓形状不同,则两轮传动比的变化规律也不同。一对互相啮合的、能实现预定传动比的齿廓就称为共轭齿廓。

那么,齿轮的齿廓曲线究竟与一对齿轮的传动比之间有什么关系呢?图 8-2 所示为一对齿轮上互相啮合的齿廓,主动齿廓以角速度 ω_1 绕轴 O_1 顺时针转动,从动齿廓受齿廓的推动以角速度 ω_2 绕轴逆时针转动,点 K 为两齿廓的啮合点。过 K 作公法线 $n—n$,$n—n$ 与 O_1O_2 的交点 C 称为节点。齿廓、齿廓上点是 K 的速度分别为 v_{K1}、v_{K2},其方向如图 8-2 所示。将 v_{K1}、v_{K2} 向 $n—n$ 方向分解,分别得到 $v_{k1}\cos\alpha_{k1}$、$v_{k2}\cos\alpha_{k2}$。显然,要使这一对齿廓能连续地接触传动,即彼此不发生分离及互相嵌入,则必须使两齿廓在公法线方向上无相对运动,即它们沿接触点的公法线方向的运动速度相等:

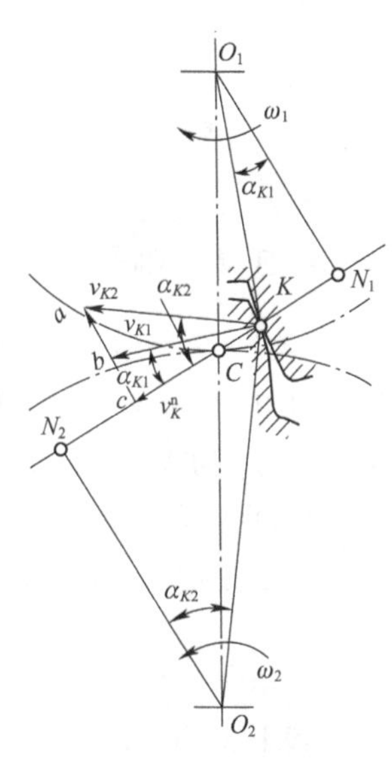

图 8-2　齿廓啮合

$$v_{k1}\cos\alpha_{k1} = v_{k2}\cos\alpha_{k2}$$

或

$$\omega_1 O_1K\cos\alpha_{k1} = \omega_2 O_2K\cos\alpha_{k2} \tag{8-1}$$

由此可得两轮的传动比为:

$$i_{12}=\frac{\omega_1}{\omega_2}=\frac{O_2K\cos\alpha_{k2}}{O_1K\cos\alpha_{k1}} \tag{8-2}$$

过点 O_1、O_2 分别作 n-n 的垂线得垂足 N_1、N_2，由几何关系 $O_1N_1=O_1K\cos\alpha_{k1}$；$O_2N_2=O_2K\cos\alpha_{k2}$。又因 $\Delta O_1CN_1 \backsim \Delta O_2CN_2$，所以两齿轮的传动比又可写为：

$$i_{12}=\frac{\omega_1}{\omega_2}=\frac{O_2N_2}{O_1N_1}=\frac{O_2C}{O_1C} \tag{8-3}$$

由式(8-1)可得到齿廓啮合基本定律：互相啮合的一对齿轮，在任一位置啮合时的传动比，等于节点 C 所分连心线的两线段长度的反比。

由于两齿廓在传动过程中，其轴心 O_1 和 O_2 均为定点，所以这对齿廓的传动比就取决于节点 C 在连心线 O_1O_2 上的位置。

显然，两齿廓实现定传动比传动的条件是：无论两齿廓在何处啮合，节点 C 必须为连心线上的一个定点。因而，当两齿轮作定传动比传动时，节点 C 在轮 1 运动平面上的轨迹是一个以 O_1 为圆心、O_1C 为半径的圆；节点 C 在轮 2 运动平面上的轨迹是一个以 O_2 为圆心、O_2C 为半径的圆。这两个圆分别称为轮 1、轮 2 的节圆。节圆的半径用 r' 来表示，则 $r_1'=O_1C$，$r_2'=O_2C$。由于这两个圆在节点 C 处的线速度相等，即 $\omega_1r_1'=\omega_2r_2'$，两轮节圆的圆周速度相等，所以一对齿轮啮合传动时，两轮的节圆相切并作纯滚动，传动比等于两节圆半径的反比。

理论上可以作为共轭齿廓的曲线有无穷多条。但齿廓曲线的选择除了满足传动比的要求以外，还应满足易于设计计算和加工、强度好、磨损少、效率高、寿命长、制造安装方便、易于互换等要求。目前，常用的齿廓曲线有渐开线、摆线、变态摆线、圆弧和抛物线等几种。

由于渐开线齿廓曲线传动性能良好、容易制造，而且便于设计、制造、测量和安装，具有良好的互换性。所以，工程中广泛地使用渐开线齿轮。

8.3 渐开线和渐开线齿廓的啮合特性

8.3.1 渐开线及其性质

如图 8-3 所示，当直线 L 沿半径为 r_b 的圆周做纯滚动时，直线 L 上任一点的轨迹称为该圆的渐开线，这个圆称为渐开线的基圆，直线 L 称为渐开线的发生线，θ_K 称为渐开线上 K 点的展角，r_K 为 K 点的向径。

由渐开线的形成可知，它有下列性质：

(1)发生线沿基圆滚过的长度等于基圆上被滚过的弧长，即 $NK=\widehat{NA}$。

(2)因发生线沿基圆滚动时，N 点是其瞬时转动中心，故发生线 KN 是渐开线上 K 点的法线。由于发生线始终与基圆相切，所以渐开线上任一点的法线必与基圆相切，切点 N 就是渐开线上 K 点的曲率中心，线段 KN 为 K 点的曲率半径。随着 K 点离基圆越远，相应的内率半径越大；反之，K 点离基圆越近，相应的曲率半径越小。

(3)渐开线是从基圆开始向外逐渐展开的，故基圆之内无渐线。

(4)渐开线上任一点受另一齿轮作用的正压力 F_n 的方向线(即渐开线上该点的法线)和该点速度方向所夹的锐角 α_K，称为该点的压力角。压力角越大，则法向压力 F_n 沿接触点的

速度 v_K 方向的分力就越小,而沿径向(KO 方向)的分力就越大。当以渐开线作为齿轮的齿廓时,压力角的大小将直接影响齿轮传动时轮齿的受力情况。由图 8-3 可知,渐开线上 K 点的压力角 α_K 等于 $\angle KON$,故有:

$$\cos\alpha_K = \frac{ON}{OK} = \frac{r_b}{r_K} \tag{8-4}$$

式(8-4)说明,渐开线上各点的压力角 α_K 不是定值,它随着 r_K 的增大而增大,在基圆上的压力角等于零。

(5)渐开线的形状取决于基圆的大小。如图 8-4 所示,基圆半径越小,渐开线越弯曲;基圆半径增大,渐开线趋于平直,当基圆半径为无穷大时,渐开线成为直线。故渐开线齿条(半径为无穷大的齿轮)具有直线齿廓。

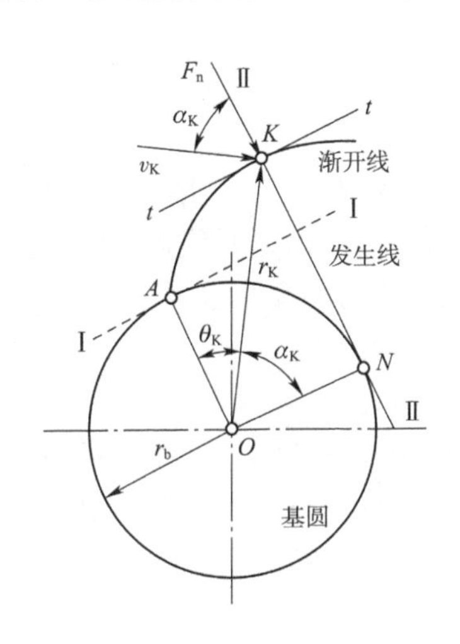

图 8-3　渐开线的形成与性质

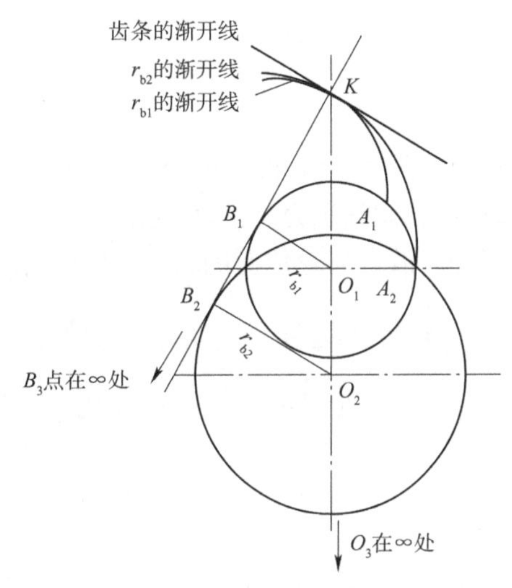

图 8-4　渐开线形状与基圆的关系

8.3.2　渐开线齿廓满足定传动比要求

以渐开线作为齿廓曲线的齿轮称为渐开线齿轮。这种齿轮传动能满足传动比恒定不变的要求。

如图 8-5 所示,两渐开线齿轮的基圆分别为 r_{b1}、r_{b2},过两轮齿廓啮合点 K 作两齿廓的公法线 N_1N_2,根据渐开线的性质,该公法线必与两基圆相切,为两基圆的内公切线。又因两轮的基圆为定圆,在其同一方向的内公切线只有一条。所以无论两齿廓在何处接触(如虚线位置),过接触点齿廓的公法线 N_1N_2 为一固定直线,与连心线 O_1O_2 的交点 C 是一定点。这表明渐开线齿廓能满足齿廓啮合的基本定律。而两轮的传动比为:

$$i_{12} = \frac{\omega_1}{\omega_2} = \frac{r_{b2}}{r_{b1}} \tag{8-5}$$

式(8-5)表明,两轮的传动比为一定值,并与两轮的基

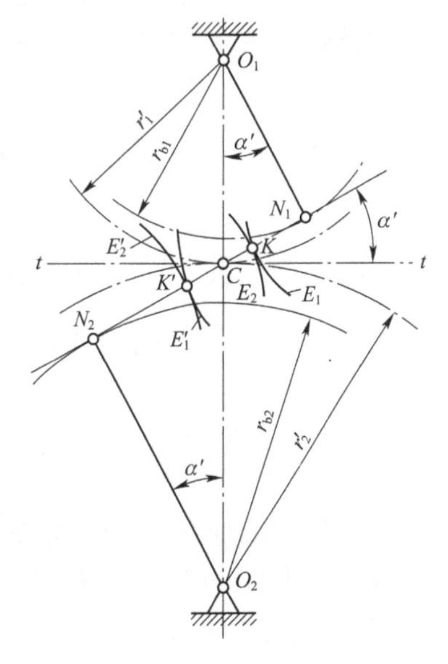

图 8-5　一对渐开线齿廓的啮合

圆半径成反比。

若以 O_1、O_2 为圆心,以 O_1C、O_2C 为半径作圆,则两齿轮的传动就相当于这一对相切的圆做纯滚动。这对相切的圆称为齿轮的节圆,其半径分别以 r_1 和 r_2 表示。显然,两轮的传动比也等于其节圆半径的反比。

8.3.3 渐开线齿廓间正压力方向的不变性

齿廓啮合时,其齿廓啮合点(接触点)的轨迹称为啮合线。如图 8-5 所示,由于两渐开线齿廓接触点的公法线总是与两基圆的内公切线 N_1N_2 相重合,因此,内公切线 N_1N_2 即为渐开线齿廓的啮合线。啮合线与两节圆的公切线 t—t 的夹角称为啮合角 α'。由于渐开线齿廓的啮合线是一条定直线 N_1N_2,故啮合角的大小始终保持不变。α' 等于齿廓在节圆上的压力角 α_K,即:

$$\cos\alpha' = \frac{r_{b1}}{r_1'} = \frac{r_{b2}}{r_2'} \tag{8-6}$$

α' 不变表示两啮合齿廓间的正压力方向不变,始终沿 N_1N_2 方向。当不考虑齿廓间的摩擦力影响时,齿廓间的压力是沿着接触点的公法线方向作用的,即渐开线齿廓间压力的作用方向恒定不变。故当齿轮传递的转矩一定时,齿廓之间作用力的大小也不变。

8.3.4 渐开线齿轮的中心距可分性

由式(8-5)知,两渐开线齿廓的传动比恒等于其基圆半径的反比,因此,由于制造、安装误差,以及在运转过程中轴的变形、轴承的磨损等原因,使两渐开线齿轮实际中心距与设计的理论中心距产生误差时,其传动比仍将保持不变。渐开线齿轮传动的这一特性称为中心距可分性。

渐开线齿轮传动的中心距可分性给齿轮的制造、安装带来很大的方便。但是需要指出:中心距的增大,会使两轮齿廓之间的间隙(齿侧间隙)增大,从而传动时会产生冲击、噪声等。因此,渐开线齿轮传动的中心距不可任意增大,而有一定公差要求。

8.4 渐开线直齿圆柱齿轮各部分名称和基本尺寸

8.4.1 直齿轮各部分名称及尺寸计算

图 8-6 所示为一渐开线直齿圆柱齿轮,其轮齿的两侧齿廓是由形状相同、方向相反的渐开线曲面组成。在齿轮整个圆周上轮齿的总数称为齿轮的齿数,以 z 表示。过齿轮各轮齿顶端的圆称为齿顶圆,其直径和半径分别以 d_a 和 r_a 表示;过齿槽底边的圆称为齿根圆,其直径和半径分别用 d_f 和 r_f 表示。齿轮上相邻两齿之间的空间称为齿槽。在齿轮的任意圆周上,量得的齿槽弧长称为该圆周上的齿槽宽,以 e_k 表示;一个轮齿两侧齿廓间的弧长称为该圆周上的齿厚,以 s_k 表示;相邻两齿同侧齿廓对应点间的弧长称为该圆周上的齿距,以 p_k 表示;基圆上的齿距称为基圆齿距,用 p_b 表示。

在同一圆周上:

$$p_k = s_k + e_k \tag{8-7}$$

根据齿距的定义有：

$$p_k z = \pi d_k \quad 或 \quad d_k = \frac{p_k}{\pi} z \tag{8-8}$$

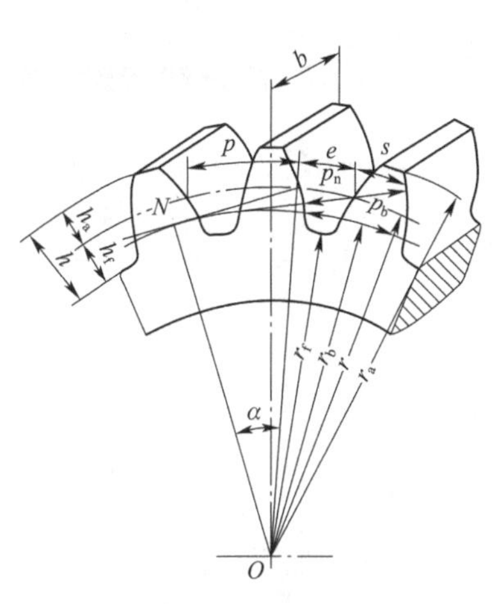

图8-6　齿轮各部分名称

为了计算齿轮各部分的几何尺寸，在齿顶圆和齿根圆之间，取一直径为 d 的圆作为计算的基准圆，该圆称为分度圆。直径和半径分别用 d 和 r 表示；分度圆上的齿厚、齿槽宽和齿距分别用 s、e 和 p 表示，$p = s + e = \pi m$。由上式可知，一个齿数为 z 的齿轮，只要其齿距 p 一定，即可求出其分度圆直径 d。但式中的 π 是无理数，计算和测量都不方便。为此，规定比值 p/π 等于整数或简单的有理数，称为模数，以 m 表示，单位为mm。模数是计算齿轮几何尺寸的一个基本参数。为了便于制造（简化刀具）和齿轮的互换使用，齿轮的模数已经标准化。我国规定的模数系列见表8-1。

标准模数［摘自《通用机械和重型机械用圆柱齿轮》（GB/T 1357—2008）］（单位：mm）　表8-1

第一系列	1	1.25	1.5	2	2.5	3	4	5	6	8	10	12	16	20	25	32	40	50
第二系列	1.125	1.375	1.75	2.25	2.75	3.5	4.5	5.5	(6.5)	7	9	11	14	18	22	28	36	45

注：1. 选用模数时，应优先选用第一系列，括号内的模数尽可能不用。

2. 本表适用于渐开线圆柱齿轮，对斜齿轮是指法向模数

引入模数 m 后，齿轮分度圆直径 d 可表示为：

$$d = mz \tag{8-9}$$

由式(8-9)可知，当齿数 z 和模数 m 一定时，齿轮的分度圆直径即为一定值。

分度圆上的压力角称为分度圆压力角，简称压力角，以 α 表示。分度圆压力角是标准值，常用的为20°、15°、14.5°等。我国规定的标准压力角 $\alpha = 20°$，因此，齿轮的分度圆也是齿轮上具有标准模数和标准压力角的圆。

轮齿上齿顶圆与分度圆之间的径向距离称为齿顶高，以 h_a 表示；分度圆与齿根圆之间的径向距离称为齿根高，以 h_f 表示。齿顶圆与齿根圆之间的径向距离称为齿高，以 h 表示。

$$h = h_a + h_f \tag{8-10}$$

齿轮的齿顶高和齿根高规定为：

$$h_a = h_a \cdot m \tag{8-11}$$

$$h_f = h_a + c = (h_a^* + c^*)\mathrm{m} \tag{8-12}$$

式中：h_a^*——齿顶高系数；

c——一轮齿顶与另一轮齿根之间的径向间隙称为顶隙，$c = c \cdot m$，c^* 称为顶隙系数。

顶隙不仅可避免传动时轮齿互相顶撞，而且有利于储存润滑油。我国齿形标准中规定齿顶高系数和顶隙系数为：当 $m \geq 1$ 时，$h_a^* = 1$，$c^* = 0.25$；当 $0.1 < m < 1$ 时，$h_a^* = 1$，$c^* \geq 0.35$。

8.4.2 渐开线齿轮的标准安装

若一齿轮的模数 m、分度圆压力角 α、齿顶高系数 h_a^* 和顶隙系数 c^* 均为标准值，且其分度圆上齿厚与齿槽宽相等，则称为标准齿轮。对于标准齿轮，有：

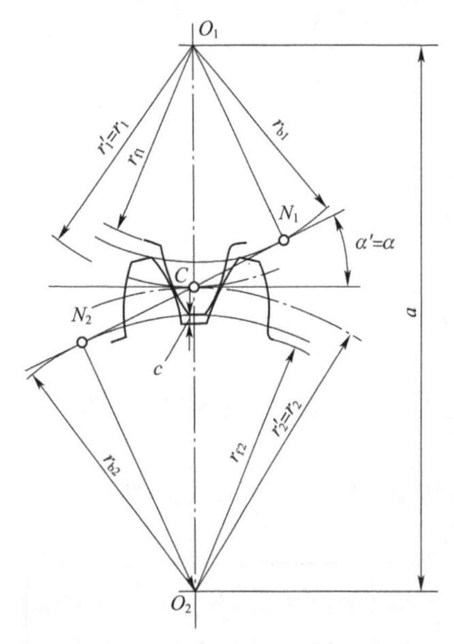

图 8-7　一对标准齿轮的正确安装

$$d = mz \tag{8-13}$$

如图 8-7 所示，一对模数相等的标准齿轮，由于其分度圆齿厚与齿槽宽相等，故正确安装时，两轮的分度圆相切，即节圆与分度圆重合，啮合角 α' 等于压力角 α。因此，一对标准齿轮正确安装的中心距即标准中心距为：

$$a = \frac{1}{2}(d_2 \pm d_1) = \frac{1}{2}m(z_2 \pm z_1) \tag{8-14}$$

式中：z_1、z_2——两齿轮的齿数。

需要指出，节圆仅在一对齿轮啮合时才有意义。一对标准齿轮只有在正确安装时节圆半径才等于分度圆半径，即 $r' = r$，一般为了简化符号，在正确安装的标准齿轮传动的计算式中，均只用分度圆的符号，而不用节圆的符号。标准直齿圆柱齿轮传动的参数和几何尺寸计算公式列于表 8-2 中。

外啮合标准直齿圆柱齿轮传动的几何尺寸　　表 8-2

名称	代号	计算公式
分度圆直径	d	$d_1 = mz_1, d_2 = mz_2$
齿顶高	h_a	$h_a = h_a^* m$
齿根高	h_f	$h_f = (h_a^* + c^*)m$
齿高	h	$h = h_a + h_f$
齿顶圆直径	d_a	$d_{a1} = d_1 + 2h_a = m(z_1 + 2h_a^*), d_{a2} = m(z_2 + 2h_a^*)$
齿根圆直径	d_f	$d_{f1} = d_1 - 2h_f = m(z_1 - 2h_a^* - 2c^*)$、$d_{f2} = m(z_2 - 2h_a^* - 2c^*)$
基圆直径	d_b	$d_{b1} = d_1 \cos\alpha = mz_1 \cos\alpha, d_{b2} = mz_2 \cos\alpha$
分度圆齿距	p	$p = \pi m$
分度圆齿厚	s	$s = \frac{1}{2}\pi m$
分度圆齿槽宽	e	$e = \frac{1}{2}\pi m$
中心距	a	$a = \frac{1}{2}(d_1 + d_2) = \frac{1}{2}m(z_1 + z_2)$

8.5　渐开线齿轮的啮合传动

8.5.1　渐开线齿轮正确啮合的条件

如图 8-8 所示,一对渐开线齿轮传动时,由于两轮齿廓的啮合点是沿啮合线 N_1N_2 移动的,故只有当两齿轮在 N_1N_2 上的齿距即法线齿距相等时,才能保证两齿轮处于啮合线上的前后两对齿轮相互正确啮合。

由渐开线的性质可知,齿轮相邻两齿齿廓的法线齿距等于其基圆齿距 p_b,因此,两轮在啮合线上的齿距相等也即两轮的基圆齿距相等。故渐开线齿轮正确啮合的条件可写为:

$$p_{b1} = p_{b2} \tag{8-15}$$

由于两轮的基圆齿距分别为:

$$p_{b1} = \pi m_1 \cos\alpha_1, p_{b2} = \pi m_2 \cos\alpha_2 \tag{8-16}$$

故两轮基圆齿距相等的条件又可写成:

$$m_1 \cos\alpha_1 = m_2 \cos\alpha_2 \tag{8-17}$$

上式表明,当两轮的模数和压力角满足上式时就能正确啮合。但因模数和压力角都是标准值,故实际上渐开线齿轮正确啮合条件为两齿轮的分度圆压力角和模数应分别相等,即:

$$\left.\begin{aligned} m_1 = m_2 = m \\ \alpha_1 = \alpha_2 = \alpha \end{aligned}\right\} \tag{8-18}$$

由于标准齿轮的压力角是一定值,故保证一对标准齿轮正确啮合的条件是两轮模数必须相等。

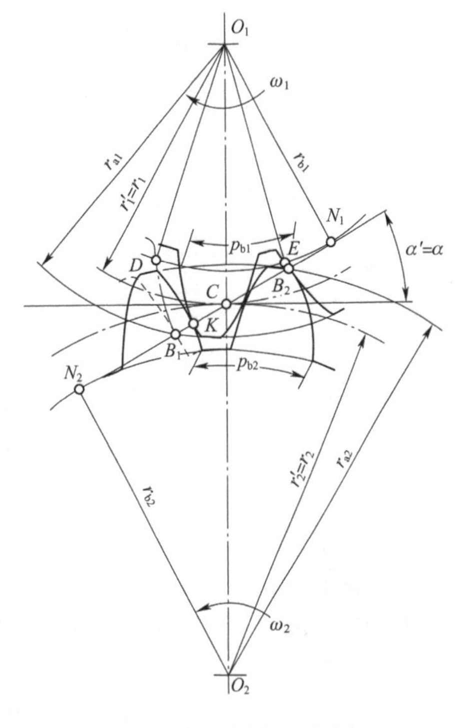

图 8-8　渐开线齿轮正确啮合

还可以将齿轮的传动比式(8-5)写为:

$$i_{12} = \frac{\omega_1}{\omega_2} = \frac{r_{b2}}{r_{b1}} = \frac{d_2}{d_1} = \frac{z_2}{z_1} \tag{8-19}$$

8.5.2　渐开线齿轮连续传动的条件

图 8-9 所示一对相互啮合的齿轮中,设轮 1 为主动轮,轮 2 为从动轮。齿廓的啮合是起始于主动轮 1 的齿根部推动从动轮 2 的齿顶,即从动轮齿顶圆与啮合线的交点 B_2 是一对齿廓进入啮合的起始点。随着轮 1 推动轮 2 转动,两齿廓的啮合点沿着啮合线移动,当啮合点移动到齿轮 1 的齿顶圆与啮合线的交点 B_1 时(图中齿廓虚线位置),齿廓啮合终止,即 B_1 为一对齿廓啮合的终止点。故啮合线 N_1N_2 上的线段 B_1B_2 为齿廓啮合点的实际啮合线,而线段 N_1N_2 称为理论啮合线。

当一对轮齿在啮合的终止点 B_1 之前的 K 点啮合,而后一对轮齿已达到啮合的起始点

B_2 时,则传动就能连续进行。这时实际啮合线段 B_1B_2 的长度大于齿轮的法线齿距。若 B_1B_2 的长度小于齿轮的法线齿距,一对轮齿已于 B_1 点脱离啮合,而后一对轮齿尚未进入啮合,则传动发生中断,将引起冲击。所以,保证连续传动的条件是使实际啮合线长度大于或至少等于齿轮的法线齿距。由于法线齿距等于基圆齿距 p_b,故连续传动的条件可写为:

$$B_1B_2 \geqslant p_b \quad 或 \quad \frac{B_1B_2}{p_b} \geqslant 1 \tag{8-20}$$

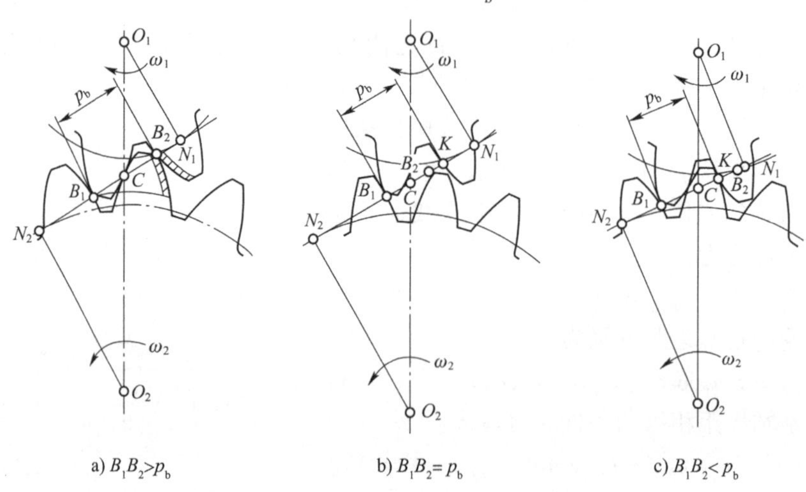

图 8-9　渐开线齿轮的啮合过程

实际啮合线长度与基圆齿距的比值称为齿轮的重合度,用 ε 表示,即:

$$\varepsilon = \frac{B_1B_2}{p_b} \geqslant 1 \tag{8-21}$$

理论上当 $\varepsilon = 1$ 时,就能保证一对齿轮连续传动。但由于齿轮的制造和安装误差以及啮合传动中轮齿的变形,实际上应使 $\varepsilon > 1$。一般机械制造中,常使 $\varepsilon \geqslant 1.1 \sim 1.4$。

8.6　轮齿的切削加工及根切

8.6.1　轮齿的加工

轮齿的加工方法很多,有铸造、热轧、模锻、冲压、切削等。按照加工原理不同,切削法又可分为仿形法与范成法两类。

1)仿形法

仿形法是用与齿轮齿槽形状相同的圆盘铣刀[图 8-10a)]或指状铣刀[图 8-10b)]在铣床上加工。

这种加工方法精度低,而且是一个一个齿切削,切削不连续故生产率很低,多用于修配、单件生产或小批量生产中。

2)范成法

范成法是利用轮齿的啮合原理来切削轮齿齿廓的。这种方法采用的刀具主要有插齿刀和滚刀。由于加工精度较高,是目前轮齿切削加工的主要方法。

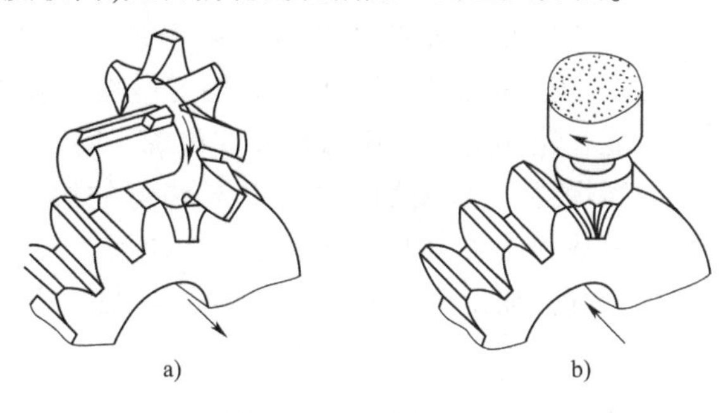

图 8-10　仿形法加工轮齿

(1)插齿。图 8-11 所示为用齿轮插刀在插齿机上加工轮齿的情形。图 8-11a)中 1 为插齿刀,2 为被加工的齿轮坯。插齿刀的形状和齿轮相似,其模数和压力角与被加工齿轮相同。加工时,齿轮插刀沿轮坯轴线方向做上下往复的切削运动,同时,插齿机的传动系统严格保证插齿刀与轮坯之间的啮合运动关系。此外,为了避免插齿刀在空回行程时和齿面摩擦,轮坯尚需做径向让刀运动。这样切削出来的轮齿齿廓,是插齿刀刀刃相对轮坯运动过程中刀刃各位置的包络线,如图 8-11b)所示。可用一把插齿刀加工出模数和压力角相同而齿数不同的若干个齿轮。

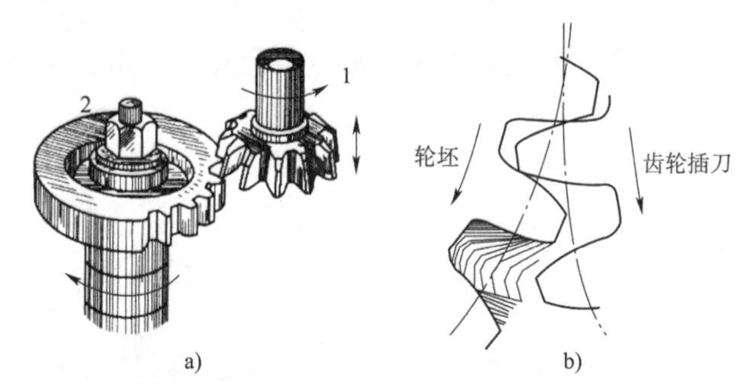

图 8-11　齿轮插刀加工轮齿

1-插齿刀;2-齿轮坯

当齿轮插刀的齿数增加到无穷多时,其基圆半径变为无穷大,插刀加工齿轮的齿廓变成直线,如图 8-12 所示,插刀 1 就变成齿条插刀。加工时齿条插刀与轮坯的范成运动相当于齿条与齿轮的啮合运动。

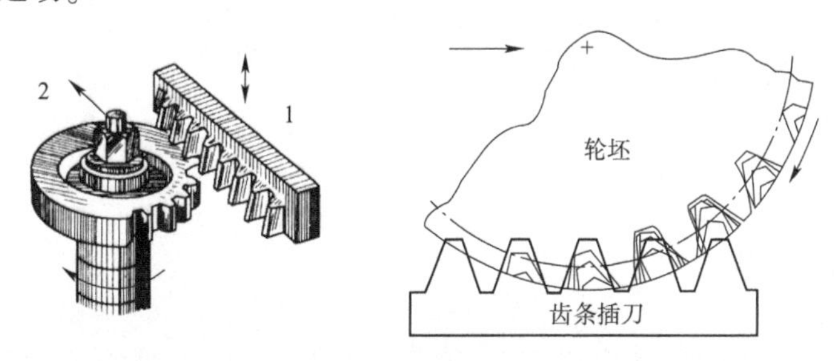

图 8-12　齿条插刀加工轮齿

1-插刀;2-齿轮坯

(2)滚齿。图 8-13 所示为用齿轮滚刀在滚齿机上加工轮齿。图中齿轮滚刀 1 的外形类

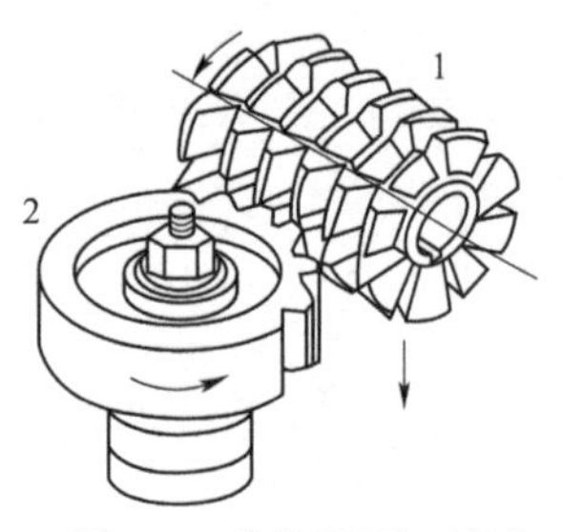

图 8-13　齿轮滚刀加工轮齿
1-滚刀;2-齿轮坯

似沿纵向开了沟槽的螺旋,其轴向剖面的齿形与齿条插刀相同。当齿轮滚刀转动时,相当这个假想的齿条插刀连续地向一个方向移动,齿轮坯 2 相当于与齿条插刀做啮合运动的齿轮,从而齿轮滚刀能在轮坯上连续切出渐开线齿廓。同时,齿轮滚刀沿着轮坯轴向缓慢移动,以便切出整个齿轮齿宽的齿廓。用一把滚刀可加工出模数和压力角相同而齿数不同的齿轮。由于齿轮滚刀是连续切削,因此,加工精度和生产率都较高,目前应用较广,但不能切削内齿轮。

8.6.2　根切现象和最少齿数

用范成法加工齿数较少的齿轮时,轮齿根部齿廓可能会被刀具过多地切掉。如图 8-14 所示,这种现象称为根切现象。根切使轮齿根部削弱,承载能力降低,重合度减小,故应设法避免。

用齿条刀具加工轮齿时,刀具顶线超过极限啮合点 N,如图 8-15 所示。插刀刀刃在位置 1 时,表示已切出基圆以外的全部渐开线,但还没有产生根切。当齿轮胚再转过 φ 角,齿条刀具相应位移 $r\varphi$ 距离后到达位置 2。此时刀刃不再与齿廓相切,而与其相交于 K 点,齿条刀刃将已切好的轮齿根部渐开线再次切掉,出现根切。由此可见,避免根切的条件是:齿条刀具的齿顶线与啮合线的交点不超过啮合极限点 N。由图可知,为保证不发生根切,应使 $NM \geqslant h_a^* m$。

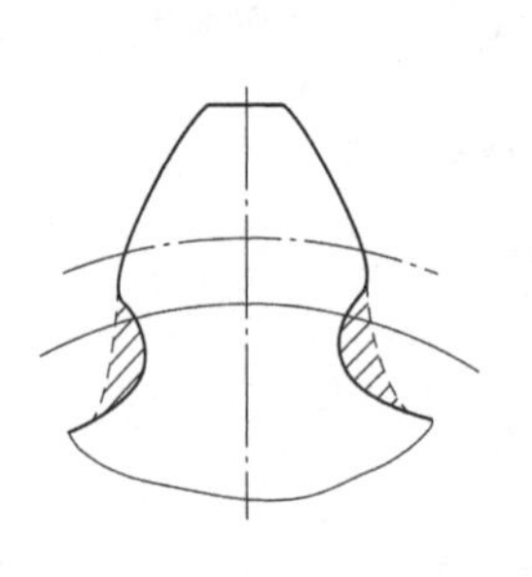
图 8-14　轮齿的根切

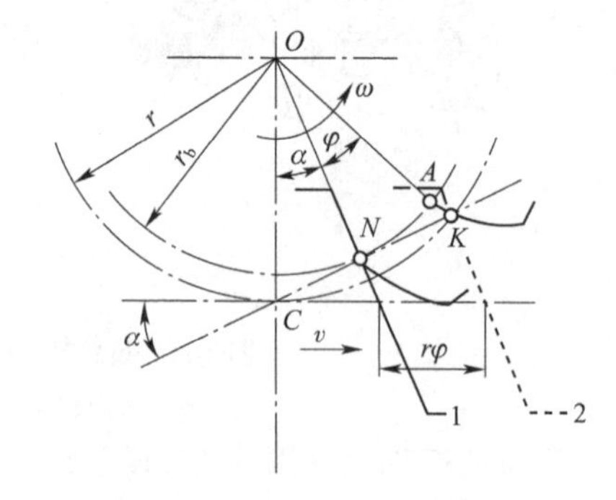

图 8-15　根切产生过程

而 $NM = CN\sin\alpha = CO\sin\alpha\sin\alpha = \frac{1}{2}mz\sin^2\alpha$,故有 $z \geqslant \frac{2h_a^*}{\sin^2\alpha}$。因此,标准直齿圆柱齿轮不发生根切的最少齿数应为:

$$z_{\min} = \frac{2h_a^*}{\sin^2\alpha} \tag{8-22}$$

式中:h_a^*——齿顶高系数;

α——压力角。

对于 $\alpha = 20°$,$h_a^* = 1$ 的标准齿轮,$z_{\min} = 17$。在实际应用中,若允许有轻微根切,在传递功率不大时,则最少齿数可取为 14(图 8-16)。

当由于结构尺寸限制或传动比的要求,需要选用比 $z_{\min}$ 更少的齿数时,可以采用变位齿轮。如图 8-17 所示,为使轮齿不发生报切,可将刀具向远离轮坯中心方向移动一段距离 xm(由虚线位置至实线位置),使刀具顶线不超过 N 点。这样切出的齿轮称为变位齿轮。这种方法称为变位修正法,xm 称为变位量,x 称为变位系数。

变位切制的齿轮与标准齿轮相比较,齿距、模数、和压力角与标准齿轮一样,但是变位齿轮的齿厚、齿根圆和齿顶圆等发生了变化。例如图 8-17 所示刀具移至虚线位置所切出的齿轮,其分度圆上的齿厚大于齿槽宽(即齿厚增大了),齿根圆变大,齿顶圆也相应增大。

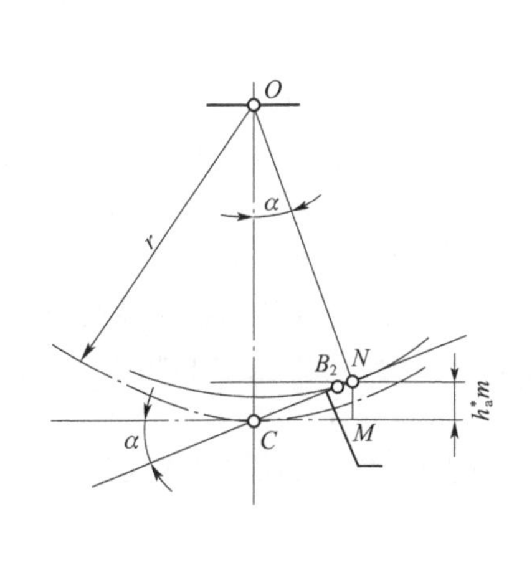

图 8-16　齿轮的最少齿数

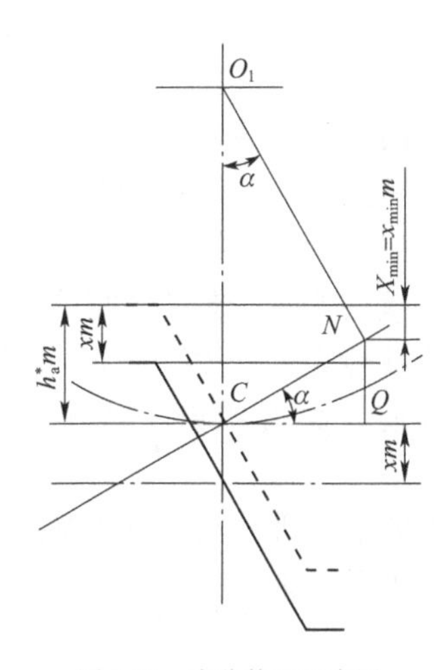

图 8-17　变位修正示意图

采用刀具变位来加工齿轮,不仅可以避免根切,且可提高齿轮的强度和配凑中心距。关于变位齿轮的理论、计算和应用,可参阅有关书籍和资料。

8.7　轮齿的失效和齿轮材料

大多数齿轮传动不仅用来传递运动,而且还要传递动力。因此,齿轮传动除需运转平稳外,还必须具有足够的承载能力。齿轮传动的失效主要是指轮齿的失效,故在使用期限内防止轮齿失效是齿轮设计的依据。

8.7.1　轮齿的失效

这里介绍几种常见的轮齿失效形式。

1)轮齿折断

轮齿折断一般发生在齿根部分,最常见的是齿根弯曲疲劳折断。齿轮工作时,齿根处的弯曲应力最大,且有应力集中作用。轮齿在较高的弯曲应力反复作用下,当应力值超过齿轮材料的弯曲疲劳极限时,轮齿根部就会产生疲劳裂纹,随着疲劳裂纹的不断扩展,导致轮齿疲劳折断,如图 8-18a)所示。此外,轮齿宽度较大的齿轮,由于制造、安装的误差,使其局部受载过大,也可能使轮齿局部折断。另外,轮齿因短时以外的严重过载而引起的突然折断,称为过载折断。

a) 全齿折断

b) 局部折断

图 8-18　轮齿折断

2) 齿面点蚀

齿轮工作两轮齿受载时，由于齿面的弹性变形，形成微小的接触面积，齿面接触处产生的接触应力很大，当齿面脱离接触后，接触应力为零。轮齿在变化的接触应力反复作用下，当应力值超过材料的接触疲劳极限时，在节线附近的齿根部表面层会产生细小的疲劳裂纹。这些裂纹的扩展，导致表面层材料剥落，形成图 8-19 所示的齿面麻点（小凹坑）。这种现象称为疲劳点蚀，又称点蚀。点蚀是润滑良好的闭式软齿面齿轮传动中最常见的失效形式。蚀使齿面遭到破坏，影响轮齿的平稳啮合，产生振动和噪声，甚至不能正常工作。

对于开式齿轮传动由于齿面磨损较快，点蚀未形成之前表面层疲劳裂纹已被磨掉，因而一般不会发展成为点蚀。

3) 齿面胶合

在高速重载齿轮传动中，啮合处的高压接触使温升过高，造成润滑失效，引起油膜破裂使齿面金属直接接触而黏焊在一起，由于两齿面间存在相对滑动，导致较软齿面上的金属被撕下，从而在齿面上形成与滑动方向一致的沟槽状伤痕，如图 8-20 所示，这种现象称为齿面胶合。它是较严重的黏着磨损。对于低速重载传动，由于油膜不易形成，也可能发生胶合失效。

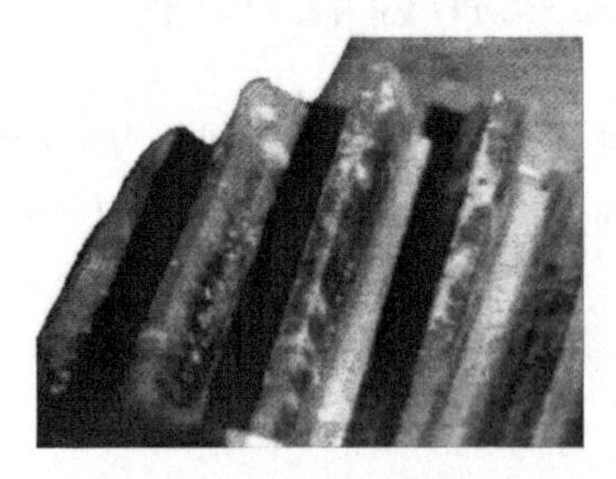

图 8-19　齿面点蚀

图 8-20　齿面胶合

4) 齿面磨损

当啮合齿面间落入磨料性物质（如砂粒、铁屑等）时，较软齿面易被划伤而产生齿面磨粒磨损，如图 8-21 所示。齿面严重磨损后，造成齿侧间隙不断加大，甚至齿廓渐开线明显失真，运转时引起冲击和噪声，影响正常工作。

对于润滑良好、润滑油清洁和齿面具有一定硬度的闭式齿轮传动，一般不会产生显著的磨损。在开式传动中，外界杂质易浸入，而且润滑不良，齿面磨损是一种主要的失效形式。

5)齿面塑性变形

齿面较软的齿轮,当承受重载时,轮齿材料因屈服产生塑性流动而形成齿面或齿体的塑性变形,如图8-22所示。在低速重载和过载频繁的传动中较易发生这种齿面损坏现象。

图8-21 齿面磨粒磨损

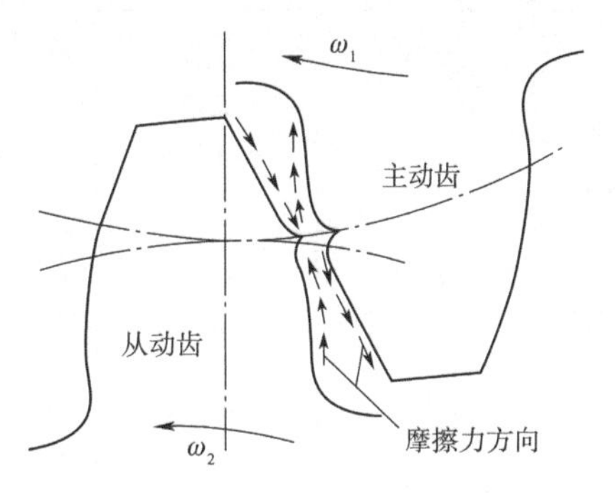

图8-22 齿面塑性变形

8.7.2 齿轮的材料

为了使齿轮在使用期内不发生失效,且有足够长的使用寿命,对齿轮材料的基本要求是:齿面具有较高的硬度和耐磨性,齿根具有较高的抗折断能力。常用的齿轮材料有钢,其次是铸铁,某些情况下也使用工程塑料等非金属材料。钢齿轮多用锻钢制造。当齿轮的结构形状复杂或尺寸较大(直径大于400~600mm)而轮坯不易锻出时,可采用铸钢。

制造齿轮的钢按热处理方式和齿面硬度不同分为:

(1)软齿面齿轮。这类齿轮的齿面硬度<350HBS,常用35、45、40Cr、35SiMn等钢制造,经调质或正火处理后进行精加工(切齿加工),切制后即为成品。考虑一对齿轮中轮齿受载循环次数较多,且小齿轮齿根较薄可使其齿面硬度比大齿轮高25~50HBW。这类齿轮制造较简单、成本低,多用于单件、小批量生产和对尺寸无严格要求的一般传动。

(2)硬齿面齿轮。这类齿轮的齿面硬度>350HBS,常用20、20Cr、20CrMnTi(表面渗碳淬火)和45钢、40Cr(表面淬火或整体淬火)等钢制造。由于齿面硬度高,其最终热处理是在切齿后进行。经热处理后其齿面硬度一般为45~65HRC。硬齿面齿轮适用于高速、重载及要求结构紧凑的场合。由于硬齿面齿轮传动的承载能力高,尺寸和质量明显减小,故其被逐渐推广采用。

普通灰铸铁的铸造性能和切削性能好,易于得到复杂的结构形状,价格低廉,抗点蚀和抗胶合能力强,铸铁齿轮主要用于开式、轻载低速的齿轮传动中。因其抗弯强度和抗冲击能力都较差,故在同样条件下,铸铁齿轮与锻钢齿轮相比,尺寸较大。常用的铸铁有HT250~HT350。

球墨铸铁的力学性能和抗冲击性能远高于灰铸铁,可替代某些调质钢制作大齿轮,常用的牌号有QT500-7、QT600-3。

对于高速、轻载及精度要求不高的齿轮传动,为了减小噪声,也可用非金属材料,如尼龙、夹朽胶木等制造小齿轮,大齿轮仍应采用钢或铸铁制造,以利于散热。

表8-3列出了一些常用的齿轮材料及其热处理方法和硬度值。

齿轮常用材料　　表 8-3

材料	牌号	热处理	硬度	强度极限σ_b (MPa)	屈服极限σ_s (MPa)	应用范围
优质碳素钢	45 钢	正火	169 ~ 217HBS	580	290	低速轻载
		调质	217 ~ 255HBS	650	360	低速中载
		表面淬火	40 ~ 50HRC	750	450	高速中载或低速重载,冲击很小
	50 钢	正火	180 ~ 220HBS	620	320	低速轻载
合金钢	40Cr	调质	240 ~ 260HBS	700	550	中速中载
		表面淬火	48 ~ 55HRC	900	650	高速中载,无剧烈冲击
	42SiMn	调质 表面淬火	240 ~ 260HBS 48 ~ 55HRC	750	470	高速中载,无剧烈冲击
	20Cr	渗碳淬火	56 ~ 62HRC	650	400	高速中载,承受冲击
	20CrMnTi	渗碳淬火	56 ~ 62HRC	1100	850	
球墨铸铁	QT600-2	正火	220 ~ 280HBS	600		低中速轻载,有小的冲击
	QT500-5		147 ~ 241HBS	500		
灰铸铁	HT200	人工时效(低温退火)	170 ~ 230HBS	200		低速轻载,冲击很小
	HT300		187 ~ 235HBS	300		

8.8　标准直齿圆柱齿轮的强度计算

8.8.1　轮齿的受力分析和计算载荷

在计算轮齿的强度时以及设计轴和轴承等轴系零件时,都需要求出作用在轮齿上的力。

齿轮传动一般均加以润滑,齿面间的摩擦力通常很小,计算轮齿受力时,可不予考虑。轮齿之间的总作用力 F_n 将沿着轮齿啮合点的公法线 N_1N_2 方向。为计算方便,将 F_n 分解成相互垂直的两个分力,即与节圆相切的圆周力 F_t(N)和径向力 F_r(N),如图 8-23 所示。

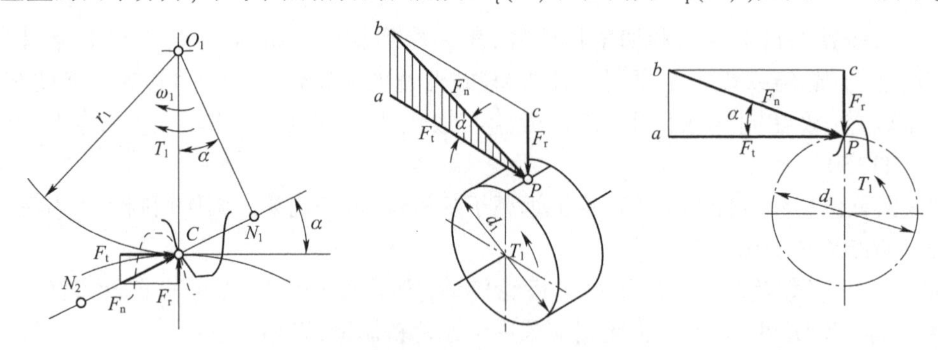

图 8-23　轮齿上的受力分析

设作用于小齿轮1(主动轮)上的转矩为 T_1(N·mm),小齿轮1的节圆(分度圆)直径为 d_1'(d_1)(mm),啮合角 $\alpha=20°$,由齿轮的力矩平衡条件可得:

圆周力为:

$$F_t=\frac{2T_1}{d_1} \tag{8-23}$$

径向力为:

$$F_r=F_t\tan\alpha \tag{8-24}$$

故总作用力为:

$$F_n=\frac{F_t}{\cos\alpha} \tag{8-25}$$

若 P 为传递的功率(kW),n_1 为小齿轮的转速(r/min),可得转矩(N·mm)为:

$$T_1=9.55\times10^6\frac{P}{n_1} \tag{8-26}$$

以上分析的是主动轮轮齿上的力,从动轮轮齿上的力与其大小相等,方向相反。圆周力 F_t 的方向在主动轮上与圆周速度方向相反,在从动轮上与圆周速度方向相同。径向力 F_r 的方向是指向轮心,对内齿轮则背离轮心。

上述受力分析中的法向力 F_n 是作用在轮齿上的理想状况下的载荷,称为名义载荷。实际上由于传动装置的制造和安装误差,轮齿、轴和轴承受载后的变形,传动过程中的附加动载荷等原因,使轮齿上所受的实际载荷大于名义载荷,故轮齿强度计算时应按计算载荷来计算,计算载荷 F_{nc} 为:

$$F_{nc}=KF_n=\frac{2KT_1}{d_1\cos\alpha} \tag{8-27}$$

式(8-27)中的 K 称为载荷系数。对于电动机驱动的中等精度齿轮传动可取 $K=1.2\sim2.4$。具体数值可查表8-4。当载荷平稳、齿宽较小、齿轮相对轴承对称布置时,取较小值;当载荷变化大、齿轮相对轴承非对称布置及悬臂布置时取较大值;软齿面时取较小值,硬齿面时取较大值。

载荷系数 *K*　　表8-4

工作机械	载荷特性	原动机		
		电动机	多缸内燃机	单缸内燃机
均匀加料的输送机和加料机、轻型卷扬机、发电机、机床辅助传动	均匀、轻微冲击	1~1.2	1.2~1.6	1.6~1.8
不均匀加料的输送机和加料机、重型卷扬机、球磨机、机床主传动	中等冲击	1.2~1.6	1.6~1.8	1.8~2.0
冲床、钻机、轧机、破碎机、挖掘机	大的冲击	1.6~1.8	1.9~2.1	2.2~2.4

注:斜齿:圆周速度低、精度高、齿宽系数小,齿轮在两轴承间并对称布置,取小值。直齿:圆周速度高、精度低、齿宽系数大,齿轮在两轴承间不对称布置,取大值。

8.8.2　齿根弯曲强度计算

在计算单对齿的齿根弯曲应力时,如图8-24所示,可将轮齿看作齿宽 b 的悬臂梁,考虑

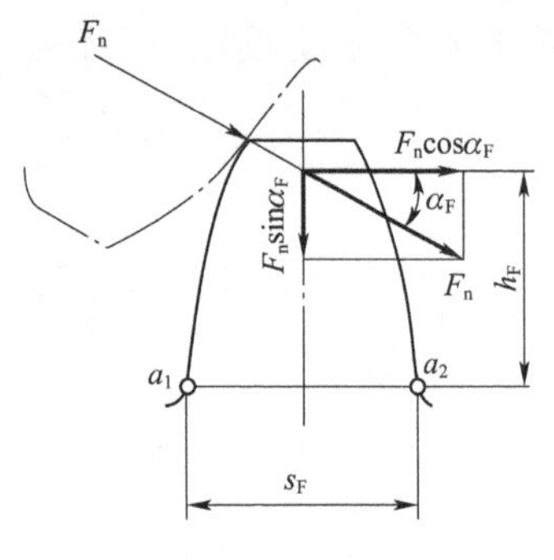

图 8-24 轮齿的弯曲强度

齿轮制造误差的影响，可认为法向载荷 F_n 全部由一个轮齿承受且作用于齿顶，用 30°切线法确定其危险截面的位置；作与轮齿对称中心线成 30°夹角并于齿根过渡曲线相切的两条斜线，此两切点的连线即为其危险截面位置。设危险截面上的齿厚s_F，将力 F_n 移至轮齿中线，并分解成两个相互垂直的分力，则在轮齿的危险剖面上产生三种应力，即由分力$F_n\cos\alpha_F$引起的弯曲应力和剪切应力以及由分力$F_n\sin\alpha_F$引起压应力。因剪切应力和压应力的数值较小，在计算时仅考虑弯曲应力。所以，防止齿根疲劳折断的强度条件为：齿根危险截面处的最大计算弯曲应力应小于或等于轮齿材料的许用弯曲应力，即：

$$\sigma_F \leqslant [\sigma_F] \tag{8-28}$$

危险剖面至分力$F_n\cos\alpha_F$的距离为 h_F，则危险剖面上的弯曲应力为：

$$\sigma_F = \frac{M}{W} = \frac{F_n\cos\alpha_F h_F}{\frac{1}{6}bs_F^2} = \frac{F_t}{bm\cos\alpha} \cdot \frac{6\frac{h_F}{m}\cos\alpha_F}{\left(\frac{s_F}{m}\right)^2} \tag{8-29}$$

式中：M——齿根部承受的弯矩(N·mm)；

W——齿根危险剖面的抗弯截面系数(mm^3)。

令

$$Y_{Fa} = \frac{6\frac{h_F}{m}\cos\alpha_F}{\left(\frac{s_F}{m}\right)^2\cos\alpha}$$

则 Y_{Fa}称为齿形系数，只与齿廓形状有关，与模数大小无关。对于标准齿轮而言，同时考虑齿根过渡曲线会引起应力集中，以及压应力、剪切应力等的影响，引入齿根应力修正系数Y_{Sa}。对于齿顶高系数 $h_a^*=1$ 的标准齿轮，Y_{Fa}值、Y_{Sa}值见表 8-5。考虑影响齿轮载荷的各种因素，用计算载荷 $F_{tc}=KF_t$代替 F_t，则式(8-18)可写为：

$$\sigma_F = \frac{F_{tc}}{bm}Y_{Fa}Y_{Sa} \tag{8-30}$$

标准外齿轮齿形系数Y_{Fa}及应力修正系数 Y_{Sa} 表 8-5

($\alpha=20°, h_a^*=1, c^*=0.25$)

z	17	18	19	20	22	25	27	30	35
Y_{Fa}	2.97	2.91	2.85	2.81	2.72	2.63	2.57	2.53	2.46
Y_{Sa}	1.52	1.53	1.54	1.56	1.575	1.59	1.61	1.625	1.65
z	40	45	50	60	70	80	100	200	∞
Y_{Fa}	2.41	2.37	2.33	2.28	2.25	2.23	2.19	2.12	2.06
Y_{Sa}	1.67	1.69	1.71	1.73	1.75	1.775	1.80	1.865	1.97

注：内齿轮的齿形系数及应力修正系数可近似按齿条取值。

则齿轮弯曲强度的验算公式为：

$$\sigma_F = \frac{2KT_1}{bmd_1}Y_{Fa}Y_{Sa} = \frac{2KT_1}{bm^2 z_1}Y_{Fa}Y_{Sa} \leqslant [\sigma_F] \tag{8-31}$$

式中：K——载荷系数；

T_1——小齿轮的转矩（N·mm）；

b——轮齿的接触宽度（mm）；

m——齿轮的模数（mm）；

z_1——小齿轮齿数；

$[\sigma_F]$——许用弯曲应力（MPa）。

通常两轮的齿数不相同，故两轮的齿形系数 Y_{Fa} 和齿根应力修正系数 Y_{Sa} 都不相等；两齿轮材料的许用弯曲应力 $[\sigma_{F1}]$ 和 $[\sigma_{F2}]$ 也不一定相等，因此，必须分别校核两齿轮的齿根抗弯强度。

当两齿轮的齿宽相等时，由式(8-20)得：

$$\sigma_{F1}=\frac{2KT_1}{bm^2 z_1}Y_{Fa1}Y_{Sa1}\leqslant[\sigma_{F1}] \tag{8-32}$$

故当一轮的轮齿弯曲应力确定后，另一轮轮齿的弯曲应力可按下式求得：

$$\sigma_{F2}=\sigma_{F1}\frac{Y_{Fa2}Y_{Sa2}}{Y_{Fa1}Y_{Sa1}} \tag{8-33}$$

式(8-33)中，引入齿宽系数 $\psi_d=\dfrac{b}{d_1}$，则得：

$$m\geqslant 1.26\sqrt[3]{\frac{KT_1\ Y_{Fa}Y_{Sa}}{\psi_d z_1^2[\sigma_F]}} \tag{8-34}$$

增大齿宽 b 能缩小齿轮的径向尺寸，但齿宽 b 越大，载荷沿齿宽分布越不均匀。当齿轮制造精度高，轴和支撑的刚度大，或当齿轮相对轴承对称布置时，可取较大齿宽；若齿轮是非对称布置或悬臂布置时，齿宽应小些。齿宽系数 ψ_d 的推荐值为：当为软齿面（≤350HBS），齿轮相对轴承对称布置时，$\psi_d=0.8\sim1.4$；齿轮非对称布置时，$\psi_d=0.6\sim1.2$；悬臂布置或开式传动时，$\psi_d=0.3\sim0.4$。当两齿轮为硬齿面（>350HBS）时，ψ_d 值应降低 30%～50%。

当选定齿数 z_1、齿宽系数 ψ_d 和材料后，由式(8-34)可以求出满足齿根抗弯强度条件的齿轮模数 m 值。由于相啮合的一对齿轮的齿数和材料等不一定相同，为满足大、小齿轮的抗弯强度，计算模数时，应将 $\dfrac{Y_{Fa1}Y_{Sa1}}{[\sigma_{F1}]}$ 和 $\dfrac{Y_{Fa2}Y_{Sa2}}{[\sigma_{F2}]}$ 中的较大值代入式(8-34)，求得的 m 值应按表 8-1 选取标准值。

8.8.3 齿面接触疲劳强度计算

齿面点蚀与齿面接触应力的大小有关。为避免齿面点蚀，应使齿面接触应力 σ_H 小于许用接触应力 $[\sigma_H]$，即：

$$\sigma_H\leqslant[\sigma_H] \tag{8-35}$$

如图 8-25 所示的两圆柱体，在载荷 F_n 的作用下，接触区内将产生接触应力。根据弹性力学的赫兹公式即可导出其最大接触应力为：

$$\sigma_H=\sqrt{\frac{F_n\left(\dfrac{1}{\rho_1}\pm\dfrac{1}{\rho_2}\right)}{b\pi\left(\dfrac{1-\mu_1^2}{E_1}\pm\dfrac{1-\mu_2^2}{E_2}\right)}} \tag{8-36}$$

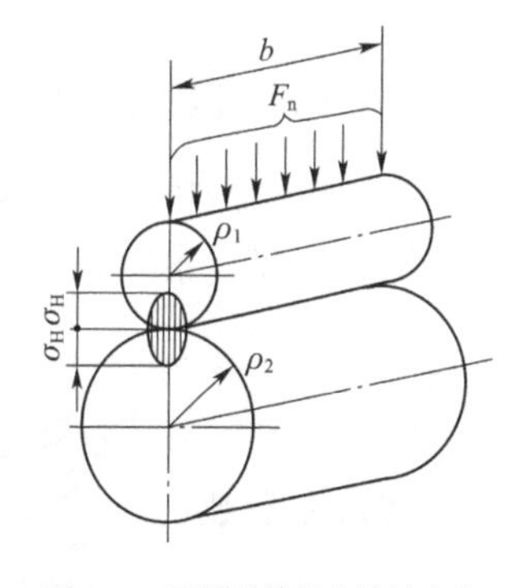

图 8-25 两圆柱体间的接触应力

式中：F_n——作用在两圆柱体上的压力(N)；

b——两圆柱体接触宽度(mm)；

ρ_1、ρ_2——两圆柱体接触处的曲率半径(mm)，式中“+”号用于外接触，“-”号用于内接触；

E_1、E_2——两圆柱体的弹性模量(MPa)；

μ_1、μ_2——两圆柱体材料的泊松比。

令
$$Z_E = \sqrt{\frac{1}{\pi\left(\frac{1-\mu_1^2}{E_1} \pm \frac{1-\mu_2^2}{E_2}\right)}}$$

则式(8-36)可写为：

$$\sigma_H = Z_E\sqrt{\frac{F_n}{b}\left(\frac{1}{\rho_1} \pm \frac{1}{\rho_2}\right)} \tag{8-37}$$

两齿轮啮合时可看作是以两齿廓在接触点处的曲率半径为半径的两圆柱体相互接触。虽然两轮齿廓上各点的曲率半径是变化的，但考虑到点蚀多发生在节点附近，故一般只计算节点处的接触应力。两轮齿廓在节点 C 处的曲率半径，由图 8-23 可知为：

$$\left.\begin{aligned}\rho_1 = CN_1 = \frac{d_1}{2}\sin\alpha \\ \rho_2 = CN_2 = \frac{d_2}{2}\sin\alpha\end{aligned}\right\} \tag{8-38}$$

式中：d_1、d_2——两齿轮分度圆直径(mm)；

α——分度圆压力角，$\alpha = 20°$。

将式(8-25)、式(8-38)以及大齿轮与小齿轮的齿数比 $u = \frac{z_2}{z_1} = \frac{d_2}{d_1}$代入式(8-37)，可得：

$$\sigma_H = Z_E\sqrt{\frac{F_{t1}}{bd_1} \cdot \frac{u \pm 1}{u}}\sqrt{\frac{2}{\sin\alpha\cos\alpha}}$$

令
$$Z_H = \sqrt{\frac{2}{\sin\alpha\cos\alpha}}$$

Z_H考虑了节点处齿廓曲率半径对接触应力的影响，并将分度圆上切向力折算为法向力，称为节点区域系数。

对于标准齿轮 $\alpha = 20°$，$Z_H = \sqrt{\frac{2}{\sin 20°\cos 20°}} = 2.49$。

考虑影响齿轮载荷的因素，用计算载荷 $F_{tc} = KF_t$代替 F_t，并将(8-23)代入，经过整理可得齿面接触强度条件为：

$$\sigma_H = 3.52Z_E\sqrt{\frac{KT_1(u \pm 1)}{bd_1^3 u}} \leqslant [\sigma_H] \tag{8-39}$$

将齿宽系数$\psi_d = \frac{b}{d_1}$代入式(8-39)，即得按齿面接触强度确定小齿轮分度圆直径 d_1(mm) 的公式为：

$$d_1 \geqslant \sqrt[3]{\frac{KT_1(u \pm 1)}{\psi_d u}\left(\frac{3.52Z_E}{[\sigma_H]}\right)^2} \tag{8-40}$$

式中：$[\sigma_H]$——许用接触应力(MPa)；

Z_E——材料的弹性系数($\sqrt{MPa}$)。

两轮均为钢时，$Z_E = 189.8\sqrt{MPa}$；一轮为钢一轮为铸铁时，$Z_E = 162\ \sqrt{MPa}$；两轮均为铸铁时，$Z_E = 143.7\sqrt{MPa}$。

当两轮材料均为钢时，式(8-39)和式(8-40)可写为：

$$\sigma_H = 668\sqrt{\frac{KT_1(u \pm 1)}{bd_1^3 u}} \leqslant [\sigma_H] \tag{8-41}$$

$$d_1 \geqslant 76.43\sqrt[3]{\frac{KT_1(u \pm 1)}{\psi_d u [\sigma_H]^2}} \tag{8-42}$$

在进行齿面接触强度计算时，两轮的接触应力相同，但两轮的许用接触应力不一定相同，故应取两轮许用接触应力中的较小值代入上式。

8.8.4　许用齿根弯曲应力、许用接触应力及齿轮精度

许用齿根弯曲应力按下式确定：

$$[\sigma_F] = \frac{\sigma_{Flim}}{S_F} \tag{8-43}$$

式中：σ_{Flim}——齿轮的弯曲疲劳极限，查图8-26确定；

S_F——弯曲疲劳强度的安全系数，一般取$S_F = 1.25$，当齿轮损坏可能造成严重影响时值应乘以0.7。

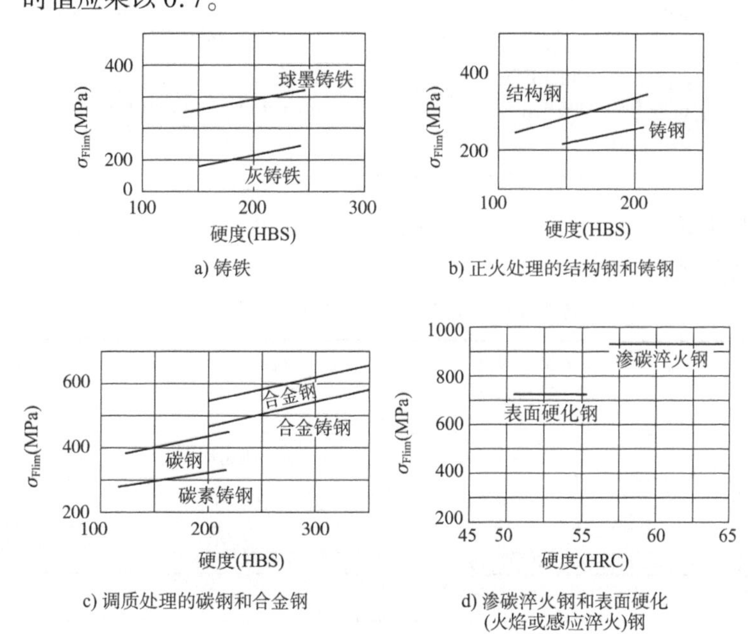

图8-26　齿轮的弯曲疲劳极限σ_{Flim}

许用接触应力按下式确定：

$$[\sigma_H]=\frac{\sigma_{Hlim}}{S_H} \tag{8-44}$$

式中：σ_{Hlim}——齿轮的接触疲劳极限，查图 8-27 确实；

S_H——接触疲劳强度的安全系数，一般取$S_H=1$，当齿轮损坏会造成严重影响时取 $S_H=1.3$。

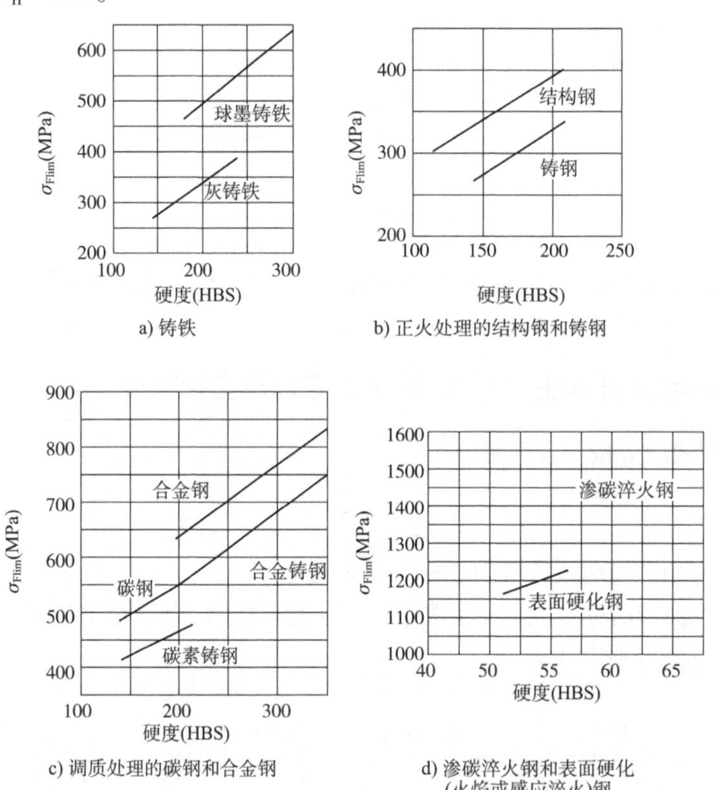

图 8-27　齿轮的接触疲劳极限σ_{Hlim}

渐开线圆柱齿轮精度等级分为 12 级，从 1 级到 12 级，精度顺次降低。各类机器所用齿轮传动的精度等级范围可查表 8-6。

各类机器所用齿轮传动的精度等级范围　　表 8-6

机器名称	精度等级	机器名称	精度等级
汽轮机	3~6	拖拉机	6~8
金属切削机床	3~8	通用减速器	6~8
航空发动机	4~8	锻压机床	6~9
轻型汽车	5~8	起重机	7~10
载重汽车	7~9	农业机械	8~11

注：主传动齿轮或重要的齿轮传动，精度等级偏上限选择；辅助传动的齿轮或一般齿轮传动，精度等级居中或偏下限选择。

【例8-1】　某一级直齿圆柱齿轮减速器用电动机驱动，单向运转，载荷有中等冲击。高速级传动比 $i=4$，高速轴转速 $n_1=960\text{r/min}$，传动功率 $P=10\text{kW}$，采用软齿面，试计算此这对传动的主要尺寸。

解：(1)选择材料及确定许用应力。

因载荷中等冲击，速度一般，小齿轮用40Cr调质处理，齿面硬度为250HBS；大齿轮用45钢，调质处理，齿面硬度为220HBS。

(2)选择齿数和齿宽系数。

初定齿数 $z_1=25$，$z_1=100$；齿宽系数 $\psi_d=1$。

(3)确定轮齿的许用应力。

根据两轮轮齿的齿面硬度，由图8-26、图8-27查得两轮的齿根弯曲疲劳极限和齿面接触疲劳极限分别为：

$\sigma_{\text{Flim1}}=510\text{MPa}$，$\sigma_{\text{Flim2}}=400\text{MPa}$；

$\sigma_{\text{Hlim1}}=700\text{MPa}$，$\sigma_{\text{Hlim2}}=570\text{MPa}$。

安全系数分别取 $S_F=1.25$，$S_H=1$，按式(8-42)和式(8-43)得：

$$[\sigma_{F1}]=\frac{\sigma_{\text{Flim1}}}{S_F}=\frac{510}{1.25}\text{MPa}=408\text{MPa}$$

$$[\sigma_{F2}]=\frac{\sigma_{\text{Flim2}}}{S_F}=\frac{400}{1.25}\text{MPa}=320\text{MPa}$$

$$[\sigma_{H1}]=\frac{\sigma_{\text{Hlim1}}}{S_H}=\frac{700}{1}\text{MPa}=700\text{MPa}$$

$$[\sigma_{H2}]=\frac{\sigma_{\text{Hlim2}}}{S_H}=\frac{570}{1}\text{MPa}=570\text{MPa}$$

(4)按齿面接触强度条件计算小齿轮直径。

计算小齿轮传递的转矩 $T_1=95.5\times10^5\dfrac{P}{n_1}=95.5\times10^5\times\dfrac{10}{960}\text{N}\cdot\text{mm}\approx1\times10^5\text{N}\cdot\text{mm}$

载荷中等冲击且为软齿面齿轮，取载荷系数 $K=1.4$。

以 T_1、K 及大齿轮的许用接触力 $[\sigma_{H2}]$ 代入式(8-42)，得：

$$d_1\geqslant76.6\sqrt[3]{\frac{KT_1(u+1)}{\psi_d[\sigma_{H2}]^2u}}=76.6\sqrt[3]{\frac{1.4\times1\times10^5\times(4+1)}{1\times570^2\times4}}\text{mm}=62.32\text{mm}$$

(5)确定模数和齿宽。

模数 $m=\dfrac{d_1}{z_1}=\dfrac{62.32}{25}=2.49\text{mm}$，按表8-1取 $m=2.5\text{mm}$。

小齿轮分度圆直径 $d_1=z_1m=25\times2.5=62.5\text{mm}$；齿宽 $b=\psi_d d_1=d_1$，取 $b=65\text{mm}$。

(6)验算齿根的弯曲强度。

查表8-5得两齿轮的齿形系数和应力修正系数：

$Y_{\text{Fa1}}=2.63$，$Y_{\text{Sa1}}=1.59$；

$Y_{\text{Fa2}}=2.19$，$Y_{\text{Sa2}}=1.80$。

由式(8-20)计算小齿轮齿根弯曲应力：

$$\sigma_{F1}=\frac{2KT_1}{bz_1\ m^2}Y_{Fa1}Y_{Sa1}=\frac{2\times1.4\times1\times10^5}{65\times25\times2.5^2}\times2.63\times1.59\text{MPa}=115.3\text{MPa}$$

由式(8-33)得大齿轮齿根弯曲应力：

$$\sigma_{F2}=\sigma_{F1}\frac{Y_{Fa2}Y_{Sa2}}{Y_{Fa1}Y_{Sa2}}=115.3\times\frac{2.19\times1.80}{2.63\times1.59}\text{MPa}=108.7\text{MPa}$$

两齿轮齿根弯曲应力均小于许用齿根弯曲应力，故两轮齿的抗弯强度足够。

(7)几何尺寸计算。

两齿轮分度圆直径：

$$d_1=z_1m=25\times2.5=62.5\text{mm}$$

$$d_{12}=z_2m=100\times2.5=250\text{mm}$$

中心距：

$$a=\frac{1}{2}(z_1+z_2)m=156.25\text{mm}$$

其他尺寸计算略。

8.9 斜齿圆柱齿轮传动

8.9.1 斜齿圆柱齿轮齿廓曲面的形成及啮合特点

如图8-28a)所示，对于一定宽度的直齿圆柱齿轮，其齿廓侧面是发生面 S 在基圆柱上做纯滚动时，平面 S 上任一与基圆柱母线 NN 平行的直线 KK 所展出的渐开线曲面。直齿圆接齿轮啮合时，两轮齿廓侧面是沿着与轴平行的直线接触，这些平行线称为齿廓的接触线。因而一对直齿齿廓是同时沿整个齿宽进入啮合或退出啮合，轮齿上的作用力也是突然加上和突然卸下，故易引起冲击和噪声，传动平稳性较差。高速传动时，这些情况尤为突出。

斜齿圆柱齿轮齿廓曲面的形成原理与直齿圆柱齿轮基本相同，但形成斜齿轮渐开线齿廓曲面的直线 KK 与基圆柱母线 NN 成一角度 β_b。如图8-28b)所示，当发生面 S 沿基圆柱滚动时，斜直线 KK 的轨迹为一渐开线螺旋面，即斜齿轮的齿廓曲面。直线 KK 与基圆柱母线的夹角 β_b 称为基圆柱上的螺旋角。

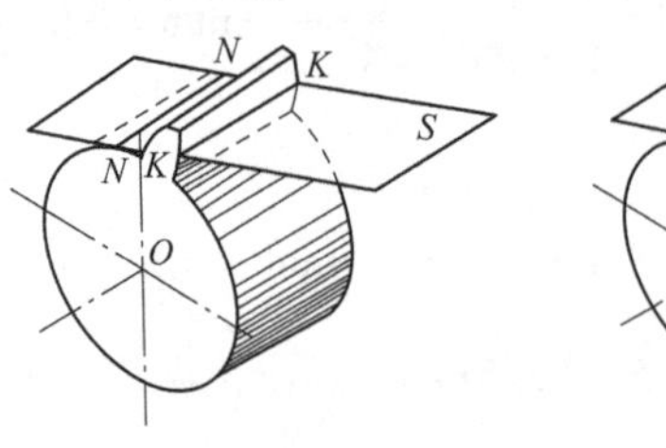

a)直齿面的形成

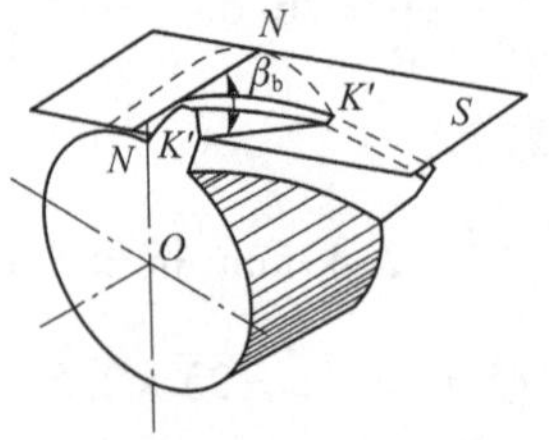

b)斜齿面的形成

图8-28 渐开线曲面的形成

一对斜齿圆柱齿轮啮合时，如图8-29所示，接触线是与轴线倾斜的直线，且其长度是变化的。两轮齿进入啮合后，接触线长度逐渐增大，到某一啮合位置后，接触线长度又逐渐缩短，直到脱离啮合。因此，斜齿圆柱齿轮是逐渐进入和退出啮合，同时啮合的轮齿数较直齿圆柱齿轮多,故斜齿轮传动的重合度较大。因此,斜齿轮与直齿轮传动相比,其传动较平稳,承载能力较大,适用于高速和大功率场合。

一对斜齿圆柱齿轮的正确啮合条件除两轮分度圆压力角相等、模数相等外,两轮分度圆柱面上螺旋角也应大小相等,方向相反。即$\beta_1 = -\beta_2$。

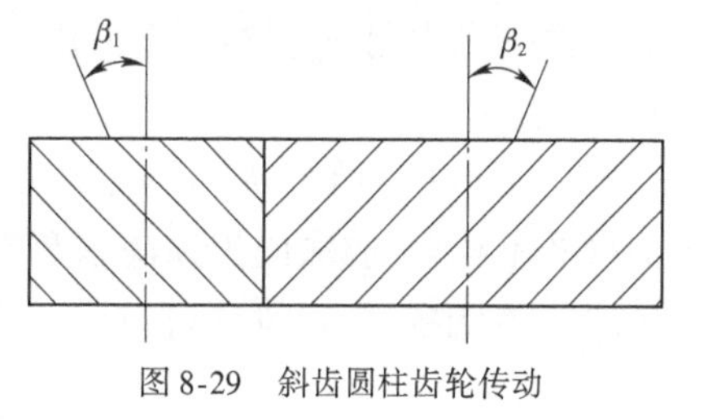

图 8-29　斜齿圆柱齿轮传动

8.9.2　斜齿圆柱齿轮传动的几何参数和尺寸计算

1)螺旋角

斜齿圆柱齿轮轮齿的倾斜程度一般是用分度圆柱面上的螺旋角β表示。通常所说斜齿轮的螺旋角,如不特别注明,即指分度圆柱面上的螺旋角。斜齿轮的螺旋角一般为$\beta = 8° \sim 20°$。

2)法面和端面参数

与分度圆柱面上螺旋线垂直的平面称法面,垂直于斜齿轮轴线的平面称为端面。在进行斜齿轮几何尺寸计算时,应注意法面与端面参数之间的换算关系。

图 8-30 为斜齿圆柱齿轮分度圆柱面的展开图,可知法向齿距P_n与端面齿距P_t的关系为:

$$p_n = p_t \cos\beta \tag{8-45}$$

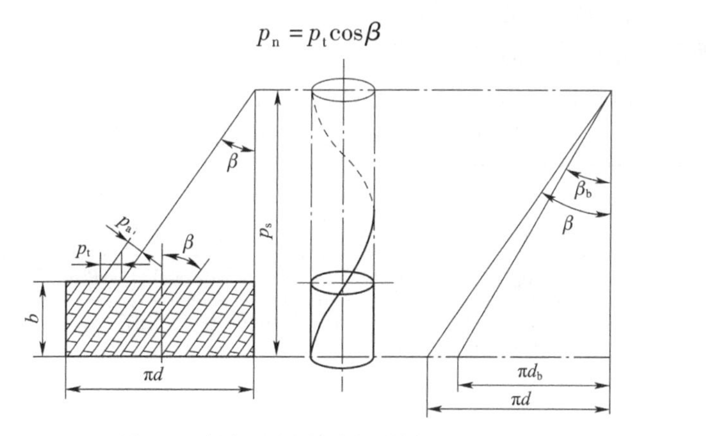

图 8-30　斜齿圆柱齿轮分度圆柱面的展开图

以m_n、m_t分别表示法向模数和端面模数,则由式(8-31)可得:

$$\pi m_n = \pi m_t \cos\beta$$

则

$$m_n = m_t \cos\beta \tag{8-46}$$

法向压力角α_n和端面压力角α_t之间也有一定关系。图 8-31 所示为斜齿条的一个齿,平面abc是端面,$a'b'c'$是法面,$\angle aa'c = \angle b'a'c = 90°$。在 Rt△$abc$、Rt△$a'b'c$中:

$$\tan\alpha_t = \frac{ac}{ab}, \tan\alpha_n = \frac{a'c}{a'b'}$$

因$a'c = ac \cdot \cos\beta$,$ab = a'b'$,故有:

$$\tan\alpha_n = \frac{a'c}{a'b'} = \frac{ac \cdot \cos\beta}{ab} \tag{8-47}$$

法向压力角 α_n 和端面压力角 α_t 的关系为：

$$\tan\alpha_n = \tan\alpha_t \cdot \cos\beta \tag{8-48}$$

由图 8-32 可知，$ab = a'b'$，即法向齿高等于端面齿高，且顶隙 c 相等。但是法向模数与端面模数不相等，故法向齿顶高系数 h_{an}^*、法向顶隙系数 c_n^* 与端面齿顶高系数 h_{at}^*、端面顶隙系数 c_t^* 也不相等，经过推导可得：

$$h_{at}^* = h_{an}^* \cos\beta c_t^* = c_n^* \cos\beta \tag{8-49}$$

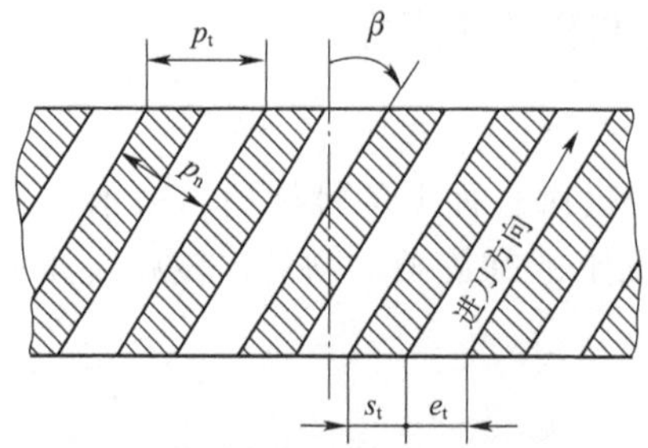

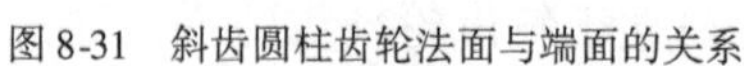

图 8-31　斜齿圆柱齿轮法面与端面的关系

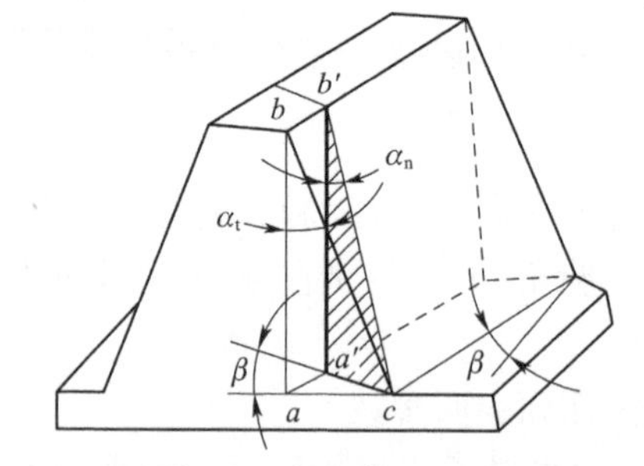

图 8-32　斜齿条的一个齿

用铣刀或滚刀加工斜齿轮时，由于刀具的进刀方向垂直于法面，即刀具沿着螺旋齿槽方向进行切削，故一般规定斜齿圆柱齿轮的法面参数（法向模数 m_n、法向压力角 α_n、法向齿顶系数 h_{an}^* 和法向顶隙系数 c_n^*）为标堆值。

3）斜齿圆柱齿轮传动几何尺寸计算

标堆斜齿圆柱齿轮传动几何尺寸的计算公式见表 8-7。

外啮合标准斜齿圆柱齿轮传动的几何尺寸　　表 8-7

名称	符号	公式
螺旋角	β	一般取 8°～20°
基圆柱螺旋角	β_b	$\tan\beta_b = \tan\beta\cos\alpha_t$
法向模数	m_n	根据齿轮强度计算按表 8-1 取标准值
端面模数	m_t	$m_t = m_n/\cos\beta$
法向压力角	α_n	$\alpha_n = 20°$
端面压力角	α_t	$\tan\alpha_t = \tan\alpha_n/\cos\beta$
分度圆直径	d	$d = m_t z = (m_n/\cos\beta)z$
基圆直径	d_b	$d_b = d\cos\alpha_t$
齿顶高	h_a	$h_a = h_{an}^* m_n$
齿根高	h_f	$h_f = (h_{an}^* + c_n^*)m_n$
全齿高	h	$h = h_a + h_f = (2h_{an}^* + c^*)m_n$
齿顶圆直径	d_a	$d_a = d + 2h_a$
齿根圆直径	d_f	$d_f = d - 2h_f$
法向齿距	p_n	$p_n = \pi m_n$
端面齿距	p_t	$p_t = \pi m_t = \pi m_n/\cos\beta = p_n/\cos\beta$

续上表

名称	符号	公式
标准中心距	a	$a=\frac{1}{2}(d_1+d_2)=\frac{m_t}{2}(z_1+z_2)=\frac{m_n}{2\cos\beta}(z_1+z_2)$
当量齿数	z_v	$z_v=z/\cos^3\beta$

8.9.3　斜齿圆柱齿轮轮齿的受力分析

如图 8-33 所示，作用在斜齿圆柱齿轮轮齿上的法向力 F_n 可以分解为三个相互垂直的分力，即：

圆周力：

$$F_t=\frac{2T_1}{d_1} \tag{8-50}$$

径向力：

$$F_r=F_n'\tan\alpha_n=\frac{F_t}{\cos\beta}\tan\alpha_n \tag{8-51}$$

轴向力：

$$F_a=F_t\tan\beta \tag{8-52}$$

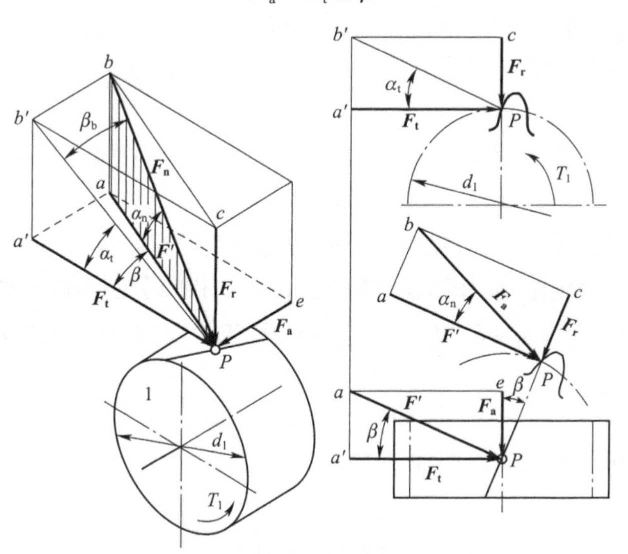

图 8-33　斜齿轮的受力分析

确定圆周力 F_t 和径向力 F_r 方向的原则与直齿圆柱齿轮相同；轴向力 F_a 的方向取决于轮齿螺旋线的方向和齿轮的转动方向，它总是从齿的工作面沿着轴线方向指向齿体。因此，要确定轴向力 F_a 的方向，应首先确定齿轮的转动方向和轮齿的工作齿侧。

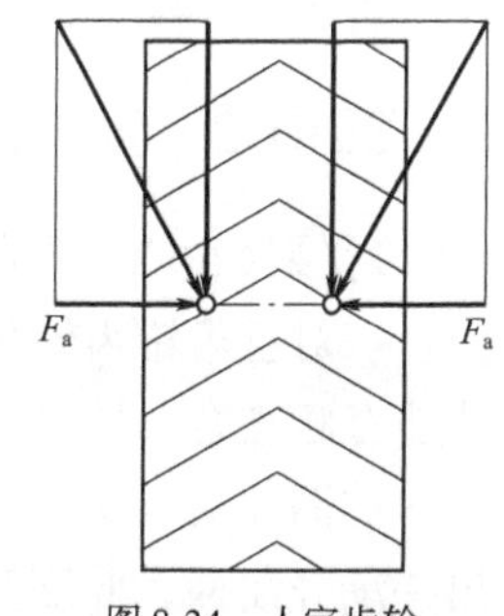

图 8-34　人字齿轮

由于斜齿轮传动时有轴向作用力，要求齿轮的轴向固定可靠，支承的设计比较复杂，因此限制了斜齿轮传动采用较大螺旋角。为了克服这一缺点，可采用图 8-34 所示的人字齿轮传动。人字齿轮相当于两个螺旋角相等而方向相反的斜齿轮联在一起，由于两边的轴向力互相抵消,故人字齿轮可取较大的螺旋角。人字齿轮常用于大功率传动装置中,其缺点是制造较困难。

8.10 直齿锥齿轮传动

8.10.1 概述

锥齿轮是用于两相交轴之间的传动。其轮齿有直齿、斜齿和曲齿等。这里主要介绍两轴线正交的直齿锥齿轮传动。

锥齿轮的轮齿分布在圆锥体上,其轮齿由大端向小端逐渐缩小,如图 8-35a)所示。与圆柱齿轮相对应,锥齿轮有齿顶圆锥、齿根圆锥、分度圆锥和基圆锥,一对相啮合的锥齿轮还有节圆锥。

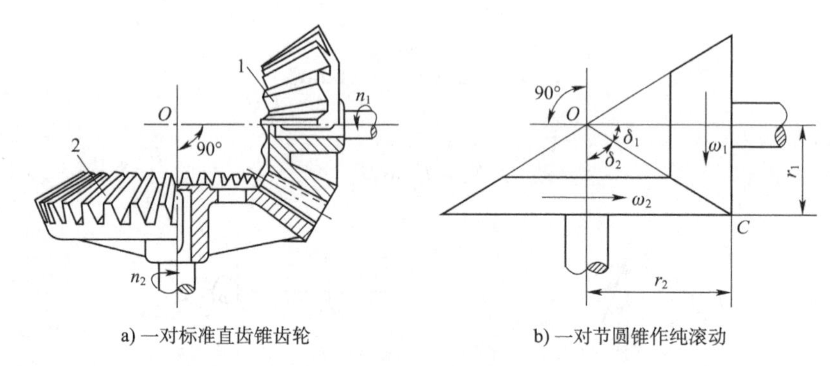

a) 一对标准直齿锥齿轮　　b) 一对节圆锥作纯滚动

图 8-35　锥齿轮

一对正确安装的标准直齿锥齿轮,其节圆锥与分度圆锥重合。两锥齿轮的运动相当于一对共顶点的节圆锥做纯滚动,如图 8-35b)所示,设δ_1 和δ_2 分别为两轮的分度圆锥角;Σ为两锥齿轮轴线的夹角,$\Sigma=\delta_1+\delta_2$;d_1 和 d_2 分别为两轮分度圆直径,则齿轮传动比为:

$$i=\frac{\omega_1}{\omega_2}=\frac{z_2}{z_1}=\frac{d_2}{d_1}=\frac{\sin\delta_2}{\sin\delta_1} \tag{8-53}$$

式中:ω、z、d——两锥齿轮的角速度、齿数、分度圆直径。

因$\delta_1+\delta_2=90°$,故得:

$$i=\cot\delta_1=\tan\delta_2 \tag{8-54}$$

若已知传动比,由上式即可求得两锥齿轮的分度圆锥角。

8.10.2 直齿锥齿轮的齿廓和当量齿轮

1)锥齿轮的齿廓曲线

一对直齿锥齿轮传动时,两轮节圆锥共顶点,两轮齿廓上只有离锥顶点等距离的对应点才能互相啮合。所以,锥齿轮的齿廓曲线是球面渐开线。

如图 8-36 所示,当发生面 S 沿基圆锥做纯滚动时,发生面上通过锥顶的直线 OK 将描绘出一渐开曲面。此渐开曲面即为锥齿轮的齿廓曲面。直线 OK 上各点均展成渐开线,任一渐开线(如 NK)上各点至锥顶点的距离都相等,故渐开线是在以锥顶 O 为球心的球面上。

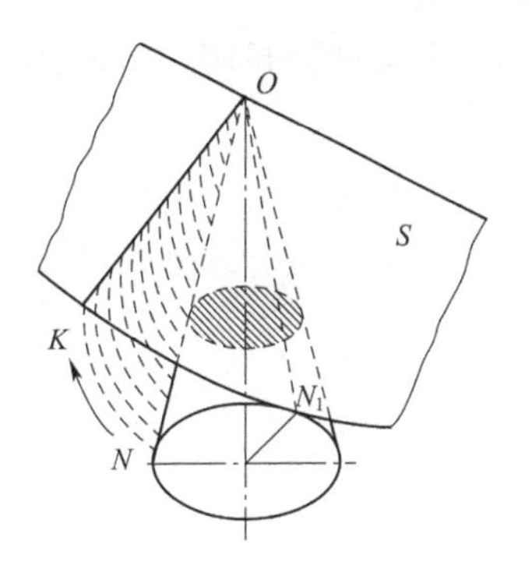

图 8-36　球面渐开线的形成

2)锥齿轮的当量齿轮

由于球面渐开线无法在平面上展开,给设计和制造带来困难。因此,通常采用下述近似方法。

图 8-37 所示为一锥齿轮的轴平面,$\triangle OAB$、$\triangle Obb$、$\triangle Oaa$ 分别表示其分度圆锥、齿顶圆锥和齿根圆锥,过 A 点作切线 AO_1 与轴线相交于 O_1;以 OO_1 为轴线、AO_1 为母线作一圆锥 AO_1B,此圆锥称为背锥或辅助圆锥。由于背锥母线与球面相切于锥齿轮大端的分度圆上,故与分度圆锥母线相互垂直。

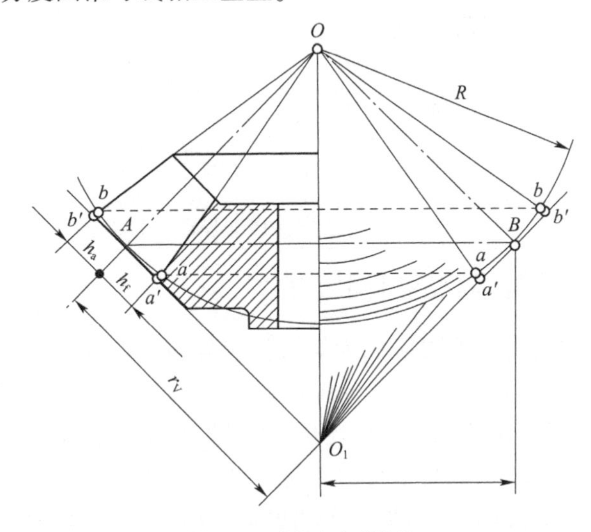

图 8-37　背锥和扇形齿轮

若将球面渐开线的轮齿向背锥上投影,则 a、b 点的投影为 a'、b' 点,由图可知 $a'b'$ 与 ab 相差很小。圆锥面可以展开成平面,故背锥表面可展开为一扇形平面。扇形的半径 r_v 即是背锥母线的长度 O_1A,即 $O_1A = r_v$。当以 r_v 为分度圆半径,以锥齿轮的大端模数为模数,并取标准压力角,按直齿圆柱齿轮的作图方法画出扇形齿轮的齿形时,该齿形可近似地视作锥齿轮大锥的齿形。

将扇形齿轮补足为完整的直齿圆柱齿轮,这个齿轮称为锥齿轮的当量齿轮,其齿数 z_v 称为当量齿数。由图 8-38 可知,当量齿轮的分度圆半径为:

$$r_{v1} = \frac{r_1}{\cos\delta_1} = \frac{mz_1}{2\cos\delta_1} \tag{8-55}$$

故得当量齿数 z_v 与锥齿轮的实际齿数 z 之间的关系如下:

$$\left.\begin{aligned} z_{v1} &= \frac{z_1}{\cos\delta_1} \\ z_{v2} &= \frac{z_2}{\cos\delta_2} \end{aligned}\right\} \tag{8-56}$$

由于 $0 < \cos\delta < 1$,所以 $z_v > z$,且一般不是整数。锥齿轮不产生根切的最少齿数 z_{min} 也可

由相应的当量圆柱齿轮最少齿数 $z_{vmin}=17$ 来确定,即:

$$z_{min}=z_{vmin}\cos\delta \tag{8-57}$$

根据上述分析可知,一对锥齿轮的啮合相当于一对当量圆柱齿轮的啮合,因此,圆柱齿轮传动的啮合原理也可近似用于锥齿轮传动。

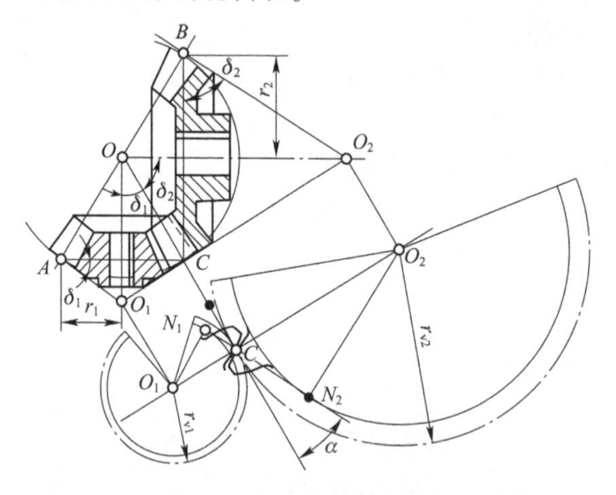

图 8-38 锥齿轮的当量齿轮

8.10.3 标准直齿锥齿轮的几何尺寸

直齿锥齿轮传动按顶隙的不同可分为等顶锥齿轮传动和不等顶隙锥齿轮传动两种。根据国家标准《锥齿轮模数》(GB/T 12368—1990)规定,现多采用等顶隙锥齿轮传动。如图 8-39 所示,等顶隙锥齿轮传动中,锥齿轮的齿根圆锥和分度圆锥共锥顶。但齿顶圆锥因其母线与另一齿轮齿根圆锥母线平行而不与分度圆锥共锥顶。这种齿轮降低了小端齿高,提高了轮齿的承载能力;同时,增加了小端顶隙,有利于储油润滑。

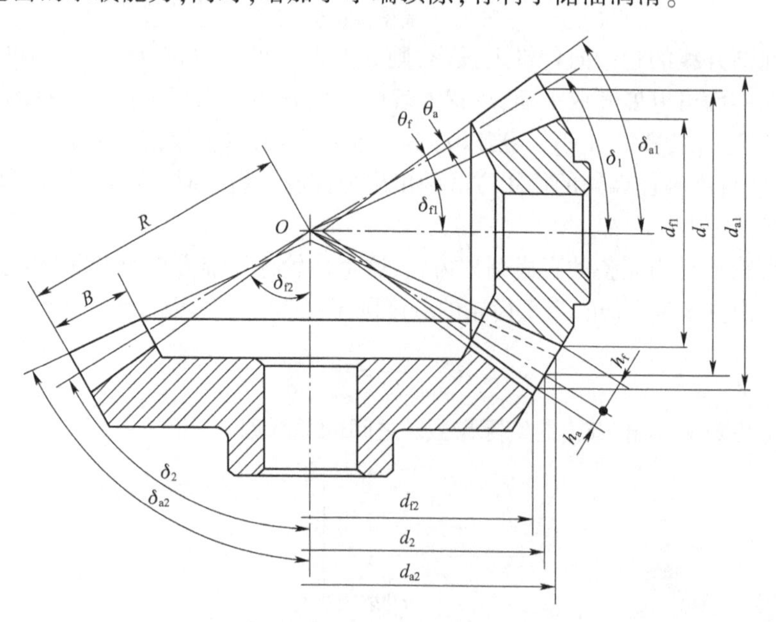

图 8-39 直齿锥齿轮传动的几何尺寸

由于锥齿轮大端尺寸最大，为了计算和测量的方便，同时也为了便于估计传动的外形尺寸，锥齿轮的各项参数和几何尺寸计算均以大端为准。大端的模数和压力角等均取标准值；齿高应沿背锥母线量取；齿宽 B 不宜太大，以使切削时刀刃能顺利通过小端齿槽，一般取 $B=0.25R \sim 0.35R$，常取 $B=0.3R$。一对直齿锥齿轮的正确啮合条件应为两轮大端的模数、压力角分别相等。

两轴交角 $\Sigma=90°$ 的标准直齿锥齿轮传动的几何尺寸计算公式见表8-8。

标准直齿锥齿轮传动的几何尺寸计算公式　　表8-8

名称	代号	计算公式	
		小齿轮	大齿轮
分锥角	δ	$\delta_1=\arctan\left(\frac{z_1}{z_2}\right)$	$\delta_2=90°-\delta_1$
齿顶高	h_a	$h_a=h_a^* m$	
齿根高	h_f	$h_f=(h_a^*+c^*)m$	
分度圆直径	d	$d_1=mz_1$	$d_2=mz_2$
齿顶圆直径	d_a	$d_{a1}=d_1+2h_a\cos\delta_1$	$d_{a2}=d_2+2h_a\cos\delta_2$
齿根圆直径	d_1	$d_{f1}=d_1-2h_f\cos\delta_1$	$d_{f2}=d_2-2h_f\cos\delta_2$
锥矩	R	$R=\frac{m}{2}\sqrt{z_1^2+z_2^2}$	
齿根角	θ_f	$\tan\theta_f=h_f/R$	
顶锥角	δ_a	$\delta_{a1}=\delta_1+\theta_f$	$\delta_{a2}=\delta_2+\theta_f$
根锥角	δ_f	$\delta_{f1}=\delta_1-\theta_f$	$\delta_{f2}=\delta_2-\theta_f$
顶隙	c	$c=c^* m$	
分度圆齿厚	s	$s=\frac{1}{2}\pi m$	

8.10.4　直齿锥齿轮轮齿受力分析

锥齿轮的轮齿一端大一端小，受力分析时，通常假定载荷集中作用于齿宽中点处。如图8-40所示，轮齿上的总作用力 F_n 位于轮齿齿宽中点的法向平面内。总作用力 F_n 可分解成三个相互垂立的分力，即圆周力 F_t、径向力 F_r 和轴向力 F_a：

$$F_t=\frac{2T_1}{d_{m1}} \tag{8-58}$$

$$F_{r1}=F_t\tan\alpha\cos\delta_1=F_{a2} \tag{8-59}$$

$$F_{a1}=F_t\tan\alpha\sin\delta_1=F_{r2} \tag{8-60}$$

式中：d_{m1}——齿轮1的平均分度圆直径，即：

$$d_m=\frac{R-0.5b}{R}d=d(1-0.5\phi_R) \tag{8-61}$$

圆周力 F_t 的指向在主动轮上与运动方向相反，在从动轮上则与运动方向相同；径向力 F_r 分别指向两轮轮心；轴向力 F_a 均指向轮齿大端。

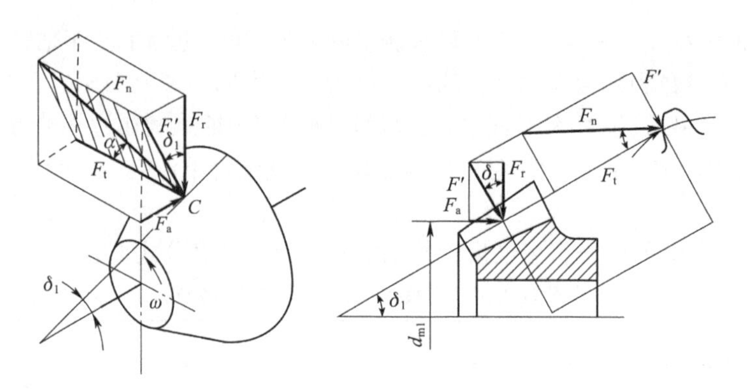

图 8-40　直齿锥齿轮受力分析

8.11　齿轮的结构

当钢制齿轮的根圆直径与轴的直径相差不多时,常将齿轮与轴制成一体,称为齿轮轴,如图 8-41 所示。

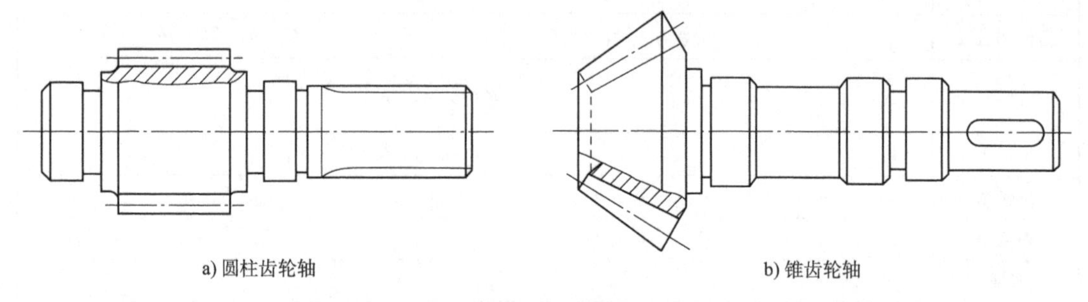

a) 圆柱齿轮轴　　b) 锥齿轮轴

图 8-41　齿轮轴

当钢制齿轮的根圆直径比轴的直径大出两倍齿高时,齿轮宜单独制造。当齿顶圆直径 $d_a \leqslant 160$mm 时,一般可制成实心结构的齿轮,如图 8-42 所示。但是航空产品中的齿轮,虽 $d_a \leqslant 160$mm,却也有做成腹板式的。当齿顶圆直径 $d_a \leqslant 500$mm 时,可做成腹板式结构。为了减轻质量和便于搬运,可在腹板上制出圆孔,如图 8-43 所示。

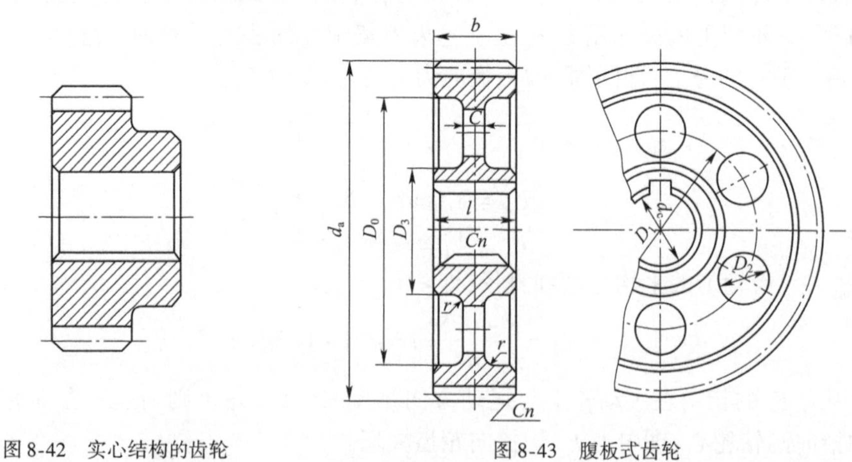

图 8-42　实心结构的齿轮　　图 8-43　腹板式齿轮

当齿顶圆直径 $d_a \geqslant 400 \sim 500$mm 时，因锻造比较困难，宜采用铸钢或铸铁铸造轮坯，常采用轮辐式结构。

思　考　题

8-1　试述渐开线具有哪些特性。

8-2　试述分度圆、节圆、模数、压力角、啮合角、重合度等名称的基本含义。

8-3　试比较正常齿制渐开线标准直齿圆柱齿轮的基圆和齿根圆，在什么条件下基圆大于齿根圆？在什么条件下基圆小于齿根圆？

8-4　渐开线齿轮正确啮合和连续传动的条件是什么？

8-5　为什么要限制最少齿数？对于 $\alpha = 20°$的标准直齿圆柱齿轮，最少齿数 Z 是多少？

8-6　一对正确安装的标准直齿圆柱齿轮传动，其模数 $m = 5$mm，齿数$z_1 = 20$，$z_2 = 100$，试计算这一对齿轮传动各部分的几何尺寸和中心距。

8-7　已知一对标准直齿圆柱齿轮的中心 $a = 120$mn，传动比 $k = 3$，小齿轮齿数$z_1 = 20$。试确定这对齿轮的模数和分度圆直径、齿顶圆直径、齿根圆直径。

8-8　已知两标准齿轮的齿数分别为 20 和 25，而测得其齿顶圆直径均为 216mm，试求两轮的模数和齿顶高系数。

8-9　在一个中心距 $a = 155$mm 的旧箱体内。配上一对齿数$z_1 = 23$，$z_2 = 76$，模数 $m =$ 3mm 的斜齿圆柱齿轮，试问这对齿轮的螺旋角 β 应是多少？

8-10　试根据渐开线特性说明一对模数相等、压力角相等，但齿数不等的渐开线标准直齿圆柱齿轮，其分度圆齿厚、齿顶圆齿厚和齿根圆齿厚是否相等，哪一个较大？

8-11　试设计一对外啮合圆柱齿轮，已知$z_1 = 21$，$z_2 = 32$，$m_n = 2$mm，实际中心距为 55mm，问：

(1)该对齿轮能否采用标准直齿圆柱齿轮传动？

(2)若采用标准斜齿圆柱齿轮传动来满足中心距要求，其分度圆螺旋角 β，分度圆直径 d_1、d_2 和节圆直径d_1'、d_2'各为多少？

8-12　已知一对等顶隙收缩齿渐开线标准直齿圆锥齿轮的 $\Sigma = 90°$，$z_1 = 17$，$z_2 = 43$，$m_e = 3$mm，试求分度圆锥角、分度圆直径、齿顶圆直径、齿根圆直径、外锥距、齿顶角、齿根角、顶锥角、根锥角和当量齿数。

8-13　试说明齿轮几种主要失效形式产生的原因。

8-14　单级闭式直齿圆柱齿轮传动中，小齿轮的材料为 45 钢调质处理，大齿轮的材料为 ZG270-500 正火，$P = 4$kW，$n_1 = 720$r/min，$m = 4$mm，$z_1 = 25$，$z_2 = 73$，$b_1 = 84$mm，$b_2 = 78$mm，单向传动，载荷有中等冲击，用电动机驱动，试验算此单级传动的强度。

8-15　已知闭式直齿圆柱齿轮传动的传动比 $i = 4.6$，$n_1 = 730$r/min，$P = 30$kW，长期双向转动，载荷有中等冲击，要求结构紧凑。$z_1 = 27$，大、小齿轮都用 40Cr 表面淬火，试计算此单级传动的强度。

8-16　已知单级闭式斜齿轮传动 $P = 10$kW，$n_1 = 1210$r/min，$i = 4.3$，电动机驱动，双向传动，中等冲击载荷，设小齿轮用 40MnB 调质，大齿轮用 45 钢调质，$z_1 = 21$，试计算此单级斜齿轮传动。

8-17　某开式直齿圆锥齿轮传动载荷均匀，用电动机驱动，单向转动，$P = 1.9\text{kW}$，$n_1 = 10\text{r/min}$，$z_1 = 26$，$z_2 = 83$，$m_e = 8\text{mm}$，$b = 90\text{mm}$，小齿轮材料为45钢调质，大齿轮材料为ZG310-570正火，试验算其强度。

8-18　试画出作用在斜齿轮3和锥齿轮2上的圆周力F_t、轴向力F_a、径向力F_r的作用线和方向。

第9章　轮系和减速器

9.1　轮系的概念

前面我们已经学习了一对齿轮的相关知识。但实际工程中,主动轴与从动轴间的距离可能相距较远,或出于需要有较大的传动比等原因,常采用一系列相互啮合的齿轮将主动轴与从动轴连接起来,这种由一系列齿轮所组成的传动系统,称为轮系。

如图9-1所示,在高速挖掘机中,将电动机装在变速器主动轴上,通过变速器中的齿轮传动机构,使电动机的输出转速得以降低,从而提高了从动轴输出的转矩,增加了克服负载的能力,高速挖掘机的变速器齿轮传动机构就是典型的轮系。

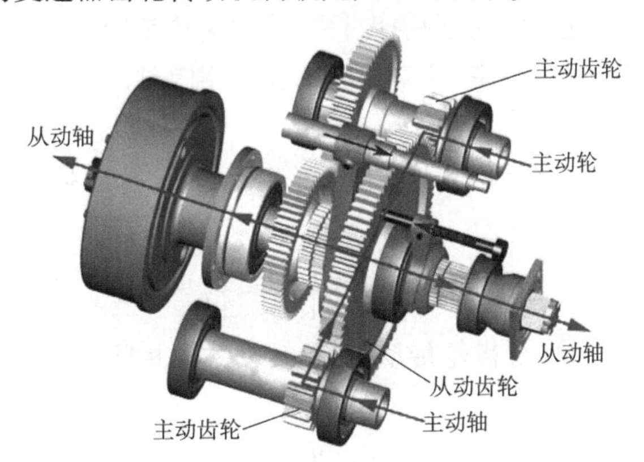

图9-1　高速挖掘机变速器齿轮传动机构

其他方面,如机床、仪表、工业生产设备中,为了获得不同的转速,常常也需要采用轮系。

9.2　轮系的分类

根据轮系运动时各轮轴线的相对位置是否固定,可将轮系分为定轴轮系和周转轮系两大类。

1)定轴轮系

运动时,所有齿轮的轴线位置相对于机架的位置都固定不变的轮系,称为定轴轮系,如图9-2所示。

2)周转轮系

运动时,至少有一个齿轮的轴线围绕着其他齿轮的轴线转动的轮系,称为周转轮系,如图9-3所示。

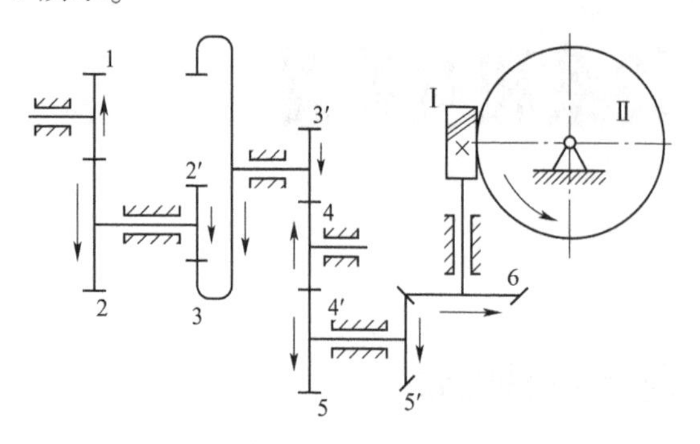

图9-2　定轴轮系

1,2-外啮合圆柱齿轮;2′,3′-内啮合圆柱齿轮;3′,4-外啮合圆柱齿轮;4′,5-外啮合圆柱齿轮;5′,6-圆锥齿轮

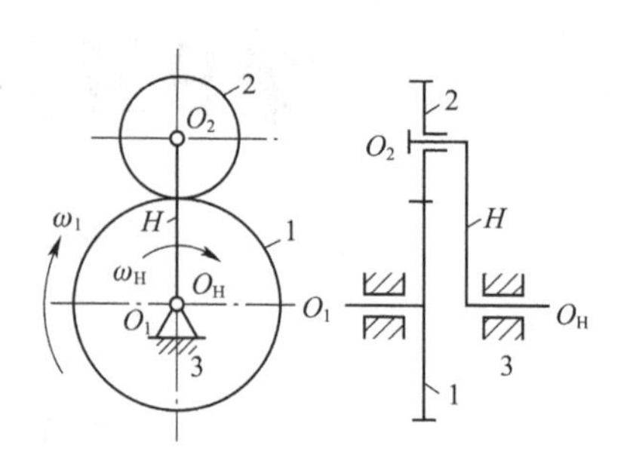

图9-3　周转轮系

1-中心轮;2-行星轮;3-机架

9.3　定轴轮系及其传动比

轮系中主动轴与从动轴的转速(角速度)之比,称为轮系的传动比。在计算轮系传动比时规定,对于轴线平行的轮系,当主、从动齿轮的转向相同时,传动比为正值;当两轮的转向相反时,传动比为负值。

图9-4a)所示为一对外啮合齿轮传动,两轮转动方向相反,如箭头所示,其传动比为负值,故:

$$i_{12}=\frac{\omega_1}{\omega_2}=\frac{n_1}{n_2}=-\frac{z_2}{z_1}$$

图9-4b)所示为一对内啮合齿轮传动,两轮转动方向相同,如箭头所示,其传动比为正值,故:

$$i_{12}=\frac{\omega_1}{\omega_2}=\frac{n_1}{n_2}=+\frac{z_2}{z_1}$$

式中:n_1、ω_1、z_1,n_2、ω_2、z_2——齿轮1和齿轮2的转速、角速度和齿数。

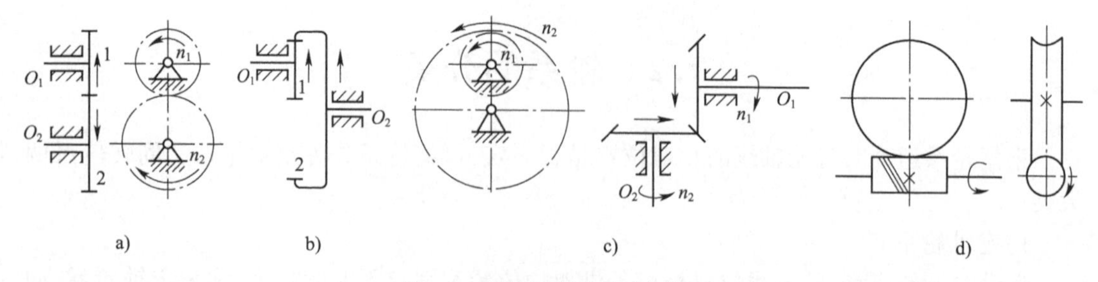

图9-4　定轴轮系的齿轮转动方向

齿轮传动中两个齿轮的转向也可用箭头表示,当两箭头反向时,传动比为负;两箭头同

向时，传动比为正。对于图9-4c)所示中的锥齿轮传动，由于其两轴不平行，不能用正、负号表示，故只能用画箭头的方法表示各轮的转向。

对于图9-4d)所示的蜗轮蜗杆传动，蜗轮的转动方向既与蜗杆的转向有关，还与蜗杆的螺旋线方向有关，可遵照右手规则进行判定：将蜗杆视为螺杆，蜗轮视为螺母，图中为右旋蜗杆，按图示方向转动，将拇指伸直，其余四指握紧拳头，将四指的弯曲方向与蜗杆转动方向一致，则拇指的指向(向左)即是螺杆相对螺母前进的方向。按照相对运动原理，螺母相对螺杆的运动方向应与此相反，故蜗轮上的啮合点应向右运动从而使蜗轮顺时针转动。同理，对于左旋蜗杆，则应依据左手规则按上述方法进行判断。

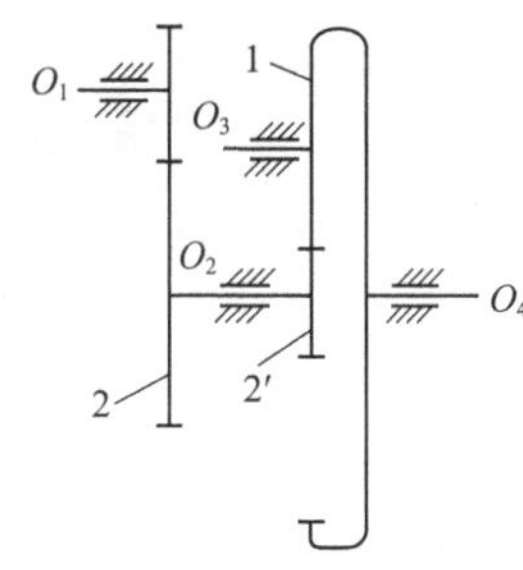

图9-5　定轴轮系
1,2,2′-齿轮

对于图9-5所示的定轴轮系，如何来计算其主动轴O_1与从动轴O_4之间的传动比i_{14}呢？若要计算i_{14}，应首先计算轮系中各对齿轮的传动比，从图中可知，它们分别为：

$$i_{12}=\frac{\omega_1}{\omega_2}=\frac{n_1}{n_2}=-\frac{z_2}{z_1}$$

$$i_{2'3}=\frac{\omega_{2'}}{\omega_3}=\frac{n_{2'}}{n_3}=-\frac{z_3}{z_{2'}}$$

$$i_{34}=\frac{\omega_3}{\omega_4}=\frac{n_3}{n_4}=\frac{z_4}{z_3}$$

将以上各式顺序连乘，则得

$$i_{12}i_{2'3}i_{34}=\frac{\omega_1}{\omega_2}\cdot\frac{\omega_{2'}}{\omega_3}\cdot\frac{\omega_3}{\omega_4}=\frac{n_1}{n_2}\cdot\frac{n_{2'}}{n_3}\cdot\frac{n_3}{n_4}=\left(-\frac{z_2}{z_1}\right)\left(-\frac{z_3}{z_{2'}}\right)\left(\frac{z_4}{z_3}\right)$$

由于齿轮2与2′通过轴O_2固定在一起，$n_2=n_{2'}$，故：

$$i_{14}=\frac{\omega_1}{\omega_4}=\frac{n_1}{n_4}=i_{12}i_{2'3}i_{34}=(-1)^2\frac{z_2\ z_3z_4}{z_1\ z_{2'}z_3}$$

即，定轴轮系的传动比，等于组成该轮系的各对齿轮传动比的连乘积；输出轴的转向，决定于轮系中外啮合齿轮的对数，若为偶数则输出轴与输入轴同向，若为奇数则输出轴与输入轴反向。此外，齿轮3在轮系中既为主动轮又为从动轮，在上式中两个z_3可以消去，对轮系传动比大小没有影响，但该齿轮影响传动比的符号(或转向)。这种仅影响轮系转向的齿轮，称为惰轮。

一般地，若定轴轮系的首轮以1表示，末轮用k表示，圆柱齿轮外啮合的对数为m，则其总传动比可用下式表示：

$$i_{1k}=\frac{\omega_1}{\omega_k}=\frac{n_1}{n_k}=(-1)^m\cdot\frac{\text{各从动轮齿数的连乘积}}{\text{各主动轮齿数的连乘积}}\tag{9-1}$$

【例9-1】　图9-5中的定轴轮系，已知各齿轮齿数分别为：$z_1=30$，$z_2=60$，$z_{2'}=20$，$z_3=40$，$z_4=100$，求传动比i_{14}。

解：题中外啮合的齿轮为两对，则$m=2$，根据式(9-1)可得：

$$i_{14}=(-1)^2\cdot\frac{z_2\ z_3z_4}{z_1\ z_{2'}z_3}=\frac{60\times40\times100}{30\times20\times40}=10$$

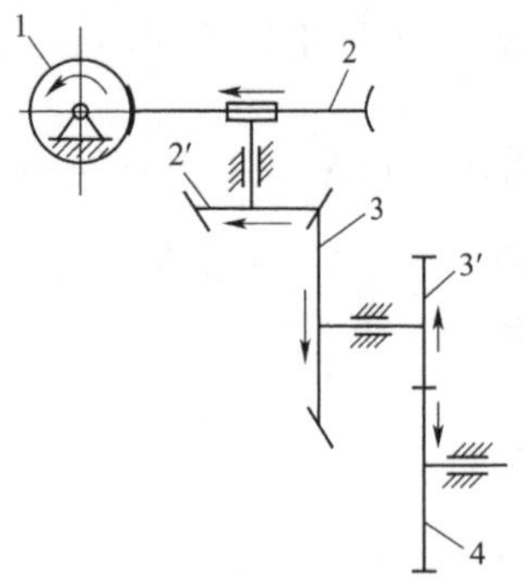

图 9-6 轴线不平行的定轴轮系
1-蜗杆;2-蜗轮;2′,3,3′,4-齿轮

对于图 9-6 中的定轴轮系,包含圆锥齿轮、蜗轮蜗杆等轴线不平行的空间齿轮,传动比大小仍可用式(9-1)来计算,但由于空间齿轮轴线不平行,不能用正、负号表示转向关系,上式中的 $(-1)^m$ 就不再适用了,故只能用箭头表示转向。

【例 9-2】 图 9-6 所示的定轴轮系由圆柱齿轮、圆锥齿轮和蜗杆蜗轮等组成。已知各齿轮齿数分别为 $z_1=2, z_2=45, z_{2'}=z_{3'}=15, z_3=z_4=30$。若蜗杆 1 为主动轮,采用右旋蜗杆,其转速 $n_1=1800\text{r/min}$,试计算齿轮 4 的转速和转向。

解:图中既有圆锥齿轮,又有蜗轮蜗杆传动,因此,不考虑转动方向,根据式(9-1)可得:

$$i_{14}=\frac{n_1}{n_4}=\frac{z_2\ z_3z_4}{z_1\ z_{2'}z_{3'}}=\frac{45\times30\times30}{2\times15\times15}=90$$

$$n_4=\frac{n_1}{i_{14}}=\frac{1800}{90}\text{r/min}=20\text{r/min}$$

当蜗杆 1 按逆时针方向转动时,蜗轮 2,齿轮 2′、3、3′及齿轮 4 的转向如图 9-6 中箭头所示。

9.4 周转轮系及其传动比

9.4.1 周转轮系的组成

图 9-7a)所示的轮系,由于齿轮 2 的轴线 O_2 可以围绕齿轮 1、3 及系杆 H 的几何轴线 O_1、O_3、O_H 转动,故称为周转轮系。空套在系杆 H 上的齿轮 2 一方面绕自己的轴线回转,同时又随着系杆 H 绕固定轴线 O_H 转动,其运动如同行星的运动,故称之为行星轮。与行星轮相啮合、几何轴线 O_1、O_3 固定的齿轮 1 和 3 称为中心轮(太阳轮)。支承行星轮、绕自身固定几何轴线回转的构件 H 称为系杆(也称为行星架)。中心轮和系杆称为周转轮系的基本构件,基本构件的轴线必须互相重合。

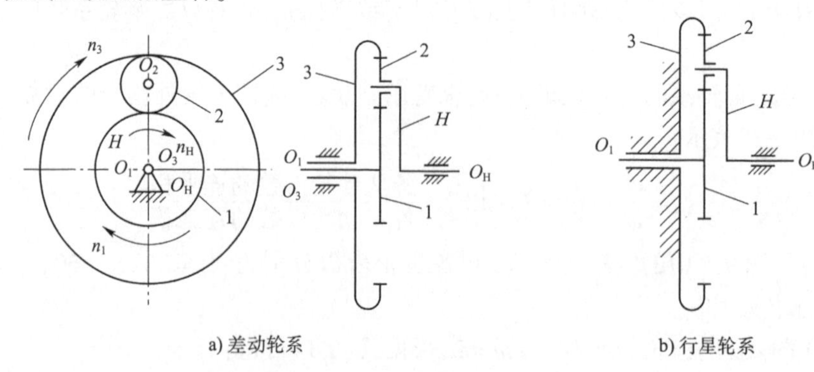

图 9-7 周转轮系的基本形式
1,2,3-齿轮

周转轮系按其自由度的数目又可分为两种基本类型,即差动轮系和行星轮系。

(1)差动轮系。自由度数为2的周转轮系称为差动轮系。

如图9-7a)所示,此周转轮系的两个中心轮都能转动,其活动构件数 $n=4$,低副数$p_L=4$,高副数$p_H=2$,其自由度则为:$F=3\times4-2\times4-2=2$,该轮系为差动轮系。轮系中有三个基本构件,当两个构件的运动确定时,可明确第三者的运动,此轮系若要产生确定运动,必须有两个原动件。

(2)行星轮系。自由度数为1的周转轮系称为行星轮系。

如图9-7b)所示,将轮系中一个中心轮固定,变化后的轮系即为行星轮系,该轮系中心轮3固定,只有中心轮1可以转动,则其活动构件数 $n=3$,低副数$p_L=3$,高副数$p_H=2$,则其自由度为 $F=3\times3-2\times3-2=1$。因此,行星轮系要有确定的运动,只需有一个原动件。

9.4.2 周转轮系的传动比

周转轮系在转动时,行星轮不仅围绕着自身轴线自转,还围绕着其他齿轮的轴线公转,因而行星轮的运动是其自转与公转的复合转动,各活动构件之间的传动比大小和方向不能直接用定轴轮系的方法进行求解。根据相对运动的原理,若对周转轮系的各构件都附加一个额外的转动"$-n_H$",则各构件间的相对运动关系仍然保持不变。故对图9-7a)所示周转轮系的各构件都附加一转速为"$-n_H$"的转动,使系杆 H 相对固定不动,这样周转轮系就转化成了定轴轮系。转化后的定轴轮系称之为行星轮系的转化轮系。转化前后轮系中各个构件的转速见表9-1。

转化前后周转轮系各构件的转速情况 表9-1

构件	各构件齿数	各构件原来转速	附加 $-n_H$转化后各构件的转速
1	Z_1	n_1	$n_1^H=n_1-n_H$
2	Z_2	n_2	$n_2^H=n_2-n_H$
3	Z_3	n_3	$n_3^H=n_3-n_H$
H	—	n_H	$n_H^H=n_H-n_H=0$

根据传动比的定义,由表9-1可知,转化轮系中轮1和轮3的传动比i_{13}^H为:

$$i_{13}^H=n_1^H/n_3^H=\frac{n_1-n_H}{n_3-n_H}=-\frac{z_3}{z_1}$$

需要注意的是,i_{13}和i_{13}^H的物理含义不同,前者是两轮间的真实传动比,后者是假想的转化轮系中两轮传动比。推广至一般情形,对于周转轮系中的任意两个齿轮,例如轮 i 和轮 k,两轮间传动比为:

$$i_{ik}^H=\frac{n_i-n_H}{n_k-n_H}=(-1)^m\cdot\frac{\text{轮 } i \text{ 至轮 } k \text{ 间所有从动轮齿数的乘积}}{\text{轮 } i \text{ 至轮 } k \text{ 间所有主动轮齿数的乘积}} \tag{9-2}$$

上式中已反映了行星轮系中轮 i、轮 k 和系杆 H 的转速间的关系。若各轮齿数已知,当n_i、n_k及n_H三个参数中给定任意两个,则可由上式求出第三个,从而可以确定行星轮系有关构件间的传动比。

若周转轮系固定一个中心轮(设为轮 k),则该轮系成为行星轮系,因$n_k=0$,由式(9-2)可得:

$$i_{ik}^{H}=\frac{n_i-n_H}{0-n_H}=1-i_{iH}=(-1)^m\cdot\frac{\text{轮 }i\text{ 至轮 }k\text{ 间所有从动轮齿数的乘积}}{\text{轮 }i\text{ 至轮 }k\text{ 间所有主动轮齿数的乘积}} \tag{9-3}$$

应用式(9-2)、式(9-3)计算时需要注意如下几个问题：

(1)n_i、n_k、n_H是相应构件在平行平面内的转速，即轮 i、轮 k 和系杆 H 的轴线互相平行。

(2)转化轮系中，从 i 到 k 的齿轮转向，可用画箭头方法确定，转向相同时，i_{ik}^{H}为正值，转向相反时，i_{ik}^{H}为负值。

(3)周转轮系若存在锥齿轮，由于其行星轮与中心轮的轴线不平行，所以行星轮的转速不能用前面的两式求解，而只适用于求其中心轮之间或中心轮与系杆之间的传动比。

【例 9-3】 图 9-7b)所示的行星轮系，已知各齿轮的齿数分别为$z_1=30$，$z_2=15$，$z_3=60$。试计算中心轮 1 和系杆 H 之间的传动比i_{1H}。

解：根据式(9-3)可得：

$$i_{1k}^{H}=1-i_{1H}=(-1)\frac{z_2\cdot z_3}{z_1\cdot z_2}=-\frac{60}{30}=-2$$

故

$$i_{1H}=1-i_{1k}^{H}=1-(-2)=3$$

9.5 轮系的工程应用

现实工程中的机械装置中广泛地采用了各种轮系，其主要用途分述如下。

9.5.1 实现远距离传动

机械传动设备中，当两个轴之间相距较远时，若仅用一对齿轮来传动(图 10-8 中双点划线所示)，则两轮的尺寸将很大，不仅给制造、安装等带来不便，而且浪费材料和造成传动装置的尺寸过大。如果改用图中实线所示的四个尺寸比较小的齿轮组成的轮系，则可避免上述缺点，如图 9-8 所示。

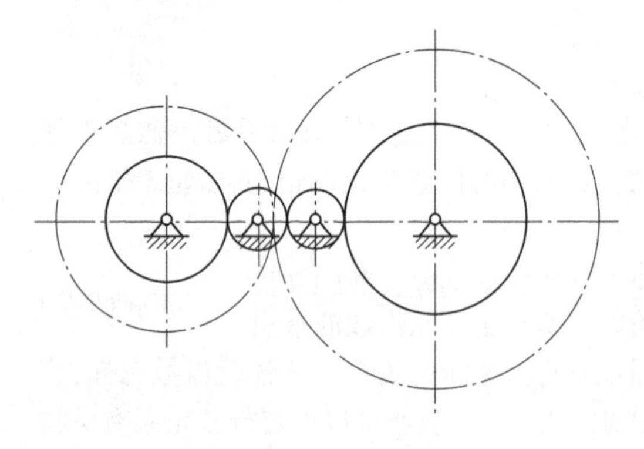

图 9-8 相距较远的两轴传动

9.5.2 实现大传动比

当两轴之间需要有较大的传动比时，如果仅用一对齿轮传动(图 9-9 中双点画线所示)，不仅外廓尺寸过大，而且小齿轮也容易损坏。但若采用一系列相互啮合的定轴轮系齿轮传动(图 9-9 中实线所示)，就可以在各轮直径和齿数相差不太大的条件下得到大的传动比。但由于定轴轮系轴和齿轮的数量增多，会导致轮系结构复杂。若采用行星轮系，则只需要很少几个齿轮，就可获得很大的传动比，如图 9-10 所示轮系。此种轮系可用在仪表中用于测量转速或作为精密的微调机构。

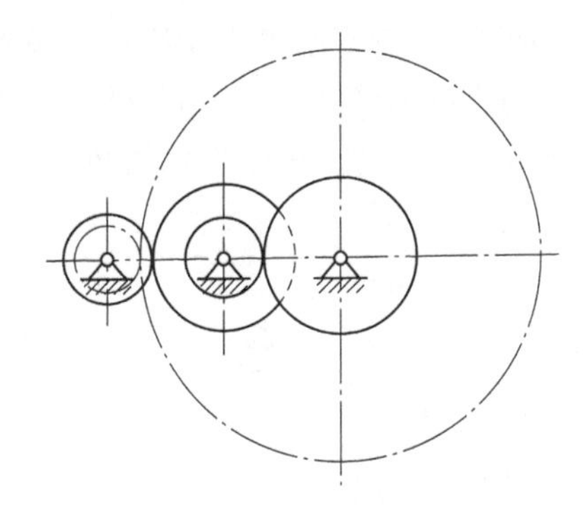

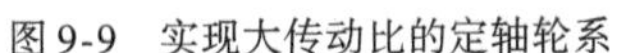

图 9-9　实现大传动比的定轴轮系

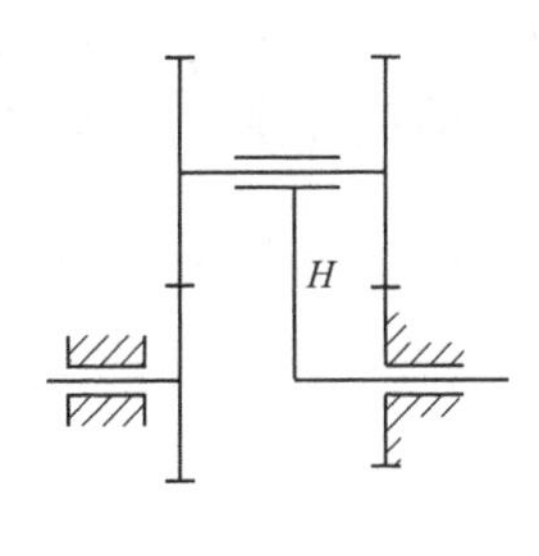

图 9-10　大传动比减速器的行星齿轮系

9.5.3　改变动力的传递转向

当机械传动设备中主动轴的转向方向固定，从动轴的转动要求正、反向转换时，可采用图 9-11 所示的定轴轮系。当齿轮 2 和 3 处于实线所处位置时，主动齿轮 1 的转动经过中间齿轮 2、3 传到从动齿轮 4 时，轮 4 的转向与轮 1 相反；若逆时针方向转动构件 *A* 时，使中间轮 2、3 处于点画线位置，轮 2 与轮 1 不啮合，则主动轮 1 的转动经轮 3 传到从动轮 4，使轮 4 与轮 1 转向相同，从而使从动轴的转向实现了正、反向转动。

9.5.4　实现变速传动

当主动轴的转速不变时，利用轮系，可使从动轴根据工作需要获得多种不同的转速，机械、车辆、机床、起重设备等都需要这种变速传动。如图 9-12 所示的变速器，图中轴 Ⅰ 为动力输入轴，转速不变，轴 Ⅱ 为动力输出轴，2、4 为可滑动的齿轮，A、B 为齿套式离合器，该变速器可使输出轴得到三种正转速度和一种反转速度。当齿轮 2 与 5 啮合而齿轮 3、4 及离合器 A、B 均脱离，汽车低速前进，为低速挡；当齿轮 4 与 3 啮合而齿轮 5、6 及离合器 A、B 均脱离时为中速挡；当离合器 A、B 相结合而齿轮 3、4 及齿轮 5、6 均脱离时为高速挡；当齿轮 6 与 1 啮合而齿轮 3、4 及离合器 A、B 均脱离，此时由于轮 8 的作用，输出轴 Ⅱ 反转，汽车将以低速倒车。

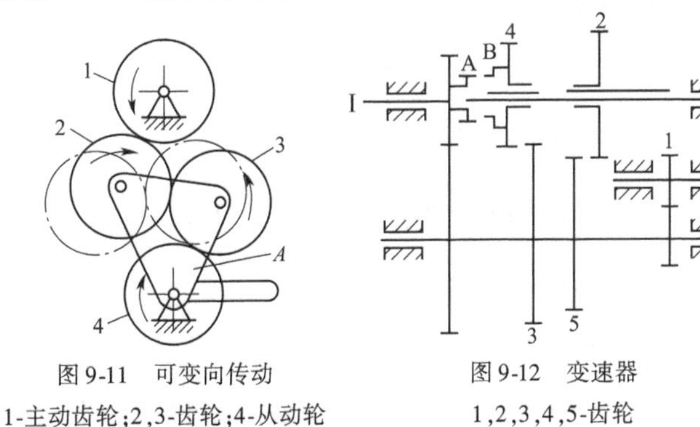

图 9-11　可变向传动

1-主动齿轮；2，3-齿轮；4-从动轮

图 9-12　变速器

1，2，3，4，5-齿轮

9.5.5　实现运动的合成与分解

合成运动是将两个（或两个以上）输入运动合成为一个输出运动，分解运动是将一个输入运动分解为两个输出运动，合成运动和分解运动可用差动轮系来实现。

【例 9-4】 图 9-13 为汽车后桥差速器的结构示意图,主要由锥齿轮组成。齿轮 1 由发动机驱动,若其转速n_1 保持不变,当汽车转弯时,差速器能使两后轮以相同转速或不同的转速转动,以实现汽车直线行驶或转弯。若$z_3 = z_4$,试求汽车转弯时两个后轮的转速n_3和n_4。

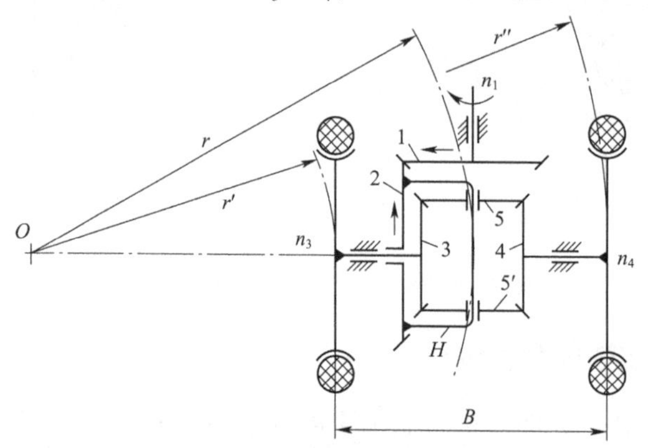

图 9-13 后桥差速器结构示意图

1,2,3,4-齿轮;5,5′-行星齿轮

解:此例为差动轮系实现运动分解的实例。当汽车转向时,发动机传来的运动n_1 通过齿轮 1,以不同的转速分别传递给左右两车轮。由图中可知,齿轮 3、4 分别与左、右两侧车轮连接,其转速分别为n_3、n_4。中心齿轮 1、2 与行星齿轮 5、5′同时啮合。5 与 5′齿数相同且空套在系架杆 H 上,具有相同的作用,因此可只分析其中一个行星轮。系架杆 H 与齿轮 2 连接,其转速为n_{H}。由此可知,齿轮 1 和 2 组成了定轴轮系;而齿轮 3、4、5、5′与系架杆 H 共同组成了差动轮系,因此,称为混合轮系。计算混合轮系的传动比时,先将该轮系分解为定轴轮系、周转轮系,再分别计算其各自的传动比,最后联立求解。

汽车在平坦路面上直线行驶时,左右两侧车轮滚过的距离相等,所以转速也相同。

对于定轴轮系:

$$i_{12} = \frac{n_1}{n_2} = \frac{z_2}{z_1}$$

故

$$n_2 = n_1 \frac{z_1}{z_2} \tag{9-4}$$

对于差动轮系,因$n_{\mathrm{H}} = n_2$,由式(9-2)得:

$$i_{34}^{\mathrm{H}} = \frac{n_3 - n_2}{n_4 - n_2} = -\frac{z_4}{z_3} = -1$$

故

$$n_2 = \frac{n_3 + n_4}{2} \tag{9-5}$$

当汽车绕其瞬时转向中心 O 点转向时,左、右两侧车轮的转向半径分别为 r'和 r''。为减少车轮与地面间的摩擦,两侧车轮应做纯滚动,故其转速不同,两侧车轮的转速与其转向半径成正比,即:

$$\frac{n_3}{n_4} = \frac{r'}{r''} = \frac{r'}{r' + B} \tag{9-6}$$

当发动机输入给后桥的转速是n_1，轮距B及转向半径的r'已知时，解联立方程式(9-4)、式(9-5)和式(9-6)，即可得到汽车转向时，两个后轮的转速为：

$$n_3 = \frac{(r-B)z_1}{r z_2}n_1, n_4 = \frac{(r+B)z_1}{r z_2}n_1 \tag{9-7}$$

可见，汽车在转向时，差速器可将输入转速n_1分解为两个后轮的转速n_3和n_4，差动轮系的可分解运动的特性，在机械、车辆、飞机等动力传动中得到广泛应用。

9.6 减 速 器

减速器是安装在原动机和工作机(或称执行机构)之间的一种动力传递机构，利用轮系的速度转换功能，将原动机的转速减到所需要的转速，并提高输出的转矩。而在某些场合，减速器可用来增加转速，降低转矩，则称之为增速器。

减速器中的传动机构通常是封闭在刚性壳体内的齿轮传动、蜗杆传动、齿轮-蜗杆传动等所组成的独立部件，在现代机械中应用极为广泛。某些类型的减速器已有标准系列产品，可以根据所需传递的传动比、功率、转速、工作条件及在机械总体布置中的要求等，参阅有关产品目录或机械设计手册选用。若选择不到适当的标准减速器，则可自行设计制造。

9.6.1 减速器类型

减速器是一种相对精密的机械，使用它的目的是降低转速，增加转矩。减速器种类繁多，型号各异，不同种类有不同的用途。

按照传动类型可分为定轴齿轮减速器、行星齿轮减速器，本节主要介绍定轴齿轮减速器。

按照齿轮传动的形式可分为圆柱齿轮减速器[图9-14a)～图9-14d)]、锥齿轮减速器[图9-14e)]、圆锥-圆柱齿轮减速器[图9-14f)]、蜗杆减速器[图9-14g)]和蜗杆-圆柱齿轮减速器[图9-14h)]。

按照传动的级数不同可分为单级[图9-14a)、图9-14e)、图9-14g)]、两级[图9-14b)～图9-14d)、图9-14f)、图9-14h)]、三级和多级减速器等。

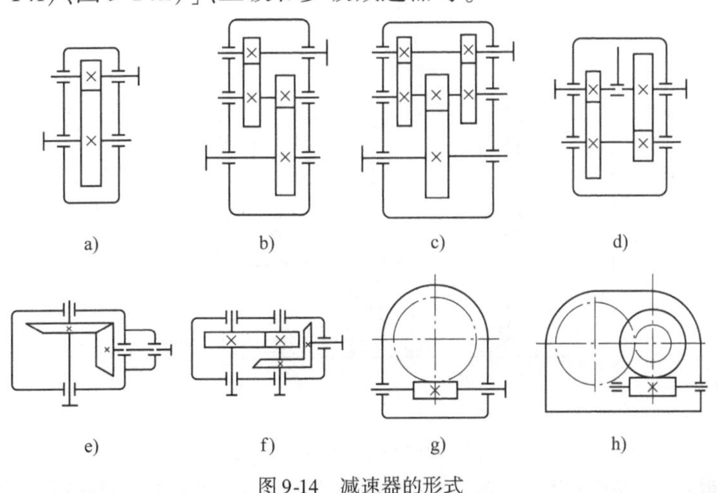

图9-14　减速器的形式

单级圆柱齿轮减速器的传动比一般小于10～11。若传动比过大,主、从动齿轮的直径将相差很大,减速器的外廓尺寸会很大,同时重量也将很大,因此若传动比大于10～11,应选用两、三级乃至多级($i>40$)的减速器。

两级和两级以上圆柱齿轮减速器的传动布置形式有展开式、分流式和同轴式等。

展开式减速器较简单,轴向尺寸较小,其缺点是齿轮对两轴承的位置不对称,会引起载荷沿齿宽分布不均匀。

分流式减速器则由于其齿轮两侧的轴承对称布置,故载荷沿齿宽的分布情况较展开式大为改善。这种减速器的高速级齿轮常采用斜齿,且一为右旋,一为左旋,轴向力能互相平衡。

同轴式减速器因其输入轴和输出轴在同一轴线上,故减速器的径向尺寸紧凑,但其轴向尺寸较大。另外,其中间轴较长,易使载荷沿齿宽分布不均匀。

各种减速器的结构形式和特点可参阅有关机械设计手册。

9.6.2 减速器的结构

减速器主要由齿轮(或蜗轮)、轴、轴承、箱体及若干附件组成。图9-15所示为一单级圆柱齿轮减速器的构造。

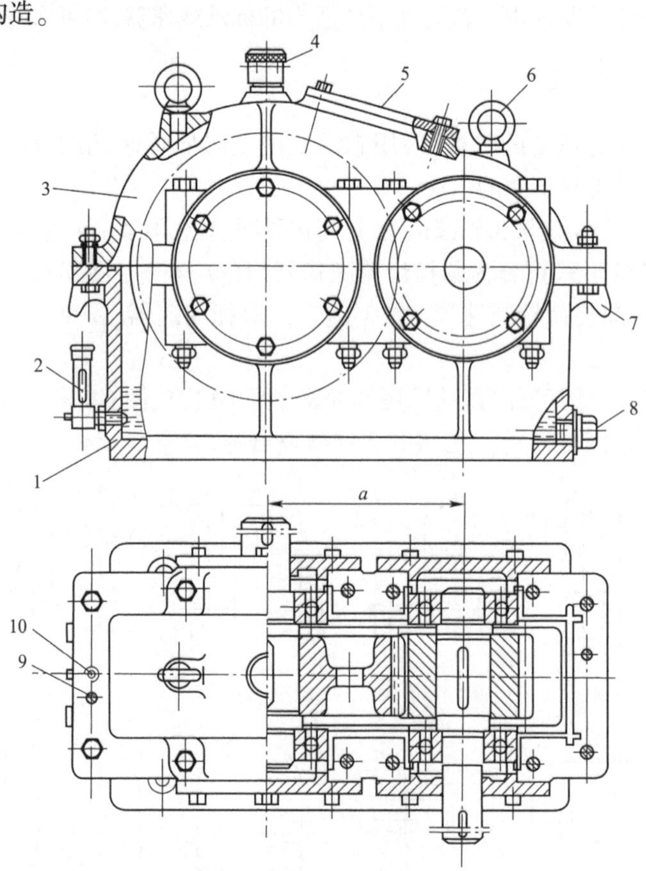

图9-15 单级圆柱齿轮减速器的结构

1-箱座;2-油面指示器;3-箱盖;4-透气孔;5-检查孔盖;6-吊环螺钉;7-吊钩;8-油塞;9-定位圆锥销;10-起盖螺钉孔

为提高减速器的整体强度与刚性，减速器的箱体通常采用铸铁铸造而成，重型的减速器可用铸钢铸造，小批量或单件生产时可用钢板焊接而成。

为保证各齿轮轴线的正确安装位置，箱体上的轴承孔的加工需要满足一定的精度要求。箱体要有足够的刚度，以免减速器工作时产生过大的变形。为提高减速器的刚度及散热面积，箱体外侧常设有加强肋。

减速器箱体通常设计成部分剖分式结构，即分成箱盖与箱座两部分，箱盖与箱座之间用螺栓连接成一体，并用两个圆锥销保证精确定位。为使螺栓和螺母连接时能与箱体的支承面很好地接触，螺栓的安装位置应尽量地靠近轴承。

箱盖上常设置检查孔，是为检查箱内齿轮的啮合情况及方便加注润滑油。减速器工作时，箱内温度会升高，这将使箱内空气压力增加，润滑油有可能从剖分面处溢出，因此，在箱盖顶部常开有通气孔，使箱内外空气自由流通。

为了便于拆卸箱盖，在箱盖凸缘上另开有两个起盖螺钉孔，拆卸箱盖时拧入启盖螺钉，即可将箱盖顶起来。为便于检查箱内油面高低。箱座上装有油面指示器，为更换润滑油方便，在箱座下部开有放油孔，平时用油塞堵住。

大型减速器可采用滑动轴承，其承载能力强，噪声小，寿命长；而中小型减速器中常采用滚动轴承，其具有结构简单、润滑方便、径向间隙小、旋转精度较高、效率高、发热量小以及批量生产等等优点。

9.6.3 减速器的润滑

齿轮的圆周速度 $v<12\text{m/s}$ 的减速器一般采用浸油润滑方式。为减少齿轮运动阻力和搅油引起的油温过高，齿轮浸到油中的深度以 1 ~ 2 个齿高为宜。转速高齿轮应浅一些，但不小于 10mm。速度较低(0.5 ~ 0.11m/s)时，允许浸入深一些，可达 1/6 ~ 1/3 个齿轮半径。

对于多级减速器[图 9-16a)]，为避免低速齿轮浸入油中过深，可采用图 9-16b)所示浸油齿轮结构，通过浸油轮 W 进行浸油润滑。

对于啮合齿轮线速度 $v>12\text{m/s}$ 的齿轮减速器，不宜采用浸油润滑，可用图 9-17 所示的压力喷油润滑，即将润滑油喷入齿轮啮合区域进行润滑，该种方式结构复杂，成本高。

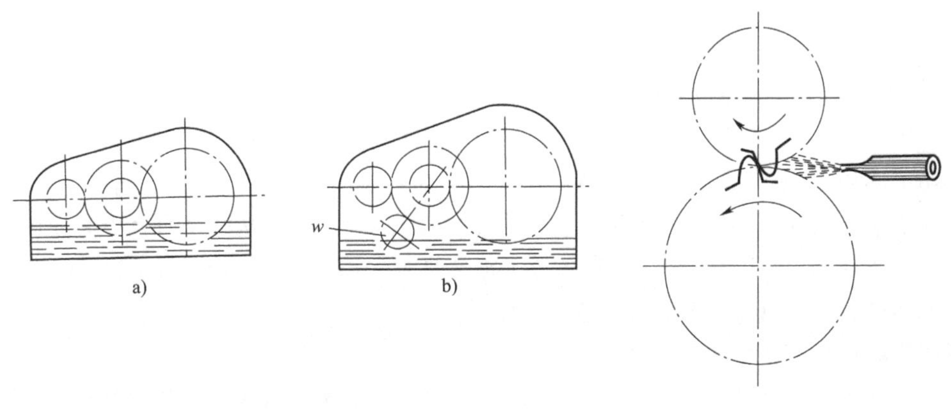

图 9-16 浸油润滑

图 9-17 喷油润滑

对于啮合齿轮线速度大于1.5~3m/s的减速器,其滚动轴承可用飞溅润滑方式,把飞溅到箱盖上的油汇集到箱座剖分面的油沟中,然后流进轴承进行润滑。圆周速度较低时,飞溅的油量不足,这时轴承需另用润滑脂润滑。

思 考 题

9-1 何为轮系?机械设备中为何要采用轮系?

9-2 定轴轮系分成几种类型,传动比如何计算?怎样确定从动轴的转向?

9-3 周转轮系分成哪几种类型?其基本构件是什么?如何确定周转轮系传动的方向?

9-4 图9-18所示为钟表的传动机构。已知其中各齿轮的齿数为$z_1=72$,$z_2=12$,$z_{2'}=64$,$z_{2''}=z_3=z_4=8$,$z_{3'}=60$,$z_5=z_6=24$,$z_{5'}=6$。试计算分针m和秒针s之间的传动比i_{ms},时针h和分针m之间的传动比i_{hm}。

9-5 图9-19所示为一手动提升机构。已知齿轮1、2的齿数为$z_1=20$,$z_2=40$,蜗杆2′的头数$z_{2'}=2$(右旋),蜗轮3的齿数$z_3=120$,与蜗轮连接的鼓轮ω的直径$d_\omega=0.2$m,手柄A的半径$r_A=0.1$m,齿轮传动和蜗杆传动的效率分别为0.95和0.114。当需要提升的物品重量$F_Q=20$kN时,试计算作用在手柄A上的力F。

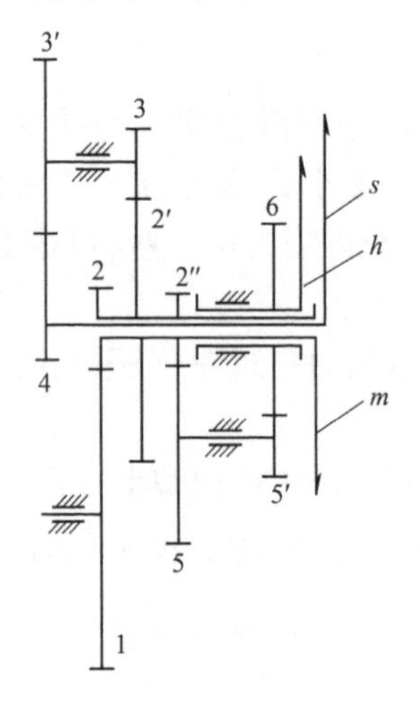

图9-18 习题9-4图

1,2,2′,3,4,5,5′,6-齿轮

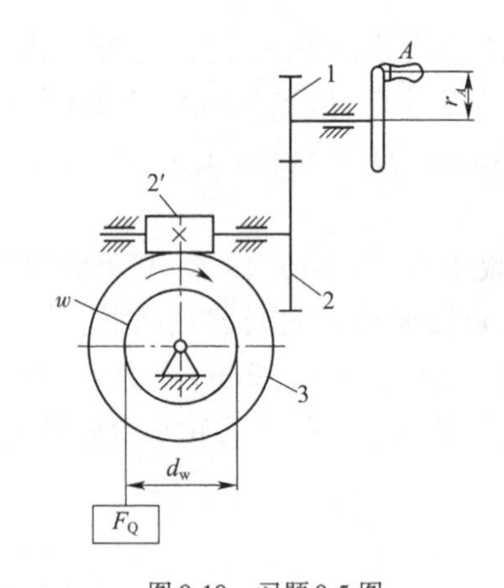

图9-19 习题9-5图

1,2-齿轮;2′-蜗杆;3-蜗轮;w-鼓轮;A-手柄

9-6 图9-20所示差动轮系中,各轮的齿数为:$z_1=16$,$z_2=24$,$z_{2'}=20$,$z_3=60$。已知$n_1=200$r/min,$n_3=50$r/min,试分别求当n_1和n_3转向相同或反时,系杆H转速的大小和方向。

9-7 图9-21所示为一电动卷扬机行星减速机构。已知各轮齿数为$z_1=24$,$z_2=52$,$z_{2'}=21$,$z_3=z_4=78$,$z_{3'}=18$,$z_5=30$。试计算传动比i_{14}。

9-8 减速器有哪些主要形式?

9-9 试说明图9-15所示单级圆柱齿轮减速器的基本构造及各个零件的作用,并指出该减速器中哪些部分需要润滑。

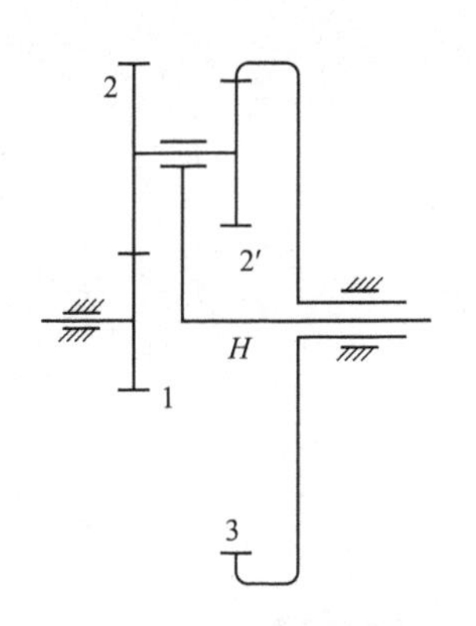

图9-20　习题9-6图
1,2,2′,3′-齿轮

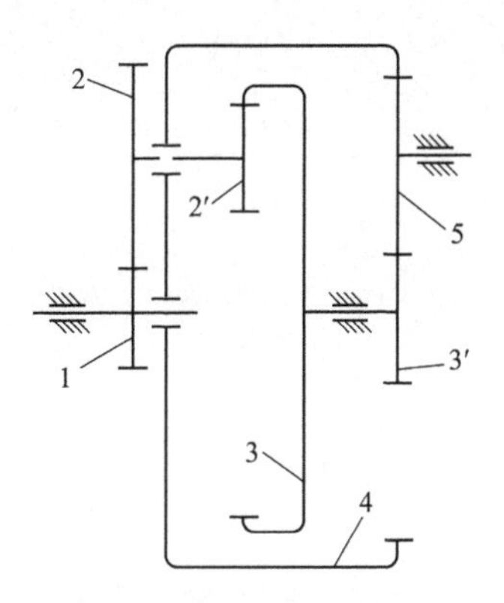

图9-21　习题9-7图
1,2,2′,3,3′,4,5-齿轮

第五篇

轴系零部件

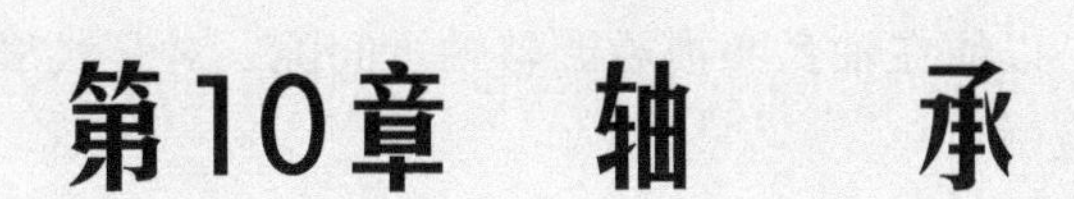

第10章 轴 承

轴承是机器中支承轴及轴上回转零件的部件。

根据轴承工作时的摩擦性质，可分为滑动摩擦轴承（简称滑动轴承）和滚动摩擦轴承（简称滚动轴承）。

10.1 滑动轴承的类型、结构和材料

滑动轴承按其工作表面的摩擦状态不同，可分为液体摩擦滑动轴承和非液体摩擦滑动轴承。液体摩擦滑动轴承的轴颈与轴承的工作表面完全被油膜隔开，所以摩擦因数很小。非液体摩擦滑动轴承的轴颈与轴承工作表面之间虽有润滑油存在，但在表面间仍有局部凸起部分发生直接接触，因此摩擦因数较大，容易磨损。前述汽轮机等长期且高速旋转的机器，应该确保其轴承在液体润滑条件下工作。在一般机器中，摩擦表面多处于非液体摩擦下工作。

按照承受载荷的方向，滑动轴承又可分为径向滑动轴承（又称向心滑动轴承）和推力滑动轴承。前者承受径向载荷，后者承受轴向载荷。

这里主要介绍非液体摩擦滑动轴承。

10.1.1 径向滑动轴承

1）整体式滑动轴承

如图10-1所示，整体式滑动轴承是由轴承座1、轴套2等组成。油孔3用来引入润滑油。这种轴承的结构简单，成本低，但装拆时必须通过轴端，而且磨损后轴颈和轴瓦之间的间隙无法调整，故多用于轻载、低速和间歇工作的场合。

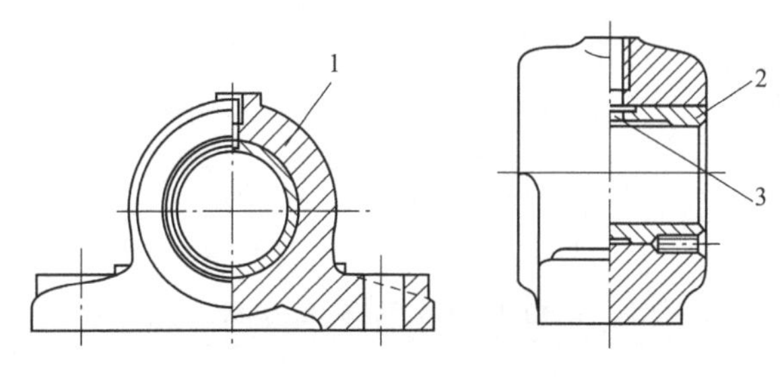

图10-1 整体式径向滑动轴承

1-轴承座；2-轴套；3-油孔

2)对开式滑动轴承

如图 10-2 所示,对开式正滑动轴承是由轴承座 1、轴承盖 2、部分的上下轴瓦 3 及螺柱 4 等组成。为使轴承盖和轴承座很好地对中和防止工作时移动,在剖分面上设有定位止口。剖分面间放有少量垫片,以便在轴瓦磨损后调整轴承间隙。对开式滑动轴承便于装拆和调整间隙,因此得到广泛应用。

3)自动调心滑动轴承

安装误差或轴的弯曲变形较大都会造成轴承两端的局部接触,使轴瓦局部严重磨损。轴承宽度越大,这种情况越严重。当轴承的宽度 L 与轴颈直径 d 之比(称为宽径比)$L/d>1.5$ 时,可以采用自动调心滑动轴承,如图 10-3 所示。这种轴承的轴瓦 1 的外表面制成球面,与轴承盖 2 及轴承座 3 上的凹球面相配合。当轴变形时,轴瓦可随轴自动调位,使轴颈与轴瓦均匀接触。

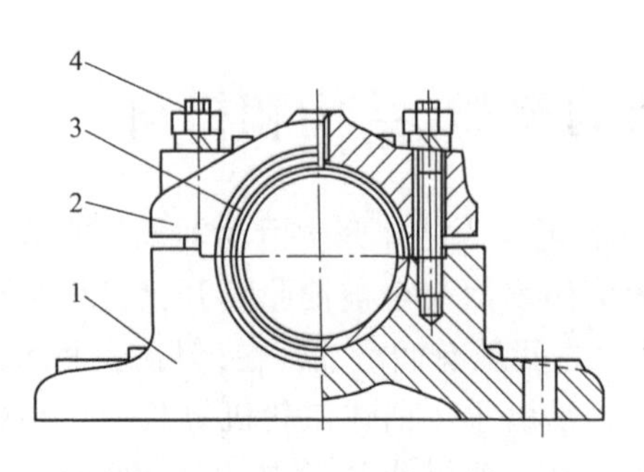

图 10-2　对开式径向滑动轴承

1-轴承座;2-轴承盖;3-上下轴瓦;4-螺柱

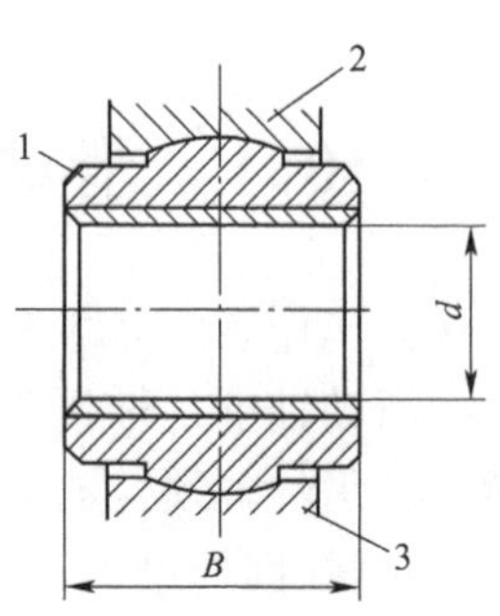

图 10-3　调心轴承

1-轴瓦;2-轴承盖;3-轴承座

10.1.2　止推滑动轴承

承受轴向载荷的滑动轴承称为止推滑动轴承,常用的结构形式如图 10-4 所示。实心式端面上的压力分布极为不均,靠近中心处的压力很高,对润滑极为不利,因此不常用。空心式轴颈接触面上压力分布均匀,润滑条件较好。多环式用于承受较大轴向载荷的场合,有时还可以承受双向工作载荷。

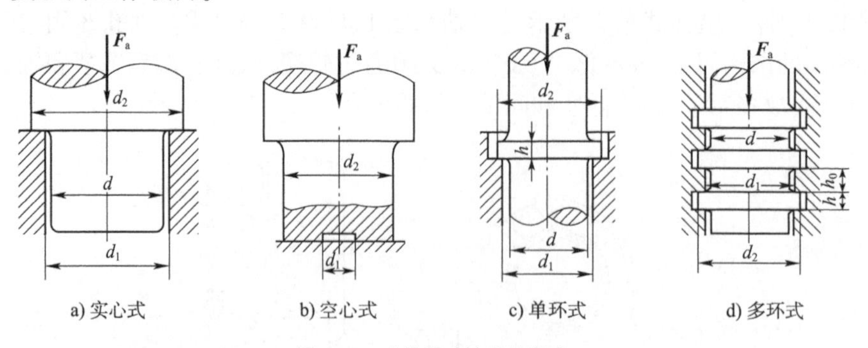

图 10-4　止推滑动轴承的形式

10.1.3　轴瓦

轴瓦是轴承中直接与轴颈接触的部分。

轴瓦可以制成整体式和剖分式两种。图 10-5 所示为剖分式轴瓦,其两端的凸肩用以防止轴瓦的轴向窜动,并能承受一定的轴向力。

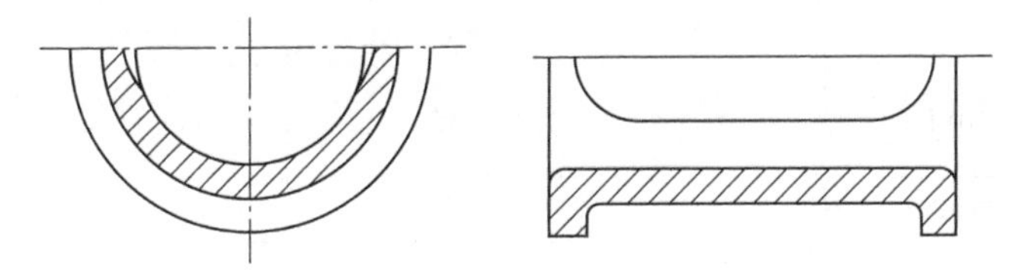

图 10-5 剖分式轴瓦

轴瓦可以用单一的减摩材料制造,但为了节省贵重的金属材料(如轴承合金)及提高轴承的工作能力,如在其表面浇注一层轴承合金为轴承衬,则称为双金属轴瓦(图 10-6)。

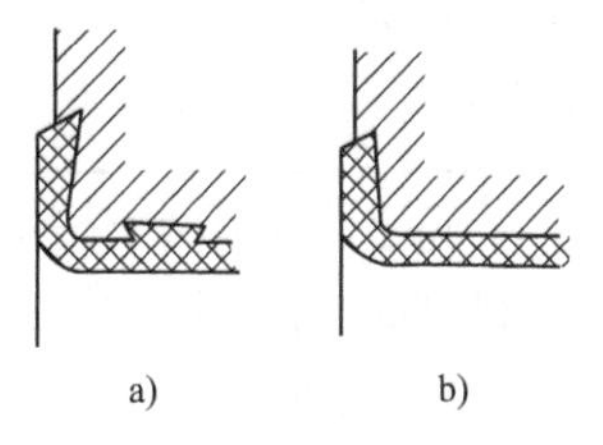

图 10-6 浇注轴承衬的轴瓦

为了使润滑油能够很好地分布到轴瓦的整个工作表面,轴瓦上要开出油沟和油孔。常见的油沟形式如图 10-7 所示。油沟不应开通,以免油从轴瓦两端大量流失。此外,油沟应开在非承载区,使润滑油从非承载区引入,以免降低轴承的承载能力。

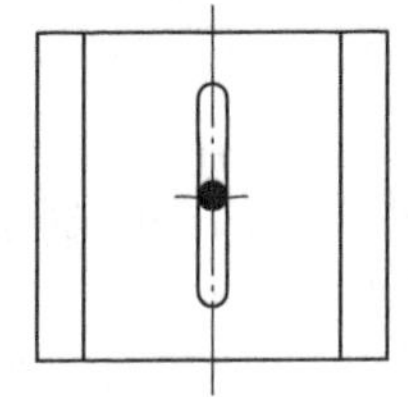
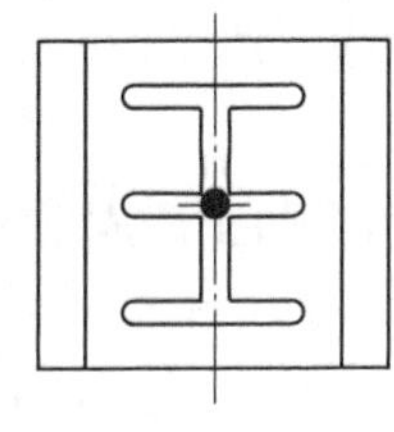
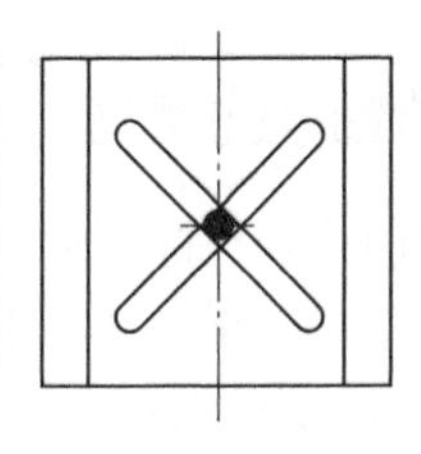

图 10-7 油沟

10.1.4 轴承材料

轴承材料是轴瓦和轴承衬材料的统称。轴承材料应具有足够的强度和着塑性(即耐压、耐冲击、疲劳强度高和塑性好),良好的减摩性(摩擦因数小)和耐磨性,容易磨合(轴瓦工作时,易于降低表面粗糙度,使之很好地与轴颈表面贴合),良好的导热、耐腐蚀和抗胶合性能以及工艺性好和价格低廉。

一种材料要完全具备上述性能是不可能的,而且某些性能彼此矛盾,因此,需要综合考虑轴承所承受的载荷大小、轴颈转速高低等具体情况,合理选择材料。常用金属轴瓦材料及其性能见表 10-1。

常用金属轴瓦和轴承衬材料及其性能 表 10-1

轴瓦材料		许用值			最小轴颈硬度(HBS)	备注
		[p](MPa)		[pv](MPa · m/s)		
锡基轴承合金	ZSnSb8Cu4 ZSnSb11Cu6	稳定	25	20	150	用于高速重载的重要轴承,价格较高
		冲击	20	15		
铅基轴承合金	ZPbSb15SnCu3Cd2	5		5	150	用于中速、中载轴承,不宜受显著冲击,可作为锡锑轴承合金代用品
	ZPbSb16Sn16Cu2	15		10		

续上表

轴瓦材料		许用值		最小轴颈硬度(HBS)	备注
		[p](MPa)	[pv](MPa·m/s)		
锡青铜	ZcuSn10P1	15	15	300	用于中速、重载及变载荷轴承
	ZcuSn5Pb5Zn5	8	15	250	用于中速、中载轴承
铝青铜	ZcuAl10Fe3	15	12	300	适用于润滑充分的低速、重载轴承
铅青铜	ZcuPb30	25	30	270	用于高速、重载轴承,能承受变载和冲击

除金属轴瓦外,还采用不同金属粉末经压制、烧结而成的多孔质金属材料(含有轴承)、塑料、橡胶等非金属作为轴瓦材料等。

10.2　滚动轴承的类型和代号

10.2.1　滚动轴承的类型

滚动轴承摩擦阻力小,是标准件,由专门工厂成批生产,选用和维护方便,故应用广泛。

如图 10-8 所示,滚动轴承一般是由外圈 1、滚动体 2、内圈 3 和保持架 4 组成。内圈装在轴上,外圈装在机座或零件的轴承孔内。滚动体在内、外圈的滚道上滚动。保持架把滚动体彼此隔开并使其沿圆周均匀分布,避免滚动体之间相互接触,使摩擦和磨损减小。滚动体是滚动轴承的基本元件,其大小和数量直接影响轴承的承载能力,滚动体有多种形状,如图 10-9 所示。

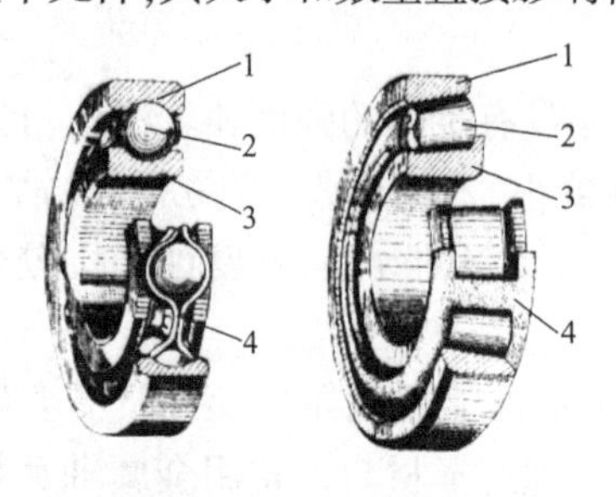

图 10-8　滚动轴承的结构

1-外圈;2-滚动体;3-内圈;4-保持架

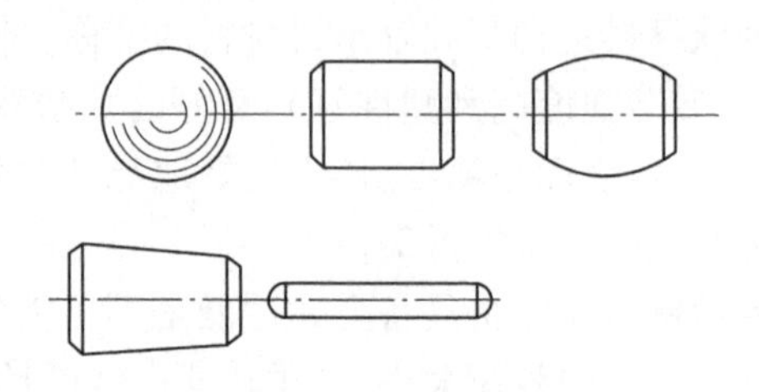
图 10-9　滚动体的类型

滚动体与轴承外圈接触处的法线与轴承径向平面(垂直于轴承轴心线的平面)之间的夹角 α 称为公称接触角(图 10-10)。它是滚动轴承的一个重要参数。

滚动轴承的类型很多,按其所能承受的载荷方向可分为:

(1)向心轴承。其公称接触角为 0°~45°,主要用于承受径向载荷。其中公称接触角 $\alpha=0°$ 的称径向接触轴承[图 10-10a)];公称接触角在0°~45°之间的为向心角接触轴承[图 10-10b)],能同时承受径向和轴向载荷。

(2)推力轴承。公称接触角大于 45°~90°,其中 $\alpha=90°$ 的为轴向接触轴承[图 10-10c)],只能承受轴向载荷。

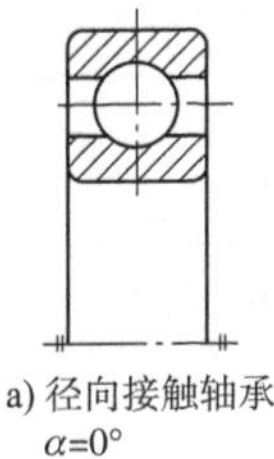

a) 径向接触轴承
$\alpha=0°$

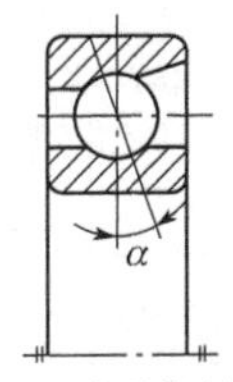

b) 向心角接触轴承
$0°<\alpha\leqslant45°$

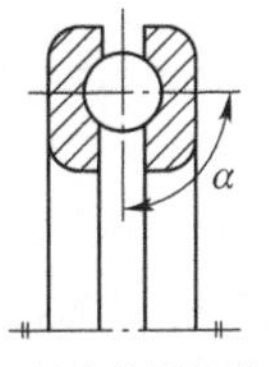

c) 轴向接触轴承
$\alpha=90°$

图 10-10　滚动轴承的公称接触角

按照滚动体的形状不同，滚动轴承可分为球轴承和滚子轴承。滚子又可分为圆柱滚子、圆锥滚子、滚针等。常用滚动轴承的类型及性能特点见表 10-2。

常用滚动轴承的类型及性能　　表 10-2

轴承类型	简图	类型代号	尺寸系列代号	组合代号	极限转速	性能特点
调心球轴承		1 (1) 1 (1)	(0)2 22 (0)3 23	12 22 13 23	中	调心性能好，允许内、外圈轴线相对偏斜≤2°～3°。可承受径向载荷及不大的轴向载荷，一般不宜承受纯轴向载荷
调心滚子轴承		2	22 23 31 32	222 223 231 232	低	性能与调心球轴承相似，但具有较高承载能力。允许内、外圈轴线相对偏斜 1.5°～2.5°
圆锥滚子轴承	α	3	02 03 22 23	302 303 322 323	中	能同时承受径向和轴向载荷，承载能力大。这类轴承内、外圈分离，安装方便。在径向载荷作用下，将产生附加轴向力，因此一般都成对使用
推力球轴承　单向	单列51000	5	11 12 12 14	511 512 512 514	低	只能承受轴向载荷。安装时轴线必须与轴承座底面垂直。在工作时应保持一定的轴向载荷。双向推力轴承能承受双向轴向载荷

续上表

轴承类型	简图	类型代号	尺寸系列代号	组合代号	极限转速	性能特点
推力球轴承 双向	双列52000	5	22 23 24	522 523 524	低	只能承受轴向载荷。安装时轴线必须与轴承座底面垂直。在工作时应保持一定的轴向载荷。双向推力轴承能承受双向轴向载荷
深沟球轴承		6	(1)0 (0)2 (0)3 (0)4	60 62 63 64	高	主要承受径向载荷,也可承受一定的轴向载荷,摩擦阻力小。在转速较高而不宜采用推力轴承时,可用来承受纯轴向载荷。价格低廉,应用广泛
角接触球轴承	α	7	(1)0 (0)2 (0)3 (0)4	70 72 73 74	高	能同时承受径向和轴向载荷,并可以承受纯轴向载荷。在承受径向载荷时,将产生附加轴向力,因此一般都成对使用。轴承接触角 α 有15°、25°和40°三种。轴向承载能力随接触角的增大而提高
圆柱滚子轴承		N	10 (0)2 22 (0)3 (0)4	N10 N2 N22 N3 N4	高	能承受较大径向载荷。内、外圈分离,可做轴向相对移动,不能承受轴向载荷。另有NU(内圈无挡边)、NJ(内圈有单挡边)、N(外圈无挡边)等形式
滚针轴承		NA	49	轴承基本代号NA4900	低	径向尺寸小,只能承受径向载荷,价格低廉。内、外圈分离,可作少量轴向相对移动

注:1. 轴承类型名称及代号按《滚动轴承　代号方法》(GB/T 272—2017)。

2. 表中括号内的数字在组合代号中省略。

10.2.2 滚动轴承的代号

由于滚动轴承已标准化,且类型、结构及尺寸规格很多,为了便于生产和使用,规定了轴承的代号。国家标准《滚动轴承 代号方法》(GB/T 272—2017)规定的轴承代号由前置代号、基本代号和后置代号构成,见表10-3。

滚动轴承代号的构成 表10-3

前置代号	基本代号				后置代号
轴承分部件代号	类型代号	尺寸系列代号		内径代号	轴承的结构、特殊材料、公差等级等代号
		宽度或高度系列代号	直径系列代号		

1)基本代号

基本代号由类型代号、尺寸系列代号和内径代号依次排列构成。

(1)类型代号。用数字和字母表示。常用滚动轴承的类型代号见表10-2。

(2)内径代号。用基本代号右起第一、二位数字表示。对于内径为20～480mm的轴承,代号数乘以5即为轴承内径值(mm)。内径代号还有一些例外的,如对于内径为10mm、12mm、15mm、17mm的轴承,内径代号依次为00、01、02、03。此处介绍的内径代号仅适用于常规的滚动轴承,对于内径小于10mm、等于和大于500mm的轴承。其内径代号不在此列。

(3)尺寸系列代号。轴承的尺寸系列是宽度系列(对于推力轴承是高度系列)和直径系列的组合,表示内径相同的轴承可具有不同的外径和宽度(或高度)。尺寸系列代号由两位数字构成,左面的数字表示宽度(或高度)系列,右面数字表示直径系列,代号见表10-4。

滚动轴承宽度(高度)系列、直径系列代号 表10-4

轴承种类	宽度(高度)系列代号	直径系列代号
向心轴承	8,0,1,2,3,4,5,6, →	7,8,9,0,1,2,3,4 →
推力轴承	7,9,1,2 →	0,1,2,3,4,5 →

注:箭头表示尺寸递增。

常用轴承的尺寸系列代号及由轴承类型代号与尺寸系列代号组成的组合代号见表10-2。

2)前置代号、后置代号

前置代号和后置代号表示轴承结构形状、材料、密封、公差等级等的改变,其内容较多,下面介绍后置代号中的两个常用代号。

(1)内部结构代号。用字母表示轴承内部结构的改变。如:角接触球轴承的公称接触角α有15°、25°和40°三种、分别用C、AC和B紧跟着基本代号表示。

(2)轴承公差等级代号。轴承公差等级有0、6、6x、5、4、2级,共有6个级别,2级最高。其代号分别为/P0、/P6、/P6x、/P5、/P4和/P2。0级为普通级,在轴承代号中不标出,6x级用于圆锥滚子轴承。

以上介绍的是滚动轴承代号的最基本的部分,轴承详细的代号方法可查阅有关资料。

轴承代号示例：

(1)6210/P4——表示内径为50mm、尺寸系列为02、公差等级为4级的深沟球轴承；

(2)7308AC——表示内径为40mm、尺寸系列为03、公称接触角$\alpha=25°$的普通级角接触球轴承。

10.2.3 滚动轴承类型的选择

滚动轴承的类型应根据载荷情况、转速高低、空间位置、调心性能以及其他要求进行选择。具体选择时可参考以下几点：

(1)球轴承承载能力较低，抗冲击能力较差，但旋转精度和极限转速较高，适用于转载、高速和要求旋转精度高的场合；滚子轴承承载能力较强，抗冲击能力较强，多用于转速较低、载荷较大或有冲击载荷的场合。

(2)同时承受径向和轴向载荷时，一般选用角接触球轴承或圆锥滚子轴承；若轴向载荷较小时，可选用深沟球轴承；当轴向载荷较大时，可选用推力轴承和深沟球轴承的组合结构，分别承受轴向载荷和径向载荷。

(3)如轴的两轴承座孔的同轴度难以保证，或轴受载后发生较大的挠曲变形，可选用调心轴承。

(4)对于需要经常装拆或装拆困难的场合，可选用内、外圈分离的轴承(如圆锥滚子轴承)、带内锥孔的轴承等。

(5)选择轴承类型时还要考虑经济性。一般球轴承价格比滚子轴承便宜；公差等级越高，轴承的价格越高。

10.3 滚动轴承的寿命和选择计算

10.3.1 滚动轴承的失效形式

轴承有多种失效形式，对于制造良好、安装和维护正常的轴承，最常见的失效形式是疲劳点蚀和塑性变形。此外，一些密封不好、润滑不良的轴承或在多尘条件下工作的轴承，滚动表面会发生磨损。此外，还有内、外圈断裂、保持架损坏、锈蚀等失效形式。

10.3.2 滚动轴承的寿命

滚动轴承多因疲劳点蚀而失效。在一定载荷作用下，轴承的内圈、外圈或滚动体中任一件上出现疲劳点蚀前转过的总转数，或在一定的转速下工作的总小时数称为轴承的寿命。对于一批同型号轴承，在相同的条件下运转，由于材料、热处理、加工、装配等不可能完全一样，各轴承的寿命并不相同，有时相差很多倍，所以，不能以单个轴承的寿命作为计算的依据，而是以基本额定寿命作为计算标准。

轴承的基本额定寿命L是指一批同型号的轴承，在相同的条件下运转，当有10%的轴承发生疲劳点蚀时，轴承所经历的总转数，或在一定的转速下运转的小时数。

轴承的寿命与其所受载荷有关，载荷越大，其寿命越短。将轴承的基本额定寿命为10^6

转时所能承受的载荷定为轴承的基本额定动载荷C_0。对于径向接触轴承它是指径向载荷，对角接触轴承是指载荷的径向分量，统称为径向基本额定动载荷 C_r；对推力轴承则是指轴向载荷，称为轴向基本额定动载荷 C_a。

基本额定动载荷值是衡量轴承承载能力的基本指标。各种轴承的基本额定动载荷 C 值可查轴承产品样本或有关机械设计手册。表 10-5 列出部分深沟球轴承的基本额定动载荷 C 值。当轴承的工作温度高于 120℃时，应对轴承的 C 值进行修正，乘以温度系数f_t，f_t值见表 10-6。

深沟球轴承尺寸及主要性能参数　　表 10-5

f_a/C_{0r}	e	Y	径向(轴向)系数	静径向(轴向)系数
0.014	0.19	2.30	当$\frac{F_a}{F_r}\leqslant e$时， $X=1, Y=0$； 当$\frac{F_a}{F_r}>e$时， $X=0.56$，Y值见表	$X_0=0.6$， $Y_0=0.5$
0.028	0.22	1.99		
0.056	0.26	1.71		
0.11	0.30	1.45		
0.28	0.38	1.15		
0.56	0.44	1.00		

轴承代号	基本尺寸(mm)				基本额定动载荷	基本额定静载荷
	d	D	B	r_{smin}	C_r(kN)	C_{0r}(kN)
6204	20	47	14	1	13.8	6.65
6304		52	15	1.1	15.9	7.88
6404		72	19	1.1	31.0	15.3
6205	25	52	15	1	14.0	7.88
6305		62	17	1.1	22.4	10.5
6405		80	21	1.5	38.3	19.2
6206	30	62	16	1	19.5	10.3
6306		72	19	1.1	27.0	15.2
6406		90	23	1.5	47.3	24.5
6207	35	72	17	1.1	25.7	15.3
6307		80	21	1.5	23.4	19.2
6407		100	25	1.5	56.9	29.6
6208	40	80	18	1.1	29.5	18.1
6308		90	23	1.5	40.8	24.0
6408		110	27	2	65.5	37.7
6209	45	85	19	1.1	31.7	20.7
6309		100	25	1.5	52.9	31.8
6409		120	29	2	77.4	45.4
6210	50	90	20	1.1	35.1	23.2
6310		110	27	2	61.9	37.9
6410		120	31	2.1	92.3	55.1

续上表

轴承代号	基本尺寸(mm)				基本额定动载荷 C_r(kN)	基本额定静载荷 C_{0r}(kN)
	d	D	B	r_{smin}		
6211		100	21	1.5	43.2	29.2
6311	55	120	29	2	71.6	44.8
6411		140	33	2.1	101	62.5
6212		110	22	1.5	47.8	32.9
6312	60	120	31	2.1	81.8	51.9
6412		150	35	2.1	109	70.1
6212		120	23	1.5	57.2	40.0
6312	65	140	33	2.1	93.9	60.4
6412		160	37	2.1	118	78.6
6214		125	24	1.5	60.8	45.0
6314	70	150	35	2.1	104	68.0
6414		180	42	3	140	99.6
6215		120	25	1.5	66.1	49.5
6315	75	160	37	2.1	112	77.0
6415		190	45	3	154	114
6216		140	26	2	71.6	54.3
6316	80	170	39	2.1	123	86.5
6416		200	48	3	163	125

温度系数 f_t 表 10-6

工作温度(℃)	≤120	125	150	175	200	225	250
f_t	1.00	0.95	0.90	0.85	0.80	0.75	0.70

10.3.3 滚动轴承的当量动载荷

滚动轴承的基本额定动载荷是在一定载荷条件下确定的，而轴承工作时的受载条件往往不相同。应将实际作用于轴承的载荷换算为当量动载荷，才能与基本额定动载荷相互比较。当量动载荷是一假定的载荷，在其作用下，轴承的寿命与实际载荷作用下的寿命相同。当量动载荷 P 按下式计算：

$$P = f_F(XF_r + YF_a) \tag{10-1}$$

式中：F_r、F_a——轴承的径向载荷和轴向载荷(N)；

X、Y——径向系数和轴向系数，各类轴承的 X、Y 值可以从滚动轴承产品样本或设计手册中查到，深沟球轴承的 X、Y 值见表 10-5；

f_F——载荷系数，是考虑到机械在工作中的冲击、振动所产生的动载荷对轴承寿命的影响而引入的系数，其值见表 10-7。

载荷系数 f_F　　表 10-7

载荷性质	f_F	举例
无冲击或轻微冲击	1.0 ~ 1.2	电机、汽轮机、通风机、水泵
中等冲击和振动	1.2 ~ 1.8	车辆、机床、传动装置、起重机、内燃机、冶金设备
强大冲击和振动	1.8 ~ 3.0	破碎机、轧钢机、石油钻机、工程机械

X、Y 的数值与$\frac{F_a}{F_r}$值有关，当$\frac{F_a}{F_r}\leqslant e$ 或$\frac{F_a}{F_r}>e$ 时，X、Y 有不同的值（表 10-5），这里 e 是一个判断系数。

10.3.4　滚动轴承寿命的计算公式

试验研究表明，滚动轴承的基本额定寿命 $L(10^6 r)$ 与轴承载荷、基本额定动载荷之间有下列关系：

$$L=\left(\frac{C}{P}\right)^{\varepsilon} \tag{10-2}$$

在实际计算中常以工作小时数（L_h）表示轴承的寿命，式（10-4）可改写为：

$$L_h=\frac{10^6}{60n}\left(\frac{C}{P}\right)^{\varepsilon} \tag{10-3}$$

式中：C——基本额定动载荷（N）；

P——当量动载荷（N）；

n——轴承的转速（r/min）；

ε——寿命指数，球轴承 $\varepsilon=3$，滚子轴承 $\varepsilon=\frac{10}{3}$。

当载荷 P、转速 n 已知，轴承预期寿命L_h'已给定时，则可由式（10-5）确定轴承应具有的基本额定动载荷$C_j(N)$：

$$C_j=P\sqrt[\varepsilon]{\frac{60n\,L_h^1}{10^6}} \tag{10-4}$$

根据式（10-3）计算所得的C_j值，从手册或产品目录中选择轴承，使所选轴承的 $C>C_j$。滚动轴承的使用寿命荐用值见表 10-8。

滚动轴承的使用寿命荐用值（单位：h）　　表 10-8

设备的种类	使用寿命
不常使用的设备，如闸门开闭装置	300 ~ 3000
短期或间断使用的机械，中断使用不致引起严重后果，例如：一般手工操作的机械、农业机械等	3000 ~ 8000
间断使用的机械，中断使用能引起严重后果，例如：发电站的辅助机械、带式运输机、流水作业线传动装置、车间起重机	8000 ~ 12000
每天 8h 工作（利用率不高）的机械，如一般齿轮装置、起重机	10000 ~ 25000
每天 8h 工作（利用率较高）的机械，如机床、印刷机械、木材加工机械、连续使用的起重机等	20000 ~ 30000
24h 连续工作的机械，如空气压缩机、水泵、纺织机械	50000 ~ 60000

按式(10-6)计算当量动载荷时,对于只能承受径向载荷的圆柱滚子轴承及滚针轴承,$P=f_F F_r$;对于只能承受轴向载荷的推力轴承,$P=f_F F_a$。对于角接触轴承(角接触球轴承、圆锥滚子轴承等),其当量动载荷的具体计算方法可参阅有关机械设计教科书或设计手册。这里不再作进一步介绍。

【例 10-1】 在平稳载荷下工作的 6211 型轴承,工作转速 $n=1460\text{r/min}$,承受径向载荷 $F_r=2400\text{N}$,轴向载荷 $F_a=1000\text{N}$,试计算该轴承的寿命。

解:(1)确定当量动载荷 P 值。

查表 10-5,6211 轴承的 $C_{0r}=29200\text{N}$,故:

$F_a/C_{0r}=1000/29200=0.034$

查表 10-5 得 $e=0.23$

$F_a/F_r=1000/2400=0.42>e$

查表 10-5,$X=0.56$,$Y=1.93$,查表 10-8,取 $f_F=1.0$,由式(10-6)可知:

$P=f_F(XF_r+YF_a)=(0.56\times2400+1.93\times1000)\text{N}=3274\text{N}$

(2)计算寿命。

查表 10-5,$C_r=43200\text{N}$,由式(10-4)可知:

$$L_h=\frac{10^6}{60n}\left(\frac{C}{P}\right)^{\varepsilon}=\frac{10^6}{60\times1460}\left(\frac{43200}{3274}\right)^3\text{h}=26225\text{h}$$

该轴承的寿命为 26225h。

10.4 滚动轴承的组合设计

为了使轴承能正常工作,除正确选择轴承的型号外,还需要根据轴承的具体要求及结构特点,对轴承支承的刚度、轴承的固定、间隙、润滑、密封、配合以及装拆等进行全面的考虑。

10.4.1 保证支承的刚度和同轴度

轴和安装轴承的轴承座或机体必须有足够的刚度,否则,会因这些零件的变形而使滚动体的运动受到阻碍,影响旋转精度,导致轴承过早损坏。为此,轴承座应有适当的壁厚,或加肋以增加刚度(图 10-11)。

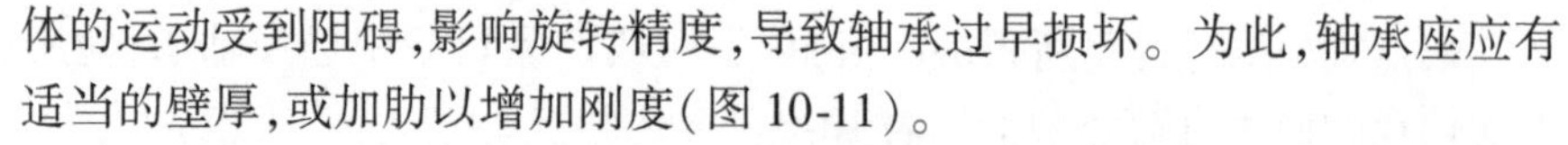

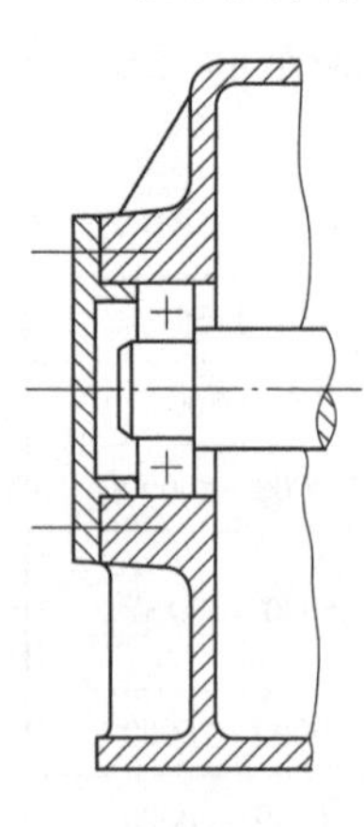

图 10-11 轴承座的刚度

同一轴上各轴承孔要保证必要的同轴度,否则,轴安装后会产生较大变形,影响轴承运转。因此,应尽可能采用整体铸造机壳,并采用直径相同的轴承孔,以便于加工。

10.4.2 轴承的固定和调整

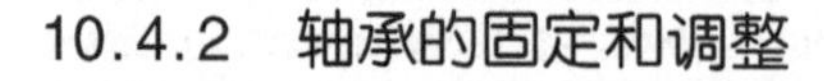

为了使轴和轴上零件在机器中有确定的位置,并能承受轴向载荷,必须固定轴承的轴向位置,同时还应考虑轴因受热伸长后,不会卡住滚动体而影响运转性能。

1)轴的支承结构的基本形式

轴的支承结构形式常用的有以下两种。

(1)两端单向固定。如图 10-12a)及图 10-12b)所示,这种方法是利用轴肩顶住轴承内圈,轴承盖顶住外圈,每一个支承只能限制一个方向的轴向移动。考虑升温后轴的伸长,深沟球轴承需在轴承外圈与轴承端盖间留有 $a=0.2\sim0.4\text{mm}$ 的间隙。对于角接触轴承(圆锥滚子轴承和角接触球轴承)是在安装时使轴承内部留有适当的轴向间隙。此间隙是靠增减轴承端盖与箱体间的垫片[图 10-12b)]来保证,也可用调节螺钉改变轴承外圈上压盖的位置来实现调整间隙(图 10-13)。这种固定结构简单,便于安装,但仅适用于温升不高的短轴。

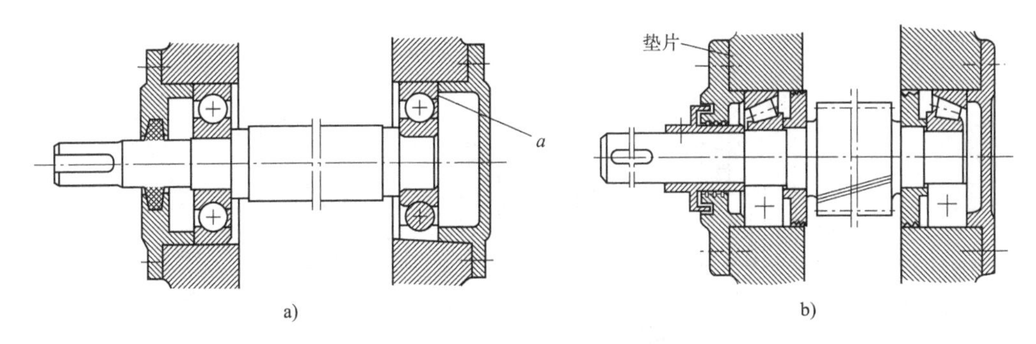

图 10-12　两端单向固定

(2)一端固定、一端游动。对工作温度较高的长轴;由于其受热伸长量大,应将一个支承处的轴承内外圈两侧固定,而另一支承的轴承可沿轴向自由游动。图 10-14 所示则是将两个角接触轴承装在轴的一端并一起双向同定,另一端自由游动的支承采用深沟球轴承。

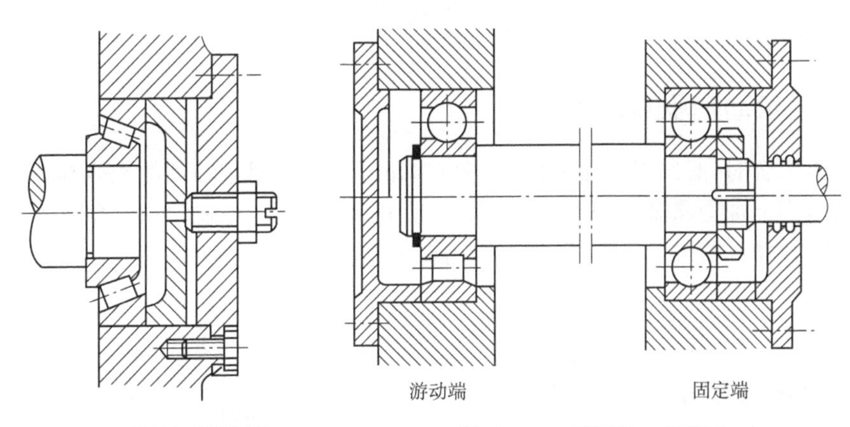

图 10-13　轴承间隙的调整　　　图 10-14　一端固定、一端游动

2)滚动轴承的轴向固定

内圈在轴上的轴向固定方法如图 10-15 所示。图 10-15a)所示为利用轴肩单向固定,只能承受单向轴向力;图 10-15b)所示为利用轴肩和弹性挡圈嵌入轴的环槽内做双向固定;图 10-15c)所示为利用轴肩和轴端挡圈固定轴承内圈;图 10-15d)所示为利用轴肩和轴端螺母固定。

外圈在轴承孔内的轴向固定方法如图 10-16 所示。图 10-16a)所示为利用端盖单向固定,可以承受较大的轴向力;图 10-16b)所示为利用端盖和凸肩做双向固定,可承受较大的双向轴向力;图 10-16c)所示为利用弹性挡圈和凸肩做双向固定,只能承受较小的轴向力。

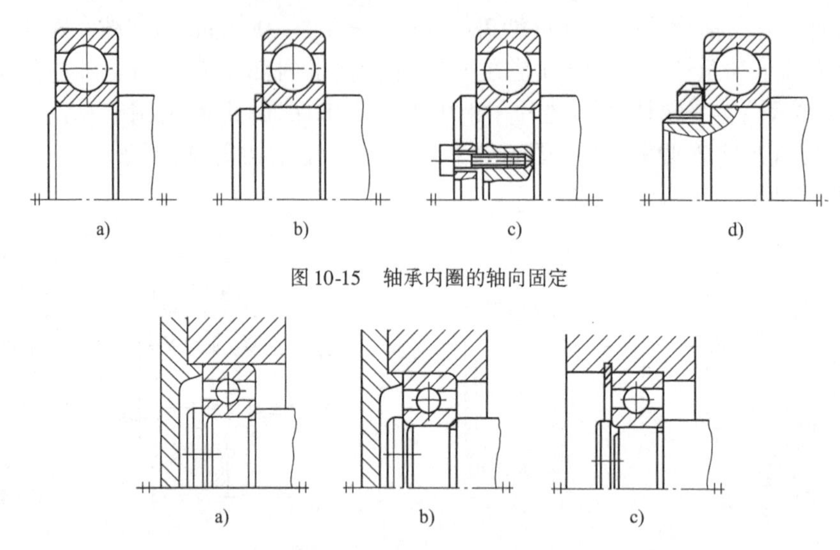

图 10-15　轴承内圈的轴向固定

图 10-16　轴承的外圈轴向固定

3)轴向位置的调整

为了使轴上零件具有准确的工作位置,要求轴承组合的轴向位置可以调整。如图 10-17 所示的锥齿轮传动,要求两个齿轮的锥顶重合于一点,因此,需要调整两锥齿轮的轴向位置。图 10-17 所示的锥齿轮轴的轴承组合结构中设置了两个垫片组,其中轴承盖与套杯间的一组垫片用来调整轴承内间隙;机体与套杯间的垫片用来调整锥齿轮的轴向位置。

10.4.3　滚动轴承的装拆

设计轴承组合时,必须考虑轴承的安装与拆卸。轴承内圈与轴颈的配合通常较紧,可采用压力机在内圈上加力将轴承压套到轴颈上。大尺寸的轴承,可将轴承放在 80 ~ 120℃的油中加热后进行热装。拆卸轴承须用专用的拆卸工具,如图 10-18 所示。

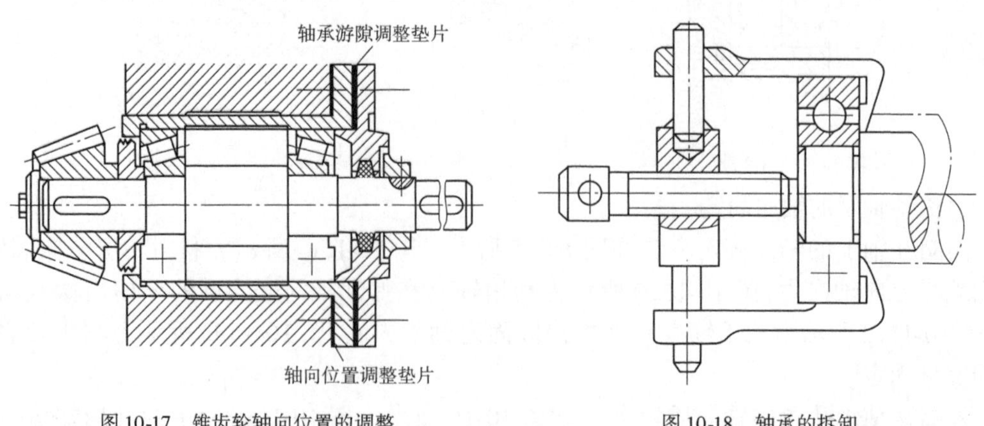

图 10-17　锥齿轮轴向位置的调整

图 10-18　轴承的拆卸

10.5 滚动轴承维护和使用

要延长轴承的使用寿命和旋转精度,使用中应加强对轴承的维护,采用合理的润滑和密封,并经常检查润滑和密封状况。

10.5.1 滚动轴承的润滑

润滑的目的是减少摩擦和磨损,提高效率和延长使用寿命,同时润滑剂也起冷却、吸振、防锈和降低噪声的作用。

当轴圆周速度小于4~5m/s时,可采用润滑脂润滑,其优点是不容易流失,便于密封和维护,一次填充可运转较长时间。装填润滑脂时一般不超过轴承内空隙的$\frac{1}{3}$~$\frac{1}{2}$,以免因润滑脂过多引起轴承发热,影响正常工作。

当轴速度过高时,应采用润滑油润滑,不仅摩擦阻力小,且可起到散热、冷却作用。润滑方式常用浸油或者飞溅润滑,浸油润滑时,不应高于最下方滚动体中心,以免因搅油能量损失较大,使轴承过热。高速轴承可采用喷油或油雾润滑。

10.5.2 滚动轴承的密封

为了防止外界的灰尘,水分等浸入滚动轴承,并阻止润滑剂的漏失,需要密封。密封装置有接触式密封和非接触式密封两类。

1)接触式密封

接触式密封常用的有图10-19所示的毡圈[图10-19a)]和唇形密封圈[图10-19b)]。毡圈密封主要用于润滑脂润滑的轴承,密封接触面滑动速度$v<5$m/s。唇形密封圈的密封效果较好,可用于接触面滑动速度$v<12$m/s。

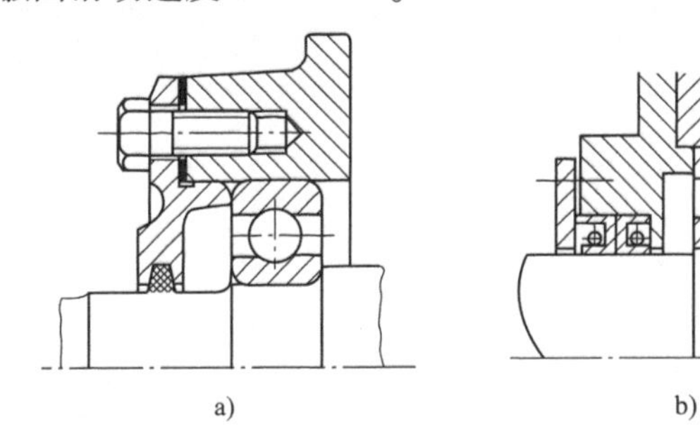

图10-19 接触式密封

2)非接触式密封

非接触式密封常用的有图10-20所示的间隙密封[图10-20a)]和迷宫密封[图10-20b)]两种。间隙密封是在油沟内填充润滑脂以防止内部润滑脂泄漏和外部水汽的浸入。其结构简单,密封面不直接接触,适用于温度不高、用润滑脂润滑的轴承。迷宫式密封安装时在缝隙内填充润滑脂。迷宫密封工作寿命较长,可用于高速场合,但结构比较复杂,安装要求较高。

为了提高密封效果,可以将几种密封装置组合使用。

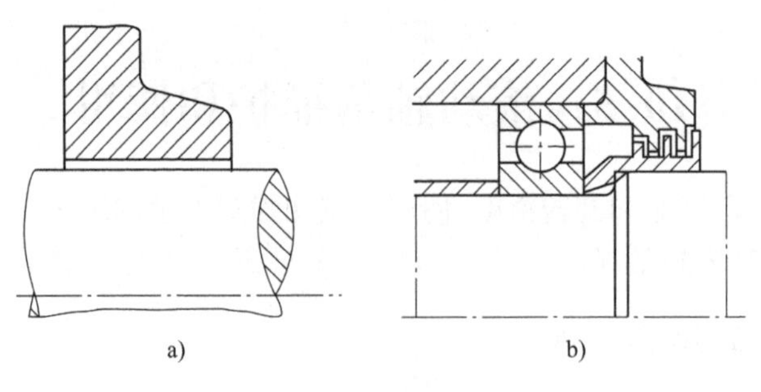

图 10-20　非接触式密封

思　考　题

10-1　液体摩擦滑动轴承和非液体摩擦滑动轴承有何区别？

10-2　径向滑动轴承常见结构有哪几种？各有什么特点？

10-3　对轴瓦上的油沟有什么要求？

10-4　对轴瓦和轴承衬的材料有什么要求？

10-5　滚动轴承主要类型有哪几种？各有什么特点？

10-6　说明下列轴承代号的意义：N210、6308、6212/P4、30207/P6、51208。

10-7　选择滚动轴承类型时要考虑哪些因素？

10-8　设计滚动轴承组合时，应考虑哪些问题？

10-9　滚动轴承在轴上和机座孔中的轴向和周向固定方法有哪些？

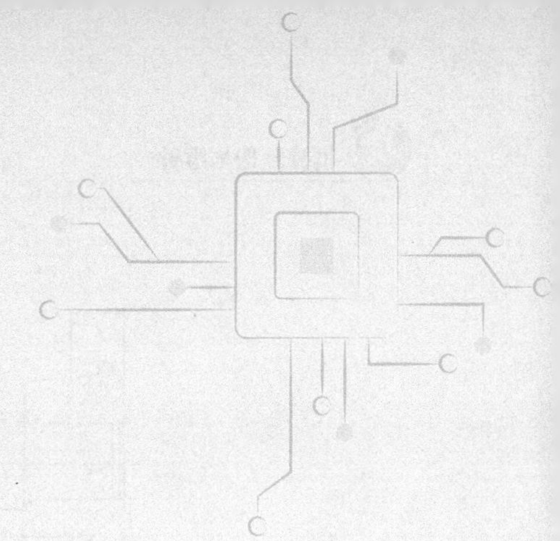

第11章 轴

11.1 轴的分类和材料

轴是机械的重要零件之一,主要用来支持旋转的机械零件(如齿轮、蜗轮、链轮、带轮等),并传递运动和动力,承受弯矩和转矩。

11.1.1 轴的分类

按轴的受载情况不同,可分为转轴、心轴和传动轴三类。

(1)转轴。工作时既传递转矩又承受弯矩的轴称为转轴,如图11-1所示的减速器齿轮轴即为转轴。转轴较为常见,机械中大多数的轴都属于这种轴。

(2)心轴。只承受弯矩而不传递转矩的轴称为心轴。心轴又可分为固定心轴和转动心轴两种。自行车前轴为固定心轴,图11-2所示铁路车辆的车轴为转动心轴。

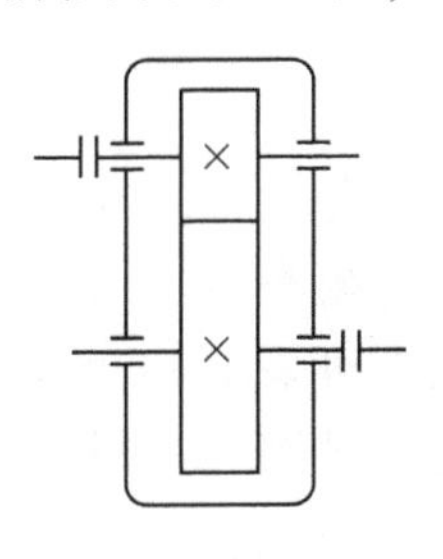

图11-1 转轴

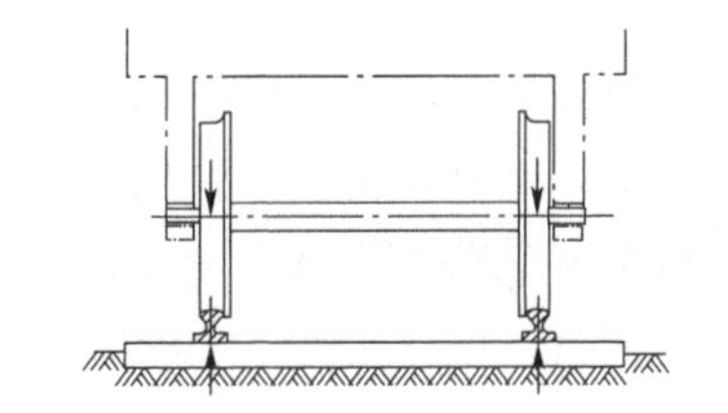

图11-2 铁路车辆的转动心轴

(3)传动轴。只传递转矩不承受弯矩或者承受弯矩很小的轴叫传动轴。如图11-3所示,汽车变速器与驱动桥之间的传动轴即为传动轴。

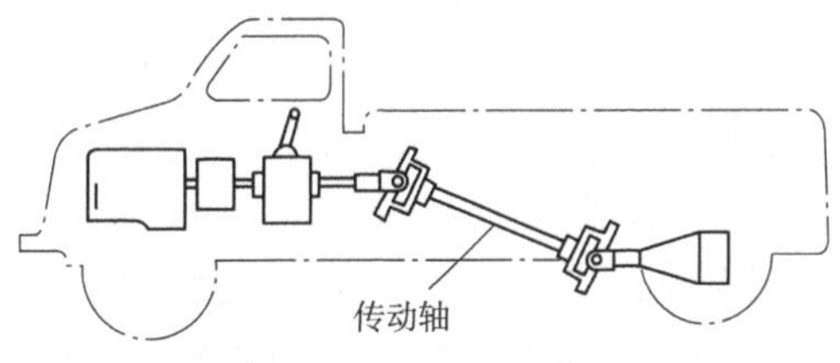

图11-3 汽车传动轴

轴还可按轴的轴线形状不同,分为直轴、曲轴和挠性钢丝轴三类。

(1)直轴。直轴分光轴和阶梯轴。光轴是指各处直径相同的轴。阶梯轴指各段直径不同的轴(图11-4),目的是便于轴上零件的安装、拆卸、定位及紧固,在机械设备中应用广泛。有时为了减轻轴的重量或提高轴的刚度等,可将轴制造成空心轴,如图11-5所示的汽车传动轴的零件4。

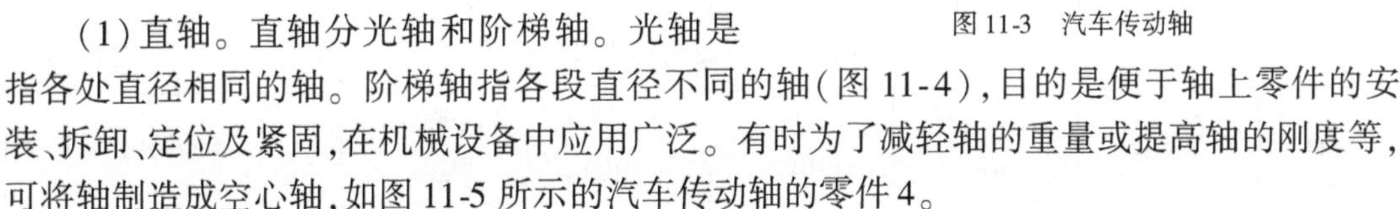

(2)曲轴。曲轴是往复式机械中的专用零件。例如多缸内燃机中的曲轴,曲轴上用于起支承作用的轴颈处的轴线仍然是重合的。

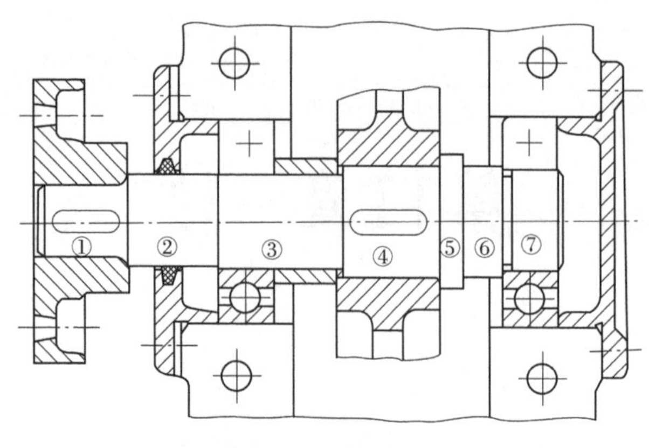

图 11-4　轴的结构

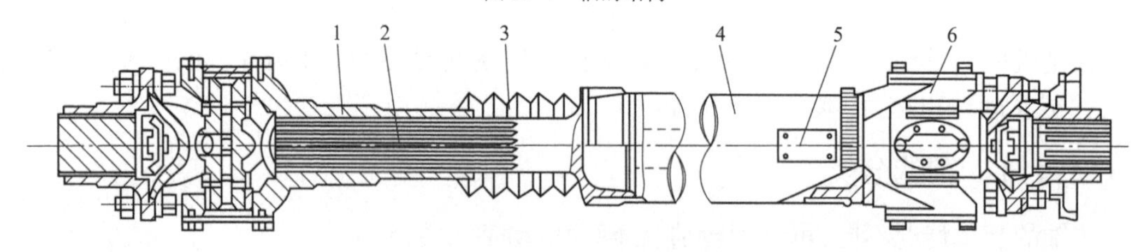

图 11-5　汽车传动轴结构

1-联轴器;2-轴承盖;3,6-滚动轴承;4-套筒;5-齿轮

(3)挠性钢丝轴。挠性钢丝轴可以把旋转运动和力矩传到空间的任何位置。例如机动车中的里程表所用的软轴和管道疏通机所用的软轴等。

11.1.2　轴的材料

轴工作时承受的载荷多为变载荷,所以轴的损坏常为疲劳损坏,故轴的材料首先应有足够的强度,并对应力集中的敏感性小,同时还需满足其刚度、耐磨性、耐腐蚀性,且易于加工。

轴的常用材料主要是碳素钢和合金钢。一般要求的轴,可采用 35 钢、45 钢和 50 钢等优质碳素钢,其中 45 钢最常用。为改善轴的机械性能,需进行调质或正火处理。对于低载或不太重要的轴,可用 Q235、Q275 等普通碳素钢。

对于传递较大转矩,要求强度高、尺寸小、重量轻或要求提高耐磨性的轴,可采用合金钢并进行调质处理,如 40Cr、40CrNi 及 38SiMnMo 等,轴工作表面进行表面淬火以提高其耐磨性;还可采用 20Cr、20CrMnTi 等低碳合金钢进行渗碳淬火及低温回火处理。有些轴形状较为复杂,如柴油机曲轴等,可选用球墨铸铁,其虽然强度比碳钢低,但铸造工艺性好,易于得到较复杂的外形,同时吸振、耐磨性好、对应力集中敏感性低。

表 11-1 列出了轴的常用材料、主要力学性能及应用说明。

轴的常用材料及主要力学性能　　表 11-1

材料	热处理	毛坯直径(mm)	硬度(HBS)	抗拉强度σ_b(MPa)	屈服强度σ_s(MPa)	应用说明
Q235	热轧或锻后空冷	≤100		375~460	205	用于不太重要或承载不大的轴

续上表

材料	热处理	毛坯直径(mm)	硬度(HBS)	抗拉强度σ_b(MPa)	屈服强度σ_s(MPa)	应用说明
35	正火	≤100	149~187	520	270	塑性好,强度适中,可用作一般的曲轴、转轴
	调质	≤100	156~207	560	300	
45	正火	≤100	170~217	600	300	用途广泛,用于较重要的轴
	调质	≤200	217~255	650	360	
40Cr	调质	≤100	241~286	750	550	用于载荷较大,而无很大冲击的重要轴
		>100~300	229~269	700	500	
40CrNi	调质	≤100	270~300	785	735	用于很重要的轴
		>100~300	240~286	735	570	
38SiMnMo	调质	≤100	229~286	750	600	用于重要的轴,性能接近40CrNi
		>100~300	217~269	700	550	
20Cr	渗碳淬火及回火	≤60	56~62HRC	650	400	用于强度及韧性要求均较高的轴

11.2　轴的结构

在设计轴时,为了确定轴的合理结构,需综合考虑多方面的因素,如轴上零件的布置方式、轴的加工和装拆方法、作用在轴上的载荷大小及其分布情况等。

从满足强度和节省材料考虑,轴的形状最好是等强度的抛物线回转体,但这种形状的轴既不便于加工,也不便于轴上零件的固定;从加工考虑,最好是直径不变的光轴,但光轴不利于零件的安装和定位。只有一些简单的心轴、传动轴有时才制成光轴,而一般的轴其结构形状多为阶梯形。现以图11-4所示减速器的输出轴为例来讨论轴的结构。

11.2.1　轴上零件的固定

为了保证轴上零件能正常工作,其轴向和周向都必须固定。

1)轴向固定

零件的轴向固定方法很多,常用的有轴肩、套筒、螺母、挡圈、圆锥面和弹性挡圈等。

如图11-4中的齿轮,其右端靠轴肩、左端靠套筒定位,从而实现轴向定位。当齿轮受轴向力时,向右的轴向力由轴肩承受并传给滚动轴承的内圈,再通过轴承盖及连接螺栓传给箱体;轴向力左由套筒传给滚动轴承的内圈,再经轴承盖和螺栓传给箱体。轴肩及套筒的结构简单可靠,可传递较大的轴向力。套筒可避免因轴肩引起的轴径增大,又可简化轴的结构,减少应力集中源。但因一般套筒与轴的配合较松,不宜用于高速轴。

圆螺母固定可承受大的轴向力。当轴上两零件间距离较大不宜采用套筒时,可采用圆螺母固定,如图11-6所示。采用圆螺母固定时,轴上切制螺纹处有较大的应力集中,故常用于轴端零件固定。

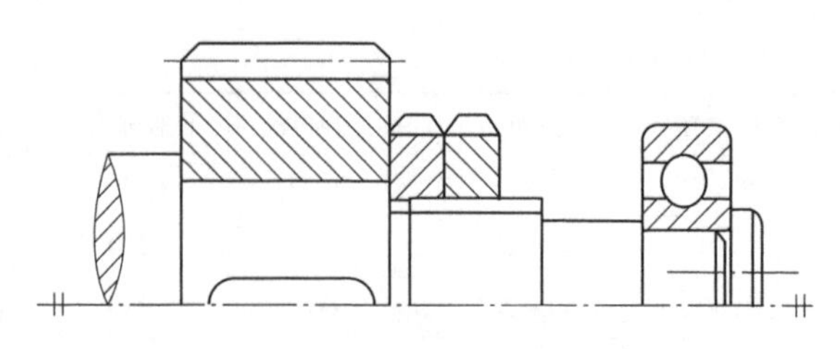

图 11-6　圆螺母、轴端挡圈

紧定螺钉(图 11-7)、弹性挡圈等适用于受轴向力不大的零件。弹性挡圈(图 11-8)可与轴肩联合使用,也可在零件两侧各用一个。用弹性挡圈固定,其结构紧凑,常用于滚动轴承的轴向固定。

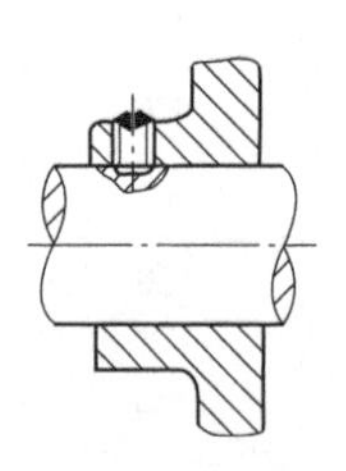

图 11-7　紧定螺钉

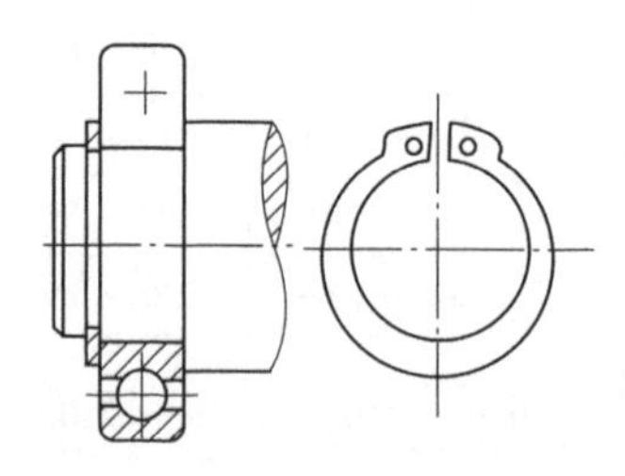

图 11-8　弹性挡圈

在轴端部安装零件时,还可用轴端挡圈固定(图 11-8)中滚动轴承的固定或采用圆锥面和轴端挡圈固定(图 11-9),均可承受较大的轴向力。

阶梯轴轴肩处应采用较大的过渡圆角半径,以降低应力集中,提高轴的疲劳强度。当轴肩处装有零件时,为了保证零件能靠紧轴肩定位,轴上的圆角半径 r 应小于零件孔的倒角 c(图 11-10)。

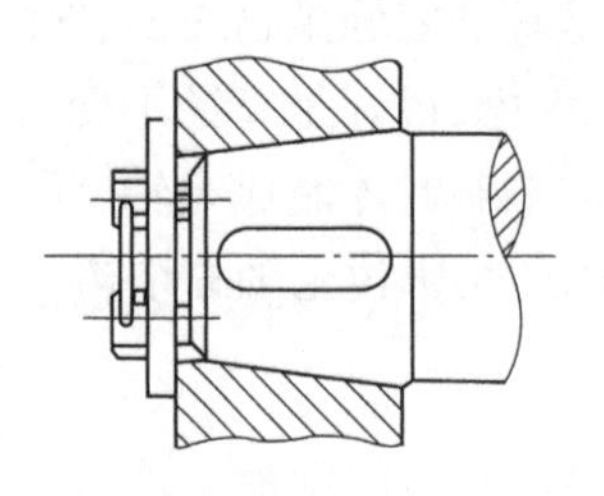

图 11-9　圆锥面定位

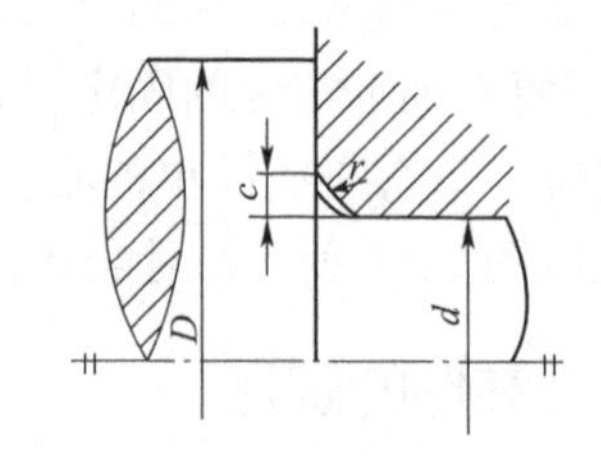

图 11-10　轴上圆角

2)周向固定

零件在轴上的周向固定是为了使零件与轴一起转动并传递转矩。周向固定常用键、花键、销、过盈配合等连接。

11.2.2　加工和装配要求

如图 11-4 所示,齿轮、套筒、滚动轴承、轴承盖及联轴器均从左端进行装拆,滚动轴承从右端装拆,因而轴的各段直径从两端向中间逐段增大。

有配合要求的部位,如装滚动轴承、齿轮等处,为了装拆方便和减少配合表面擦伤,配合轴段前的轴径应减少。如图 11-4 所示,将安装轴承 3 和齿轮 5 之前的轴段②、③的直径缩小。为了保证零件轴向定位可靠,安装齿轮、联轴器的轴段长度应稍短于零件轮毂的长度 2 ~

3mm,图中轴段④的长度短于相应轮毂长度。安装滚动轴承处的轴肩高度应低于轴承内圈,以便拆卸轴承。

确定轴的各段直径时,有配合要求的轴段应注意采用标准直径。安装滚动轴承、密封圈部位的轴径,应与这类标准件的内径一致。

为了加工方便,轴上的过渡圆角半径应尽量相同;各轴段键槽的槽宽度应尽量一致,并布置在轴上同一加工直线上,如图 11-4 中轴段①、④的键槽。为便于装配和除掉锐边,轴端及各轴段端部应加工出 45°倒角。

轴上需要磨削加工的表面,一般应制出砂轮越程槽,以利磨削加工,如图 11-11a)所示的砂轮越程槽。轴上加工螺纹处应有螺纹退刀槽,如图 11-11b)所示。

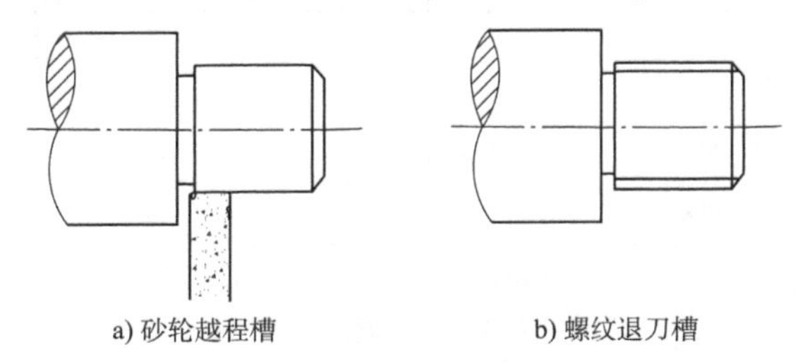

a) 砂轮越程槽　　b) 螺纹退刀槽

图 11-11　砂轮越程槽和螺纹退刀槽

11.3　轴的计算

轴的工作能力主要取决于其强度和刚度。轴的强度不够时,会出现断裂或因过大的塑性变形而失效。轴的刚度不够时,会产生过大的弯曲变形(挠度)和扭转变形(扭角),影响机器的正常工作。高速轴还应考虑其振动稳定性。

轴的设计一般可先按转矩估算轴径,再根据轴上零件的布置和固定方式等多种因素定出轴的结构外形和尺寸,然后再同时考虑弯矩和转矩进行计算。必要时应对轴进行刚度或振动稳定性的校核。

11.3.1　按转矩估算轴径

根据轴上所受转矩估算轴的最小直径,并用降低许用扭转切应力方法来考虑弯矩的影响。

由材料力学可知,轴受转矩时的强度条件为:

$$\tau_T = \frac{T}{W_T} = \frac{10^3 \times 9550P}{0.2d^3 n} \leqslant [\tau_T] \tag{11-1}$$

式中:τ_T、$[\tau_T]$——轴的扭转切应力和许用扭转切应力(MPa);

T——转矩(N · mm);

P——轴所传递的功率(kW);

W_T——轴的抗扭剖面系数,$W_T = \frac{\pi d^3}{16} = 0.2d^3$($mm^3$);

d——轴的直径(mm);

n——轴的转速(r/min)。

故得:

$$d \geqslant \sqrt[3]{\frac{9550 \times 10^3}{0.2[\tau_T]}} \sqrt[3]{\frac{P}{n}} \tag{11-2}$$

当轴的材料选定后,$[\tau_T]$是已知的,故上式可简化为:

$$d \geqslant A\sqrt[3]{\frac{P}{n}} \tag{11-3}$$

式中:A——取决于材料许用扭转切应力的系数,见表 11-2。

常用材料的$[\tau_T]$的 A 值 表 11-2

轴的材料	Q235、20	35	45	40Cr、35SiMn、38SiMnMo、20CrMnTi
$[\tau_T]$(MPa)	12~20	20~30	30~40	40~52
A	158~134	134~117	117~106	106~97

注:1. 当作用在轴上的弯矩比转矩小或只受转矩时,$[\tau_T]$取较大值,A 取较小值,否则取较大值。

2. 当用 Q235 及 35SiMn 钢时,$[\tau_T]$取较小值,A 取较大值。

按式(11-3)计算出的轴直径,一般作为承受转矩轴段的最小直径。轴上若开有键槽,将对轴的强度有所削弱,因此,应适当增大轴的直径。一般当有一个键槽时,轴径增加 4%~5%;有两个键槽时,增加 7%~10%。

若轴的计算剖面处开键槽,会削弱轴的强度,因此,应按前面所述适当加大该处直径。

若校核计算出的轴径,比初步估算并经过轴结构设计所得轴径稍小,表明原定轴径是适当的,否则,可按校核计算所得的轴径作适当修改。

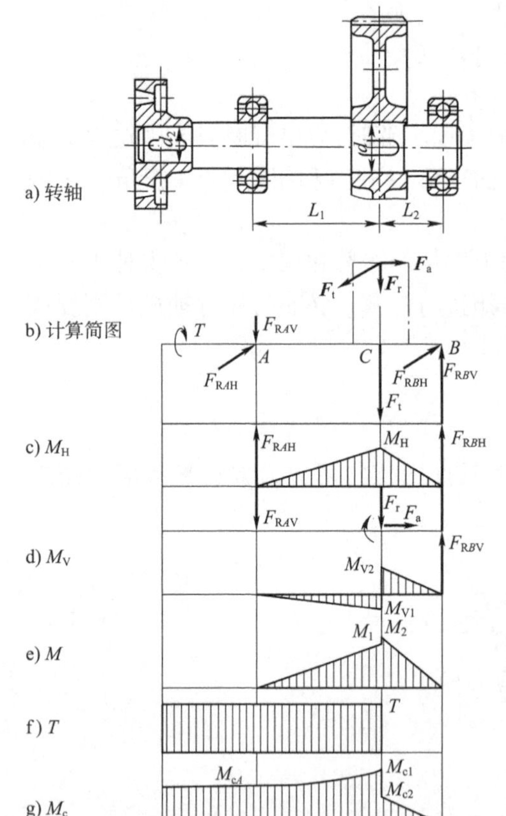

图 11-12 轴的受力分析

11.3.2 按当量弯矩校核直径

轴的各部分尺寸和结构确定后,必要时可按力学中第三强度理论进行校核。现以图 11-12a)所示安装有斜齿圆柱齿轮的转轴为例,介绍其校核计算步骤。

(1)绘制出轴的受力简图[图 11-12b)]。将轴上的作用力分解到水平面和垂直面,求出水平面和垂直面支撑反力。反力的作用点,可近似取在轴承宽度的中间。

(2)绘出水平面的弯矩 M_H 图[图 11-12c)]。

(3)绘出垂直面的弯矩 M_V 图[图 11-12d)]。

(4)计算出合成弯矩,$M = \sqrt{M_H^2 + M_V^2}$,绘出合成弯矩 M 图[图 11-12e)]。

(5)绘出转矩 T 图[图 11-12f)]。

(6)计算当量弯矩M_c,绘当量弯矩图[图 11-12g)],M_c按下式计算:

$$M_c = \sqrt{M^2 + (\alpha T)^2} \tag{11-4}$$

式中:α——根据转矩性质而定的折合系数。

因为通常由弯矩所产生的弯曲应力是对称循环变应力,而转矩产生的扭转切应力则不一定是对称循环变应力,为考虑不同循环特性对应力的影响,在计算当量弯矩时将转矩乘以系数 α。α 的取值:对于对称变化的转矩,$\alpha = 1$,对于脉动变化的转矩,$\alpha \approx 0.6$;对于不变的转矩,$\alpha \approx 0.3$。

(7)计算轴的直径。在当量弯矩M_c的作用下,轴的强度条件为:

$$\sigma = \frac{M_c}{W} = \frac{M_c}{0.1d^3} \leqslant [\sigma_{-1}]_b \tag{11-5}$$

式中:M_c——当量弯矩(N·mm);

W——轴的抗弯截面系数(mm^3);

d——轴的计算截面直径(mm);

$[\sigma_{-1}]_b$——对称循环的许用应力(MPa),见表 11-3。

轴的许用弯曲应力　　表 11-3

材料	碳素钢				合金钢	
σ_b	400	500	600	700	800	1000
$[\sigma_{-1}]_b$	40	45	55	65	75	90

由式(11-4)可得:

$$d \geqslant \sqrt[3]{\frac{M_c}{0.1[\sigma_{-1}]_b}} \tag{11-6}$$

若轴的计算剖面处有键槽,则按照前面所述适当加大该处直径。

若校核计算出的轴径比初步估算并经过轴结构设计所得轴径小,表面结构设计轴径是合理的,否则,可按校核计算所得轴径作适当修改。

11.3.3　轴的刚度校核

轴在载荷作用下产生的挠度 y 和扭角 ϕ 应小于相应的许用值,即:

$$y \leqslant [y], \phi \leqslant [\phi] \tag{11-7}$$

式中:$[y]$——许用挠度;

$[\phi]$——许用扭角,其具体数值可以从有关机械设计手册中查得。

轴的挠度 y 和扭角 φ 可根据力学中有关方法进行计算。

思　考　题

11-1　什么叫转轴、心轴、传动轴?试从实际机器中举例说明其特点。

11-2　轴上零件为什么需要轴向定位和周向固定?试说明其定位的方法及特点。

11-3　指出图 11-13 中轴的结构有哪些不合理和不完善的地方，提出改进意见并画出改进后的结构图。

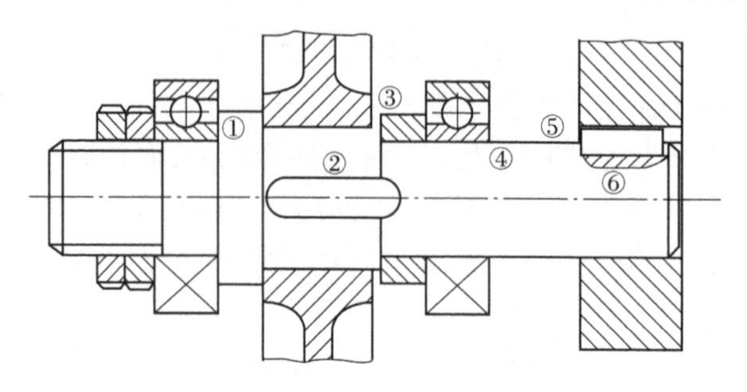

图 11-13　习题 11-3 图

11-4　公式 $d \geq A\sqrt[3]{\frac{P}{n}}$ 有何用处？其中 A 值取决于什么？计算出的 d 应作为轴上哪一部分的直径？

11-5　已知一传动轴传递的功率为 37kW，转速 $n = 900\text{r/min}$，如果轴上的扭切应力不许超过 40MPa，试求该轴的直径。

11-6　如图 11-14 所示的转轴，直径 $d = 60\text{mm}$，传递的转矩 $T = 2300\text{N} \cdot \text{m}$，$F = 9000\text{N}$，$a = 300\text{mm}$。若轴的许用弯曲应力 $[\sigma_{-1b}] = 80\text{MPa}$，求 x。

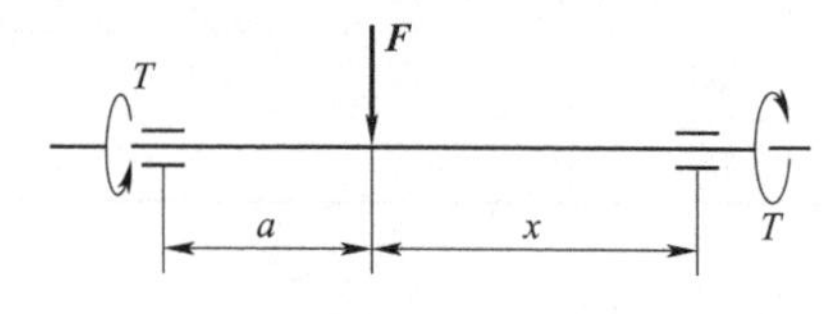

图 11-14　习题 11-6 图

11-7　已知一单级直齿圆柱齿轮减速器，用电动机直接拖动，电动机功率 $P = 22\text{kW}$，转速 $n_1 = 1470\text{r/min}$，齿轮的模数 $m = 4\text{mm}$，齿数 $z_1 = 18$，$z_2 = 82$，若支承间跨距 $l = 180\text{mm}$（齿轮位于跨距中央），轴的材料用 45 号钢调质，试计算输出轴危险截面处的直径 d。

第12章　联轴器和离合器

联轴器和离合器是机械传动中的常用部件，常用于机床、汽车、起重机等各种工程机械行业。联轴器要使两轴分离，必须通过停车拆卸才能实现。离合器在传递运动和动力过程中，通过各种操作方式使连接的两轴随时接合或分离。

12.1　联　轴　器

12.1.1　刚性联轴器

刚性联轴器无位移补偿能力，用在被连接两轴要求严格对中及工作中无相对位移之处。刚性联轴器中应用较多的是套筒联轴器、凸缘联轴器等几种类型。

1）套筒联轴器

这是一类最简单的联轴器，如图12-1所示。这种联轴器是一个圆柱形套筒，用两个圆锥销键或螺钉与轴相连接并传递转矩。此种联轴器没有标准，需要自行设计，例如机床上就经常采用这种联轴器。

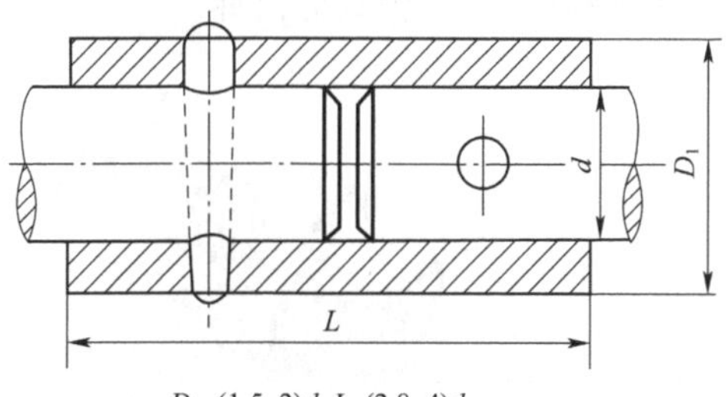

$D_1=(1.5\sim2)d$; $L=(2.8\sim4)d$

图12-1　套筒联轴器

2）凸缘联轴器

凸缘联轴器由两个带凸缘的半联轴器组成，两个半联轴器通过键分别与两轴相连接，并用螺栓将两个半联轴器连成一体，如图12-2所示。按对中方式分为Ⅰ型和Ⅱ型：Ⅰ型用凸肩和凹槽对中，装拆时需要做轴向移动；Ⅱ型用铰制孔螺栓对中，装拆时不需要做轴向移动。

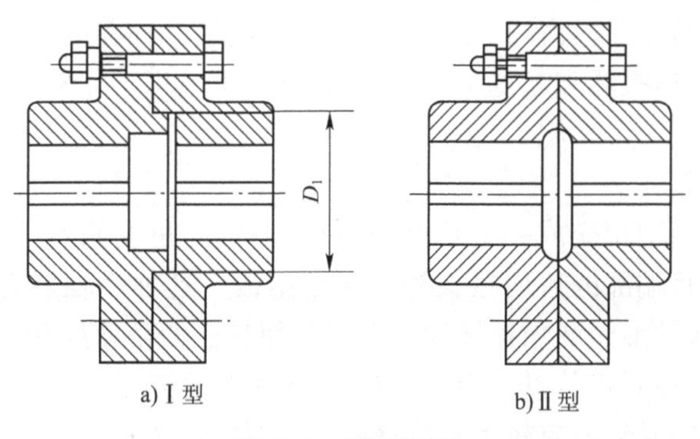

a）Ⅰ型　　b）Ⅱ型

图12-2　凸缘联轴器

凸缘联轴器对两轴的对中性要求很高。其特点是:构造简单、成本低,可传递较大的转矩。凸缘联轴器适用于工作平稳、刚性好和速度较低的场合。

12.1.2 挠性联轴器

挠性联轴器具有一定的补偿被联两轴轴线相对偏移的能力。凡被联两轴的同轴度不易保证的场合,都应选用挠性联轴器。常用的挠性联轴器可分为无弹性元件的挠性联轴器和有弹性元件的挠性联轴器。

1)无弹性元件的挠性联轴器

(1)十字滑块联轴器。

十字滑块联轴器由两个具有较宽凹槽的半联轴器和一个中间滑块组成,半联轴器与中间滑块之间可相对滑动,能补偿两轴间的相对位移和偏斜。这种联轴器的特点是结构简单,重量轻,惯性力小,又具有弹性,适用于传递转矩不大、转速较低、无急剧冲击的两轴连接,如图 12-3 所示。为了减少摩擦及磨损,使用时应从中间盘的油孔中注油进行润滑。

(2)滑块联轴器。

如图 12-4 所示,这种联轴器与十字滑块联轴器相似,只是两半联轴器上的沟槽很宽,并把原来的中间盘改为两面不带凸牙的方形滑块,且通常由夹布胶木制成。由于中间滑块的质量较小,又具有弹性,故允许较高的极限转速。这种联轴器结构简单,尺寸紧凑,适用于小功率、高转速而无剧烈冲击处。

图 12-3　十字滑块联轴器

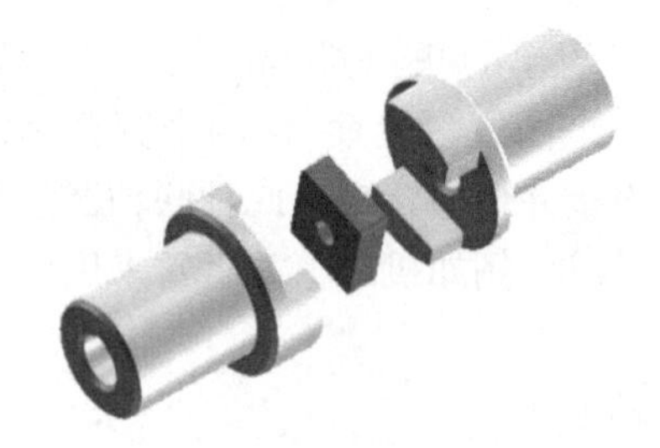

图 12-4　滑块联轴器

(3)齿轮联轴器。

齿轮联轴器由带有外齿的两个内套筒和带有内齿的两个外套筒所组成。齿式联轴器的优点是:具有良好的补偿性,允许有综合的位移,能传递很大的转矩,因此,常用于重型机械中。但是,当传递巨大转矩时,齿间的压力也随着增大,使联轴器的灵活性降低,而且其结构笨重、造价较高。在重型机器和起重设备中应用较广,不适用于立轴。齿轮联轴器如图 12-5 所示。

(4)万向联轴器。

万向联轴器用于两轴相交成一定角度的传动,两轴的角度偏斜可达 350°~450°。万向联轴器由两个具有叉状端部的万向接头和十字销组成。这种联轴器有一个缺点,就是当主动轴做等速转动时,从动轴做变角速转动。如果要使它们的角速度相等,可应用两套万向联轴器,使主动轴与从动轮同步传动。万向联轴器能可靠地传递转矩和运动,结构紧凑,效率高,可用于相交轴间的连接,或有较大角位移的场合,如图 12-6 所示。

图12-5　齿轮联轴器

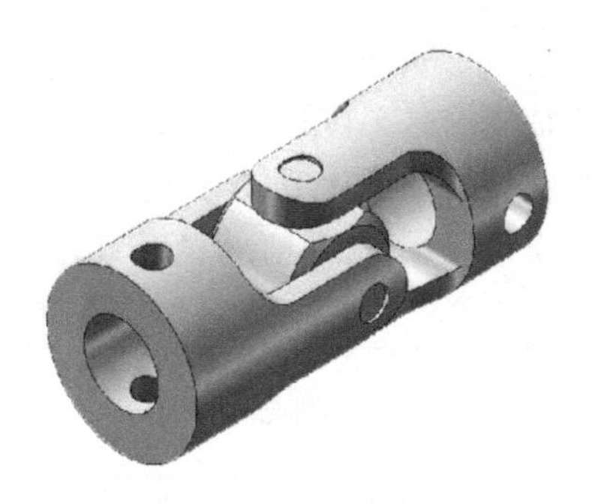

图12-6　万向联轴器

2)有弹性元件的挠性联轴器

如前文所述,这类联轴器因装有弹性元件,不仅可以补偿两轴间的相对位移,而且具有缓冲减振的能力。弹性元件所能储蓄的能量越多,则联轴器的缓冲能力越强;弹性元件的弹性滞后性能与弹性变形时零件间的摩擦功越大,则联轴器的减振能力越好。这类联轴器目前应用很广,品种亦越来越多。

(1)弹性套柱销联轴器。

弹性套柱销联轴器与凸缘联轴器相似,只是用带有非金属(如橡胶)弹性套的柱销取代螺栓,如图12-7所示。弹性套柱销联轴器靠弹性套的弹性来缓冲减振和补偿两轴偏移,适于起动频繁、载荷变化,但载荷不太大的场合。

(2)尼龙柱销联轴器。

尼龙柱销联轴器可以看成由弹性圈柱销联轴器简化而成,即采用尼龙柱销代替弹性圈和金属柱销,如图12-8所示。为了防止柱销滑出,在柱销两端配置挡圈。结构简单,安装、制造方便,耐久性好,也有吸振和补偿轴向位移的能力。尼龙柱销联轴器常用于轴向窜动量较大、经常正反转、起动频繁、转速较高的场合,可代替弹性圈柱销联轴器。

图12-7　弹性套柱销联轴器

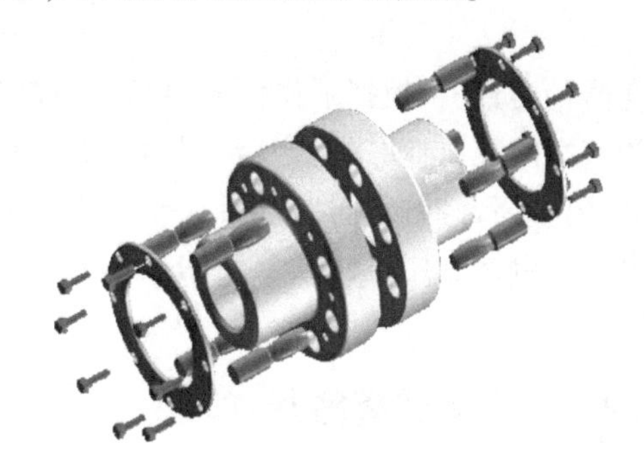

图12-8　尼龙柱销联轴器

12.1.3　联轴器的选择

选择联轴器类型时,应考虑机械起动、制动时的惯性力和工作过程中过载等因素的影响。对于已标准化和系列化的联轴器,选定合适类型后,可按转矩、轴直径和转速等确定联轴器的型号和结构尺寸。

联轴器的计算转矩:

$$T_{ca}=K_AT \tag{12-1}$$

式中：T——联轴器的名义转矩（N·m）；

T_{ca}——联轴器的计算转矩（N·m）；

K_A——工作情况系数，其值见表12-1。

工作情况系数 K_A 表12-1

分类	工作情况及举例	电动机、汽轮机	四缸和四缸以上内燃机	双缸内燃机	单缸内燃机
Ⅰ	转矩变化很小，如发电机、小型通风机、小型离心泵	1.3	1.5	1.8	2.2
Ⅱ	转矩变化小，如透平压缩机、木工机床、运输机	1.5	1.7	2.0	2.4
Ⅲ	转矩变化中等，如搅拌机、增压泵、有飞轮的压缩机、冲床	1.7	1.9	2.2	2.6
Ⅳ	转矩变化和冲击载荷中等，如织布机、水泥搅拌机、拖拉机	1.9	2.1	2.4	2.8
Ⅴ	转矩变化和冲击载荷大，如造纸机、挖掘机、起重机、碎石机	2.3	2.5	2.8	3.2
Ⅵ	转矩变化大并有极强烈冲击载荷，如压延机、无飞轮的活塞泵、重型初轧机	3.1	3.3	3.6	4.0

根据计算转矩、轴直径和转速等，由下面条件，可从有关手册中选取联轴器的型号和结构尺寸。

$$T_{ca}\leqslant[T],n\leqslant n_{max} \tag{12-2}$$

式中：$[T]$——所选联轴器的许用转矩（N·m）；

n——被联接轴的转速（r/min）；

n_{max}——所选联轴器允许的最高转速（r/min）。

12.2 离 合 器

离合器种类繁多，根据工作性质可分为：操纵式离合器，其操纵方法有机械的、电磁的、气动的和液力的等；自动式离合器，用简单的机械方法自动完成接合或分开动作，又分为安全离合器、离心离合器、定向离合器。按照结合元件的工作原理又可分为嵌合式和摩擦式两种。嵌合式离合器利用机械嵌合副的接合来传递转矩；摩擦式离合器利用摩擦副的摩擦力来传递转矩。

12.2.1 嵌合式离合器

嵌合式离合器靠啮合实现传动。它由端面带牙的两半离合器所组成，一个用平键和主动轴连接，另一个用导向键或花键与从动轴相连接。利用操纵系统拨动滑环，使其做轴向移动，实现两套筒的结合与分离。另外，为保证两轴线的对中，在与主轴连接的半离合器中固定有对中环。

如图12-9所示，常见的嵌合式离合器有牙嵌式、齿式、销式、拉键式和转键式等，其结构简单、尺寸较小、工作时牙间无相对滑动，因而可使两轴同步。但结合动作应在两轴不转动或两轴转速差很小时进行，以免凸牙或其他结合元件因受冲击载荷而断裂。

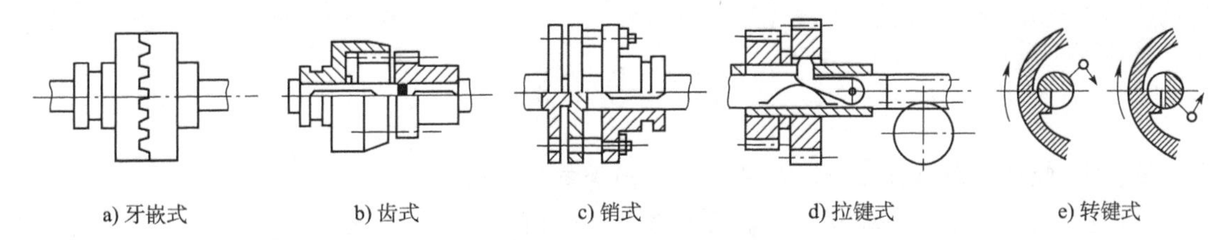

图 12-9 嵌合式离合器的形式

12.2.2 摩擦离合器

摩擦离合器所能传递的最大转矩取决于摩擦面间的最大静摩擦力矩,输入转矩一达到此值,离合器就会打滑,因而限制了传动系统所受转矩大小,防止超载。按其结构形式可将摩擦离合器分为圆盘式、圆锥式等。圆盘式摩擦离合器又可分为单圆盘式和多圆盘式。

1)单圆盘摩擦离合器

图 12-10 是单圆盘摩擦离合器的结构图。摩擦离合器的接触面可以是平面或锥面,在同样的压紧力下,锥面可以传递更大的转矩。与嵌合式离合器相比,摩擦式离合器可以在两轴任何速度下离合,且结合平稳无冲击,通过调节摩擦面间的压力可以调节所传递转矩的大小,因而也就具有了过载保护作用。但工作时有可能两摩擦盘之间发生相对滑动,不能保证两轴的精确同步。单圆盘摩擦离合器结构简单,散热性好,但传递的转矩不大。

2)多圆盘摩擦离合器

图 12-11 是多圆盘摩擦离合器的结构图。其中,主动轴 1、外鼓轮 2 和一组外摩擦片 5 组成主动部分,外摩擦片 5 可以沿外套的内槽移动。从动轴 3、套筒 4 和一组内摩擦片 6 组成从动部分,内摩擦片 6 可以沿套筒 4 上的槽滑动。当操纵滑环 7 左移时,通过曲臂压杆 8 顺时针转动,压板 9 将两组摩擦片压紧,离合器处于接合状态,主动轴 1 带动从动轴 3 转动。当操纵滑环 7 右移时,通过曲臂压杆 8 逆时针转动,两组摩擦片压力消除,离合器处于分离状态。双螺母 10 靠调整内、外两组摩擦片的间距,来调整摩擦片之间的压力。碟形摩擦片在离合器分离时能借助其弹性自动恢复原状,有利于内、外摩擦片快速分离。

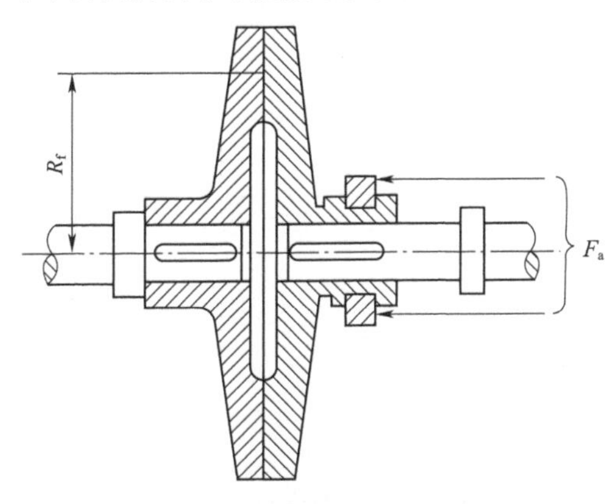

图 12-10 单圆盘摩擦离合器结构图

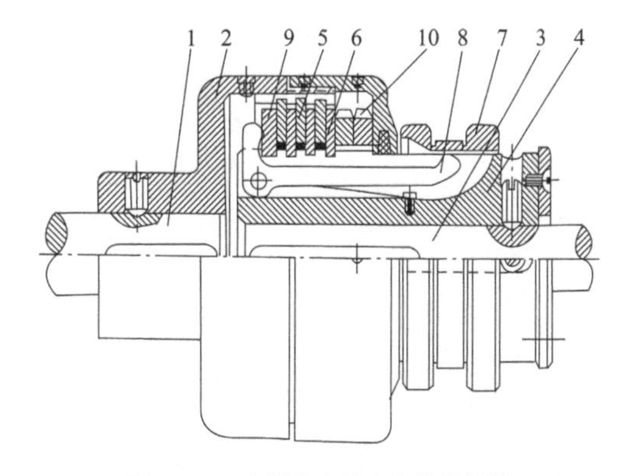

图 12-11 多圆盘摩擦离合器结构图

1-主动轴;2-外鼓轮;3-从动轴;4-套筒;5-外摩擦片;6-内摩擦片;7-滑环;8-曲臂压杆;9-压板;10-双螺母

思 考 题

12-1　联轴器和离合器的功用是什么？两者有何异同？

12-2　刚性联轴器与挠性联轴器有何差异？它们各适用于什么场合？

12-3　如何选择联轴器的类型及尺寸？

12-4　在联轴器的设计计算中，引入工作情况系数 K_A，应考虑哪些因素的影响？

12-5　某机床的电动机与主轴之间采用弹性套柱销联轴器连接，已知：功率 $P = 10\text{kW}$，转速 $n = 1460\text{r/min}$，电动机轴伸直径 $d = 42\text{mm}$，试选择所需要的联轴器。

第六篇

其他零部件

第13章 弹 簧

13.1 概 述

13.1.1 弹簧的功用

弹簧是具有一定柔度的弹性元件,在机械设备中的主要功用有:

(1)缓和冲击,吸收振动,例如车辆中的减振弹簧。

(2)控制机构的运动或零件的位置,例如内燃机的配气机构、离合器。

(3)储存及输出能量,例如钟表弹簧,枪机中用的弹簧、仪器发条等。

13.1.2 弹簧的类型

弹簧的基本形式见表13-1。按所承受的载荷不同,弹簧可以分为拉伸弹簧、压缩弹簧、扭转弹簧和弯曲弹簧;按弹簧形状可分为螺旋弹簧、蝶形弹簧、环形弹簧、涡卷弹簧和板簧。螺旋弹簧由于制造简便,得到广泛应用。蝶形弹簧和环形弹簧都为压缩弹簧,常用于重型缓冲装置中。涡卷弹簧主要作为各种仪表中的储能零件。板簧有较好的吸振能力,主要用作车辆减振装置。

弹簧的基本形式 表13-1

受载性质	拉伸	压缩	
螺旋弹簧	圆柱形	圆柱形	截锥形
其他弹簧		碟形	环形

续上表

受载性质	扭转	弯曲
螺旋弹簧	圆柱形	
其他弹簧	涡卷弹簧	板簧

在一般机械中,最为常见的是圆柱螺旋压缩弹簧,故本章主要介绍此类弹簧。

13.2 弹簧的材料和制造

13.2.1 弹簧的材料

为了使弹簧能够可靠地工作,弹簧材料应具备较高的弹性极限和疲劳极限、足够的冲击韧性和良好的热处理性能。弹簧常用材料见表 13-2,碳素弹簧钢丝的抗拉强度σ_b见表 13-3。

弹簧常用材料及其许用应力 表 13-2

材料类型	许用切应力[τ](MPa)			切变模量 G(MPa)	推荐使用温度(℃)	特性及用途
	Ⅲ类弹簧	Ⅱ类弹簧	Ⅰ类弹簧			
碳素弹簧钢丝 B、C、D 级	$0.5\sigma_b$	$0.4\sigma_b$	$0.3\sigma_b$	d=0.5 ~ 4mm 80000; d>4mm 78700	—40 ~ 120	强度高,加工性能好,适制造小弹簧
合金弹簧钢丝 60Si2Mn;	785	628	471	78700	—40 ~ 250	弹性好、回火稳定性好,用于受高载荷弹簧;
50CrVA	735	588	441	78700	—40 ~ 400	有高的疲劳性能,耐高温,常用于受变载荷弹簧
不锈弹簧钢丝 Cr18Ni9;	533	432	324	71600	—250 ~ 300	耐腐蚀、耐高温
4Cr13	735	588	441	75500	—40 ~ 300	
青铜丝 Qsi3-1	441	353	265	40200	—40 ~ 120	耐腐蚀、防磁好

注:1. 弹簧按其载荷性质分为三类:Ⅰ类——受变载荷作用10^6次以上;Ⅱ类——受变载荷作用10^3 ~ 10^5次及受冲击载荷;Ⅲ类——受变载荷作用10^3次以下。

2. 表中许用切应力为压缩弹簧的许用值,对于拉伸弹簧则取表中数值的 80%。

3. 弹簧的极限应力τ_{lim}取为:Ⅰ类≤1.67[τ];Ⅱ类≤1.25[τ];Ⅲ类≤1.12[τ]。

碳素弹簧钢丝的拉伸强度极限σ_b(单位:MPa)　　表 13-3

钢丝直径 d(mm)	B级	C级	D级	钢丝直径 d(mm)	B级	C级	D级
1.00	1660~2010	1960~2300	2300~2690	1.80	1520~1810	1760~2110	2010~2300
1.20	1620~1960	1910~2250	2250~2550	2.00	1470~1760	1710~2010	1910~2200
1.40	1620~1910	1860~2210	2150~2450	2.20	1420~1710	1660~1960	1810~2110
1.60	1570~1860	1810~2160	2110~2400	2.50	1420~1710	1660~1960	1760~2060

13.2.2 弹簧的制造

弹簧制造过程包括卷绕、两端修整、热处理和工艺试验等。为了提高承载能力,可在弹簧制成后进行强压处理或喷丸处理。

弹簧的卷绕成型分冷卷和热卷两种。当钢丝直径 $d \leqslant 8 \sim 10$mm 时,一般采用冷卷法。冷卷的钢丝多为经过热处理的冷拉碳素弹簧钢丝,强度很高,为消除内应力,冷拉后的弹簧有时需经低温回火。钢丝直径较大时,采用热卷法。热卷前需先加热,卷成后再进行淬火和回火处理。

13.3 圆柱螺旋压缩弹簧的计算

13.3.1 圆柱螺旋压缩弹簧的结构和尺寸

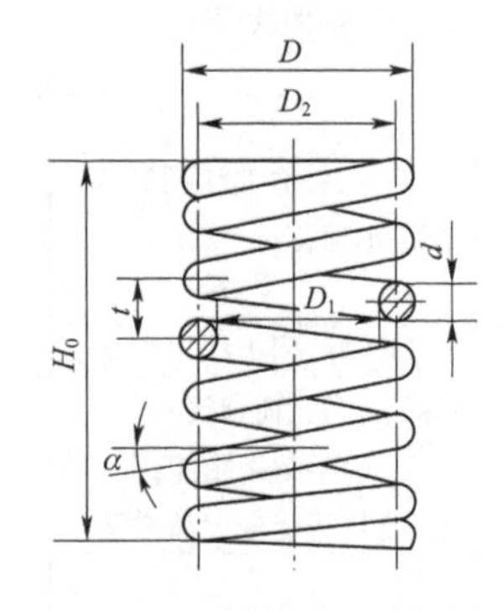

图 13-1 圆柱螺旋压缩弹簧

图 13-1 所示为圆柱螺旋压缩弹簧。弹簧的两端为支承圈,工作时不变形,故又称“死圈”。当弹簧的工作圈数 $n \leqslant 7$ 时,弹簧的死圈为 0.75 圈;当弹簧的工作圈数 $n > 7$ 时,每端的死圈为 1 ~ 1.75 圈。支承圈的结构如图 13-5 所示,图 13-2a) 所示为两端圈与邻圈并紧磨平的 YⅠ型,图 13-2b) 所示为加热卷绕时弹簧两端锻扁且与邻圈并紧的 YⅡ型,图 13-2c) 所示为两端圈并紧不磨平的 YⅢ型。重要的弹簧应选用并紧磨平型,以保证弹簧受压时不致歪斜。

圆柱螺旋压缩弹簧的有关参数和结构尺寸计算见表 13-4。

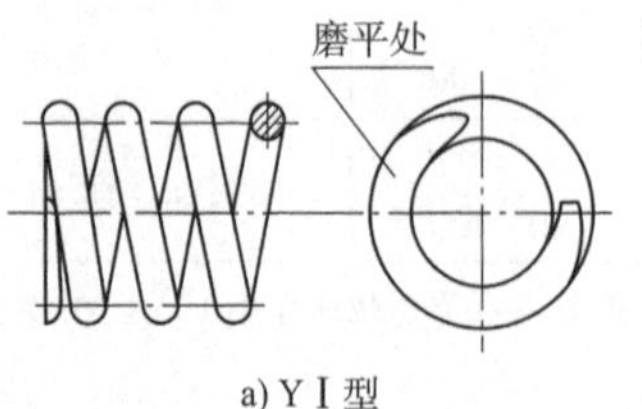

a) YⅠ型

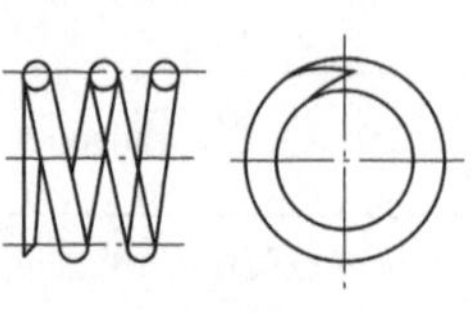

b) YⅡ型

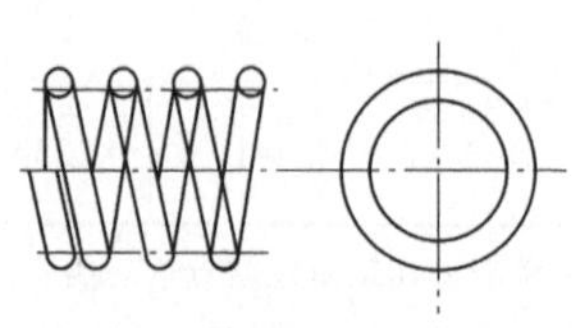

c) YⅢ型

图 13-2 支承圈的结构

圆柱螺旋压缩弹簧的参数和结构尺寸计算　　表 13-4

名称	代号	公式与说明
钢丝直径	d	由强度计算确定,见《圆柱螺旋弹簧尺寸系列》(GB/T 1358—2009)
中径	D_2	$D_2 = Cd$(C 为旋绕比值),见《圆柱螺旋弹簧尺寸系列》(GB/T 1358—2009)
工作圈数	n	由变形计算确定,见《工业用二甲基二氯硅烷》(GB/T 23953—2009)
总圈数	n_1	$n_1 = n + (1.5 \sim 2.5)$
节距	t	$t = d + \frac{f_2}{n} + \delta'$,$f_2$ 为弹簧最大变形量
圈间间隙	δ	$\delta = t - d$
最小圈间间隙	δ'	$\delta' \geqslant 0.1d$,δ'为最大工作载荷 F_2 下的圈间间隙
自由高度	H_0	两端并紧磨平: $H_0 = n\delta + (n_1 - 0.5)d$ 两端并紧不磨平: $H_0 = n\delta + (n_1 + 1)d$
螺旋角	α	$\alpha = \arctan \frac{t}{\pi D_2}$,一般 $\alpha \approx 5° \sim 9°$
钢丝展开长度	L	$L = \frac{\pi D_2 n_1}{\cos\alpha}$

13.3.2　弹簧的特性线

弹簧的载荷与变形之间的关系曲线称为弹簧特性线。弹簧的自由高度为H_0,安装时通常使弹簧首先承受一定的载荷 F_1,使它稳定地安装在预定的位置上,F_1 称为弹簧的最小工作载荷。在 F_1 的作用下,弹簧产生变形量λ_1,高度变为H_1。当弹簧承受最大工作载荷 F_2 时,弹簧变形量增加到λ_2,高度相应减少到H_2。λ_2 与λ_1 之差即为工作行程 h,$h = \lambda_2 - \lambda_1 = H_1 - H_2$。$F_{lim}$为弹簧的极限载荷,相应的弹簧变形量为$\lambda_{lim}$,高度为$H_{lim}$。弹簧的最小载荷通常取为$F_1 = (0.3 \sim 0.5)F_2$,最大载荷 F_2 由工作条件决定。通常应使 $F_2 \leqslant 0.8F_{lim}$。

等节距的圆柱螺旋弹簧的特性线为一直线,如图 13-3 所示,可用下式表示:

$$\frac{F_1}{\lambda_1} = \frac{F_2}{\lambda_2} = \cdots = K' \tag{13-1}$$

式中:K'——弹簧刚度,即单位变形所需的载荷,它是弹簧重要性能之一,K'越大则弹簧越硬,反之越软。

13.3.3　圆柱螺旋压缩弹簧的计算

1)强度计算

设计计算时,通过强度计算确定钢丝直径 d 和弹簧圈中径 D_2。图 13-4 所示为一受轴向载荷 F 的压缩弹簧。由于弹簧的螺旋角 $\alpha \approx 5° \sim 9°$,为了简化计算,可认为通过弹簧轴线的截面为圆形截面。这样,当弹簧承受载荷 F 时钢丝的任何横剖面主要承受力矩 $T = F\frac{D_2}{2}$和

切向力 $F_\tau = F$,如图 13-4a)所示,使横剖面产生切应力。考虑到弹簧钢丝曲率对应力的影响,实际的切应力分布如图 13-4b)所示。钢丝内侧的切应力及强度条件为:

$$\tau_{max} = K\frac{8FD_2}{\pi d^3} \leqslant [\tau] \tag{13-2}$$

式中:$[\tau]$——许用切应力(MPa),见表 13-2;

K——曲度系数,可按下式计算:

$$K = \frac{4C-1}{4C-4} + \frac{0.615}{C} \tag{13-3}$$

式中:C——弹簧指数(旋绕比),$C = \frac{D_2}{d}$。

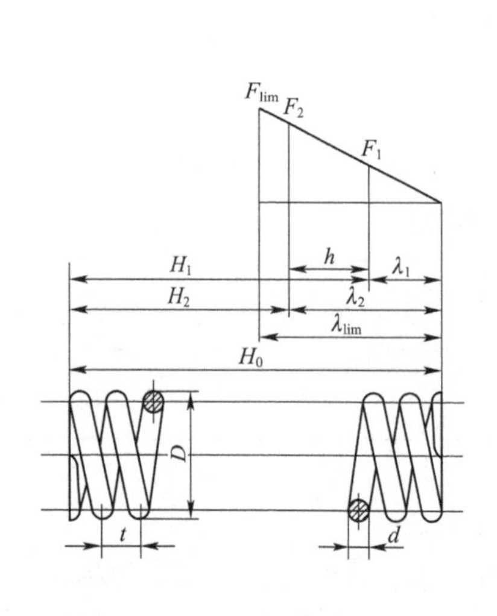

图 13-3 圆柱螺旋弹簧的特性线

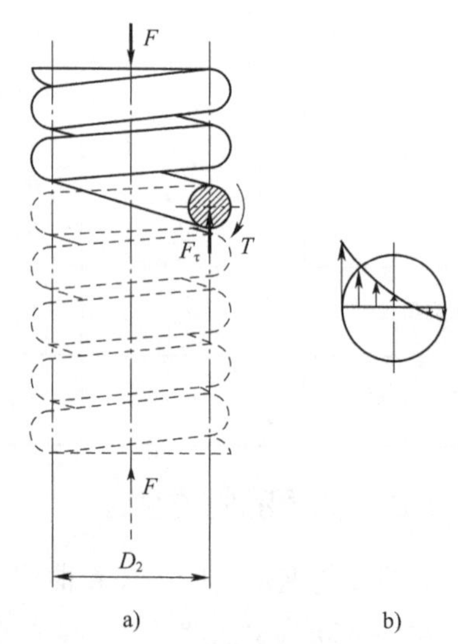

图 13-4 受轴向载荷的压缩弹簧

钢丝直径 d 相同时,C 值越小,弹簧圈的中径越小,弹簧较硬,弹簧在绕制或工作时钢丝内、外侧的应力差也越大;C 值越大,弹簧直径越大,弹簧较软,弹簧易发生颤动,C 值一般选用范围见表 13-5。

弹簧指数 C 的选用范围 表 13-5

钢丝直径(mm)	0.2~0.4	0.5~1	1.1~2.2	2.5~6	7~16	18~50
C	7~13	5~12	5~10	4~9	4~8	4~6

按强度条件确定钢丝直径 d 时,以弹簧的最大工作载荷 F_2 代替 F,并以 $D_2 = Cd$ 代入式(13-2),得:

$$d = \sqrt{\frac{8KF_2C}{\pi[\tau]}} = 1.6\sqrt{\frac{KF_2C}{[\tau]}} \tag{13-4}$$

2)变形计算

由变形计算确定弹簧的工作圈数 n。在轴向载荷 F 作用下,弹簧轴向变形 λ 可按下式计算:

$$\lambda = \frac{8FD_2^3 n}{Gd^4} = \frac{8F\,C^3 n}{Gd} \tag{13-5}$$

式中：n——弹簧的有效圈数；

G——弹簧材料的切变模量，见表13-2。

如以最大工作载荷 F_2 代替 F，则得弹簧最大轴向变形为：

$$\lambda_2 = \frac{8F_2 D_2^3 n}{Gd^4} \tag{13-6}$$

由式(13-5)可得弹簧刚度 K' 的计算公式为：

$$K' = \frac{F}{\lambda} = \frac{Gd^4}{8D_2^3 n} \tag{13-7}$$

由式(13-6)可以求出所需弹簧的工作圈数(有效圈数)：

$$n = \frac{\lambda_2 Gd^4}{8F_2 D_2^3} = \frac{\lambda_2 Gd}{8F_2 C^3} \tag{13-8}$$

求出的 n 值小于15时应取0.5圈的倍数，如 n 大于15时则取整数圈。弹簧的工作圈数不少于2圈。

3）稳定性计算

弹簧的稳定性指标是高径比 b，$b = \frac{H_0}{D_2}$。当弹簧圈数较多或自由高度 H_0 太大时，为了避免在工作时产生侧向弯曲而失稳，应校核弹簧的稳定性指标。如采用两端固定支座，应保证 $b \leq 5.3$。如 $b > 5.3$，弹簧失稳，如图13-5a)所示，应重新选择弹簧参数，减小 b 值；或者在弹簧内侧加装导向心杆，如图13-5b)所示；也可以在弹簧外侧加装导向套筒，如图13-5c)所示。

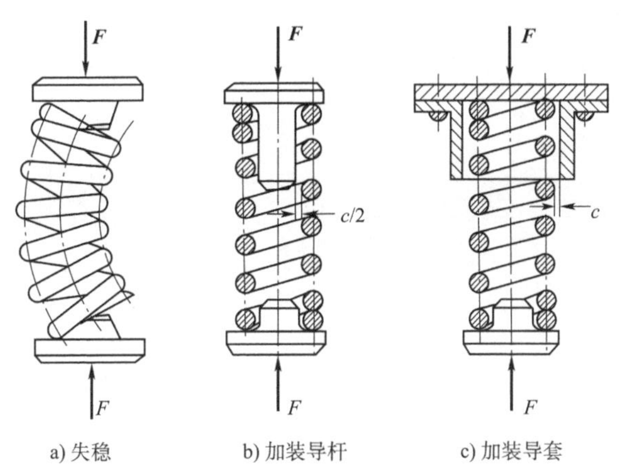

图13-5　压缩弹簧失稳及措施

思　考　题

13-1　弹簧的功用有哪些？有哪些种类？

13-2　弹簧材料应具有哪些性质？

13-3　圆柱螺旋弹簧易损坏的是内侧还是外侧，为什么？

13-4　如果弹簧的中径 D_2 增大,其余参数不变,试问:

(1)在相同载荷 F 的作用下,弹簧的变形是增加还是减少?

(2)要产生同样的变形量 f,载荷 F 应该增大还是减小?

13-5　某圆柱螺旋压缩弹簧参数如下:$D=36\text{mm}$,$d=3\text{mm}$,$n=5$,弹簧材料为 C 级碳素弹簧钢丝,Ⅱ类弹簧,最大工作载荷 $F_2=100\text{N}$,试校核此弹簧的强度和计算最大载荷下的变形量 f_2。

*第七篇

液 压 传 动

第14章 液压传动基本理论

液压传动是以液体作为工作介质，利用密闭系统中的受压液体来传递运动和动力的一种传动方式。

14.1 液压传动的工作原理与系统组成

如图14-1所示，液压传动装置本质上是一种能量转换和传递系统，它以液体作为工作介质，通过动力元件（液压泵）将原动机（内燃机）的机械能转换为液体的压力能，然后通过管路、控制元件（液压阀）把具有压力能的液体输入执行元件（液压缸或液压马达），再由执行元件将液体的压力能又转换为机械能，以驱动负载实现直线（或回转）运动，完成动力传递。

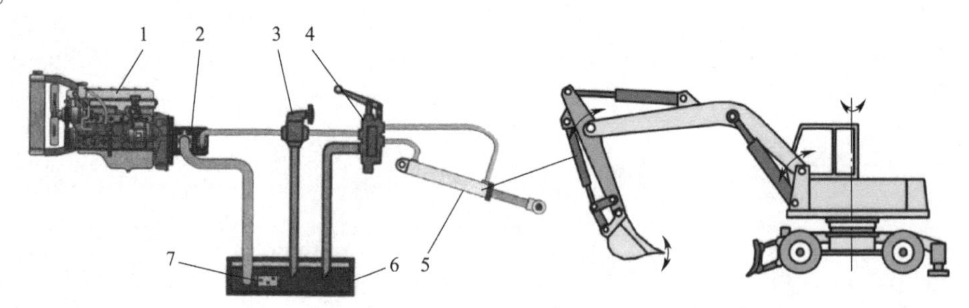

图14-1 某挖掘机简化液压传动系统

1-内燃机；2-液压泵；3-溢流阀；4-换向阀；5-液压缸；6-油箱；7-滤油器

液压千斤顶是一个简单的液压传动装置，下面以液压千斤顶为例说明其基本工作原理。

14.1.1 液压传动的工作原理

图14-2为液压千斤顶工作原理图。液压千斤顶主要由杠杆1、小液压缸2、小活塞3等组成的手动液压泵和由大液压缸7、大活塞8等组成的举升液压缸构成。

提起杠杆1使小活塞3向上移动，小活塞下端油腔容积增大，形成局部真空，止回阀6关闭，油箱11中的油液在大气压作用下流经吸油管顶开止回阀4进入手动液压泵，如图14-2b）所示；压下手柄，小活塞下移，小活塞下腔油液压力升高，止回阀4关闭，止回阀6被打开，如图14-2c）所示，小活塞下腔的油液经管道5输入大活塞8的下腔，推动大活塞8向上移动，顶起重物。再次提起手柄使手动液压泵吸油时，举升液压缸下腔的压力油试图倒流回手动泵，但此时止回阀6自动关闭，使油液不能倒流，保证了重物不会自行下落。因此，对于手动液压泵,止回阀4称为吸油止回阀,止回阀6称为排油止回阀。不断地往复扳动手柄1,手动液压缸不断交替进行着吸油和排油过程,把油液不断地从油箱吸油并压入举升缸,将重物逐渐顶起,从而达到起重的目的。手柄停止动作,举升缸下腔油液压力使止回阀6关闭,将大活塞连同重物一起锁闭不动。举升重物时,截止阀10必须关闭;需要放下重物,打开此阀,举升缸下腔的油液通过管道9、截止阀10流回油箱,大活塞在重物和自重作用下向下移动,回到原始位置。

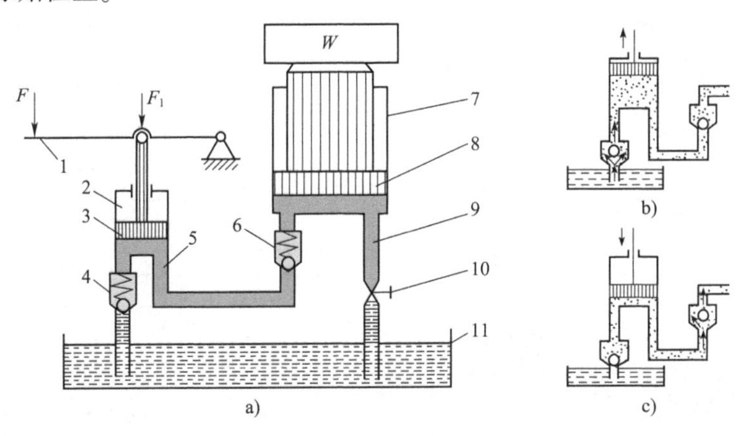

图14-2　液压千斤顶工作原理图

1-杠杆;2-小液压缸;3-小活塞;4,6-止回阀;5-管道;7-大液压缸;8-大活塞;9-管道;10-截止阀;11-油箱

分析液压千斤顶的工作过程可以发现,液压传动系统工作需要具备两个条件:一是处于密封容器内的油液由于大小液压缸工作容积的变化而能够流动;二是这些油液具有压力,能够流动并具有一定压力的油液能对外做功,我们说它具有压力能。

14.1.2　液压传动系统的组成

实际液压传动系统比液压千斤顶复杂很多。如图14-1所示,液压泵由发动机驱动,且在液压泵-液压缸的基础上设置控制液压缸运动方向、速度和最大推力的液压元件。

图14-3为某简化液压传动系统的结构组成及工作原理简图。系统主要由液压泵9、溢流阀6、换向阀4、液压缸1、油箱11、滤油器10和连接这些元件的管路等组成。

内燃机带动液压泵9从油箱11内吸油,产生压力油输入工作系统管路。这样,液压泵就将内燃机的机械能转换成油液的压力能,作为液压缸1动作的动力源。

液压泵输出的压力油首先经过油管5进入换向阀4内。换向阀有P、A、B和T四个油口,分别连接液压泵、液压缸左腔(无杆腔)、液压缸右腔(有杆腔)和油箱。换向阀的阀杆(又称阀芯)有三个操纵位置,对应于液压缸的三种工作状态。阀杆处于图14-3a)所示的位置时,称为阀的中立位置(简称中位),油路的连通关系如图14-3b)所示,压力油进入换向阀后经过阀杆径向孔、轴向孔回到阀的T口,再经管路7流回油箱,换向阀通往液压缸两腔的油口A和B均被封闭,液压缸活塞保持在一定位置。当操纵换向阀使阀杆处于位置Ⅱ时,如图14-3c)所示,换向阀内部P与B通,A与T通,液压泵输出的油经换向阀的P口、B口和管路3进入液压缸右腔,活塞杆缩回,液压缸左腔的油经管路2、换向阀的A口、T口和管路7流回油箱。换向阀的阀杆在位置Ⅲ时,如图14-3d)所示,换向阀内部P与A通,B与T通,液压泵输出的油液经换向阀P、A口和管路2进入液压缸左腔，活塞杆伸出，液压缸右腔的油液经管路3、换向阀B、T口及管路7流回油箱。由此可见，换向阀4在液压系统中的主要作用就是控制油液的流动方向，从而使液压缸处于不同的工作状态。

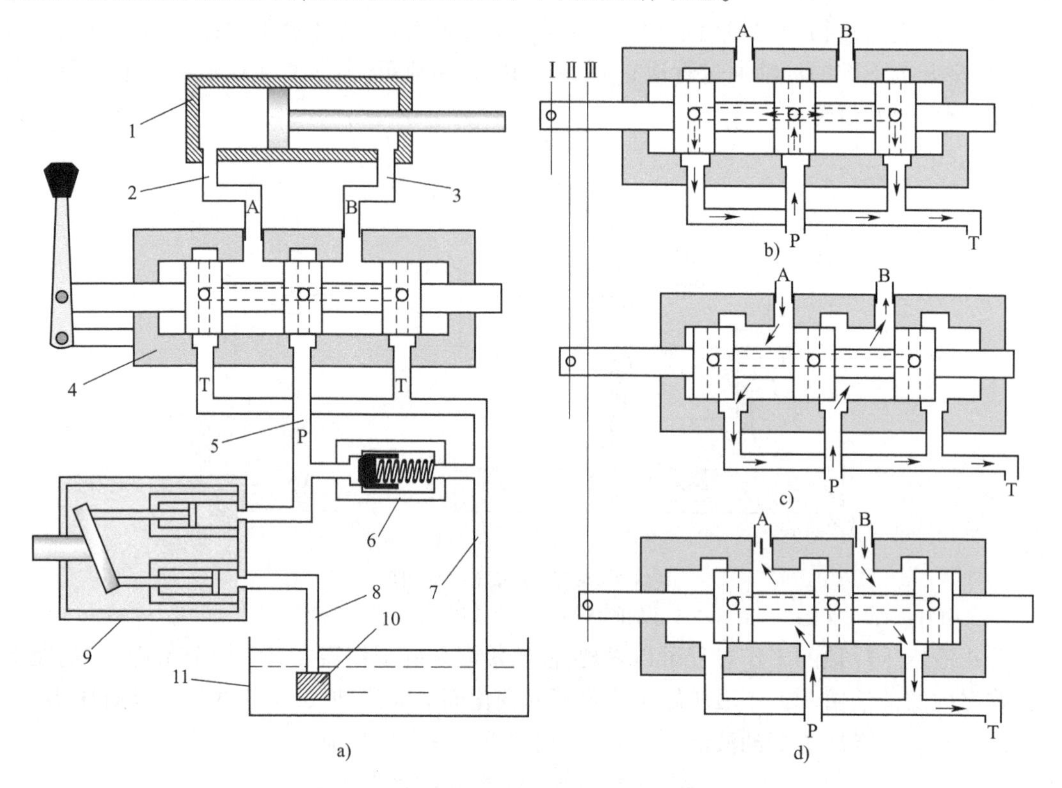

图14-3　某简化液压传动系统组成及工作原理简图

1-液压缸；2，3，5，7，8-管路；4-换向阀；6-溢流阀；9-液压泵；10-滤油器；11-油箱

溢流阀6（又称安全阀）限制系统的最高工作压力，防止系统过载。滤油器10滤除油液中的杂质，减少液压元件磨损；油箱11储存油液，同时用来散热、沉淀杂质等。

由此可知，液压系统是为了完成某种工作任务而由各种具有特定功能的液压元件组成的整体。任何一个液压系统总是由以下五部分组成：

（1）动力元件。动力元件是将原动机的机械能转换成液体压力能的装置，即液压泵，是液压系统的动力源，其作用是为液压系统提供具有一定流量和压力的工作介质。

（2）执行元件。执行元件是将液体的压力能转换成机械能输出的装置，包括做直线运动的液压缸和做回转运动的液压马达，其作用是在工作介质的作用下输出力和速度（或转矩和转速），驱动工作机构。

（3）控制元件。控制元件是对系统中液体的压力、流量和流动方向进行控制或调节的装置，包括方向控制阀、压力控制阀和流量控制阀等，其作用是控制工作介质的流动方向、压力和流量，保证执行元件和工作机构满足工作要求。

（4）辅助元件。辅助元件是除以上装置外的其他元件或装置，如油箱、滤油器、管件、密封装置、蓄能器和热交换器等，是一些对系统完成主功能起辅助作用且必不可少的元件，保证系统可靠、稳定地工作并便于检测、控制。

(5)传动介质。传动介质是传递能量和信号的液体,即液压油,其主要作用是传递动力,同时起润滑、冷却、清洗、密封等作用。

14.2　职能符号和液压系统图

由图 14-3a)可以看出,一个液压系统通常由许多元件组成,如果用各个液压元件的结构图或简图来表达整个液压系统,则绘制起来非常复杂,也难以表达清楚。为此,国家标准规定了关于液压元件职能符号,图 14-4a)是按照国家标准绘制的图 14-3a)液压系统原理图。

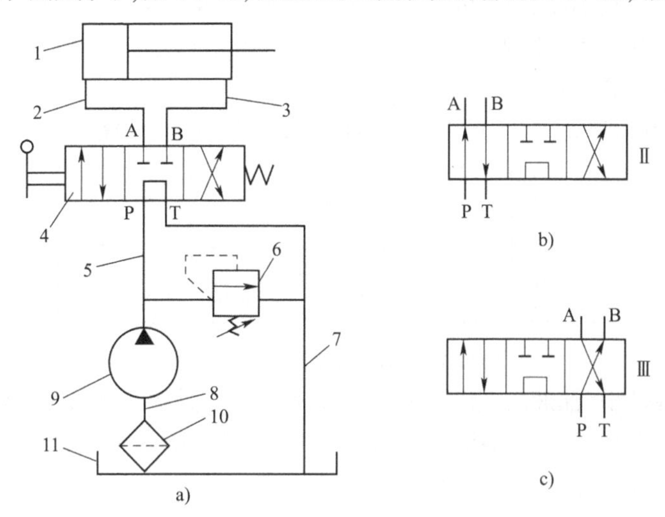

图 14-4　某简化液压系统原理图

1-液压缸;2,3,5,7,8-管路;4-换向阀;6-溢流阀;9-液压泵;10-滤油器;11-油箱

使用职能符号和绘制液压系统图需要遵守以下规定:

(1)液压系统图的职能符号只表示元件的职能、控制方式、连接系统的通路,不表示元件的具体结构和参数,也不表示系统管路的具体位置及元件的安装位置。

(2)符号通常均以元件的静止位置或零位置表示,只有为了说明系统的工作原理确实需要画出某元件在其他工作位置的工作情况时才不按上述规定画,但此时需作说明。也就是说,图 14-4b)和图 14-4c)在无特殊情况时不需要画出。

(3)除在系统布置中有方向性要求的元件(油箱、仪表)外,符号可根据具体情况予以水平或垂直绘制。

(4)当需要标明元件的名称、型号和参数时,一般在系统图的零件表中说明,必要时可在元件符号旁边标注。

14.3　液压系统的工作介质

液压系统的工作介质为液体(通常是液压油),主要功能是传递能量和信号,同时对液压元件中的机构、零件起着润滑、防锈、冲洗污染物质及带走热量等重要作用。

14.3.1 液压油的物理性质

1)密度

单位体积液体的质量称为液体的密度,用 ρ 表示。若体积为 $V(m^3)$ 的液体质量为 m(kg),那么其密度为:

$$\rho=\frac{m}{V} \tag{14-1}$$

密度的单位是 kg/m^3。各类液压油的密度是不同的,一般取 $900kg/m^3$。液压油的密度随温度的上升而有所减小,随压力的升高而稍有增加,但变化量很小,所以在实际应用中,可认为密度不受温度和压力的影响。

2)可压缩性和热膨胀性

液体的可压缩性是指液体受压力作用后体积减小的性质,如图 14-5 所示。

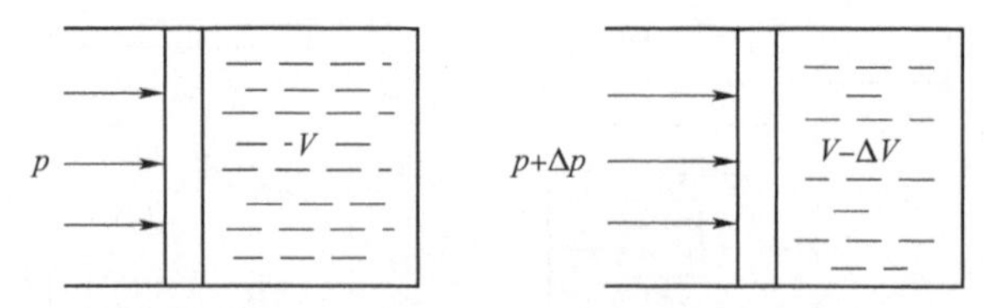

图 14-5　压力升高时液体的体积减小

在一般液压传动中,油液的压缩性可以忽略不计,也就是说,可认为液体是不可压缩的。

液体的热膨胀性是指液体因温度升高而体积增大的性质。液体的热膨胀性也是很微小的,所以,在一般情况下也可忽略不计。

3)黏性

液体流动时流层之间产生内摩擦力的性质,称为液体的黏性。

液体在外力作用下运动时,液体各处的运动速度是不同的(如平缓的河流中,河心流速高,而河心至两岸流速逐渐降低),这是由于液体与固体壁间的附着力和液体分子间的内聚力(黏性)造成的。

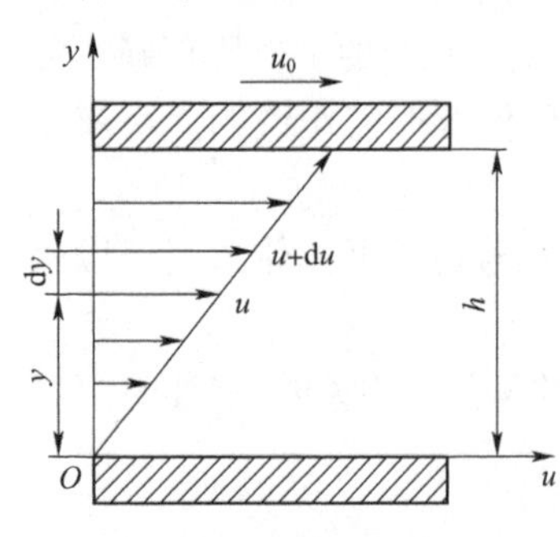

图 14-6　液体黏性的作用

如图 14-6 所示,在两平行板之间充满了液体,下平板固定不动,上平板以速度 u_0 平行于下平板向右运动。由于液体的附着力和内聚力的作用,两平板间的液体也随之运动。可以把液体流动看成许多无限薄的液体流层,黏附于上平板的流层速度为 u_0,黏附于下平板的流层速度为 0,而中间层的速度按图 14-6 所示直线规律分布。

由于液体各层的运动速度不相等,运动较快的液层带动较慢的液层;或者说,运动较慢的液层阻滞运动较快的液层。这样,运动较快的液层在运动较慢的液层上流过时,类似于固体表面之间相对滑动过程,由于黏性的作用,相邻液层之间必然产生内摩擦力。内摩擦力的方向总是与相对运动的趋势相反。

液体黏性的大小用黏度来表示。常用的黏度有三种,即动力黏度、运动黏度和相对黏度。

在实际应用中,最常用的是运动黏度,单位为 mm^2/s(cSt)。液压油在标准温度(40℃)时以 cSt 表示的运动黏度是划分液压油牌号的依据。如 L-HM32 液压油,是指这种油在 40℃ 温度时的运动黏度平均值为 $32mm^2/s$(cSt)。

4)温度和压力对黏度的影响

随着油温的升高,油液的黏度会显著变小。油液黏度随温度变化的性质称为黏温特性。油液黏度的变化直接影响液压系统的工作性能和泄漏情况。

随着压力的增大,油液的黏度增大。但在一般液压系统的使用压力范围内,可忽略不计。

5)其他特性

液压油还有其他特性,如抗燃性、抗氧化性、抗泡沫性、防锈性、润滑性以及相容性(指对密封件、软管等材料不侵蚀、不溶胀的性质)等,这些性能指标对液压系统的工作有重要影响。不同品种液压油的这些性质是不同的,所以,不同品种的液压油不能混合使用。

14.3.2　常用液压油

按照国家标准,液压油代号为"L-H + 字母 + 数字"。其中,L 表示润滑剂和有关产品,H 表示液压系统用的液压油,数字表示该液压油的黏度等级。

1)L-HL 液压油(普通液压油,后面一个 L 代表防锈、抗氧化型)

采用精制矿物油作基础油,加入抗氧、抗腐蚀、抗泡、防锈等添加剂调和而成,是当前国内供需量最大的品种。常用牌号有 HL-32、HL-46、HL-68。

2)L-HM 液压油(抗磨液压油,M 代表抗磨型)

其基础油与普通液压油同,除加有抗氧、防锈等添加剂外,还加有抗磨剂,以减少液压件的磨损。常用牌号有 HM-32、HM-46、HM-68、HM-100 等。

14.3.3　液压油的选用

必须遵守装备使用说明书的规定执行。首先选择油液的品种,要考虑防火要求、工作压力、环境温度等因素。第二,确定油液的黏度。在一定条件下,选用的油液黏度太高或太低,都会影响系统正常工作。黏度高的油液流动时产生的阻力较大,克服阻力所消耗的功率较大,此功率损耗又将转换成热量使油温上升。黏度太低,会使泄漏量加大,使系统的容积效率下降。

14.4　液压传动的力学基本规律

14.4.1　液压传动的主要参数

液压传动中的主要参数是压力和流量。

1)压力

(1)压力的概念。

液体在单位面积上所承受的法向作用力,统称为压力。压力通常用 p 表示。设液体在

面积 A 上受均匀分布的法向作用力 F，则液体的压力可表示为：

$$p = \frac{F}{A} \tag{14-2}$$

压力的单位为 N/m^2（Pa），工程上常用 MPa 和 kgf/cm^2，换算关系为：$1MPa = 1 \times 10^6 Pa \approx 10kgf/cm^2$。

（2）静压传递。

对于图 14-2 中的液压千斤顶，为何在手柄上只需施加几十牛顿的力，大活塞却能顶起好几吨的重物呢？将图 14-2 简化为图 14-7 的密闭连通容器，可清楚地分析其动力传递过程。

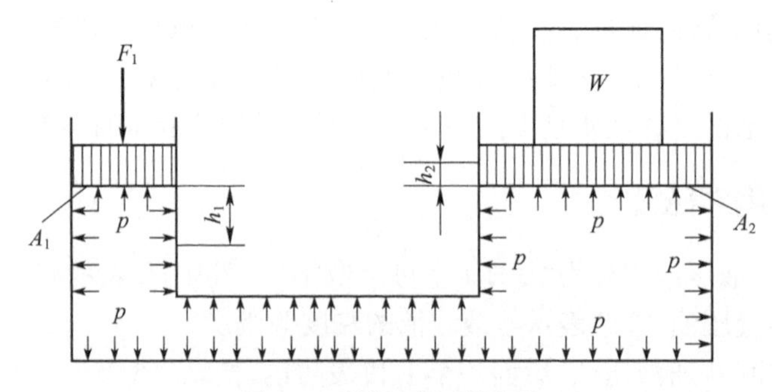

图 14-7　帕斯卡原理的应用

根据帕斯卡原理（静压传递原理）：在密闭容器中的静止液体，由外力作用在液面的压力能等值地同时传递到液体内部各点，容器内压力方向垂直于内表面。

图 14-7 中，A_1、A_2 分别为小活塞和大活塞的面积，两缸用管道连通。大活塞上有负载 W，当给小活塞施加 F_1 时，液体中就产生了 $p = F_1/A_1$ 的压力。随着 F_1 的增加，液体的压力 p 也不断增加，当压力 $p = W/A_2$ 时，大活塞开始运动，顶起重物 W。可见，静压力传递有以下特点：

①传动必须在密闭容器内进行。

②系统内压力的大小取决于外负载的大小。也就是说，系统内液体的压力是由于受到各种形式的阻力而形成的，当外负载 $W = 0$ 时，$p = 0$。

③液压传动可以将力放大，力的放大倍数等于活塞面积之比。即：

$$p = \frac{F_1}{A_1} = \frac{W}{A_2} \quad 或 \quad \frac{W}{F_1} = \frac{A_2}{A_1} \tag{14-3}$$

（3）压力的表示方法。

根据度量基准的不同，液体压力分为绝对压力和相对压力。以绝对真空（绝对零压力）为基准，所测得的压力为绝对压力。以大气压力 p_a 为基准，所测得的压力为相对压力。

实际工作中，压力表指示的压力是相对压力。在一般液压系统中，某点的压力通常指的都是表压力。若绝对压力大于大气压，则相对压力为正值。若绝对压力小于大气压，则相对压力为负值，比大气压力小的那部分压力称为真空度。若某液压系统中某处绝对压力小于大气压，则称该点出现了真空。图 14-8 给出了绝对压力、相对压力和真空度三者之间的关系。

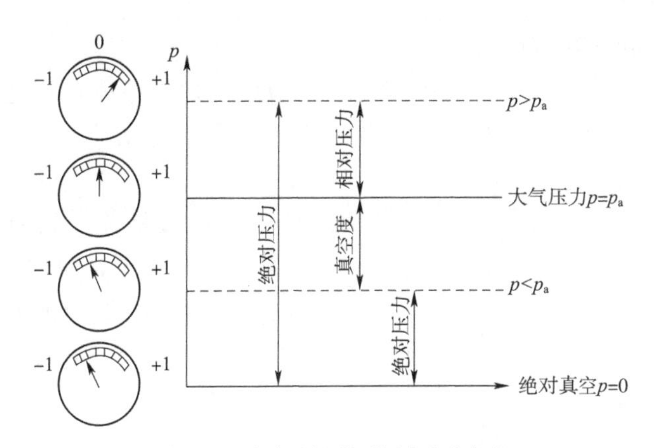

图 14-8 绝对压力、相对压力和真空度

2)流量

(1)流量的概念。

流量是指单位时间内流某一通流截面的液体体积,用 q 表示,即 $q = V/t$。

流量的单位为 m^3/s,工程上常用 L/min,换算关系为:$1m^3/s = 6\times10^4 L/min$。

由于液体黏性的作用,通流截面上流动液体各点的流速一般是不相等的。工程上,假设通流截面上各点的流速均匀分布。若 u 表示平均流速、A 表示通流截面的面积,则流量 q 为:

$$q = uA \tag{14-4}$$

若油液以流量 q 进入截面积为 A 液压缸,则其平均流速为:

$$u = q/A \tag{14-5}$$

这说明,活塞或液压缸的运动速度等于液压缸内油液的平均速度,其大小取决于输入液压缸的流量。

(2)液流的连续性。

液体流动时遵循质量守恒定律。如前文所述,在一般液压传动系统中,油液的压缩性可忽略不计,即:理想状态下,液体在同一时间内通过同一管道的两个不同通流截面的体积相等。

在图 14-9 所示的管路中,流过截面 1 和截面 2 的流量分别为 q_1 和 q_2,截面面积分别为 A_1 和 A_2,两个截面中液体的平均流速分别为 u_1 和 u_2,存在 $q_1 = q_2$,即:

$$u_1 A_1 = u_2 A_2 = 常量 \tag{14-6}$$

这就是液体流动的连续性方程。它说明:在稳定流动中,流过管道各截面的不可压缩液体的流量是不变的。液体流经管路不同截面时的平均流速与其截面积大小成反比,即管径小的截面平均流速高,管径大的截面平均流速低。

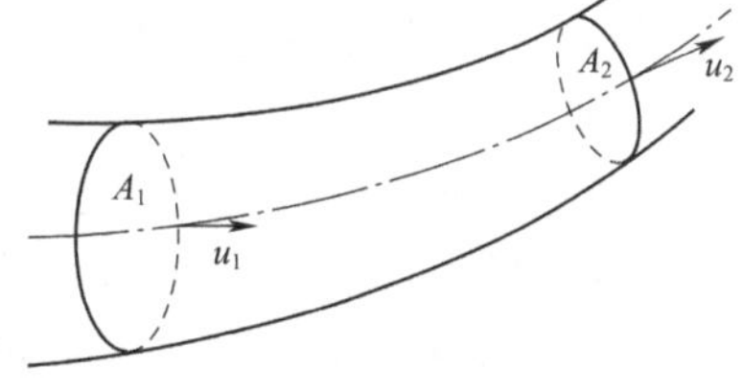

图 14-9 液流连续性原理

14.4.2 液体流动时的能量

液体流动时遵循能量守恒定律。实际液体流动时具有能量损失,能量损失的主要形式是压力损失和流量损失。

1)理想液体流动时的能量

所谓理想液体,是指既无黏性又不可压缩的液体。理想液体在管道内流动时,具有三种形式的能量,即压力能、动能和位能。按照能量守恒定律,在各个截面处的总能量是相等的。

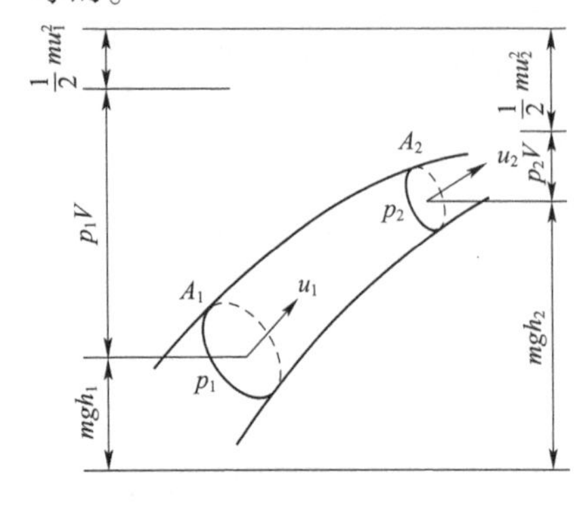

图 14-10　伯努利方程示意图

如图 14-10 所示,设液体质量为 m,体积为 V,密度为 ρ。按照流体力学和物理学原理,液体在截面 1 处的压力能为 p_1V,动能为 $mu_1^2/2$,位能为 mgh_1;液体在截面 2 处的压力能为 p_2V,动能为 $mu_2^2/2$,位能为 mgh_2。

根据能量守恒定律,有:

$$p_1V + \frac{1}{2}mu_1^2 + mgh_1 = p_2V + \frac{1}{2}mu_2^2 + mgh_2 \quad (14\text{-}7)$$

则有:

$$p_1 + \frac{1}{2}\rho u_1^2 + \rho gh_1 = p_2 + \frac{1}{2}\rho u_2^2 + \rho gh_2 \quad (14\text{-}8)$$

该式为理想液体的伯努利方程,其物理意义为:在管内做稳定流动的理想液压具有压力能、势能和动能,这三种形式的能量可以互相转换,但在任一截面上其总和不变。

若管道水平布置,即 $h_1 = h_2$,那么,管径小的位置,流速较高,压力较低;管径大的位置,流速较低,压力较高。

2)实际液体流动时的能量

实际液体具有黏性,在管道内流动时会产生内摩擦力,导致能量消耗;由于管道形状和尺寸的变化,液流会产生扰动,也造成能量消耗,因而实际液体流动的伯努利方程为:

$$p_1 + \rho gh_1 + \frac{1}{2}\rho u_1^2 = p_2 + \rho gh_2 + \frac{1}{2}\rho u_2^2 + \Delta p \quad (14\text{-}9)$$

式中:Δp——液体从通流截面 1 流到截面 2 过程中的压力损失。

在液压系统中,液流的动能和势能与压力能相比小得多,一般可以忽略不计,因此,液压系统主要的能量形式为压力能,即液体主要是依靠其压力能来做功的。因而,伯努利方程在液压系统中的应用形式由式(14-9)变为:

$$p_1 = p_2 + \Delta p \quad (14\text{-}10)$$

3)液压系统的能量损失

(1)压力损失。

流动油液各质点之间以及油液与管壁之间的摩擦与碰撞会产生阻力,这种阻力叫液阻。系统存在液阻,油液流动时会产生能量损失,主要表现为压力损失。

如图 14-11 所示,油液从 A 处流到 B 处,中间经过较长的直管路、弯曲管路、各种阀孔和管路截面的突变等。由于液阻的影响,油液在 A 处的压力 p_A 与在 B 处的压力 p_B 不相等,显然,$p_A > p_B$,引起的压力损失为 Δp,即:

$$\Delta p = p_A - p_B \quad (14\text{-}11)$$

压力损失 Δp 包括沿程损失和局部损失。

①沿程压力损失。

液体在等径直管中流动时,因内、外摩擦力而产生的压力损失称为沿程压力损失,它主要决定于液体的流速、黏性,以及油管长度、内径和管内壁粗糙度。

②局部压力损失。

液体流经管道的弯头、接头、突变截面以及阀口时,流速或流向剧烈变化,形成漩涡、脱流,从而使液体质点相互撞击而造成的压力损失,称为局部压力损失。在液压传动系统中,局部压力损失是主要的压力损失。

油液流动产生的压力损失会造成功率浪费,油液发热,黏度下降,泄漏增加,同时液压元件受热膨胀也会影响正常工作,甚至“卡死”。因此,必须采取措施尽量减少压力损失。一般情况下,只要油液黏度适当,油管内壁光滑,尽量缩短管路长度和减少管路的截面变化及弯曲,就可以将压力损失控制在很小的范围内。

(2)流量损失。

液压系统工作过程中,从液压元件的密封间隙流过少量油液的现象称为泄漏。

液压元件内各零件间要保证合理装配或相对运动,就必须保持适当的间隙。当间隙的两端有压力差或保持间隙的零件之间发生相对运动时,就会有油液从这些间隙中流过,这就是油液泄漏。所以,液压系统中,泄漏现象总是存在的。

液压系统的泄漏包括内泄漏和外泄漏两种。液压元件内部高压腔和低压腔之间的泄漏称为内泄漏。液压系统内部的油液泄漏到系统外部,称为外泄漏。图14-12表示了液压缸的两种泄漏现象。

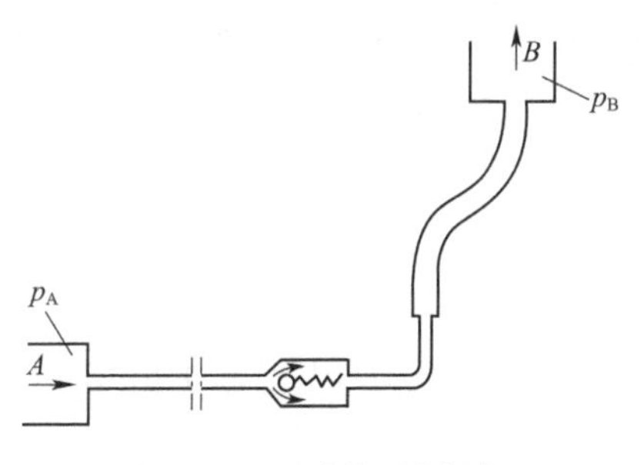

图14-11　油液的压力损失

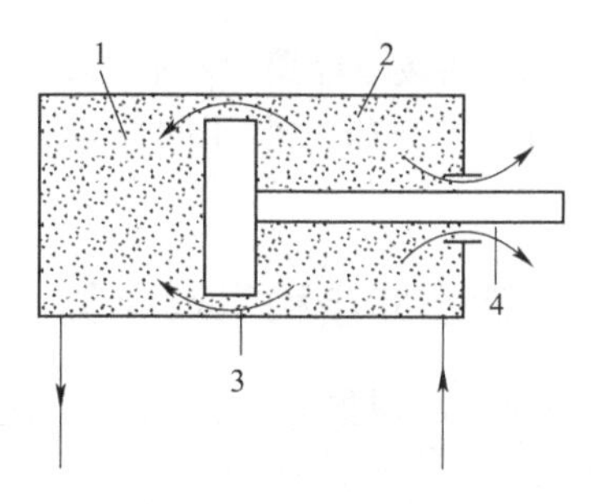

图14-12　液压缸的泄漏

1-低压腔;2-高压腔;3-内泄漏;4-外泄漏

液压元件内零件间的间隙大小对液压元件的工作性能影响极大,间隙太小会使零件卡死;间隙过大,会造成泄漏,使系统效率和传动精度降低,同时还污染环境。由此可见,液压元件需要很高的制造精度。

14.4.3　液体流经小孔的流量

液压元件中有各种各样的小孔,如节流阀的节流口以及压力阀、方向阀的阀口等,这些小孔称为节流口,来控制油液的流量和压力。尽管节流口的形状很多,但根据理论分析和实验研究,各种孔口的流量压力特性均可用下列通式表示:

$$q = CA\Delta p^m \tag{14-12}$$

式中:q——通过小孔的流量;

A——节流口的通道截面积;

C——由孔的形状、尺寸和液体性质决定的系数;

Δp——小孔前、后的压力差；

m——由孔的长径比(通流长度 l 与孔径 d 之比)决定的指数。

对于 m 的取值，图 14-13a)中的薄壁孔($l/d \leqslant 0.5$)，$m = 0.5$；图 14-13b)中的细长孔($l/d > 4$)，$m = 1$；其他类型的孔，$m = 0.5 \sim 1$。

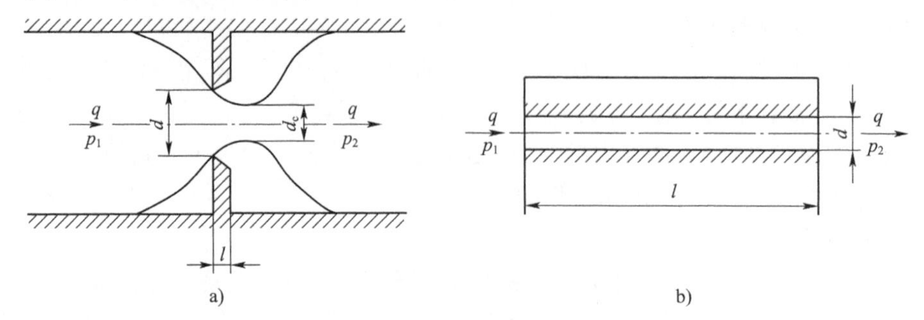

图 14-13　通过小孔的液流

q-通过小孔的流量；p_1，p_2-小孔前、后的压力；d-孔径；l-孔的长度；d_c-收缩截面处直径

如图 14-13a)所示，油液流经孔径为 d 的薄壁小孔时，由于液体的惯性作用，使通过小孔后的液流形成一个直径为 d_c 的收缩断面，然后再扩散，这一收缩和扩散过程，就产生了很大的压力损失 Δp，即：

$$\Delta p = p_1 - p_2 \tag{14-13}$$

实际应用中，油液流经薄壁小孔时，流量受温度变化的影响较小，所以常用作液压系统的节流元件，用来控制通过小孔的流量；细长孔则常作为阻尼孔，用来控制小孔前后的压力差。

14.4.4 液压冲击和气穴现象

液压冲击和气穴现象都会给液压系统正常工作带来不利影响，应采取措施以减小其危害。

1)液压冲击

在液压系统中，由于某种原因使液体压力突然急剧上升，产生很高的峰值，这种现象称为液压冲击。发生液压冲击时，瞬间的压力峰值比正常工作压力大好几倍，导致液压元件错误动作或被损坏，也会引起设备振动，产生很大噪声。

液压冲击的产生多发生在阀门突然关闭或运动部件快速制动的场合。这时，液体的流动突然受阻，液体的动量发生了变化，从而产生了压力冲击波。这种冲击波迅速往复传播，最后由于液体受到摩擦力作用而衰减。从使用角度，减小压力冲击的主要措施有：

(1)延长阀门关闭和运动部件制动、换向的时间。

(2)限制管中油液的流速及运动部件的速度。

2)气穴现象

液压系统中，如果某点的压力低于油液所在温度下的空气分离压，那么溶解于油液中的空气就会分离出来，形成气泡。这些气泡混杂在油液中，使原来充满管道和液压元件中的油液呈现不连续状态，这种现象称为气穴现象。当油液中的压力进一步降低并低至饱和蒸汽压时,液体将迅速汽化,气穴现象就更加严重。

气穴现象多发生在节流口下游部位和液压泵的吸油口处。

气穴现象发生时,液流的流动特性变差,造成压力和流量的不稳定。特别是当带有气泡的油液进入高压区时,周围的高压会使气泡迅速崩溃,从而在局部产生非常高的温度和冲击压力。这样的高温和冲击压力,一方面使金属表面疲劳,另一方面又使液压油氧化变质,对金属产生化学腐蚀作用,造成金属表面的侵蚀、剥落,甚至出现海绵状的小洞穴。因气穴现象导致金属表面材料的侵蚀、剥落称为气蚀。气蚀会大大降低元件的使用寿命。

为防止和减少气穴现象,就要防止液压传动系统中的压力过度降低,使之不低于油液的空气分离压。从使用角度,一般应采取如下措施:

(1)按规定检查和加注液压油,及时维护和清洗吸油滤油器。

(2)各元件的连接处要密封可靠,防止空气进入。

思　考　题

14-1　何为液压传动(即液压传动的定义是什么)?

14-2　液压传动系统由哪几个基本部分组成?它们的基本功能分别是什么?

14-3　什么是油液的黏性?油液黏度有哪几种表示方法?液压油液牌号是如何针对黏度进行命名的?

14-4　什么叫压力?压力有哪几种表示方法?液压系统的工作压力与外界负载有什么关系?

14-5　什么是帕斯卡原理?试运用帕斯卡原理解释液压千斤顶施以很小的力就能举起很重物体的道理。

14-6　什么是液体流动的压力损失?压力损失分哪两种形式?如何减小压力损失?

14-7　图14-2中,液压千斤顶举升重物,已知 $G=30\text{kN}$,小活塞的面积 $A_1=2\times10^{-4}\text{m}^2$,大活塞的面积 $A_2=10\times10^{-4}\text{m}^2$,小活塞在2s内向下移动 $h_1=0.35\text{m}$。试求:

(1)油腔内的油液压力 p;

(2)小活塞的作用力 F_1;

(3)大活塞的上升速度 v_2;

(4)不计各种损失,液压千斤顶传递的功率 P;

(5)当举升重物为 $G=20\text{kN}$ 时,p、F_1、v_2 和 P 分别是多少?

第15章　液压元件

液压泵是液压系统的动力元件,其作用是将原动机(柴油机、电动机等)输入的机械能转换为压力能,为系统提供一定压力和流量的油液。

15.1　液　压　泵

15.1.1　液压泵概述

1)液压泵的基本工作原理

工程装备液压系统采用容积式液压泵,即都是依靠密封容积变化的原理来进行工作的。

图15-1给出了图14-2a)所示液压千斤顶中手动液压泵的工作原理,工作过程如前文所述。

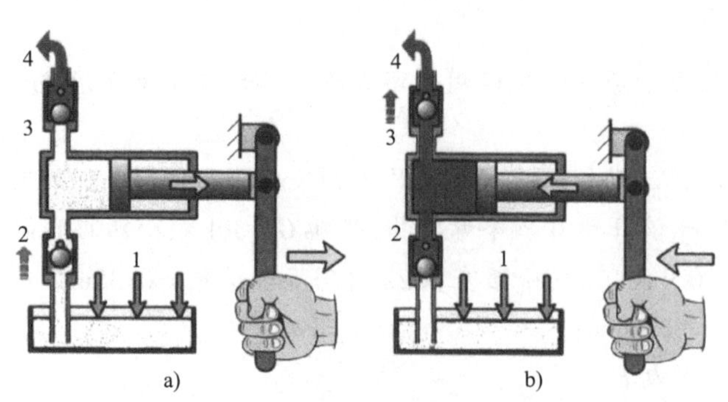

图15-1　手动容积泵工作过程

1-大气压力;2-进油阀;3-出油阀;4-通往系统

图15-2所示是原动机通过偏心轮驱动的单柱塞液压泵的工作原理图。图中,柱塞2装在缸体3中形成一个密封容积 a,柱塞2在弹簧4的作用下始终压紧在偏心轮1上。

原动机驱动偏心轮1旋转,使柱塞2做往复运动,导致密封容积 a 的大小发生周期性的交替变化。图15-2b)中,当 a 由小变大时就形成部分真空,油箱中的油液在大气压作用下,经吸油管顶开止回阀5进入油腔 a 而实现吸油;反之,如图15-2c)所示,当 a 由大变小时,a 腔中吸满的油液将顶开止回阀6流入系统而实现压油。原动机驱动偏心轮不断旋转,液压泵就不断地吸油和压油。液压泵就将原动机输入的机械能转换成液体的压力能。

由上述分析可知,液压泵要实现吸油、压油的工作过程,必须具备下列条件:

(1)具备密封容积,且密封容积能发生周而复始的增大和减小变化。密封容积的变化是液压泵实现吸、排液的根本原因,因此,液压泵称为容积式泵。液压泵所产生的流量与其密封容积的变化量和单位时间内容积变化的次数成正比。

(2)具有隔离吸液腔和排液腔(即隔离低压和高压油液)的装置——配油装置。图15-2中液压泵设置有两个止回阀5、6实现配油,使液压泵能连续有规律地吸入和排出工作液体。配油装置的结构因液压泵的形式而异,有阀式、盘式和轴式等。

(3)油箱内的工作液体始终具有不低于一个大气压的绝对压力,这是保证液压泵能从油箱吸液的必要条件。因此,一般油箱的液面总是与大气相通的。

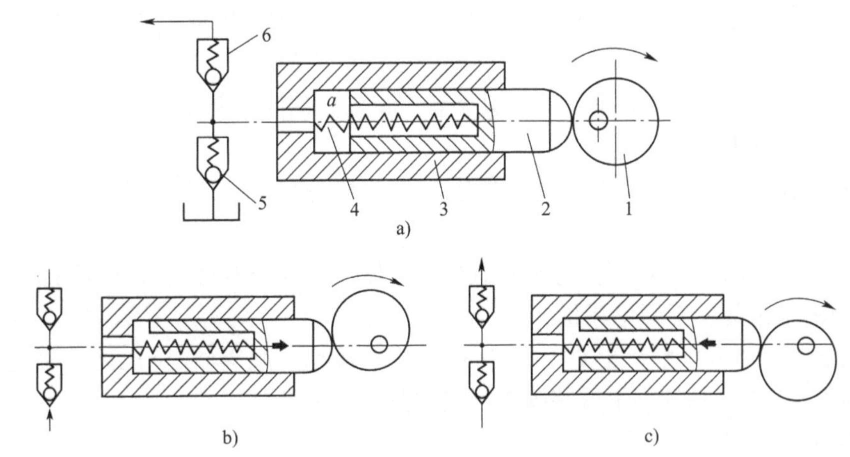

图15-2　液压泵工作原理图

1-偏心轮;2-柱塞;3-缸体;4-弹簧;5、6-止回阀

2)液压泵的常用性能参数

(1)压力(常用单位 MPa 和 kfg/cm^2)。

①工作压力 p。液压泵工作时输出油液的实际压力,其值取决于液压执行元件的外负载,与泵的流量无关。

②额定压力 p_s。在泵的铭牌上标出的额定压力,是根据泵的材料强度、寿命、效率等条件而规定的正常工作的压力上限,超过此值就是超载。因此,为防止液压泵因超载造成不良后果,在液压泵出口处设置安全阀。

(2)排量 V(常用单位 mL/r)。

泵在无泄漏情况下每转一周,由其密封油腔几何尺寸变化而决定的排出液体的体积称为排量。

排量的大小只取决于液压泵的工作原理和结构尺寸,与其工况无关。

排量可调节的液压泵称为变量泵,排量为常量的液压泵称为定量泵。

(3)转速 n(常用单位 r/min)。

①额定转速 n_s。在额定压力下,液压泵连续长时间运转的最大转速。

②最高转速 n_{max}。在额定压力下,液压泵允许短暂运行的最大转速。当泵的转速超过最高转速时,吸液腔会产生吸空或气穴现象,使寿命大幅降低。

③最低转速 n_{min}。最低转速指允许泵正常运行的最小转速。液压泵的转速低于最低转

速时,不能正常工作。

因此,液压泵应在高于最低转速并低于额定转速下运转。

(4)流量 q(常用单位 L/min 和 m^3/s)。

液压泵单位时间输出的液体体积称为液压泵的流量称为流量。

①理论流量q_t。在不考虑液压泵的泄漏流量的理想条件下,其单位时间内所排出液体的体积为理论流量。若液压泵的排量为 V,泵轴转速为 n,则液压泵的理论流量为:

$$q_t = nV \tag{15-1}$$

②实际流量 q。在考虑液压泵泄漏损失时,液压泵在单位时间内实际输出液体的体积为实际流量。若液压泵存在泄漏流量 Δq,则实际流量 q 小于理论流量q_t,即:

$$q = q_t - \Delta q \tag{15-2}$$

需要指出,泄漏流量 Δq 是通过液压泵中各个运动副的间隙所泄漏液体的流量。这一部分液体不传递有用功。

液压泵的泄漏流量大小取决于泵的密封性、工作压力和油液黏度等因素,而与液压泵的运动速度关系不大。

实际工程中,当泵的出口压力等于零或进出口压力差等于零时,泵的泄漏 $\Delta q = 0$,即 $q = q_t$,可将此时的流量等同于理论流量。

③额定流量q_s。液压泵在正常工作条件下,按试验标准规定(额定压力和额定转速)必须保证的流量,即在产品样本上或铭牌上标出的流量。

3)液压泵的类型和职能符号

(1)液压泵的类型。

液压泵的种类很多,按其结构(主要运动构件的形状和运动方式)不同,可分为齿轮泵、叶片泵、柱塞泵等。按其输油方向能否改变,可分为单向泵和双向泵。按其排量能否改变能否调节,可分为定量泵和变量泵。

(2)液压泵的职能符号。

液压泵的职能符号如图 15-3 所示。

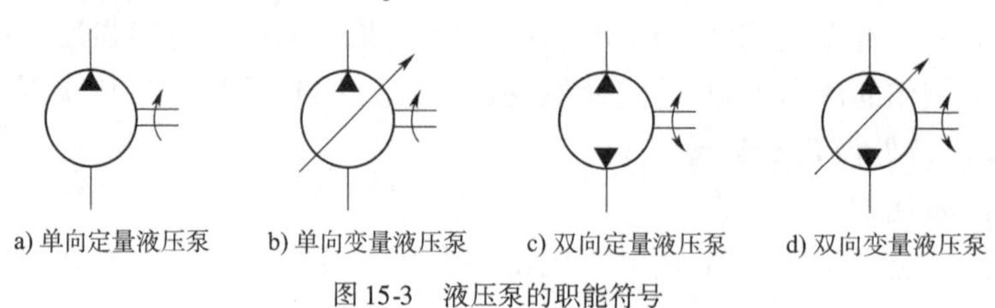

图 15-3　液压泵的职能符号

15.1.2　齿轮泵

齿轮泵是各种液压机械上应用比较广泛的一种液压泵,它依靠成对啮合的齿轮之间发生运动实现吸油、压油动作。

根据齿轮啮合形式不同,齿轮泵可分为外啮合齿轮泵和内啮合齿轮泵两种。

1)外啮合齿轮泵

(1)工作原理。

外啮合齿轮泵工作原理如图 15-4 所示,在密闭的壳体中装有一对相互啮合、参数完全相同的齿轮,壳体和齿轮的各个齿间槽组成了许多密封工作腔,齿轮啮合点两侧的壳体上各开有一窗口作为泵的吸、压油口,于是吸油腔和压油腔被隔开。

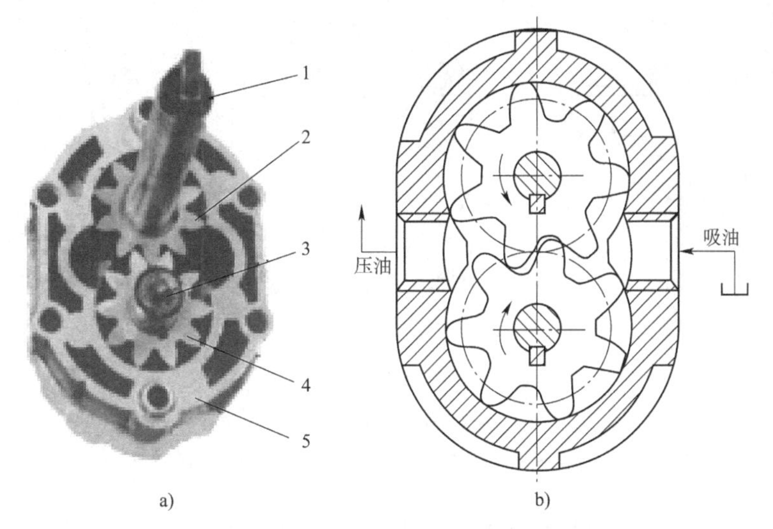

图 15-4　外啮合齿轮泵工作原理

1-长轴(驱动轴);2-主动齿轮;3-短轴;4-从动齿轮;5-泵体

当传动轴带动主动齿轮使两齿轮按图示方向旋转时,以下两种动作同时进行:①啮合点右侧的轮齿逐渐退出啮合,同时吸液腔的被齿槽带往压油腔,使得吸油腔空间增大,形成局部真空,油箱中的油液在外界大气压作用下进入吸油腔;②吸油腔油液被齿槽带入压油腔的同时,啮合点左侧的轮齿逐渐进入啮合,把齿槽中的油液挤压出来,从压油口强迫排出,输送到压力管路中去。随着齿轮不断地运转,齿轮泵就连续地完成吸油和排油。

在齿轮泵工作过程中,只要两齿轮的旋转方向不变,其吸、压油腔的位置也就确定不变。啮合点处的齿面接触线分隔着吸油腔和压油腔,起着配油作用,因此,在齿轮泵中不需要设置专门的配流机构。

(2)典型结构。

图 15-5 所示为国产 CB 型外啮合齿轮泵结构图。此泵为分离三片式结构,三片是指后盖 4、前盖 8 和泵体 7,它们用两个圆柱销 17 定位,用六个螺钉 9 紧固。泵体内装有一对几何参数完全相同的齿轮 6,这对齿轮与泵体和前后盖板形成的密闭容积被两啮合的轮齿分成两部分,即吸油腔和压油腔。两齿轮分别用键 5 和 13 固定在由滚针轴承 3 支撑的主动轴(长轴)12 和从动轴(短轴)15 上。主动轴 12 由原动机带动旋转,泵的吸、压油口开在后盖 4 上。

(3)结构分析。

齿轮泵的困油、泄漏和径向液压力不平衡是影响齿轮泵性能指标和使用寿命的三个问题。各种齿轮泵的结构特点之所以不同,是因为采用了不同结构措施来解决这三个问题。

①困油现象及卸荷槽。

根据齿轮传动原理,为了使齿轮转动平稳,必须使齿轮的重叠系数 ε 满足 $\varepsilon>1$,即前一对轮齿尚未脱离啮合,后一对轮齿必须进入啮合。在两对轮齿同时啮合时,它们之间就形成一个与吸、压油腔均不相通(仅通过配合间隙相通)的闭死容积(图 15-6 中的阴影部分),此闭死容积随着齿轮的旋转,先由大变小,再由小变大。

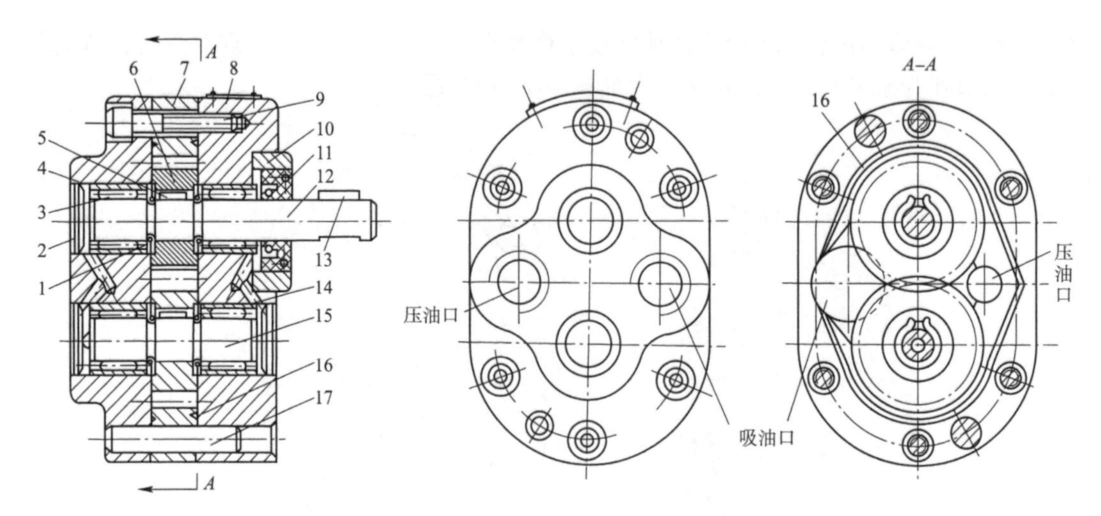

图 15-5　外啮合齿轮泵结构图

1-弹簧挡圈;2-压盖;3-滚针轴承;4-后盖;5-键;6-齿轮;7-泵体;8-前盖;9-螺钉;10-密封座;11-密封环;12-长轴;13-键;14-泄油通道;15-短轴;16-卸荷沟;17-圆柱销

图 15-6a)所示为前对轮齿未脱开啮合,后对轮齿进入啮合,形成了闭死容积,此时闭死容积最大。随着齿轮转动,闭死容积逐渐减小,当齿轮转至两啮合点对称于节点位置时,如图 15-6b)所示,闭死容积最小。随后,闭死容积逐渐增大,直至前一对轮齿即将脱开啮合时,闭死容积又达到最大值,如图 15-6c)所示。

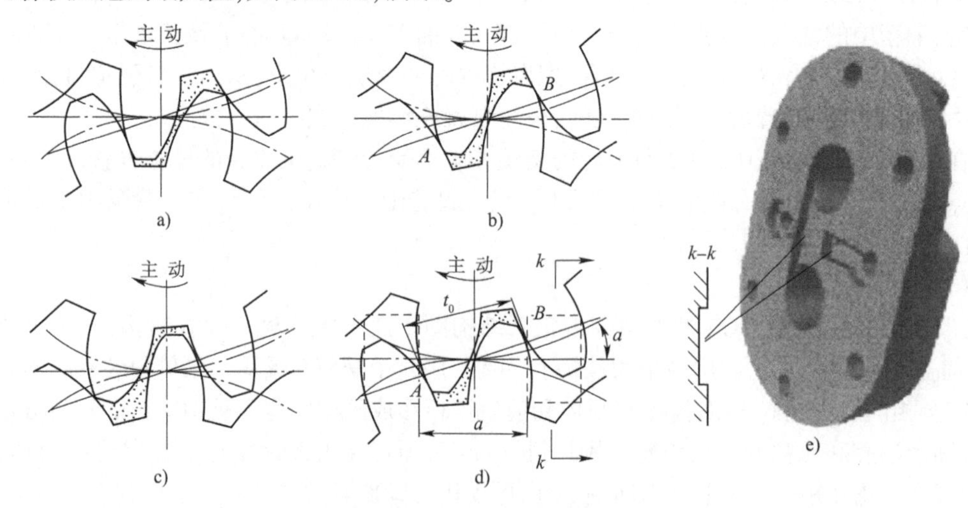

图 15-6　齿轮泵的困油现象及其消除方法

油液是几乎不可压缩的,在闭死容积减小时,油液压力急剧升高,油液从缝隙挤出,造成油液发热,并使机体受到额外负荷;在闭死容积增大时,因无油液补充而造成局部真空,引起气穴、气蚀和噪声。这种因闭死容积大小发生变化而引起的压力冲击和气穴现象称为困油现象。

困油现象严重影响泵的工作平稳性和使用寿命,必须予以消除。消除困油现象的方法,通常是在两侧盖板(或侧板)上铣两个卸荷槽,如图 15-6d)中的虚线和图 15-6e)中的凹槽所示。当闭死容积由大减小时,通过右边的卸荷槽与压油腔相通;闭死容积由小增大时,通过左边的卸荷槽与吸油腔相通。当采用标准齿轮时，两槽间的距离 a 应使闭死容积在最小时既不与压油腔相通，也不与吸油腔相通，所以使用中不得随意改变 a 的大小。

②泄漏与间隙补偿措施。

在形成齿轮泵密闭容积的零件中，齿轮为运动件，泵体和前后盖为固定件。运动件与固定件之间存在间隙，且泵的吸、压油腔之间存在压力差，因此，必然存在泄漏。

如图 15-7 所示，齿轮泵的泄漏途径主要有三条。一是通过齿轮端面和盖板间的端面泄漏，由于端面间隙泄漏的途径广、封油长度短，因此泄漏量很大，占总泄漏量的 75% ~80%。二是通过齿顶与泵体内孔的径向泄漏，因通道较长，间隙较小，工作油液有一定的黏度，所以泄漏量相对较小，占总泄漏量的 15% ~20%。三是通过齿轮啮合处的泄漏，在齿轮啮合情况正常时，通过齿面接触处的泄漏占总泄漏量的 5% 左右，可以忽略不计。

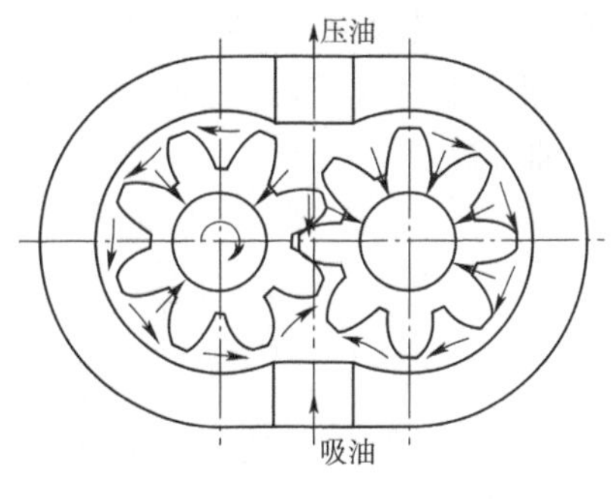

图 15-7　齿轮泵间隙泄漏的途径

为了减少端面泄漏，在制造齿轮泵时都对端面间隙加以严格控制，但是泵在使用一段时间后会因磨损而使间隙增大。

③径向作用力不平衡。

在齿轮泵中，油液作用在齿轮外缘(齿顶圆)的压力是不均匀的。吸油腔和压油腔中油液对齿轮的液压力不同，与此同时，随着齿槽接近压油腔油压逐渐升高。这些力的合力，就是齿轮和轴承受到的径向不平衡力。工作压力越大，径向不平衡力越大，加速了轴承的磨损。

为了减小径向不平衡力的影响，通常采取缩小压油口的办法，使压油腔的压力油仅作用在一个到两个轮齿的范围内。

2)内啮合齿轮泵

工程装备液压系统主要采用摆线式内啮合齿轮泵，又称摆线转子泵。摆线转子泵由一对互相啮合的内、外齿轮所组成，如图 15-8 所示。外转子 2 制有内齿，故称内齿轮；内转子 3 只有外齿，故称外齿轮。内外转子偏心安装，外转子 2 的内齿数量比内转子 1 的外齿数量多 1。

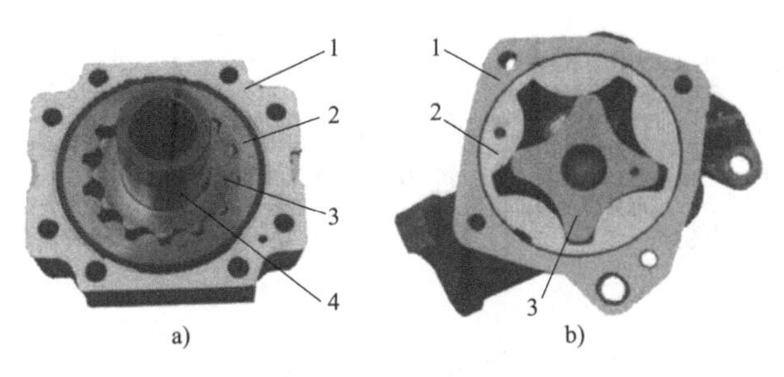

图 15-8　摆线转子泵结构图

1-泵体；2-外转子(内齿轮)；3-内转子(外齿轮)；4-驱动轴

图 15-9 为摆线转子泵工作原理简图。内转子 1 为主动齿轮，与其相啮合的外转子 2 是从动齿轮，摆线转子泵后盖上设有月牙形配流窗口 a 和 b(图中虚线所示油槽)。

图 15-9 中,外转子的内齿数 z_2 比内转子外齿数 z_1 多 1 个,两齿轮呈偏心安装。啮合时,在两个齿轮的轮齿之间形成 z_2 个互相独立的密封工作容积。当内转子绕 O_1 轴顺时针方向旋转时,带动外转子绕 O_2 轴做同方向旋转。这时,在连心线 O_1O_2 右侧,在内转子齿顶 A_1 和外转子齿谷 A_2 间形成的密封容积(图中斜线部分),在由图 15-9b)至图 15-9e)的过程中,随着转子的回转逐渐增大,形成局部真空,通过盖板上的配流窗口 b 吸油;至图 15-9f)时,密闭容积达到最大值并与吸油槽断开,吸油过程结束。当该密闭容积运转到连心线 O_1O_2 的左侧时,密封容积随着转子继续回转而逐渐缩小,油液受压,通过配流窗口 a 排出,此为液压泵的排油过程。

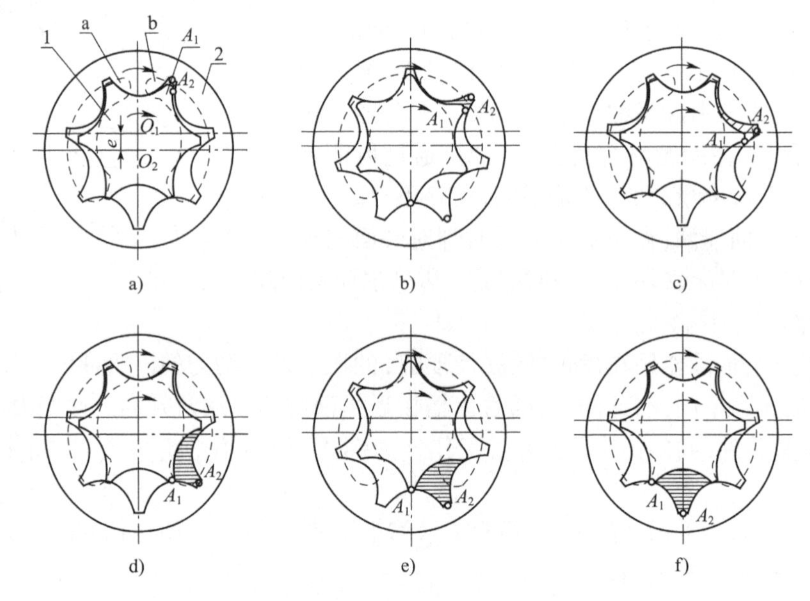

图 15-9　摆线转子泵工作原理简图

1-主动齿轮;2-从动齿轮;a,b-配流窗口

内转子转过一圈,z_2 个密封容积分别依次完成一次吸油和排油。随着内转子的不断旋转,油泵就连续地吸排油液。

15.1.3　柱塞泵

柱塞泵是靠柱塞在缸体柱塞孔中做往复运动时造成密封工作容积的变化来实现吸油和压油的。根据柱塞和柱塞缸排列方式不同,柱塞泵有很多种结构形式。按柱塞运动方向与泵的传动轴的方向平行、呈一定锐角或是垂直,柱塞泵可分为斜盘式、弯轴式和径向柱塞泵。本节讲授常用的轴向柱塞泵。

1)斜盘式轴向柱塞泵

(1)工作原理。

斜盘式轴向柱塞泵的柱塞沿轴向均匀分布在缸体的柱塞孔中,图 15-10 为其工作原理图,其中图 15-10a)为平面示意图,图 15-10b)为立体示意图。它主要由缸体 7、配油盘 10、柱塞 5 和斜盘 1 等组成。斜盘和配油盘固定不动,斜盘法线与缸体轴线夹角为斜盘倾角 γ。缸体由驱动轴 9 带动旋转,缸体上均布了若干个轴向柱塞孔(通常为 7 ~ 11 个),孔内装有柱塞

5，内套筒4在中心弹簧6的作用下，通过压盘3而使柱塞头部的滑靴紧靠在斜盘1上，同时外套筒8在弹簧6的作用下，使缸体7和配油盘10紧密接触，起密封作用。

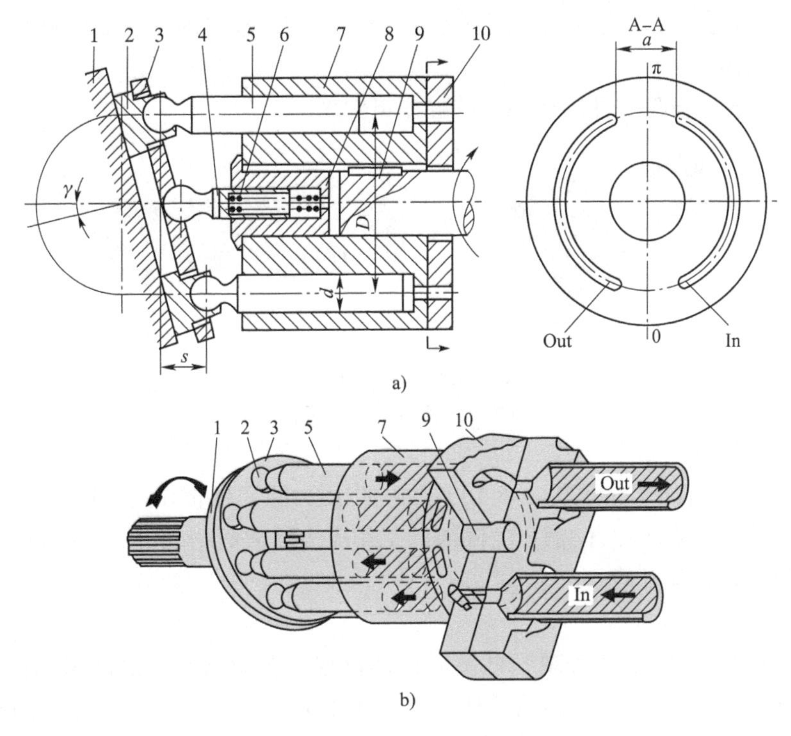

图15-10　斜盘式轴向柱塞泵的工作原理

1-斜盘；2-滑靴；3-压盘；4，8-套筒；5-柱塞；6-弹簧；7-缸体；9-驱动轴；10-配油盘

当驱动轴带动缸体按图示方向转动时，由于斜盘1和压盘3的作用，迫使柱塞在缸体内做往复运动，使各个柱塞与缸体间形成的密封容积增大或减小，通过配油盘10的吸、压油窗口进行吸油和压油。缸体带动柱塞旋转过程中，处在最低位置（下止点）的柱塞将随着缸体旋转的同时向左伸出，使柱塞底腔的密封容积增大，经底部窗口和配油盘腰形吸油窗口（In）吸入油液，直到柱塞随缸体转到最高位置（上止点）；当柱塞随缸体继续从最高位置向最低位置运动时，柱塞被斜盘逐渐压入缸体，柱塞端部密封容积减小，油液压力升高，经配油盘另一腰形排油窗口（Out）压出。缸体旋转一周，每一个柱塞都经历此过程一次，即在前面半周（转角$0\sim\pi$）范围内经配油盘吸油窗口吸油，在后面半周（转角$\pi\sim2\pi$）范围内经配油盘排油窗口压油。

改变斜盘1的倾角γ，可改变柱塞的行程S，从而改变泵的排量，如图15-11所示。

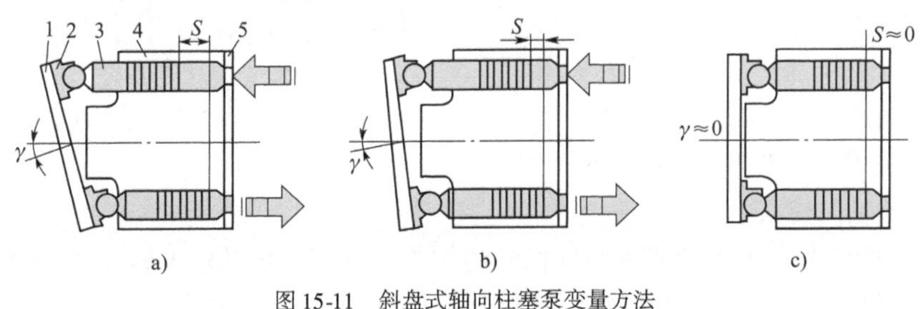

图15-11　斜盘式轴向柱塞泵变量方法

1-斜盘；2-滑靴；3-柱塞；4-缸体；5-配油盘

(2)结构特点。

斜盘式轴向柱塞泵由三对运动副构成了吸、压油腔密封容积,即柱塞与缸体孔之间的圆柱环形间隙、缸体与配油盘之间的平面缝隙,以及滑靴与斜盘之间的平面缝隙。

①柱塞与缸体。

图 15-12 所示为斜盘式轴向柱塞泵的缸体组件简图。

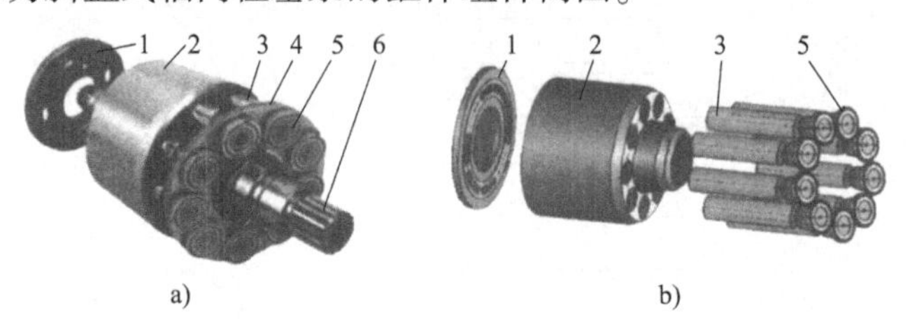

图 15-12 缸体组件简图

1-斜盘;2-缸体;3-柱塞;4-压盘;5-滑靴;6-驱动轴

②缸体与配油盘。

图 15-10 中,使缸体 7 紧压配油盘 10 端面的作用力除了弹簧 6 的作用力外,还有柱塞孔底部台阶面上所受的液压力,此液压力随泵的工作压力增大而增大,从而使缸体与配油盘之间的端面间隙得到自动补偿。

③滑靴与斜盘。

斜盘通过滑靴推动柱塞,实现了柱塞的压油行程。滑靴与斜盘之间采用图 15-13 所示的静压支撑结构,缸体 1 中的压力油经柱塞 2 及其球头中的中心孔 a、滑靴中间小孔 b 流入滑靴油室 c,在滑靴 3 与斜盘 5 接触面间保持一定的油膜厚度,构成静压支承,减少了磨损。

④泄漏油口。

泵内压油腔的高压油经三对运动摩擦副的间隙泄漏到缸体与泵体之间的空间后,需要经泵体上方的泄漏油口 L 直接引回油箱,如图 15-14 所示。

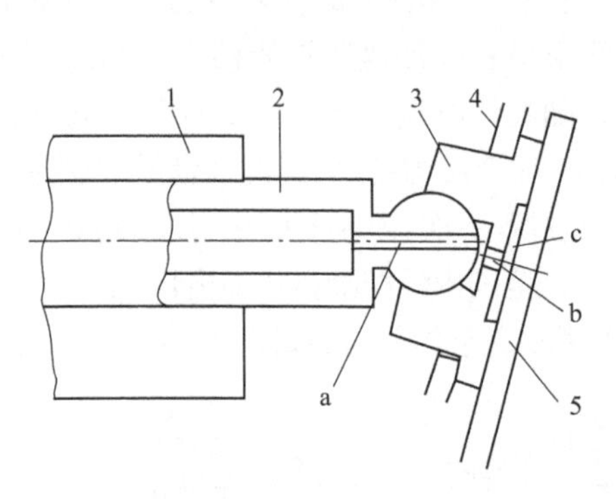

图 15-13 滑靴与斜盘的静压支撑

1-缸体;2-柱塞;3-滑靴;4-压盘;5-斜盘

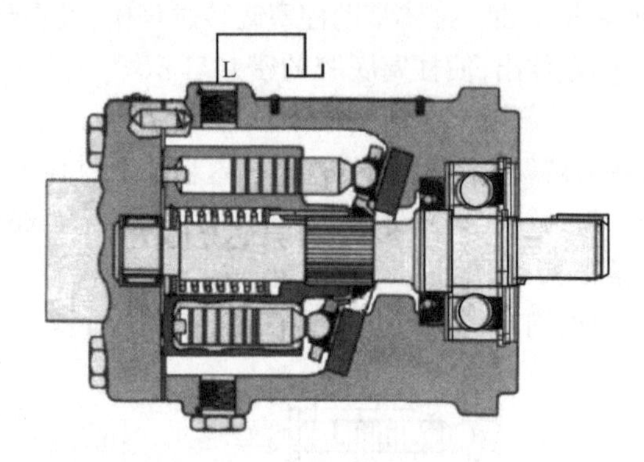

图 15-14 柱塞泵的泄漏油口 L

2)斜轴式轴向柱塞泵

图 15-15 所示为一种斜轴式轴向柱塞泵的结构原理图。传动轴 1 转动时,连杆 2 的侧面带动柱塞 3,进而使缸体 4 绕自身轴线旋转,从而使柱塞在缸体中做往复运动,通过配流盘 5 上的配流窗口完成吸油和压油过程。改变缸体倾角 γ 便可改变其排量。

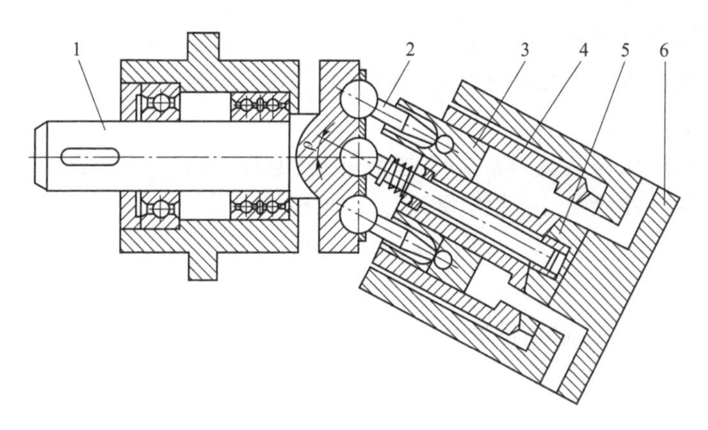

图 15-15　斜轴式轴向柱塞泵结构

1-传动轴;2-连杆;3-柱塞;4-缸体;5-配流盘;6-摆动缸体

15.2　液压执行元件

液压执行元件是将液压能转换成机械能的装置,包括液压马达与液压缸。

15.2.1　液压马达

液压马达把油液的压力能转换成机械能,以旋转运动向外输出。

1)液压马达的基本工作原理

从工作原理上来说,液压马达和液压泵是互逆的,即只要输入压力油,液压泵就成为液压马达,就可输出转速和转矩;液压马达和液压泵的结构也是相似的,但实际上,由于它们在液压系统中的功用不同,其结构一般有较大差异,不能通用。

2)液压马达的分类

工程装备主要采用摆线转子液压马达和轴向柱塞液压马达。

3)液压马达的常用性能参数

(1)工作压力与额定压力。

①工作压力 p。液压马达输入油液的实际压力,其大小取决液压马达的负载。液压马达进口压力与出口压力的差值,称为液压马达的压差。

②额定压力 p_s。按试验标准规定,能使液压马达连续正常运转的最高压力。亦即液压马达在使用中允许达到的最大工作压力,超过此值就是过载。

(2)排量、流量和转速。

①排量。

在没有泄漏的情况下,液压马达轴转一周时所需输入的油液体积称为排量,用 V 表示。液压马达的排量取决于其密封工作腔的几何尺寸,与转速无关。

排量不可改变的液压马达称为定量液压马达,排量可改变的称为变量液压马达。

②流量。

液压马达达到要求转速时,单位时间内输入的油液体积称为流量。由于存在泄漏,故又有理论流量和实际流量之分。

理论流量是指液压马达在没有泄漏的情况下，达到要求转速时，单位时间内需输入的油液体积，用 q_{Mt} 表示。

实际流量是指液压马达达到要求转速时，其进油口的流量，用 q_M 表示。

由于液压马达存在泄漏 Δq，故实际流量 q_M 与理论流量 q_{Mt} 之间关系如下：

$$q_M = q_{Mt} + \Delta q \tag{15-3}$$

③转速。

液压马达的转速 n 与流量、排量有如下关系：

$$n = \frac{q_{Mt}}{V} \tag{15-4}$$

最高转速 n_{max}。制造商规定的最高使用转速，主要受液压马达使用寿命和机械效率的限制。

最低稳定转速 n_{min}。在额定负载下，液压马达不出现爬行（抖动或时转时停）现象的最低转速。

4）液压马达的职能符号

液压马达的职能符号如图 15-16 所示。

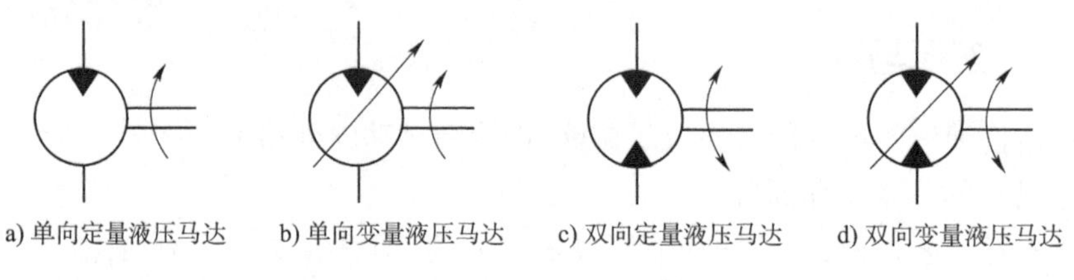

a) 单向定量液压马达　b) 单向变量液压马达　c) 双向定量液压马达　d) 双向变量液压马达

图 15-16　液压马达的职能符号

5）常用液压马达

（1）摆线转子马达。

给图 15-8 所示的摆线转子泵输入压力油，即为液压马达工况，成为摆线转子马达，这种液压马达的内、外转子以相同方向旋转，但排量较小，输出转矩不大。

图 15-17 所示是一种工程装备液压转向系统广泛应用的小型低速大转矩摆线转子马达。该马达由内齿轮定子 13、摆线齿轮转子 15、花键联轴器 8、配油盘 10、输出轴（同时为配流轴）7、泵体 6、前端盖 4 和后端盖 12 等组成。定子、配油盘及端盖用螺钉与泵体固定在一起，转子安装在定子内，输出轴（配流轴）通过两端为球面花键的联轴器与转子相连。此马达与摆线转子泵的主要区别是内齿轮为定子，固定不动。由于配流轴兼作马达的输出轴，通过花键联轴器与转子连接，因此，与转子同步回转。

转子有 6（z_1）个外齿，定子有 7（$z_2 = z_1 + 1$）个内齿。转子与定子啮合时形成 z_2 个密封容腔，配流轴 7 上的环槽 A、B 与进出油口相通。在配流轴表面有相间并均匀分布的两组纵向油槽，一组（z_1 个）与 A 相通，另一组（z_2 个）与 B 相通。在马达壳体 6 中有 z_2 个孔 C，这些孔通过配流盘 10 上相应的 z_2 个孔 D 分别与定子的齿根（即密闭容腔）相通。在油压的作用下，转子向高压腔齿间容积增大的方向绕轴线自转，同时绕定子轴线做反向高速公转。所以，马达工作过程中，转子做行星运动，即自转，同时以偏心距 e 为半径绕定子轴线公转;每个齿间的密闭容腔各完成一次进油和排油,转子即绕定子轴线公转一周,转子自身便反方向自转一个齿;转子绕定子轴线公转它的齿数次(z_1)后,才能反方向自转一周,因此,其自转与公转的速比 $i=-1/z_1=-1/6$。依靠输出轴(配流轴)和转子同步转动,并且配流槽和转子间保持严格的相位关系,转子在压力油作用下能够带动输出轴不断旋转,马达持续输出机械能。

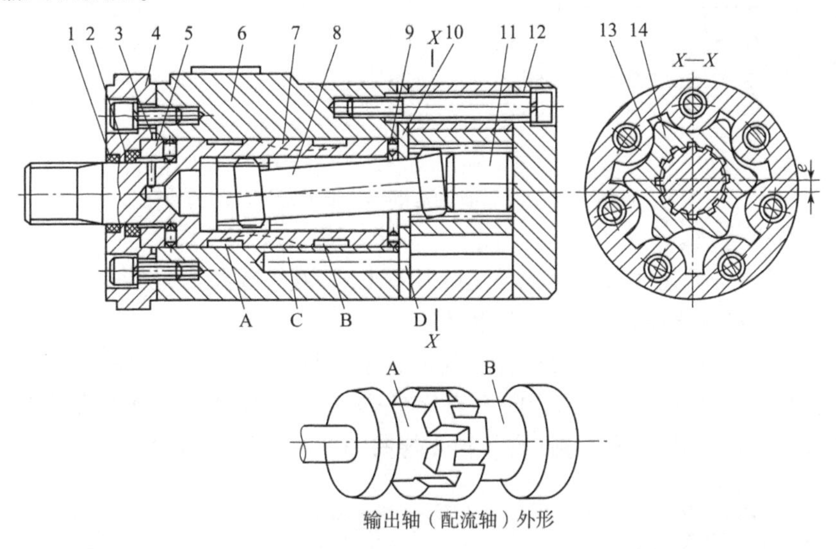

图 15-17　摆线转子马达的结构原理

1,2,3-密封;4-前端盖;5-止推环;6-泵体;7-输出轴(配流轴);8-花键联轴器;9-止推轴承;10-配油盘;11-限制块;12-后端盖 13-定子;14-转子

(2)轴向柱塞马达。

轴向柱塞液压马达常采用定量结构,其结构原理如图 15-18 所示,配油盘 4 和斜盘 1 固定不动,马达轴 5 与缸体 3 相连接一起旋转。

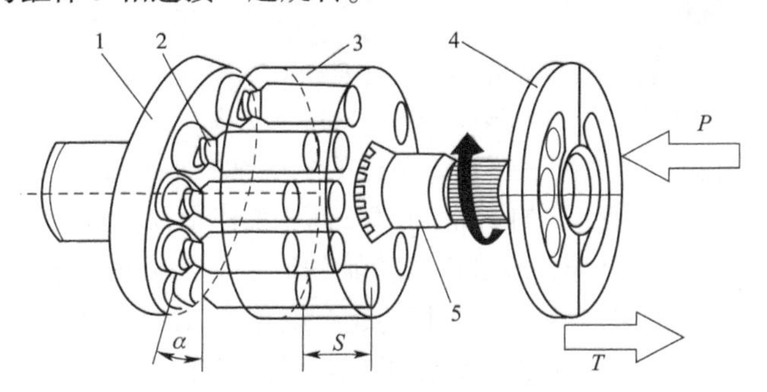

图 15-18　轴向柱塞马达的结构原理

1-斜盘;2-柱塞;3-缸体;4-配油盘;5-马达轴

图 15-19 为其工作原理示意图,当压力油经配油盘 4 的窗口 6 进入缸体 3 的柱塞孔时,柱塞 2 在压力油作用下外伸,紧贴斜盘 1,斜盘 1 对柱塞 2 产生一个法向反力 F,此力可分解为轴向分力 F_x和垂直分力 F_y。F_x与柱塞上的液压力相平衡,而 F_y则使柱塞对缸体中心产生一个转矩,驱动马达轴按逆时针方向旋转。

若使进、回油路交换,即改变马达压力油输入方向,则马达轴 5 按顺时针方向旋转。

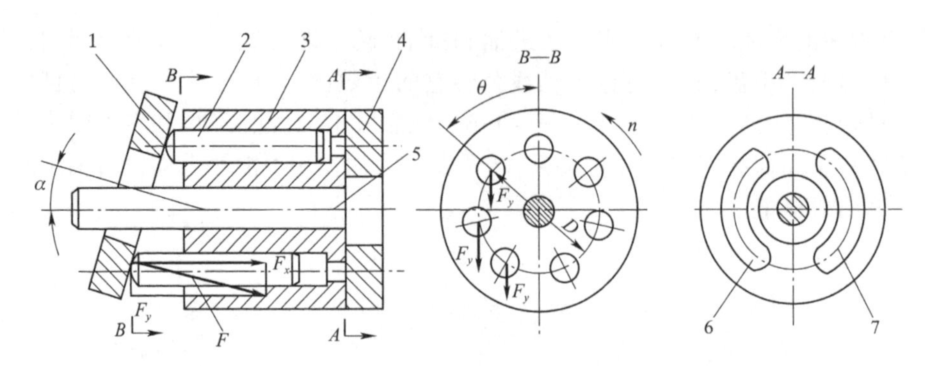

图 15-19　轴向柱塞马达的工作原理

1-斜盘;2-柱塞;3-缸体;4-配油盘;5-马达轴;6-进油口;7-回油口

(3)径向柱塞马达。

径向柱塞马达是低速大转矩液压马达的基本形式,其主要特点是转矩大,低速稳定性较好,可直接与工作机构连接,不需要减速装置。

图 15-20 是一种常用的单作用连杆型径向柱塞液压马达结构示意图,其外形呈五角星状(或呈七星状),壳体内有五个沿径向均匀分布的柱塞缸,柱塞 3 与连杆 2 铰接,连杆 2 的另一端与曲轴 1 的偏心轮外圆接触,配流轴 4 与曲轴 1 通过联轴器相连。

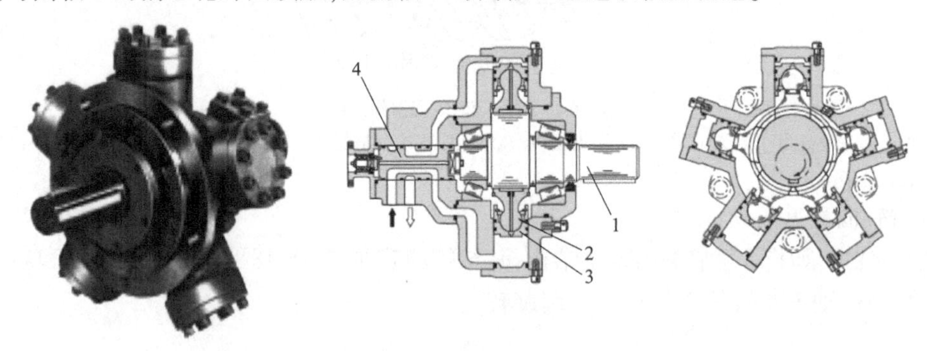

图 15-20　单作用连杆型径向柱塞液压马达结构示意图

1-曲轴;2-连杆;3-柱塞;4-配流轴

图 15-21 为单作用连杆型径向柱塞液压马达工作原理图。在图 15-21a)所示位置,高压油通过配流轴的流道 A 进入柱塞 1、2 的顶部,柱塞受高压油作用;柱塞缸 3 处于与高压进油和低压回油均不相通的过渡位置,柱塞 4、5 通过配流轴的流道 B 与回油口相通。此时高压油作用在柱塞 1 和 2 的液压合力为 F,力 F 通过连杆传递至偏心轮,对曲轴旋转中心 O 形成转矩 T,使曲轴逆时针方向旋转。曲轴旋转时带动配流轴同步旋转,因此,配流状态发生变化。

当配流轴转到图 15-21b)所示位置时,柱塞 1、2、3 同时通高压油,对曲轴旋转中心形成转矩,柱塞 4 和 5 仍通回油。如配流轴转到图 15-21c)所示位置,柱塞 1 退出高压区处于过渡状态,柱塞 2 和 3 通高压油,柱塞 4 和 5 通回油。如此类推,在配流轴随同曲轴旋转时,各柱塞缸将依次与高压进油和低压回油相通,保证曲轴连续旋转。

若进、回油口互换,则液压马达反转,过程同上。以上讨论的是壳体固定、曲轴旋转的情况,若将曲轴固定,进、回油口直接接到固定的配流轴上,可使壳体旋转。这种壳体旋转的液压马达可作驱动卷筒、车轮之用。

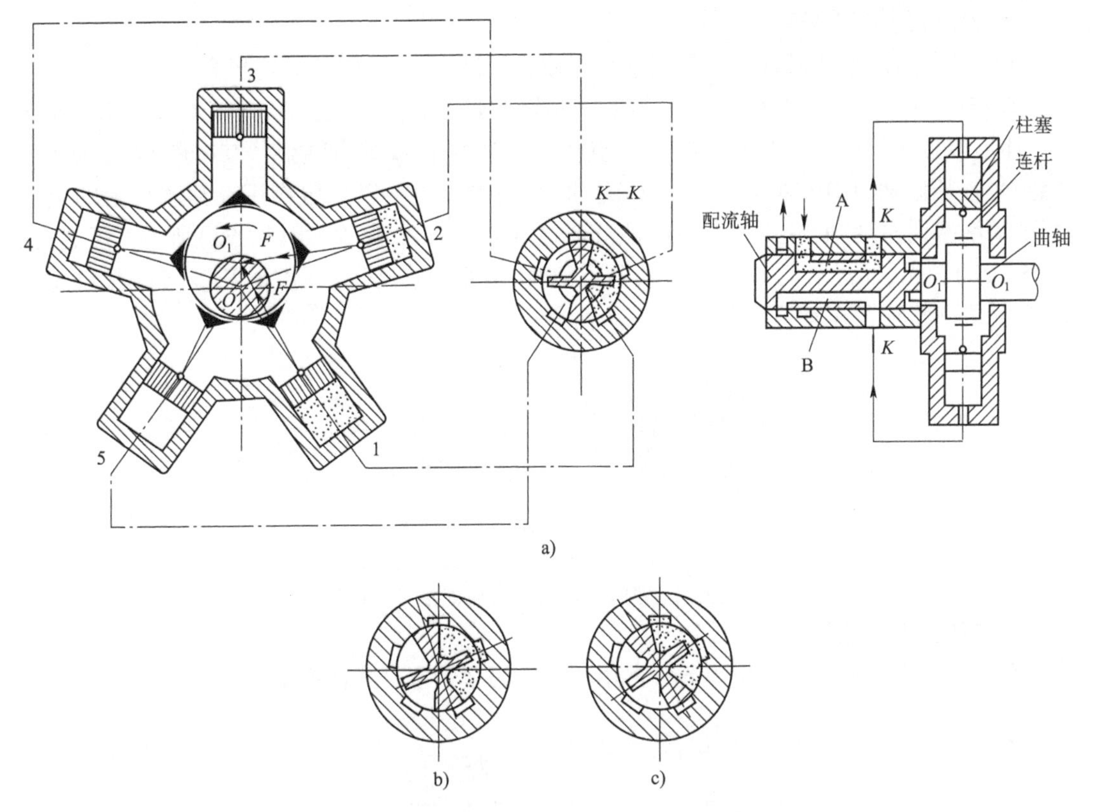

图 15-21　单作用连杆型径向柱塞液压马达的工作原理

1,2,3,4,5-柱塞

15.2.2　液压缸

液压缸是液压系统中的另一类执行元件,它把油液的压力能转换成机械能,输出往复直线运动或摆动。

液压缸结构简单,工作可靠,可以单个使用,也可以和其他机构组合起来使用。

1)液压缸的分类

液压缸用途广泛,种类繁多。一般可根据液压缸的运动形式、结构特点、安装方式及液压作用方式的不同进行分类。常用液压缸的类型、名称、职能符号及特点见表15-1。

常用液压缸的类型、名称、职能符号及特点　　表 15-1

类型		名称	职能符号	特点
推力液压缸	单作用液压缸	单作用活塞式液压缸		活塞仅单向受液压推动,反向运动依靠活塞自重或外力
	双作用液压缸	单活塞杆式液压缸		活塞单侧有杆,可双向受液压推动,但双向的推力和速度都不相等
		双活塞杆式液压缸		活塞两面有杆,可双向受液压推动,往复运动的推力和速度均相等
		伸缩式液压缸		有多个相互连动的活塞,可依次伸出获得较大行程,活塞伸出和缩回都依靠油液压力

2)液压缸的工作原理

工程装备液压系统通常采用单活塞杆式双作用液压缸,以缸体固定形式安装。

图 15-22 中,活塞杆 1 和活塞 5 连接为一体组成活塞组件,缸盖 3、缸筒 4 和缸体 6 连接为一体形成缸体组件。活塞把缸体内部空间分割为两个部分,即左腔(有杆腔)和右腔(无杆腔)。液压缸通过 B 口向右腔输入压力油,当油的压力足以克服作用在活塞杆上的负载时,推动活塞向左运动,液压缸左腔的油液通过 A 口流回油箱,如图 15-22a)所示。反之,如图 15-22b)所示,通过 A 口往左腔输入压力油时,活塞向右运动,右腔的油液通过 B 口流回油箱,完成一次往复运动。

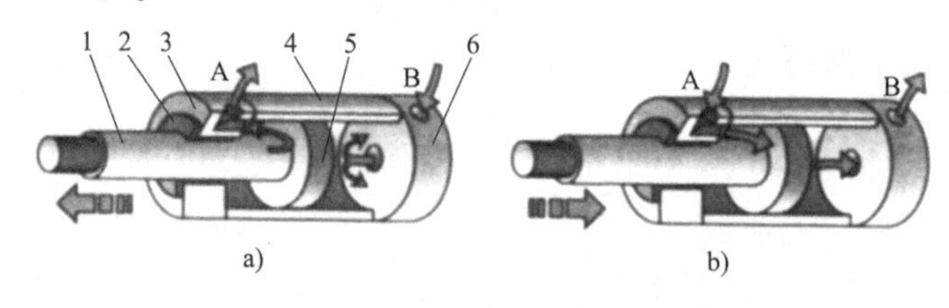

图 15-22 单活塞杆式双作用液压缸工作原理

1-活塞杆;2-导向套;3-缸盖;4-缸筒;5-活塞;6-缸底

3)液压缸的典型结构

图 15-23 所示是一种工程装备较常用的双作用单活塞杆式液压缸。

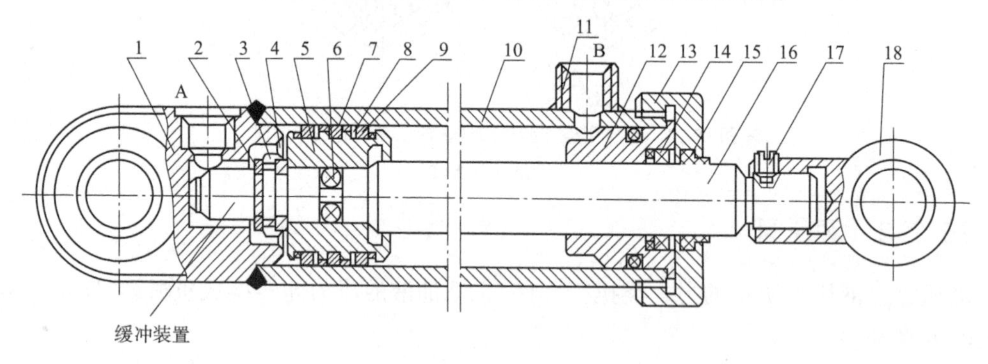

图 15-23 某单杆式双作用液压缸结构示意图

1-缸底;2-弹簧挡圈;3-套环;4-卡环;5-活塞;6-O 形密封圈;7-支承环;8-Y 形密封圈;9-挡圈;10-缸筒;11-管接头;12-导向套;13-缸盖;14-密封圈;15-防尘圈;16-活塞杆;17-定位螺钉;18-耳环

液压缸的左、右两腔通过油口 A 和 B 进油或回油,以实现活塞杆的双向运动。活塞 5 用卡环 4、套环 3 和弹簧挡圈 2 等在活塞杆 16 上定位。活塞上装有一个支承环 7,靠一对 Y 形密封圈 8 实现密封。O 形密封圈 6 用以防止活塞杆与活塞内孔配合处产生泄漏。导向套 12 用于保证活塞杆不偏离中心线,它的外径和内孔配合处都有密封圈。缸盖 13 上有防尘圈 15,活塞杆左端带有缓冲装置。

4)液压缸的组成

液压缸在结构形式上可能各有区别,但基本上都由缸体组件、活塞组件、密封装置和缓冲装置等部分组成。

(1)缸体组件。

缸体组件主要包括缸底、缸筒、缸头和缸盖等零件。

缸筒是液压缸的主体,缸盖和缸底装在缸筒两端,与缸筒形成封闭油腔,承受很大的液压力,因此,其连接件应有足够的强度。导向套对活塞杆或柱塞起导向和支承作用,有些液压缸不设导向套,直接用端盖孔导向。图 15-24 所示为缸筒和缸盖的常见结构形式。

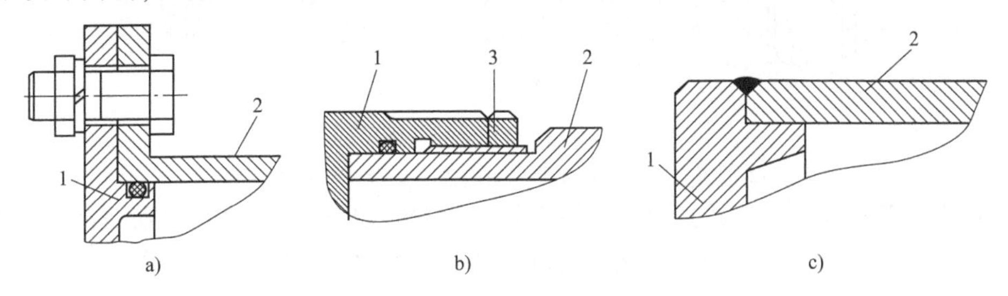

图 15-24　缸筒和缸盖结构

1-缸盖;2-缸筒;3-防松螺母

图 15-24a)为凸缘连接形式,常用于铸铁制的缸筒;图 15-24b)为螺纹连接形式,装拆要使用专用工具,常用于无缝钢管或铸钢制的缸筒;图 15-24c)为焊接连接形式。

(2)活塞组件。

活塞组件主要包括活塞和活塞杆等零件。

图 15-25a)中活塞 6 与活塞杆 7 之间采用螺母 3 连接,设置有螺母防松装置。图 15-25b)中,活塞杆 7 左端开有一个环形槽,槽内装有两个半圆环 4 通过压板 5 夹紧活塞 6,半环 4 由轴圈 2 套住,轴圈 2 的轴向位置用弹簧卡圈 1 来固定。

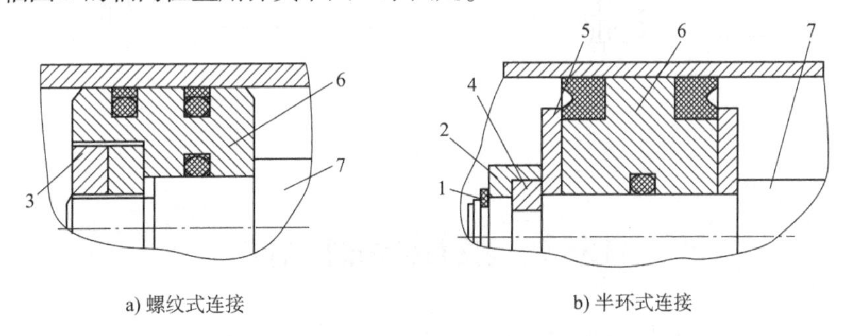

图 15-25　活塞组件的结构

1-弹簧卡圈;2-轴圈;3-螺母;4-半环;5-压板;6-活塞;7-活塞杆

(3)液压缸的密封。

液压缸的密封包括固定件间的密封(如活塞和活塞杆间的密封、缸体与端盖间的密封)和运动件间的密封(如活塞与缸体、活塞杆与端盖间的密封)。

图 15-26a)为间隙密封,它依靠运动件间的微小间隙来防止泄漏。

图 15-26b)利用 Y 形密封圈 4 实现密封,图 15-26c)使用了 V 形密封圈和 O 形密封圈。密封材料的弹性使各种截面的环形密封圈贴紧在静、动配合面之间来防止泄漏。

对于活塞杆外伸部分来说,它很容易把污物带入液压缸,使油液受污染、密封件被磨损,因此,通常在缸盖的活塞杆伸出部位设置防尘圈(见图 15-23 中的防尘圈 15)。

(4)缓冲装置。

活塞行程终了时,由于惯性力的作用,活塞会与端盖发生撞击,从而引起冲击、噪声,甚至造成液压缸或被驱动件的破坏,因此,可在缸内设置缓冲装置。

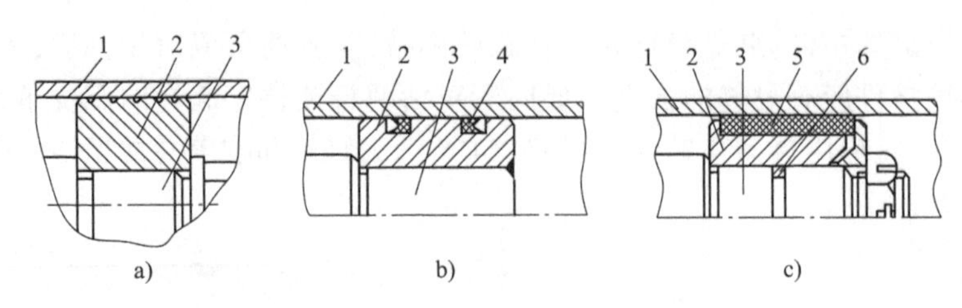

图 15-26　常用密封装置

1-缸筒;2-活塞;3-活塞杆;4-Y 形密封圈;5-V 形密封圈;6-O 形密封圈

缓冲的原理是利用活塞或缸筒在其运动接近行程终端时,在活塞和缸盖、缸底之间封住一部分油液,强迫它从小孔或缝隙中挤出,以产生很大的阻力,使工作部件受到制动,逐渐减慢运动速度,达到避免活塞和缸盖、缸底相互撞击的目的。

图 15-27a)为间隙缓冲装置,当缓冲柱塞进入与其相配的缸盖上的内孔时,活塞与缸端之间形成密闭空间,孔中的液压油只能通过间隙 δ 排出,使活塞速度降低,起缓冲作用。

图 15-27b)为可变节流缓冲装置,它在活塞上开有横断面为三角形的轴向斜槽,在实现缓冲过程中能根据活塞与端盖的距离自动改变其节流口大小,使缓冲作用均匀,冲击压力小。

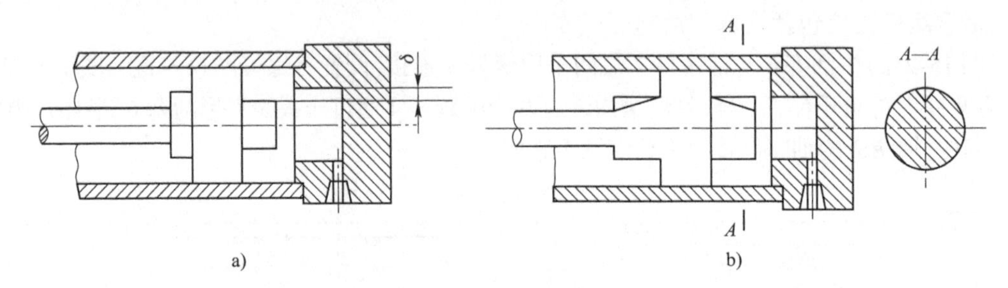

图 15-27　常用缓冲装置

15.3　液压控制元件

在液压系统中,用于控制和调节工作油液压力、流量以及流动方向的元件称作液压控制元件,也称液压控制阀,简称阀。将这些元件经过适当组合,便能对执行元件的启动、停止、方向、速度、动作顺序和克服负载的能力等进行控制与调节,从而使工程装备都能按要求协调地进行工作。

15.3.1　概述

各类液压控制阀虽然形式不同,控制的功能各有所异,但都具有共性。首先,在结构上,所有的阀都由阀体、阀芯和驱使阀芯动作的零部件(如弹簧、电磁铁)等组成。其次,在工作原理上,所有阀的开口大小、阀的进油口和出油口间的压差及通过阀的流量之间的关系都符合孔口流量公式 $q = CA\Delta p^m$,只是各种阀控制的参数不同而已。

1)液压控制阀的分类

液压控制阀分类方法很多,通常按下述特征进行分类。

(1)根据用途,液压阀可分为方向控制阀(如止回阀、换向阀等)、压力控制阀(如溢流阀、减压阀、顺序阀等)、流量控制阀(如节流阀、调速阀等)。

(2)根据安装连接形式,液压阀可分为管式连接阀、板式连接阀、叠加式连接阀和插装式连接阀,如图15-28所示。

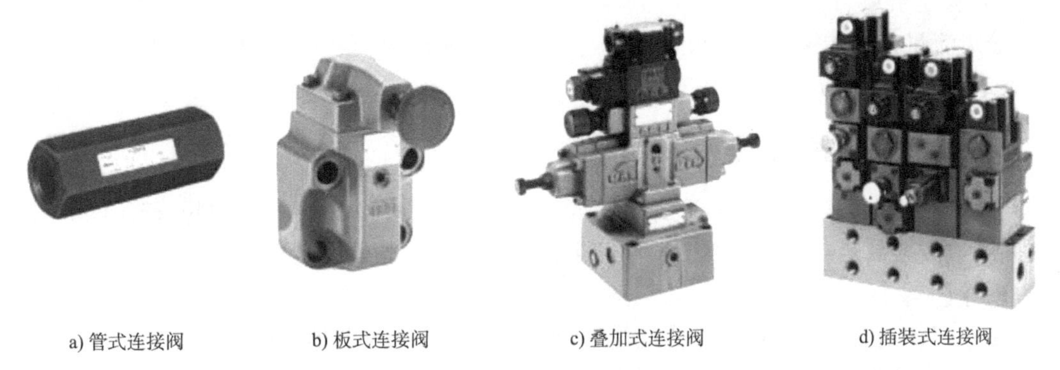

图15-28　液压阀的连接方式

(3)根据操纵方式,液压阀可分为手动阀、电磁阀、液动阀等,如图15-29所示。

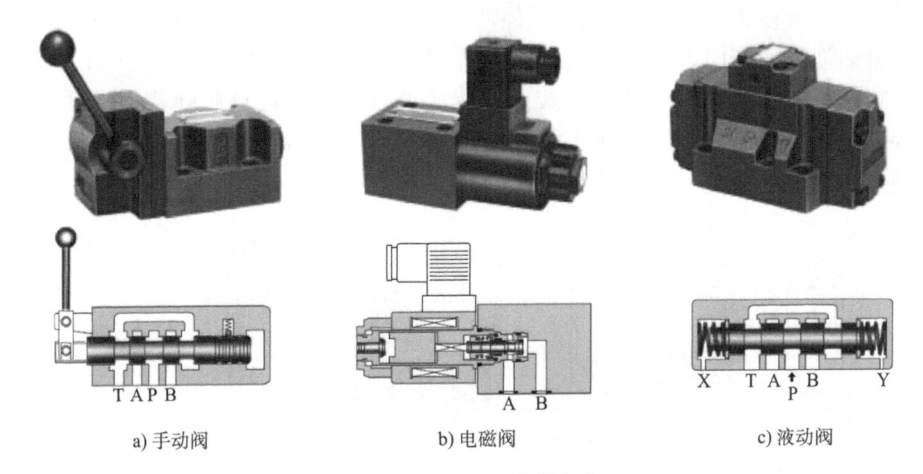

图15-29　液压阀的操纵方式

(4)根据结构形式,液压阀可分为滑阀、锥阀、球阀等,如图15-30所示。

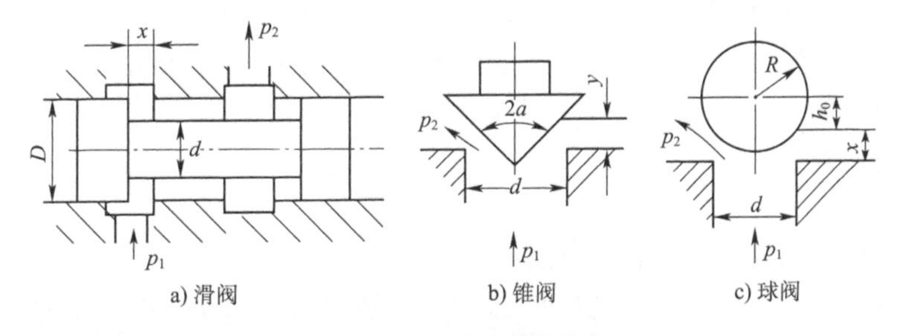

图15-30　液压阀的结构形式

2)液压阀的主要性能参数

(1)公称通径。

公称通径是阀进出油口的名义尺寸,它表明阀的通流能力和所配油管的尺寸规格,单位为 mm。液压阀配管应与阀的公称通径相一致。

(2)额定压力。

额定压力是阀连续工作所允许的最大压力。

(3)额定流量。

额定流量是阀在额定工作状态下的名义流量。阀工作时的实际流量应不大于它的额定流量,最大不超过额定流量的 1.2 倍。

15.3.2 方向控制阀

方向控制阀主要用来接通、断开油路或改变油液流动的方向,从而控制执行元件的启动或停止,或改变其运动方向。方向控制阀主要包括止回阀和换向阀。

1)止回阀

止回阀控制液体只能向一个方向流动、反向截止,或有控制地反向流动。止回阀按其功能分为普通止回阀和液控止回阀。

(1)普通止回阀。

普通止回阀简称止回阀,它只允许液体向一个方向流动,反向截止。

按进出油液流动方向不同,普通止回阀可分为直通式和直角式,如图 15-31 所示。止回阀主要由阀体 1、阀芯 2 和弹簧 3 等组成。油液从 P_1 口流入时,克服弹簧力推动阀芯,使通道接通,油液从 P_2 口流出。当油液从 P_2 口反向流入时,油液的压力和弹簧力将阀芯压紧在阀座上,使阀口关闭,油液无法通过。

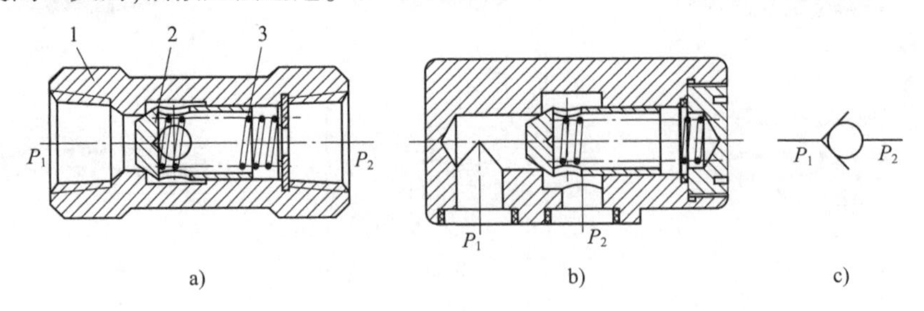

图 15-31　普通止回阀

1-弹簧;2-阀体;3-阀芯

止回阀导通时,使阀芯开启的压力称为开启压力,止回阀中的弹簧仅用于使阀芯在阀座上复位,刚度较小,故开启压力很小,国产止回阀一般为 0.035 ~ 0.05MPa。

更换成硬弹簧,使止回阀的开启压力达到 0.2 ~ 0.6MPa,即提高正向流动时的阀前压力,便可用作背压阀。

(2)液控止回阀。

液控止回阀是一种通入控制压力油后即允许油液双向流动的止回阀。如图 15-32 所示,液控单向阀由止回阀和液控装置两部分组成,除进出油口 P_1、P_2 外,还有一个控制油口 K。

当控制油口 K 不通压力油,它的工作原理与普通止回阀一样:油液只能从油口 P_1 流到 P_2,反向截至。当控制油口 K 接通压力油时,因控制活塞 1 右侧 a 腔通过泄油口 L 回油箱,活塞 1 右移,推开阀芯 2,使油口 P_1 和 P_2 接通,油液正、反向均可流动。

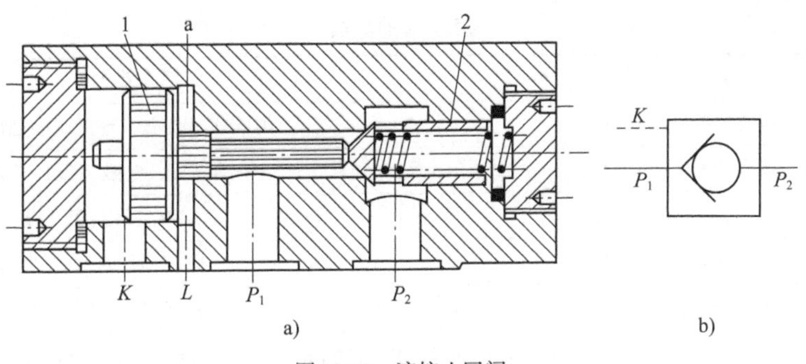

图 15-32　液控止回阀

1-控制活塞;2-止回阀阀芯

(3)双向液压锁。

将两个液控止回阀布置在同一个阀体内,可以做成双向液压锁。图 15-33 所示为轮式工程装备液压支腿常用的液压锁结构原理,在阀体内装有两个单向阀芯 1 和 4,阀芯之间装有控制活塞 3 用来控制止回阀的开启。

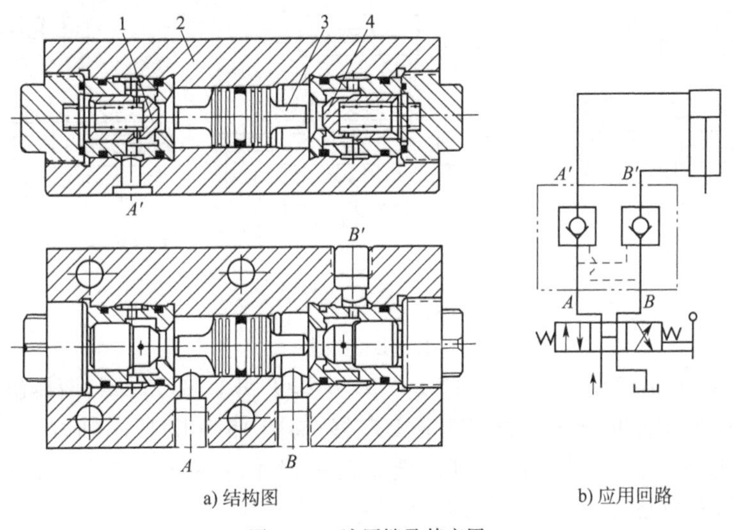

a) 结构图　　b) 应用回路

图 15-33　液压锁及其应用

1,4-单向阀芯;2-阀体;3-控制活塞

换向阀处于左位,液压泵供油通过换向阀由 A 口进入液压锁,顶开止回阀 1 从 A'口流入液压缸上腔;同时压力油又推动控制活塞右移顶开止回阀 4,使 B'口和 B 口相通,液压缸下腔回油得以通过液压锁经换向阀流回油箱,活塞杆伸出。同理,换向阀处于右位,压力油从 B 口进入液压锁,液压缸上腔回油经 A'、A 口回油箱,活塞杆缩回。换向阀处于中间位置时,A、B 油口通油箱,两个止回阀将液压缸的两条油路封闭,外载荷不能推动活塞杆移动,可使活塞在任意位置停留并锁紧。

2)换向阀

换向阀是借助于阀芯与阀体的相对运动,使阀体各油口连通或断开以变换油液流动方向,从而控制执行元件启动、停止或变换运动方向的阀类。

(1)换向阀的分类。

如表 15-2 所示,换向阀的种类很多,其分类方式也各有不同。

换向阀的分类 表 15-2

分类方法	类型
按阀的结构形式分	滑阀式、转阀式、球阀式、锥阀式等
按阀的操纵方式分	手动、机动、电磁、液动、气动等
按阀的工作位置数分	二位、三位、四位等
按阀控制的通道数分	二通、三通、四通、五通等
按阀芯的定位方式分	钢球定位、弹簧复位

工程装备液压系统广泛使用滑阀式换向阀,平时所说换向阀通常就是指换向滑阀。

(2)换向阀的工作原理。

阀体和阀芯是换向阀的主体,如图 15-34 所示。阀芯 1 是一个具有多个台肩的圆柱体,与之相配合的阀体 2 有若干个沉割槽,每个沉割槽通过相应的孔道与外部油路相连。阀与系统供油路通过油口 P 连接,与系统回油路经油口 T 连通,与执行元件连接的油口为 A 和 B。

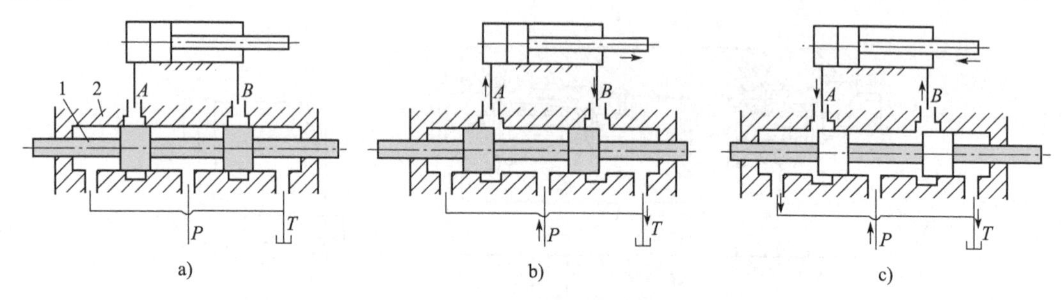

图 15-34 换向阀的工作原理

1-阀芯;2-阀体

在图 15-34a)所示位置,阀芯把阀体上 P、A、B 和 T 四个油口封闭,液压缸两腔不通压力油,也不通油箱,处于停止状态。若使阀芯 1 左移,如图 15-34b)所示,阀体 2 上的油口 P 和 A 连通,B 和 T 连通。压力油经 P、A 进入液压缸左腔,活塞右移,右腔油液经 B、T 回油箱。反之,使阀芯右移,如图 15-34c)所示,则 P 和 B 连通,A 和 T 连通,活塞便左移。

(3)换向阀的职能符号。

图 15-35 给出了图 15-34 所示换向阀的职能符号。

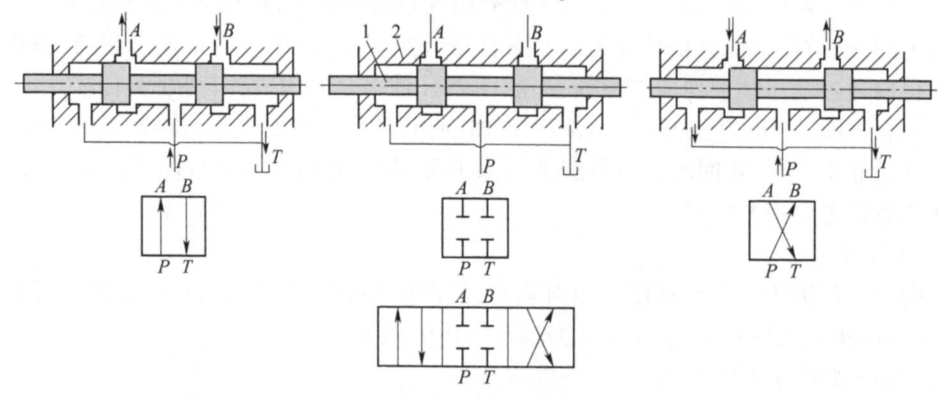

图 15-35 三位四通换向阀职能符号

①用方框表示阀的工作位置,有几个方框就表示有几“位”。

②方框外部连接的油口数有几个,就表示几“通”。阀与系统供油路连接的进油口用字母 P 表示,与系统回油路连通的回油口用 T 表示,与执行元件连接的油口用 A、B 等表示,泄漏油口用 L 表示。

③方框内,箭头表示两油口接通,但不一定表示液流的实际方向;“T”或“⊥”表示油口被阀芯封闭,油液不能通过。

④换向阀都有两个或两个以上的工作位置,其中一个为常态位置,即阀芯未受到操纵力时所处的位置。三位阀职能符号中的中位是其常态位。利用弹簧复位的二位阀则以靠近弹簧的方框内的通断状态为其常态位。绘制系统图时,油路一般应连接在换向阀的常态位置(中立位置)上,所以图 15-34 中油路的系统原理图如图 15-36 所示。

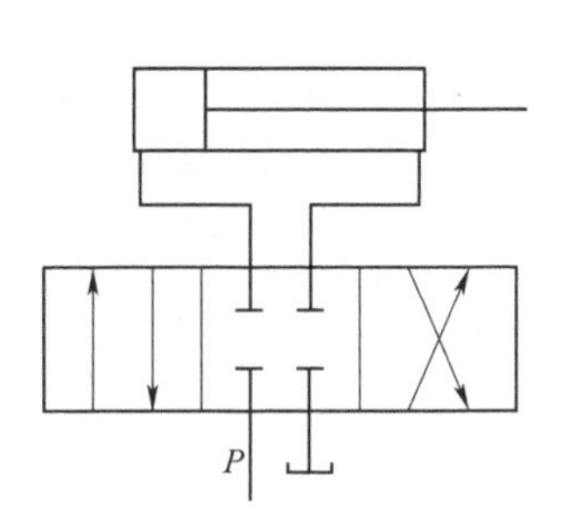

图 15-36　图 15-34 所示液压油路的系统原理图

表 15-3 列出了几种常见的滑阀式换向阀的结构原理以及与之相对应的职能符号。

常用滑阀式换向阀主体部分的结构形式和职能符号　　表 15-3

名称	结构原理图	职能符号
二位二通	A　P	A P
二位三通	A　P　B	A B P
二位四通	B　P　A　T	A　B P　T
三位四通	A　B　P　T	A B P T
三位五通	T_1　A　P　B　T_2	A B T_1 P T_2

(4)滑阀中位机能。

三位换向阀处于中位时各油口的连通方式称为中位机能。不同中位机能的三位换向阀,阀体是通用件,而区别仅在于阀芯结构、轴向尺寸及阀芯上径向通孔的个数。不同的中位机能可以满足系统的不同要求。

表15-4中列出了工程装备液压系统常用的三种中位机能,其左位和右位时各油口的连通方式均为平行相通或交叉相通,因此,只用一个字母来表示中位机能。

三位四通滑阀常用中位机能　　　　表15-4

机能代号	中立位置时的滑阀状态	中位机能符号	机能特点与作用
O	T A P B	A B P T	各油口全部关闭,液压缸两腔封闭,系统不卸荷(保持压力)
H	T A P B	A B P T	各油口全部连通,系统卸荷,液压缸活塞或液压马达呈浮动状态
M	T A P B	A B P T	*P*、*T* 连通,液压泵卸荷,液压缸两油口 *A*、*B* 都被封闭。可用于液压泵卸荷且液压缸或液压马达短时锁紧的液压回路中

(5)滑阀式换向阀的操纵方式。

①手动换向阀。

手动换向阀用手动杠杆来操纵阀芯在阀体内移动,以实现液流的换向。它同样有各种位、通和滑阀机能的多种类型,按定位方式的不同又可分为自动复位式和钢球定位式两种,如图15-37所示。

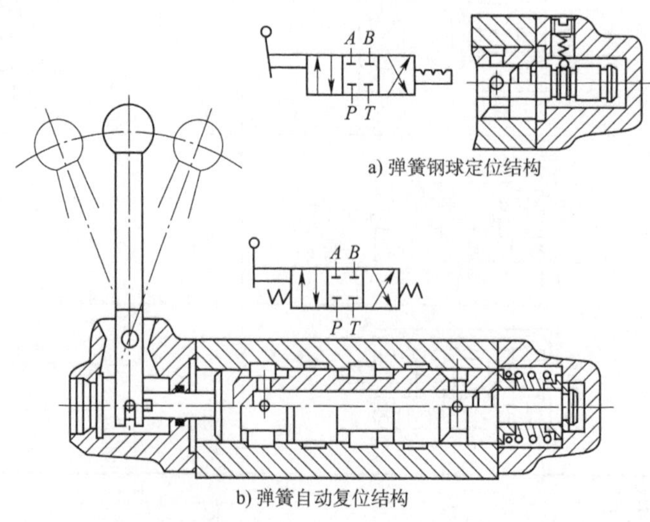

a) 弹簧钢球定位结构

b) 弹簧自动复位结构

图15-37　三位四通手动换向阀

图 15-37a)所示为弹簧钢球定位式手动换向阀,在阀芯右端的一个径向孔中装有弹簧和钢球,与定位套相配合可以在三个位置上实现停留与定位。

图 15-37b)所示为弹簧自动复位式三位四通手动换向阀。用手操纵杠杆推动阀芯相对阀体移动从而改变工作位置。要想阀芯维持在极端位置,必须用手扳住手柄不放,一旦松开了手柄,阀芯会在弹簧力的作用下,自动弹回中位。

②电磁换向阀。

电磁换向阀利用电磁铁吸力推动阀芯来改变阀的工作位置。电磁换向阀包括换向滑阀和电磁铁两部分。电磁铁因其所用电源不同而分为交流电磁铁和直流电磁铁。

电磁换向阀的品种很多,图 15-38 所示为三位四通电磁换向阀。当两边电磁铁都不通电时,阀芯 3 在两边对中弹簧 4 的作用下处于中位,P、T、A、B 口互不相通。当右边电磁铁通电时,推杆 2 将阀芯 3 推向左端,P 与 A 相通、B 与 T 相通。当左边电磁铁通电时,推杆 2 将阀芯 3 推向右端,P 与 B 相通、A 与 T 相通。

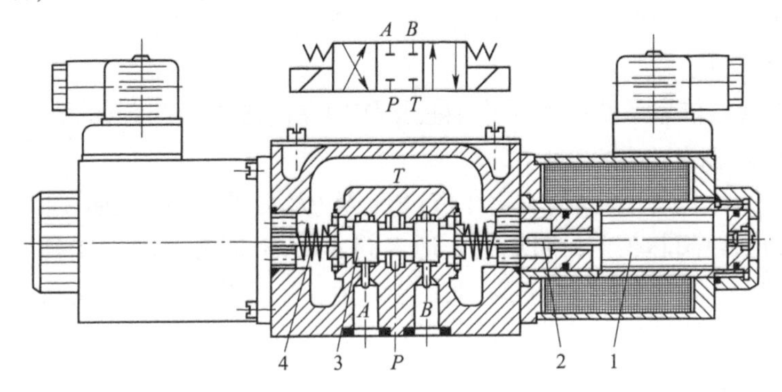

图 15-38 三位四通电磁换向阀

1-衔铁;2-推杆;3-阀芯;4-对中弹簧

③液动换向阀。

液动换向阀是利用控制油路的压力油来改变阀芯位置的换向阀。液动阀也有二位、三位两种类型。二位液动阀的一侧通压力油,另一侧有弹簧;三位液动阀两侧都可通入压力油,阀芯换位。

图 15-39 为三位四通液动换向阀的工作原理图。它靠压力油液推动阀芯,改变工作位置实现换向。当控制油路的压力油从阀右边控制油口 K_2 进入右控制油腔时,推动阀芯左移,使进油口 P 与油口 B 接通,油口 A 与回油口 T 接通。当控制压力油从阀左边控制油口 K_2 进入左控制油腔时,推动阀芯右移,使进油口 P 与油口 A 接通,油口 B 与回油口 T 接通。当两个控制油口 K_1 和 K_2 均不通控制压力油时,阀芯在两端弹簧作用下居中,恢复到中立位置。

15.3.3 压力控制阀

压力控制阀是用来控制液压系统中油液压力以实现执行机构对力和力矩的要求,或利用压力作为信号来控制其他元件动作的阀类。根据功能和用途,常用的压力阀有溢流阀、减压阀、顺序阀等。它们的共同点是利用作用在阀芯上的液压力和弹簧力相平衡的原理进行工作。

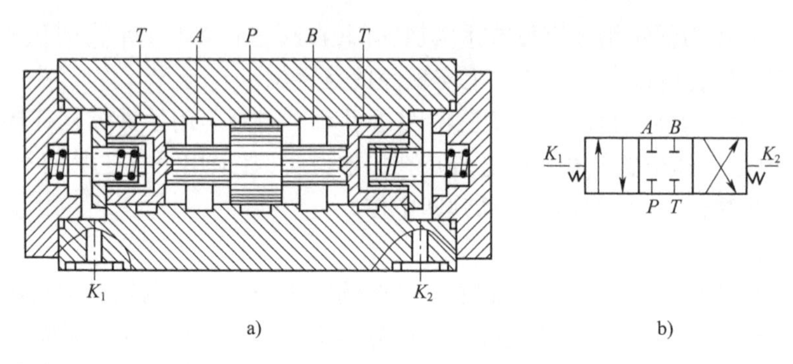

a)　　　　b)

图 15-39　三位四通液动换向阀

1)溢流阀

溢流阀旁接在液压泵的出口,通过阀口的溢流,保证系统压力恒定或限制其最高压力;有时旁接在执行元件的进口,对执行元件起安全保护作用。

按结构形式和基本动作方式,溢流阀可分直动型溢流阀和先导型溢流阀。

(1)直动型溢流阀。

直动型溢流阀是依靠系统中的压力油直接作用在阀芯上而与弹簧力相平衡,以控制阀芯的启闭动作的溢流阀。

图 15-40 所示为直动型溢流阀。图 15-40a)中,P 为进油口,T 为回油口(通往油箱)。进油口 P 的压力油经阀芯 3 上的阻尼孔 a 通入阀芯底部,阀芯下端面受到压力为 p 的油液作用,作用面积为 A,压力油作用于该端面上的力为 pA,调压弹簧 2 作用在阀芯上的预紧力为 F_s,如图 15-40b)所示。

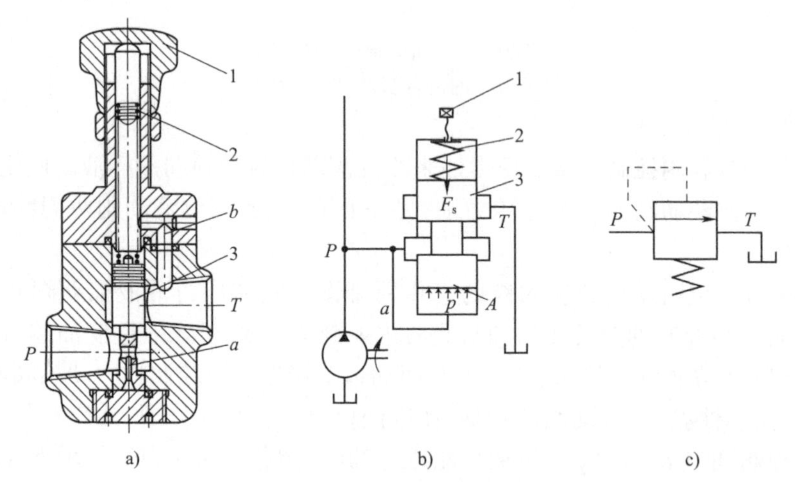

a)　　　　b)　　　　c)

图 15-40　直动型溢流阀

1-调节螺母;2-调压弹簧;3-阀芯

当进油压力较小($pA < F_s$)时,阀芯处于下端位置,关闭回油口 T,P 与 T 不通,不溢流,即为常闭状态。

随着进油压力升高,当 $pA > F_s$ 时,阀芯上移,弹簧被压缩,阀芯上移,打开回油口 T,P 与 T 接通,溢流阀开始溢流。

当溢流阀稳定工作时,若不考虑阀芯自重、摩擦力和液动力的影响,则溢流阀进口压力为：

$$p = F_s / A \tag{15-5}$$

由于 F_s 变化不大，故可以认为溢流阀进口处的压力 p 基本保持恒定。

调节螺母 1 可以改变弹簧的预压缩量，从而调定溢流阀的工作压力 p。通道 b 使弹簧腔与回油口沟通，以排掉泄漏入弹簧腔的油液。

直动型溢流阀一般只用于低压液压系统，或作为先导阀使用。图 15-41 所示锥阀芯直动型溢流阀即为先导型溢流阀的先导阀。

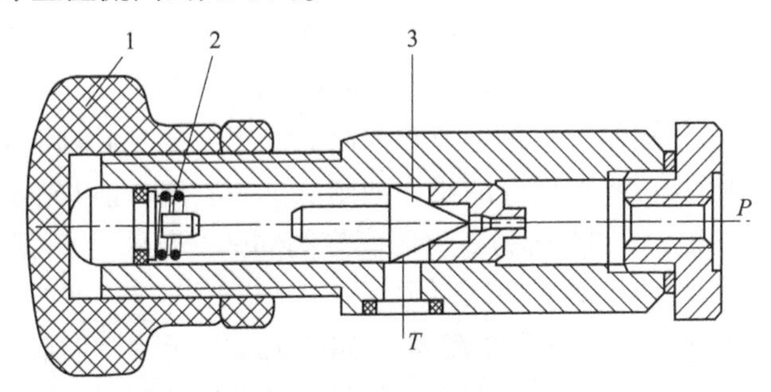

图 15-41　直动型溢流阀

1-调节螺母；2-调压弹簧；3-阀芯

(2)先导型溢流阀。

图 15-42 为一种先导型溢流阀的结构原理图，它由主阀和先导阀两部分组成。

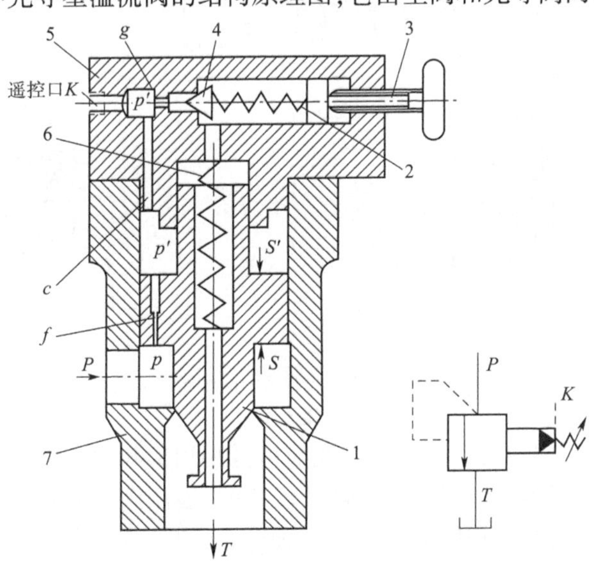

图 15-42　先导型溢流阀的结构原理图

1-主阀芯；2-先导阀弹簧；3-调节螺钉；4-先导阀芯；5-先导阀体；6-主阀弹簧；7-主阀体

先导阀主要由先导阀芯 4、先导阀体 5、先导阀弹簧 2 和调压螺钉 3 组成。主阀主要由主阀芯 1、主阀弹簧 6 和主阀体 7 组成。主阀芯上部与导阀体 5 配合，下端的锥面压在主阀体阀座上，主阀芯的圆柱面与主阀体 7 配合，该三处均呈密封状态。工作液体从进液腔 P 口进入主阀下腔室，而后经主阀芯上的阻尼孔 f 进入上腔室，再经通道 c 和缓冲小孔 g 进入导阀前腔。主阀上腔的有效承压面积 S' 略大于下腔的有效承压面积 S。当系统压力低于导阀开启压力时,导阀关闭,主阀的上、下腔室之间没有液体流动(即阻尼孔 f 中没有液体流动),因此,导阀前腔和主阀上、下腔的液体压力都相等,即 $p'=p$,主阀芯在液压力和弹簧力的共同作用下,被紧紧地压在阀座上。主阀芯的受力平衡方程为:

$$k_s x_0 + pS' - pS = k_s x_0 + p(S' - S) > 0 \tag{15-6}$$

当系统压力大于导阀开启压力时,导阀芯开启并溢流,溢出的油液经主阀芯中心孔从排油口流回油箱。这时主阀下腔的油液经主阀芯上的阻尼孔 f 向上腔补充并产生流动,由于阻尼孔的节流作用,主阀芯上、下腔将产生一压力差($p-p'>0$),使主阀芯开启并溢流,从而使液压系统压力维持恒定。此时,主阀芯的受力平衡方程为:

$$k_s(x_0 + x) + p'S' = pS \tag{15-7}$$

从工作原理可知,先导阀的作用是调节和控制溢流压力,控制主阀芯动作。通常只有一小部分压力油从先导阀溢流,绝大部分的压力油则从主阀溢流(通过先导阀的溢流量一般只有主阀溢流量的1%~3%)。调节螺钉3可改变导阀的弹簧预紧力,从而调节溢流阀的调定压力。改变此弹簧的刚度,便可改变调压范围。

将远程控制口 K 连接另一个直动溢流阀1,如图15-43所示,相当于给先导型溢流阀的调压部分并联了一个先导阀,调节溢流阀1的弹簧力,即可调节先导型溢流阀主阀芯的开启压力,实现了其溢流压力远程调节,故溢流阀1称为远程调压阀。远程调压阀所能调节的最高压力不得超过先导型溢流阀本身先导阀的调整压力。

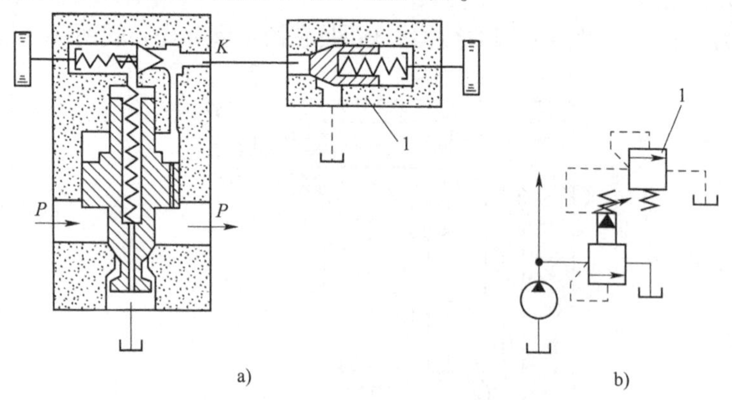

图15-43 先导型溢流阀的远程调压

1-溢流阀

将远程控制口 K 通过二位二通阀1接通油箱,如图15-44所示,主阀芯下腔的压力接近于零,主阀芯阀口开得很大。由于主阀弹簧较软,这时溢流阀 P 口处压力很低,系统油液在低压下经溢流阀流回油箱,实现卸荷。二位二通阀1处于断开工作位置时,溢流阀起安全作用。溢流阀和二位二通阀做成一体时构成电磁溢流阀。

2)减压阀

减压阀是一种利用油液流过缝隙产生压力损失,使其出口压力(又称二次压力)低于进口压力(又称一次压力)的压力控制阀。工程装备液压系统主要使用定值减压阀。

图15-45所示为直动型定压减压阀的结构原理图和职能符号。P_1 口是进油口(一次油口),P_2 口是出油口(二次油口),阀不工作时,阀芯在弹簧作用下处于最下端位置,阀的进、出油口是相通的,阀口是常通的。

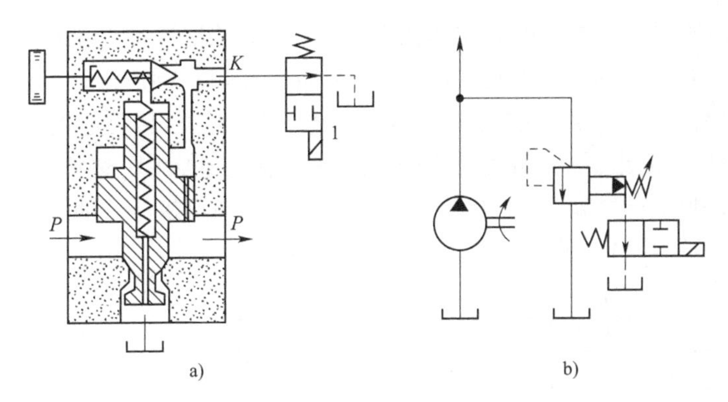

图 15-44　液压泵卸荷

1-二位二通阀

减压阀工作时,压力为 p_1 的高压油液进入 P_1 口后,经由阀芯 2 与阀体 1 间的节流口 H 减压,使压力降为 p_2 后由 P_2 口输出。减压阀出口压力油通过孔道 a 与阀芯下端连通,使阀芯上作用一向上的液压力,并靠调压弹簧 3 与之平衡。当出口压力未达到阀的设定压力时,弹簧力大于阀芯端部的液压力,阀芯下移,使减压口(节流口 H)增大,从而减小液阻,使出口压力增大,直至达到其设定值为止。相反,当出口压力因某种外部干扰而大于设定值时,阀芯端部的液压力大于弹簧力而使阀芯上升,使减压口减小,液阻增大,从而使出口压力减小,直至达到其设定值为止。由此可看出,减压阀就是靠阀芯端部的液压力和弹簧力的平衡来维持出口压力恒定的。调整弹簧的预压缩力,即可调整出口压力 p_2。

图 15-45 中 L 为泄漏油口,一般单独接回油箱。

图 15-46 所示为一种常用的减压阀应用回路。减压支路的压力由减压阀 2 的调定值决定,减压阀后面的止回阀 3 用以防止系统压力降低时油液倒流。

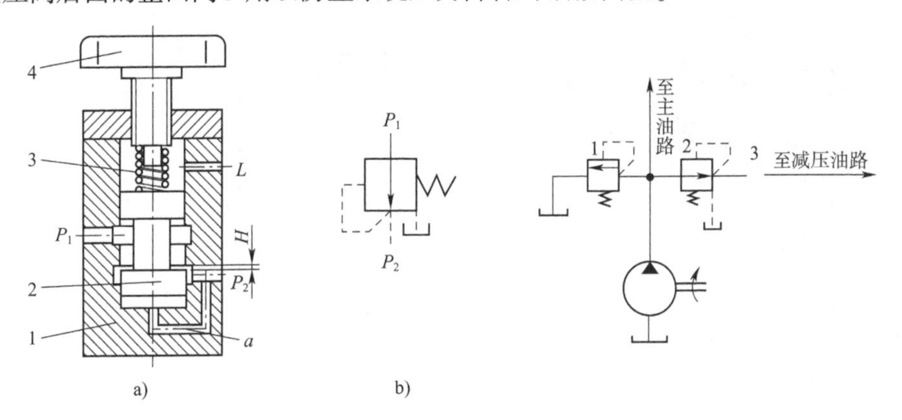

图 15-45　直动型减压阀

1-阀体;2-阀芯;3-调压弹簧;4-调压手轮

图 15-46　减压阀应用回路

1-溢流阀;2-定值减压阀;3-止回阀

3)顺序阀

顺序阀在液压系统中类似于开关,是以压力为控制信号,在一定的控制压力作用下自动接通或断开某一油路,实现执行元件顺序动作的压力阀。

图 15-47 所示为直动型顺序阀的基本结构和职能符号。图 15-47a)中,压力油由进油口 P_1 进入阀体,经阀体上的小孔 a 流入阀芯底部油腔,对阀芯产生一个向上的液压作用力。

当进油口 P_1 的油压低于弹簧 4 的调定压力时,阀芯 3 下端油液向上的推力小,阀芯处于最下端位置,进油口 P_1 和出油口 P_2 被切断,油液不能通过顺序阀流出。当进油口 P_1 压力达到或超过顺序阀调定压力值时,阀芯克服弹簧力上移,阀口打开,接通进出油口,如图 15-47b)所示,压力油自 P_2 口流出,可驱动后面的执行元件动作。这种顺序阀利用进油口压力控制,称内控式顺序阀,职能符号如图 15-47c)所示。由于阀出油口接压力油路,因此,阀芯上端弹簧处的泄油口 L 必须经另一油管通油箱,这种连接方式称外泄。

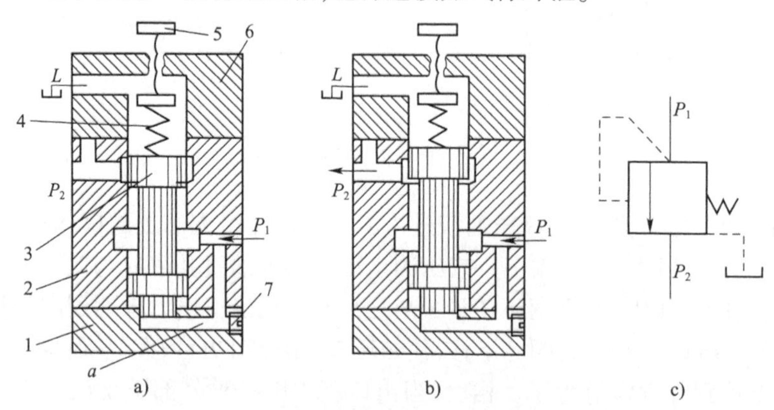

图 15-47　直动型顺序阀的基本结构和职能符号

1-下阀盖;2-阀体;3-阀芯;4-弹簧;5-调压螺钉;6-上阀盖;7-螺塞

将图 15-47a)中的下端盖 1 转过 180°(或 90°)后安装,并将下端盖上的螺塞 7 打开作为外控口 K,形成如图 15-48a)所示的一种外控式顺序阀。

如果将图 15-48a)中外控式顺序阀的出油口 P_2 接油箱,就得到一个如图 15-48b)所示的卸荷阀。这时可取消与泄油口 L 单独连接的泄漏油管,使泄漏口 L 在阀内与回油口 T 接通。

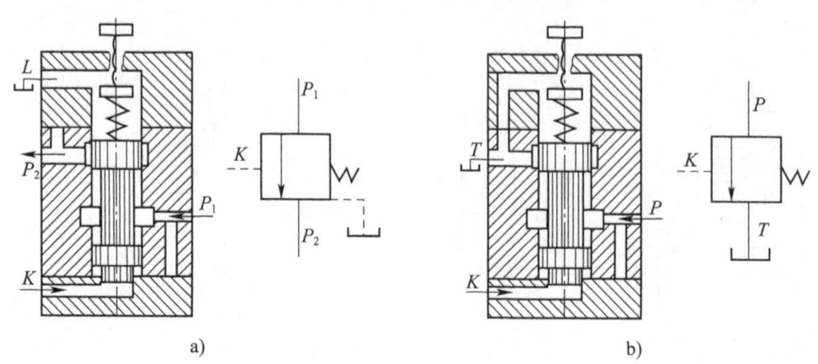

图 15-48　外控顺序阀

工程装备液压系统常将直动式顺序阀与止回阀并联组合使用,构成单向顺序阀,如图 15-49 所示。液流由 A 口流向 B 口时,如图 15-49a)所示,为正向流动,起顺序阀作用。液流由 B 口流向 A 口时,如图 15-49b)所示,为反向流动,起止回阀作用。单向顺序阀也可转化成外控形式。

在某些液压缸垂直安装或液压马达起重液压系统中,为了控制活塞向下运动的速度,保证液压缸安全工作,常在液压缸下腔或马达承载腔的回路中设置一单向顺序阀,如图 15-50 所示。此油路中的单向顺序阀称为平衡阀。

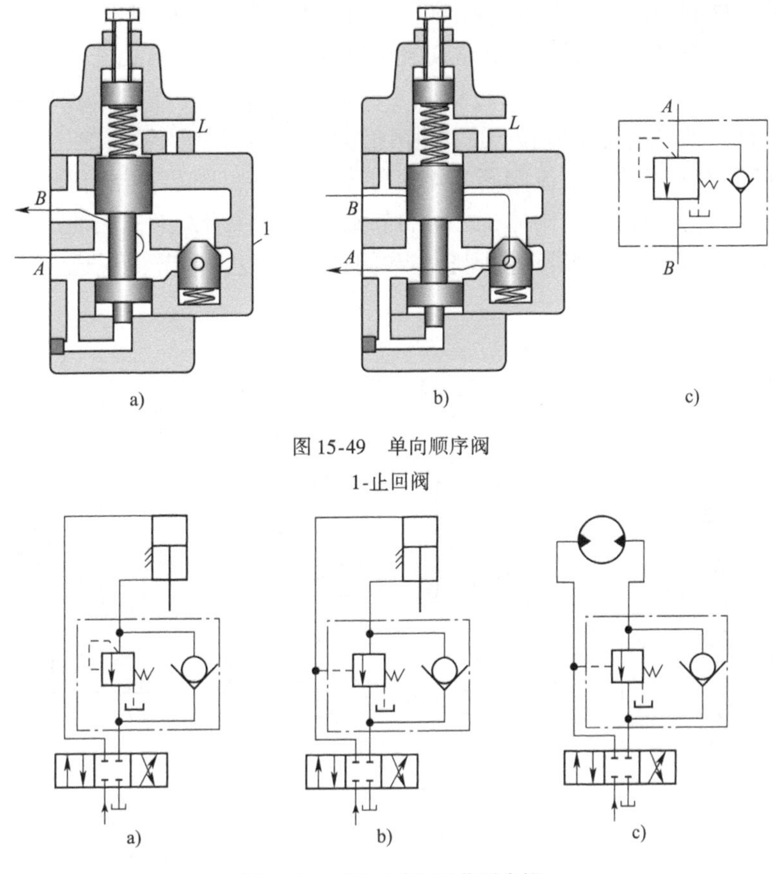

图 15-49　单向顺序阀

1-止回阀

图 15-50　单向顺序阀用作平衡阀

15.3.4　流量控制阀

流量控制阀是通过改变阀芯与阀体之间缝隙(阀口通流面积)的大小来实现流量调节和控制,从而控制执行元件动作速度的液压阀。工程装备液压系统常用普通节流阀和单向节流阀。

1)普通节流阀

图 15-51 所示为一种典型的普通节流阀。阀芯 3 在弹簧 2 的作用下始终贴紧在调节手轮 5 下端的推杆 4 上,阀芯 3 和阀体 1 形成环形缝隙(节流口)。压力油从进油口 P_1 流入,经阀芯 3 和阀体 1 之间的节流口由出油口 P_2 流出。转动手轮 5,可使阀芯做轴向移动,改变节流口的通流截面积,从而来调节流量。阀体上开有小孔 a,使阀芯的两端所受的液压力相平衡。

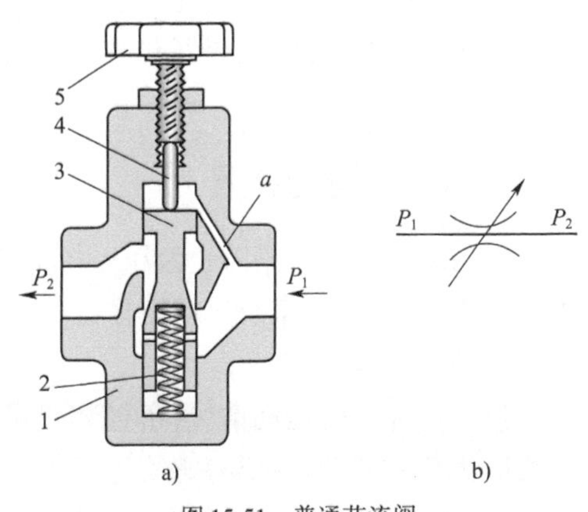

图 15-51　普通节流阀

1-阀体;2-弹簧;3-阀芯;4-推杆;5-手轮

2)单向节流阀

图 15-52 为一种单向节流阀及其应用油路。

图 15-52a)中,止回阀节流阀将液压缸锁闭。图 15-52b)中,换向阀处于右位,压力油由换向阀油口 B 进入单向节流阀,直接推开阀芯4,经阀芯4 径向孔和轴向孔进入液压缸下腔,推动活塞上行,液压缸上腔的油液经换向阀油口 A 回油箱,此过程中单向节流阀起止回阀的作用。图 15-52c)中,换向阀处于左位,压力油由换向阀油口 A 进入液压缸上腔,推动活塞下行,液压缸下腔的油液经单向节流阀阀芯 4 轴向孔和径向孔、阀芯 4 与内阀套 1 之间的通道 a,内阀套 1 的径向孔、内阀套与阀体 3 之间的节流通道 b,然后经换向阀油口 B 回油箱,此时单向节流阀起节流作用。相对转动内阀套 1 和阀体 3,可以调节节流通道 b 的开度大小,从而调节通过的流量。

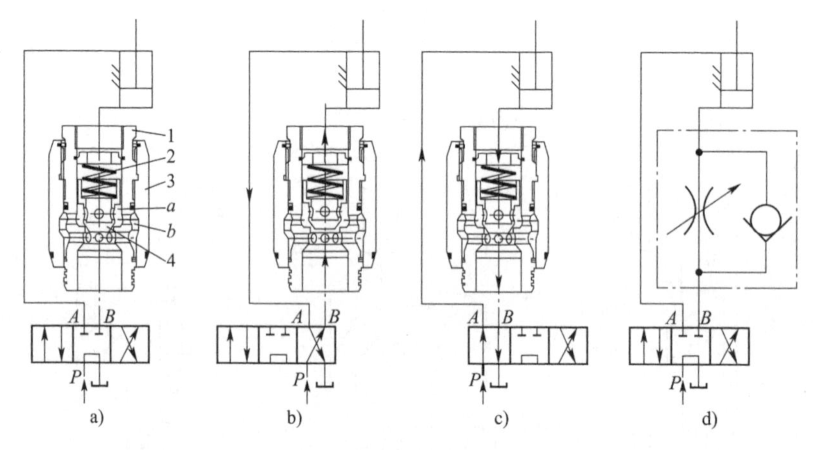

图 15-52　单向节流阀及其应用

1-内阀套;2-弹簧;3-阀体;4-阀芯

15.4　液压辅助元件

液压辅助元件主要包括密封装置、管件、滤油器、油箱、热交换器、蓄能器等,在液压系统中数量多(如油管、管接头)、分布广(如密封装置),对系统和元件的正常运行、工作效率、使用寿命等影响极大,是保证系统有效传递力和运动的重要元件。因此,在选择、安装、使用和维护时,应给予足够重视。液压辅助元件除油箱外已标准化、系列化,应合理选用。

15.4.1　密封装置

密封装置的作用是防止液压系统油液的内外泄漏,防止外部尘埃和空气侵入系统,减少能量损失,保证液压系统正常工作。

1)密封基本知识

按密封部位的运动情况,密封装置可分为静密封和动密封。静密封是指密封部位的零件之间无相对运动,主要有螺纹连接处、平面及圆柱面结合处等;动密封是指密封部位的零件之间具有相对运动,包括往复运动和旋转运动。

根据密封的原理,可分为间隙密封(非接触密封)和密封件密封(接触密封)。

(1)间隙密封。

如图15-53所示,间隙密封是利用相对运动体之间的微小间隙 δ 和密封长度 l 实现密封,以防止液压油泄漏的。常见的间隙密封如控制阀的阀体和阀芯、柱塞泵的柱塞和缸体的配合面等。为了减少间隙配合的泄漏量,除加工时要保证配合面有很高的几何精度和严格的表面粗糙度外,特别重要的是控制间隙 δ 的大小,因为泄漏量与间隙的三次方成正比,为此,有时采用分组装配,有时选配或配研的办法,从而导致某些零件不能互换,这在拆装时要特别注意。

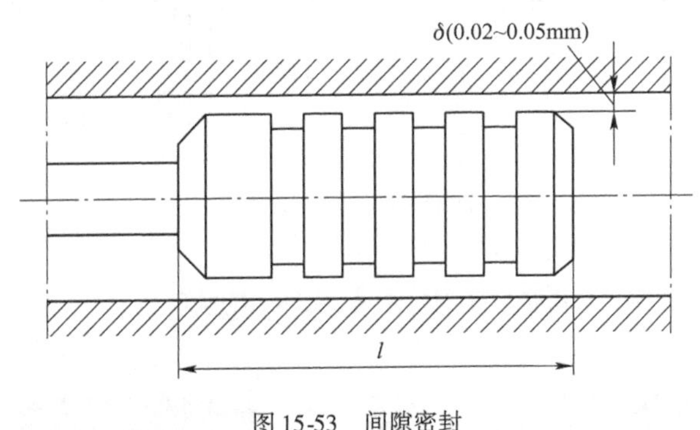

图15-53　间隙密封

(2)密封件密封。

密封件密封是靠密封件(通常是各种密封圈)在装配时的预压紧力,以及工作时在油压作用下发生弹性变形所产生的弹性接触力来实现密封的。其密封性一般随压力升高而增强,并在磨损后具有一定的自动补偿能力。

目前应用最广的密封件材料是耐油橡胶(丁腈橡胶),其次是聚氨酯。

2)密封件

常用的密封件以其断面形状而命名,有O形、Y形、Yx形、V形等密封圈,除O形圈外,其他都属于唇形密封圈。

(1)O形密封圈。

图15-54a)所示为O形密封圈,它是截面为圆形的圆环。

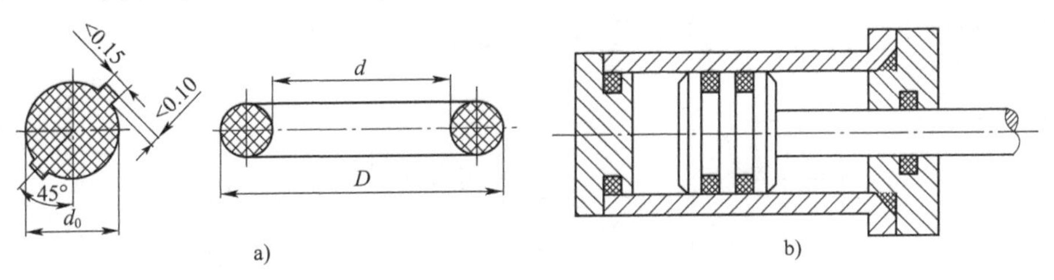

图15-54　O形密封圈

D-公称外径;d-公称直径;d_0-断面直径

安装O形密封圈时有一定的预压缩量,同时受油压作用而变形,紧贴密封表面而起密封作用,如图15-54b)所示。O形密封圈的规格用内径和截面直径来表示,安装沟槽、挡圈都已标准化,实际应用中应遵循标准要求使用。

(2)唇形密封圈。

唇形密封圈是依靠密封圈的唇口受液压力作用下变形,使唇边贴紧密封面而进行密封的。油液压力越大，唇边贴得越紧，密封效果越好，并且具有磨损后自动补偿的能力。安装唇形密封圈时，必须使唇口对着压力高的一侧，不能装反。

①Y 形密封圈和 Y_X 形密封圈。

图 15-55 为 Y 形密封圈及其安装示意图。

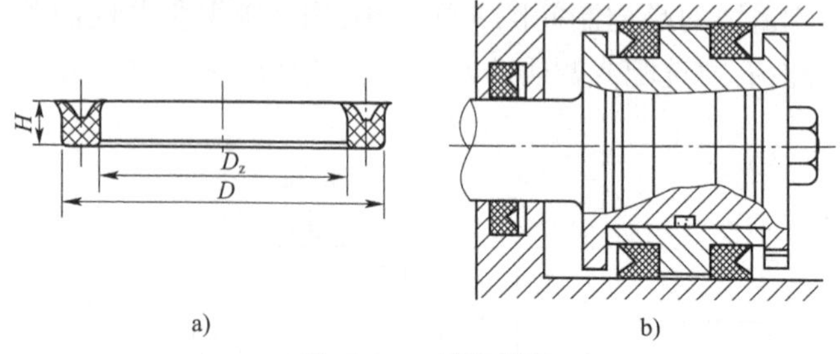

图 15-55　Y 形密封圈

②V 形密封圈。

图 15-56 所示为 V 形密封圈及其组成，由支承环、密封环和压环组成，使用时三者环叠在一起安装。

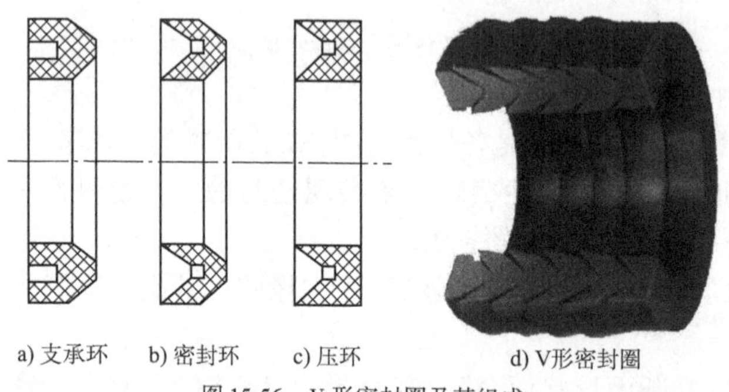

图 15-56　V 形密封圈及其组成

（3）组合密封装置。

组合密封装置是由两个以上元件组成的密封装置。图 15-57 所示为最常用的组合密封垫，外圈 2 由 Q235 钢制成，内圈 1 为耐油橡胶，主要用在管接头或油塞的端面密封。安装时外圈紧贴两密封面，外圈厚度 s 与内圈厚度 h 之差为橡胶的压缩量。

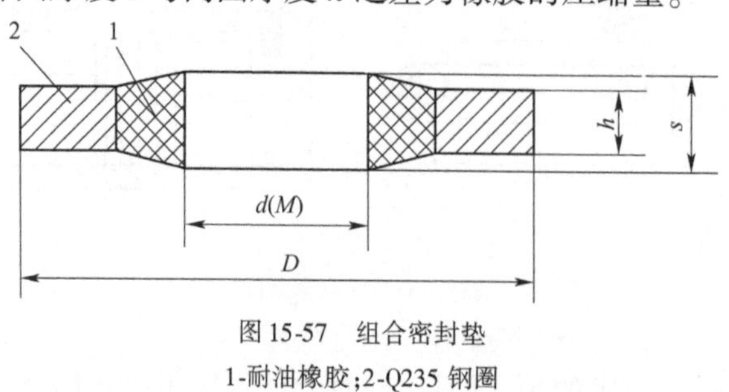

图 15-57　组合密封垫

1-耐油橡胶；2-Q235 钢圈

（4）油封。

油封主要用于液压泵、液压马达等元件的旋转轴的端密封，防止工作油液或润滑介质从旋转部件的间隙中泄漏，并防止泥土、灰尘等杂物进入，起防尘圈的作用。图 15-58 所示为 J 形无骨架式橡胶油封。

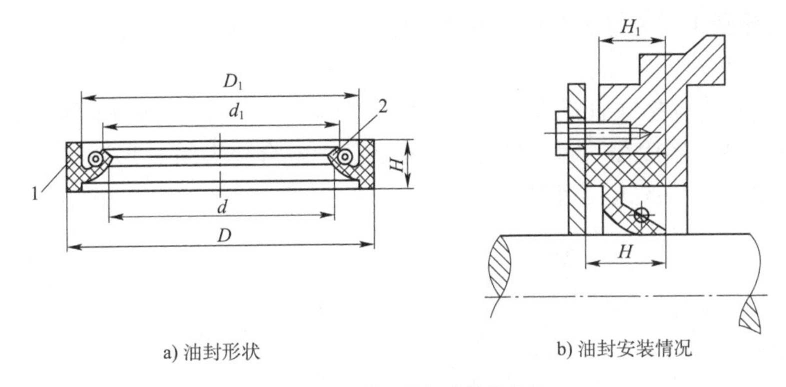

a) 油封形状　　b) 油封安装情况

图 15-58　J 形无骨架式橡胶油封

1-涂色标记;2-工作面

15.4.2　管件

管件包括油管和管接头。油管用于输送工作液体,而管接头则将油管与油管、油管与元件连接起来。

1)油管的种类

根据制造材料,常用的油管分为以下几种。

(1)钢管。常在拆装方便处用作压力管道。

(2)铜管。多用于连接仪表和液压装置。

(3)软管。用于两个相对运动件之间的连接,主要采用橡胶软管。

橡胶软管包括高压橡胶软管和低压橡胶软管。高压橡胶软管由耐油橡胶夹几层钢丝编织网制成,钢丝网层数越多,耐压越高,可用作中、高压系统中两个有相对运动的液压元件之间的压力管道。低压橡胶软管由耐油橡胶夹帆布制成,可用作回油管道。

2)油管的规格

油管的规格主要指内径 d 和壁厚 δ。需要根据有关标准,查阅手册确定 d 和 δ。

3)管接头

管接头是油管与液压元件、油管与油管之间可拆卸的连接件,其功能如图 15-59 所示。

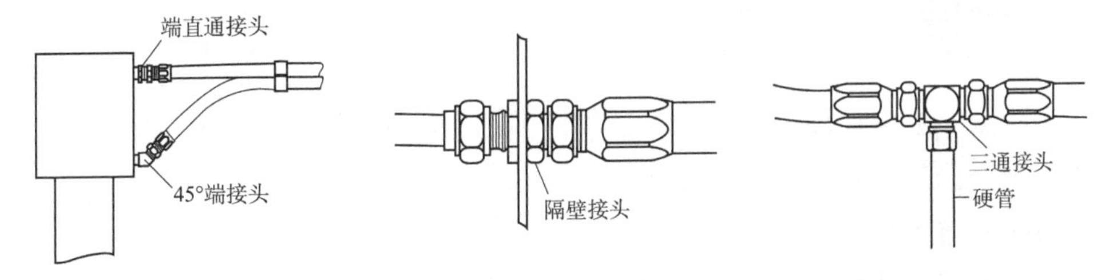

图 15-59　管接头的功能

管接头种类繁多,具体规格品种可查阅有关手册。

(1)金属管接头。

金属管接头有卡套式、焊接式、扩口式等。

①扩口式管接头。

图 15-60 所示为扩口式管接头。接管 2 的端部用扩口工具扩成一定角度的喇叭口,拧

紧螺母3,通过导套4压紧管2的扩口和接头体1的锥面,形成连接与密封。

②焊接式管接头。

图15-61所示为焊接式管接头。螺母3套在接管2上,油管端部焊上接管2,旋转螺母3将接管2与接头体1连接在一起。接管2与接头体1接合处采用O形圈密封。接头体1和本体之间用组合密封垫5进行密封。

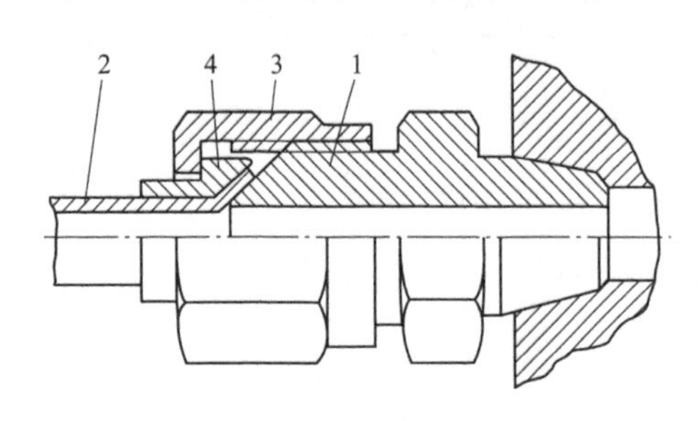

图15-60 扩口式管接头

1-接头体;2-接管;3-螺母;4-导套

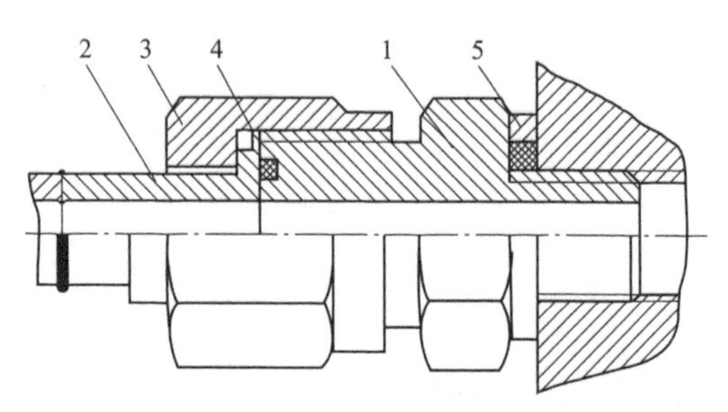

图15-61 焊接式管接头

1-接头体;2-接管;3-螺母;4-O形密封圈;5-组合密封垫

③卡套式管接头。

卡套式管接头如图15-62所示,由接头体1、螺母3和卡套4组成。卡套是一个内圈带有锋利刃口的金属环。当螺母3旋紧时,卡套4变形,一方面螺母3的锥面与卡套4的尾部锥面相接触形成密封,另一方面使卡套4的外表面与接头体1的内锥面配合形成球面接触密封。这种管接头须按规定进行预装配。

(2)橡胶软管接头。

工程装备液压系统的橡胶软管如图15-63所示,管接头形式分为A、B、C型,分别与焊接式、卡套式、扩口式接头连接使用。

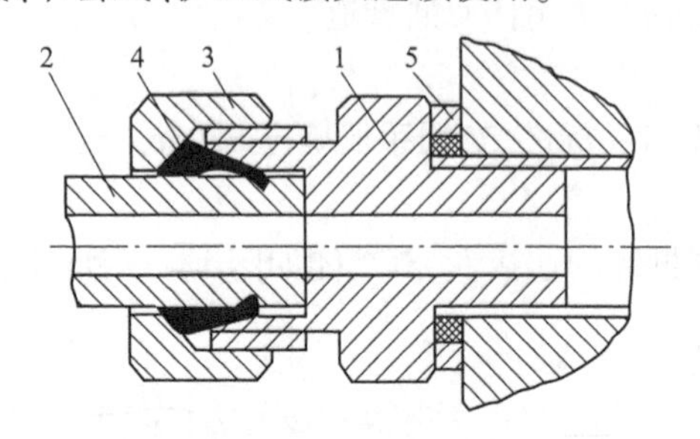

图15-62 卡套式管接头

1-接头体;2-接管;3-螺母;4-卡套;5-组合密封垫

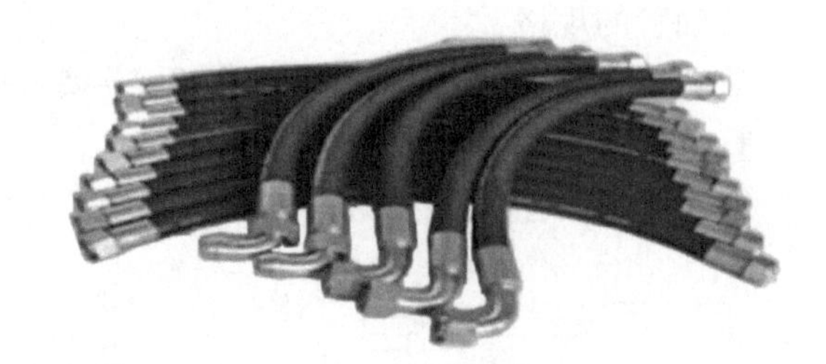

图15-63 橡胶软管和管接头

(3)快速管接头。

如图15-64所示为快速管接头,其装拆无须工具,适用于需经常连接和断开的地方。图中所示是油路接通的工作位置。当需要断开油路时,用力将外套4向左推,再拉出接头体5,同时止回阀阀芯2和6分别在弹簧1和7的作用下封闭止回阀的阀口,断开油路。

15.4.3 滤油器

滤油器的功用是滤掉油液中的杂质,使油液的污染程度控制在允许范围之内。滤油器可采用多孔可透性的介质或过滤元件(滤芯),以滤除油液中的非可溶性颗粒污染物;除此之外,还可利用吸附、凝聚和磁性等过滤方式,对工作油液进行净化。

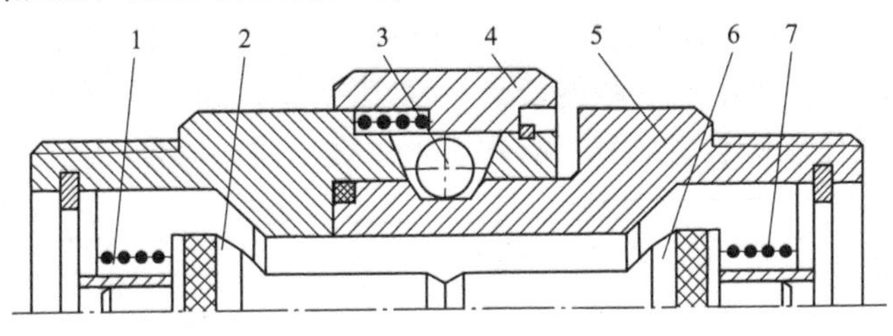

图15-64　快速管接头

1,7-弹簧;2,6-止回阀阀芯;3-钢球;4-外套;5-接头体

1)滤油器的类型与构造

按过滤精度(滤除杂质的颗粒大小)的不同,滤油器有粗、普通、精密和特精滤油器四种,它们分别能滤除大于100μm、10～100μm、5～10μm和1～5μm大小的颗粒污染物。

按滤芯材料和结构形式不同,滤油器可分网式、线隙式、纸芯式和磁性滤油器。

按过滤材料的过滤原理不同,滤油器可分表面型、深度型和吸附型滤油器。

(1)表面型滤油器。

表面型滤油器使被滤除的微粒污物截留在滤芯元件油液上游的几何面上,把污物阻留在其外表面。一般用于液压泵的吸油口。

如图15-65a)所示为一种网式滤油器。它由上盖1、下盖4和几块不同形状的铜网3组成,铜丝网包在周围开有很多窗口的塑料或金属筒形骨架2上。

如图15-65b)所示为一种线隙式滤油器。它由端盖1、金属线(铜线或铝线)5和骨架2组成。金属线5绕在筒形骨架2的外圆上,利用线间的缝隙进行过滤。

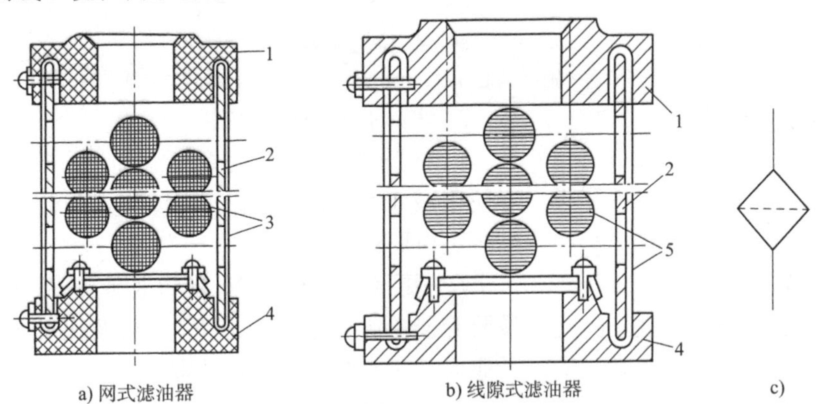

图15-65　表面型滤油器

1-上盖;2-骨架;3-铜网(滤芯);4-下盖;5-金属线

(2)深度型滤油器。

深度型滤油器的滤芯由多孔可透性材料制成,材料内部具有曲折迂回的通道,大于表面孔的颗粒直接被拦截在靠油液上游的外表面,而较小污染颗粒进入过滤材料内部,撞到通道壁上,滤芯的吸附及迂回曲折通道有利污染颗粒的沉积和截留。这种滤芯堵塞后无法清洗,须按要求更换,一般用于高压、泄油管路等需精细过滤的场合。

图 15-66 所示为纸芯式滤油器，常用深度型滤芯，滤芯材料为酚醛树脂或木浆微孔滤纸。外层 2 为粗眼钢板网，中层 3 是滤纸，内层 4 为与滤纸折叠在一起的金属丝网。为增加过滤面积，纸芯一般做成折叠形，如图 15-66b）所示。堵塞状态发送装置 1 与滤芯并联，其工作原理如图 15-67 所示。当纸质滤芯逐渐堵塞时，压差加大，推动活塞 1 和永久磁铁 2 右移，以至感簧管 4 受磁铁作用吸合，接通电路，报警器 3 发出堵塞信号，提醒用户更换滤芯。

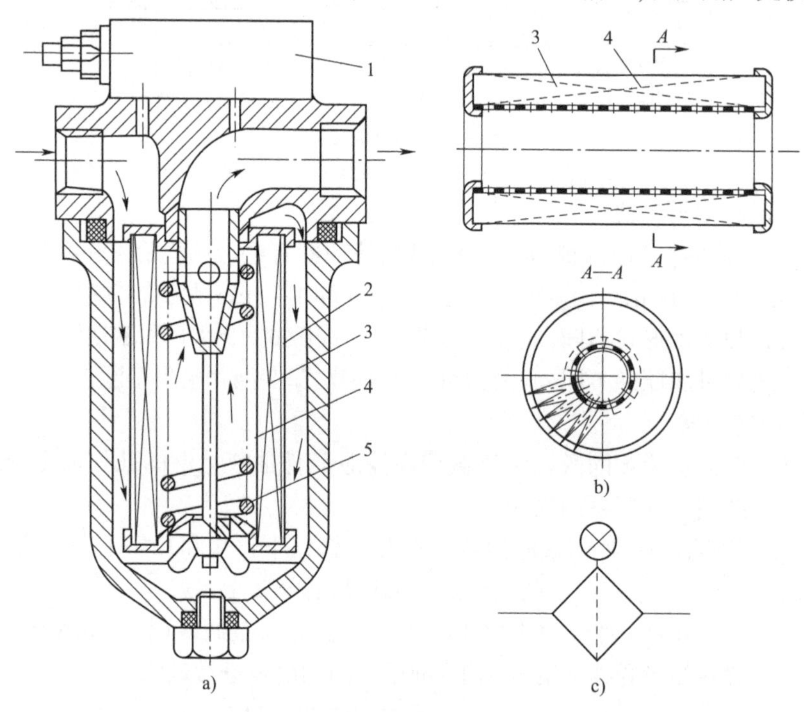

图 15-66　纸芯式滤油器

1-堵塞状态发送装置；2-滤芯外层；3-滤芯中层；4-滤芯内层；5-支承弹簧

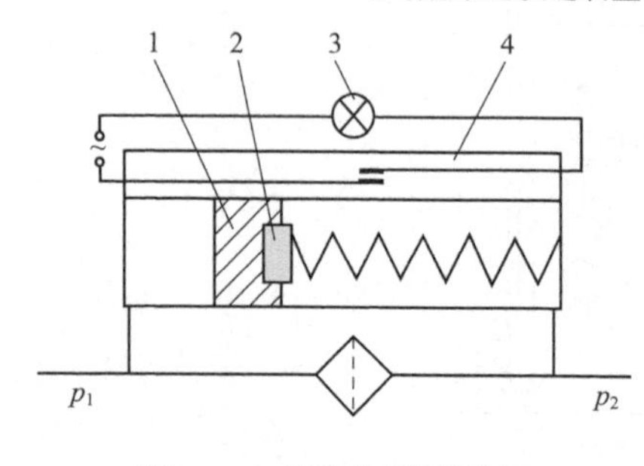

图 15-67　堵塞状态发送装置

1-活塞；2-永久磁铁；3-报警器；4-感簧管

2）滤油器的使用与更换

（1）应根据要求定期更换滤油器。在恶劣的条件下使用液压系统时，应根据环境特点和油液质量，适当缩短更换周期。

（2）更换旧滤油器时，应该检查是否有金属颗粒、橡胶碎渣等吸附在旧滤芯上，如果发现有此情况，应请专业人员对系统进行检查处理。

（3）在安装新滤油器之前，切勿过早地打开包装盒。

（4）在安装滤油器时应注意，滤油器一般只能单向使用，进出油口不可装反。

15.4.4　油箱和热交换器

1）油箱

油箱的主要功用是储存液压系统工作油液，散发系统工作时产生的热量，沉淀杂质和分离油液中的气泡等。另外对于某些液压系统,油箱还具有支承液压元件的作用。

根据油箱液面与大气是否相通,油箱分为开式和闭式两种。工程装备液压系统一般使用开式油箱,典型构造如图 15-68 所示。

2)热交换器

液压系统的工作温度一般希望不超过 65℃。当液压系统自身不能使油温控制在该范围内时,就采用热交换器来控制油温。热交换器包括冷却器和加热器。

图 15-69 所示为多管式水冷却器,工作时,冷却水从铜管 3 内通过,将铜管周围油流中的热量带走。冷却器内的挡板 2 使油液迂回前进,增加流程,提高了传热效率。

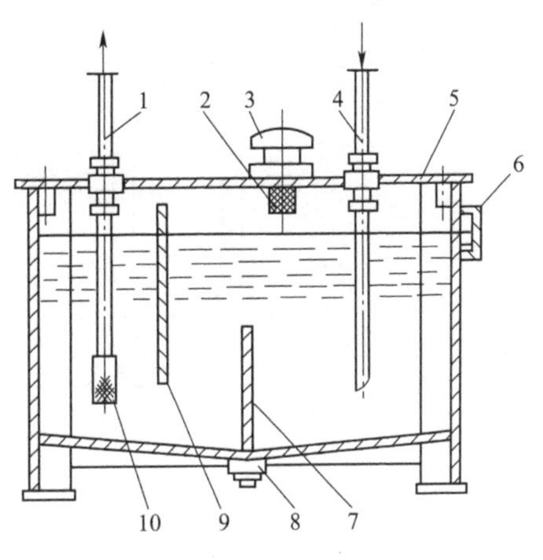

图 15-68　开式油箱结构

1-吸油管;2-加油滤油器;3-油箱盖(带空气滤油器);4-回油管;5-顶盖板;6-油面指示器;7,9-隔板;8-放油塞;10-吸油滤油器

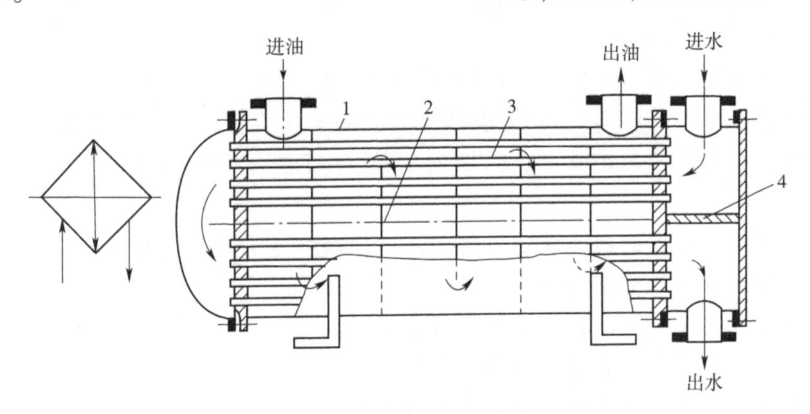

图 15-69　多管式水冷却器

1-外壳;2-挡板;3-铜管;4-隔板

15.4.5　蓄能器

蓄能器是一种把液压油的压力能储存起来,在需要时再释放出去的辅助元件。它可用作液压系统的辅助动力源,也可用于吸收液压冲击、缓和压力脉动等。图 15-70 所示为常用充气式蓄能器结构及其职能符号。

图 15-70a)所示为气瓶式蓄能器,利用气体 1 的压缩和膨胀来储存、释放压力能,气体和液压油 2 在蓄能器中直接接触。图 15-70b)所示为活塞式蓄能器,利用气体 3 的压缩和膨胀来储存压力能,气体 3 和液压油 5 在蓄能器中由活塞 4 隔开。图 15-70c)所示为气囊式蓄能器,利用气囊 8 中气体的压缩和膨胀来储存、释放压力能,气体和液压油在蓄能器中由气囊隔开。带弹簧的菌形阀 9 使油液能进入蓄能器,并防止气囊自油口被挤出。充气阀 6 只在蓄能器工作前为气囊充气时打开,蓄能器工作时则关闭。

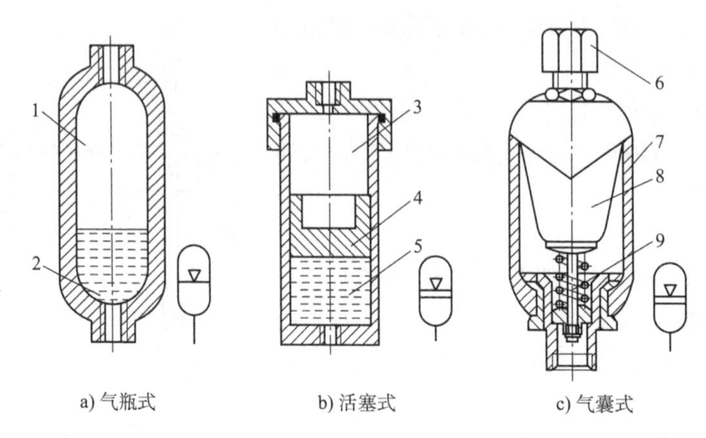

a) 气瓶式　b) 活塞式　c) 气囊式

图 15-70　充气式蓄能器

1,3-气体;2,5-液压油;4-活塞;6-充气阀;7-壳体;8-气囊;9-菌形阀

思　考　题

15-1　液压泵完成吸油和排油,必须具备什么条件?

15-2　什么叫液压泵的工作压力、最高压力和额定压力?三者有何关系?

15-3　什么叫液压泵的排量、流量、理论流量、实际流量和额定流量?它们之间有什么关系?

15-4　要提高齿轮泵的压力需解决哪些关键问题?通常都采用哪些措施?

15-5　为什么轴向柱塞泵适用于高压?

15-6　什么是液压执行元件?有哪些类型?

15-7　液压马达和液压泵有何异同?

15-8　怎样改变液压马达的输出转速和转向?

15-9　常见的液压缸有哪些类型?结构上各有什么特点?各用于什么场合?

15-10　简述液压缸的工作原理。

15-11　液压缸密封装置的功用及类型有哪些?

15-12　液压缸缓冲装置的功用及类型有哪些?

15-13　在液压系统中控制阀起什么作用?通常分为几大类?

15-14　在液压系统中方向控制阀起什么作用?常见的类型有哪些?

15-15　止回阀的基本构造和职能符号是怎样的?有哪些功用?

15-16　液控止回阀的基本构造和职能符号是怎样的?通常应用在什么场合?使用液控止回阀时应注意哪些问题?

15-17　什么是换向阀的“位”和“通”?各油口通常在阀体的什么位置?

15-18　液压系统中,换向阀操纵方式有哪些?

15-19　分别说明 O、M 和 H 形三位四通换向阀在中间位置时的性能特点。

15-20　先导式溢流阀的阻尼小孔起什么作用?若将其堵塞或加大会出现什么情况?

15-21　若把先导式溢流阀的远程控制口当成泄漏口接回油箱,这时系统会产生什么现象？为什么？

15-22　根据结构原理图和符号图,说明溢流阀、顺序阀和减压阀的异同点。

15-23　根据结构原理图和符号图,说明单向节流阀的工作原理。

15-24　常见的密封装置有哪几种类型？唇形密封件有哪些？各有什么特点？应用和装配时有哪些注意事项？

15-25　常见的油管和管接头有哪几种类型？分别用在哪些场合？

15-26　液压系统为什么要使用滤油器？常见的滤油器有哪几种类型？

15-27　油箱的功用是什么？液压系统的正常工作温度是多少？

15-28　蓄能器的主要功能有哪些？主要有哪些类型？使用蓄能器时应注意哪些问题？

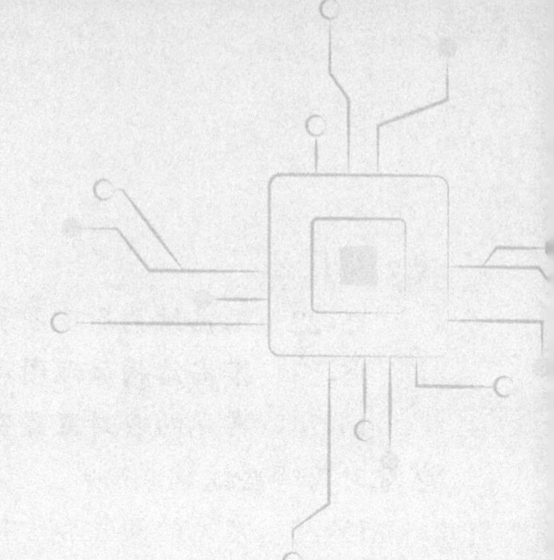

参考文献

[1] 邹慧君,郭为忠. 机械原理[M]. 3 版. 北京:高等教育出版社,2016.
[2] 濮良贵,陈国定,吴立言. 机械设计[M]. 10 版. 北京:高等教育出版社,2019.
[3] 谢进,万朝燕,杜立杰. 机械原理[M]. 3 版. 北京:高等教育出版社,2020.
[4] 王德伦,马雅丽. 机械设计[M]. 北京:机械工业出版社,2020.
[5] 弗尔梅. 机构学教程[M]. 孙可宗,等,译. 北京:高等教育出版社,1990.
[6] 唐昌松. 机械设计基础[M]. 北京:机械工业出版社,2019.
[7] 王先安. 机械设计基础[M]. 北京:中南大学出版社,2020.
[8] 郑文玮,吴克坚. 机械原理[M]. 7 版. 北京:高等教育出版社,2012.
[9] 唐金松. 简明机械设计手册[M]. 上海:上海科学技术出版社,2009.
[10]《现代机械传动手册》编辑委员会. 现代机械传动手册[M]. 2 版. 北京:机械工业出版社,2002.
[11] 全国齿轮标准化技术委员会. 零部件及相关标准汇编:齿轮与齿轮传动卷[M]. 北京:中国标准出版社,2012.
[12] 孙桓. 机械原理[M]. 8 版. 北京:高等教育出版社,2019.
[13] 成大先,陈作模. 机械设计手册[M]. 北京:化学工业出版社,2009.
[14] 杨可桢,程光蕴. 机械设计基础[M]. 北京:高等教育出版社,2019.
[15] 陈秀宁. 机械设计基础[M]. 杭州:浙江大学出版社,2019.
[16] 胡家秀. 机械设计基础[M]. 北京:机械工业出版社,2020.
[17] 黎艳. 机械设计基础[M]. 北京:机械工业出版社,2022.
[18] 成大先. 机械设计手册[M]. 6 版. 北京:化学工业出版社,2016.
[19] 毕艳,刘春. 机械原理[M]. 北京:清华大学出版社,2014.
[20] 申永胜. 机械原理教程[M]. 3 版. 北京:清华大学出版社,2015.